U0333857

中国环境与发展国际合作委员会
年度政策报告

编辑委员会

赵英民　刘世锦　魏仲加（Scott Vaughan, 加拿大）
郭　敬　张洁清　周国梅
李永红　张永生　张建宇
科纳特（Knut Alfsen，挪威）
龙迪（Dimitri de Boer，荷兰）

编辑委员会技术团队

张慧勇　蓝　艳　刘　侃
李宫韬　荆　放　李　樱　张　敏　姚　颖　杨晓华　田　舫
李盼文　彭　宁　赵海珊　王　冉　Joe Zhang　Samantha Zhang

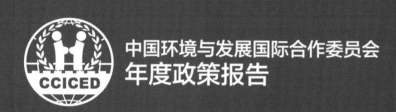

中国环境与发展国际合作委员会
年度政策报告

新时代：
迈向绿色繁荣新世界

中国环境与发展国际合作委员会秘书处 / 编著

中国环境出版集团 · 北京

图书在版编目（CIP）数据

中国环境与发展国际合作委员会年度政策报告．2019：新时代：迈向绿色繁荣新世界 / 中国环境与发展国际合作委员会秘书处编著．-- 北京：中国环境出版集团，2020.9
ISBN 978-7-5111-4389-1

Ⅰ．①中… Ⅱ．①中… Ⅲ．①环境保护－研究报告－中国－2019 Ⅳ．① X-12

中国版本图书馆 CIP 数据核字（2020）第 139901 号

出 版 人	武德凯
责任编辑	黄 颖
责任校对	任 丽
装帧设计	宋 瑞

出版发行　**中国环境出版集团**
　　　　　（100062　北京市东城区广渠门内大街 16 号）
　　　　　网　　址：http://www.cesp.com.cn
　　　　　电子邮箱：bjgl@cesp.com.cn
　　　　　联系电话：010-67112765（编辑管理部）
　　　　　发行热线：010-67125803，010-67113405（传真）
印　　刷　北京建宏印刷有限公司
经　　销　各地新华书店
版　　次　2020 年 9 月第 1 版
印　　次　2020 年 9 月第 1 次印刷
开　　本　787×1092　1/16
印　　张　22.5
字　　数　400 千字
定　　价　88.00 元

中国环境出版集团郑重承诺：
中国环境出版集团合作的印刷单位、材料单位均具有中国环境标志产品认证；
中国环境出版集团所有图书"禁塑"。

出版说明

　　2019 年是中华人民共和国成立 70 周年，是打好污染防治攻坚战、决胜全面建成小康社会的关键之年。2019 年也是国民经济和社会发展第十四个五年规划编制启动之年，将为全面开启社会主义现代化强国建设新征程谋篇布局。世界经济增长持续放缓，国内经济下行压力加大，为如何贯彻新发展理念，保持生态文明战略定力，强化生态环境保护建设，推动高质量发展提出了新的课题。

　　在这样的背景下，中国环境与发展国际合作委员会（简称国合会）召开了 2019 年年会，以"新时代：迈向绿色繁荣新世界"为主题，重点讨论了如何强化绿色新共识，推动中国"十四五"高质量发展等相关问题。国务院副总理、国合会主席韩正在出席年会闭幕式时指出，中国将坚定不移践行绿色发展新理念，形成人与自然和谐发展现代化建设新格局，为全球生态安全做出新贡献。

　　国合会中外委员认为，中国经济正由高速增长阶段转向高质量发展阶段。这一转型将有效协调人民日益增长的美好生活需要和不平衡、不充分发展之间的矛盾，有利于推动生态环境保护和可持续发展。绿色发展是高质量发展的重要内容，形成绿色发展新共识是建设生态文明的重要前提。

　　作为年度出版物，本书的基础是国合会 2019 年政策研究成果，反映了国合会中外委员、特邀顾问和专家学者对中国环境与发展相关问题提出的政策建议，可供国内各级决策者、专家、学者和公众参考。

注：本书各政策研究成果均为 2019 年年会举办之前的研究，书中提及的部分时间节点，以及之后计划举办的活动或因为新冠肺炎推迟或取消。

践行绿色发展新理念　迈向绿色繁荣新世界[*]（节选）

（代序一）

韩　正

本次年会以"新时代：迈向绿色繁荣新世界"为主题，具有重要现实意义。绿色是生命的象征、大自然的底色。绿色发展已经成为当今世界潮流，代表了人民对美好生活的向往和人类社会文明进步的方向。

中国高度重视生态文明建设。党的十八大以来，在以习近平同志为核心的党中央坚强领导下，中国生态文明建设和生态环境保护从实践到认识发生了历史性、转折性、全局性变化。中国生态文明建设进入了快车道，天更蓝、山更绿、水更清的美丽中国画卷正在不断展现出来。

——我们深入推进供给侧结构性改革，绿色发展方式加快形成。2018 年全国压减粗钢产能 3 500 万 t 以上，退出煤炭落后产能 2.7 亿 t，提前完成"十三五"目标任务。清洁能源消费比例提升到 22.1%，中国成为世界新能源和可再生能源利用第一大国。能源资源节约利用力度不断加大，单位国内生产总值能耗同比下降 3.1%。

——我们着力解决人民群众反映强烈的环境问题，生态质量持续改善。2018 年中国 338 个地级及以上城市细颗粒物（$PM_{2.5}$）平均浓度同比下降 9.3%。其中，京津冀及周边地区、长三角地区、汾渭平原都下降 10% 以上。全国地表水优良水体比例从 67.9% 提高到 71%，劣 V 类水体比例从 8.3% 下降到 6.7%。我们还加快推进农村人居环境整治，完成 2.5 万个建制村环境综合整治。

——我们全面加强生态系统保护，国家生态安全屏障更加牢固。国家级自然保护区增加到 474 个，自然生态系统和大多数重点野生动植物种类得到有效保护。整体推

* 本文为中华人民共和国国务院副总理、国合会主席韩正 2019 年 6 月 4 日在中国环境与发展国际合作委员会 2019 年年会闭幕式上讲话的节选。

进大规模国土绿化行动，2018 年全国完成造林绿化 1 亿多亩（1 亩合 1/15 hm^2），森林覆盖率提高到近 23%。有关数据表明，近 20 年来，地球表面新增绿化面积中，约 1/4 来自中国。

——我们严格开展督察执法，多方参与的环境治理体系初步形成。开展第一轮中央生态环境保护督察及其"回头看"，累计推动解决 14 万多件群众身边的生态环境问题。颁布《公民生态环境行为规范（试行）》，推动全国首批 124 家环保设施和城市污水垃圾处理设施向公众开放，公众参与生态环境保护的力度不断加大。

——我们积极参与全球生态环境治理，在共建清洁美丽世界中发挥越来越大的作用。在与国际社会一道推动《巴黎协定》达成与生效的基础上，2018 年又全力推动联合国气候变化卡托维兹大会取得成功。中国认真实施积极应对气候变化国家战略，2018 年单位国内生产总值二氧化碳排放量比 2005 年下降 45.8%，已超过 2020 年目标。

今年 4 月 28 日，中国国家主席习近平出席北京世界园艺博览会开幕式并发表重要讲话，明确提出同筑生态文明之基、同走绿色发展之路的五点主张。中国将坚定不移践行绿色发展新理念，形成人与自然和谐发展现代化建设新格局，为全球生态安全做出新贡献。

一是以绿色发展为导向，积极构建现代化经济体系。我们将坚持以供给侧结构性改革为主线，深入实施创新驱动发展战略，促进传统产业智能化、清洁化改造，加快发展节能环保产业，培育壮大新产业、新业态、新模式。大力发展清洁能源，提高能源清洁化利用水平。推进资源全面节约和循环利用，实现生产系统和生活系统循环链接。

二是以改善生态环境质量为核心，坚决打好污染防治攻坚战。我们将保持加强生态文明建设的战略定力，确保实现到 2020 年的阶段性生态环境保护目标。以打赢蓝天保卫战为重点，加快调整产业结构、能源结构、运输结构和用地结构，强化区域联防联控，进一步改善大气环境质量。着力打好碧水保卫战，保障饮用水安全，推进城市黑臭水体治理。打好净土保卫战，推进污染土壤修复治理。

三是以人与自然和谐共生为遵循，加大生态系统保护力度。我们将划定并严守生态保护红线，不断优化国土空间开发格局。坚持保护优先、自然恢复为主，统筹开展生态保护与修复。建立以国家公园为主体的自然保护地管理体系，使重要自然生态系统得到最严格的保护。持续开展国土绿化行动，推进荒漠化、石漠化、水土流失综合治理。

四是以实现生态环境领域国家治理体系和治理能力现代化为目标，深化生态文明体制改革。我们将进一步完善生态环境监管体系，建立健全生态环境保护经济政策体系和法治体系，更好地运用市场化、法治化手段治理生态环境。构建生态环境保护社会行动体系，推进政府、企业、社会组织和公众多方共治。

五是以共谋全球绿色繁荣之路为共识，携手应对全球生态环境挑战。我们愿深度参与全球环境治理，共同应对气候变化、海洋污染、生物多样性保护等全球性环境问题。中国将履行好东道国义务，办好《生物多样性公约》第15次缔约方大会，为推进全球生物多样性保护做出积极努力。推进"一带一路"绿色发展国际联盟和生态环保大数据服务平台建设，共同落实联合国2030年可持续发展议程。

文明因交流而多彩、因互鉴而丰富。中国政府充分肯定国合会为促进中国可持续发展做出的巨大努力，支持国合会继续发挥重要作用。希望各位委员、各位专家围绕中国生态环境保护和绿色低碳循环发展，提出更多具有前瞻性、可操作性的政策建议。

保持加强生态文明建设战略定力
推动高质量发展 *

（代序二）

李干杰

今年年会以"新时代：迈向绿色繁荣新世界"为主题，将围绕中国"十四五"规划提出政策建议，体现了国合会前瞻性、战略性特点。同时，本次年会还与世界环境日主场活动相结合，围绕应对空气污染，与世界各国分享中国空气质量改善历程和打赢蓝天保卫战的信心和决心。这里，我就"保持加强生态文明建设战略定力，推动高质量发展"，与大家交流讨论。

中国政府高度重视生态文明建设和生态环境保护。2005 年，时任浙江省委书记的习近平同志到安吉县余村考察，首次提出"绿水青山就是金山银山"的绿色发展理念。明天大家还可以到安吉实地去走一走，看一看，相信会对中国践行绿色发展理念、推动生态文明建设的探索与实践有更直观、更深刻的感受。

党的十八大以来，中国政府将生态文明建设融入治国理政宏伟蓝图，在"五位一体"总体布局中生态文明建设是其中一位，在新时代坚持和发展中国特色社会主义基本方略中坚持人与自然和谐共生是其中一条基本方略，在新发展理念中绿色是其中一大理念，在三大攻坚战中污染防治是其中一大攻坚战。中国国家主席习近平就生态文明建设和生态环境保护提出了一系列新理念新思想新战略新要求，强调坚持生态兴则文明兴、坚持人与自然和谐共生、坚持绿水青山就是金山银山、坚持良好生态环境是最普惠的民生福祉、坚持山水林田湖草是生命共同体、坚持用最严格制度最严密法治保护

---

* 本文为生态环境部原部长李干杰 2019 年 6 月 4 日在中国环境与发展国际合作委员会 2019 年年会闭幕式上讲话的摘编。

生态环境、坚持建设美丽中国全民行动、坚持共谋全球生态文明建设，系统形成了习近平生态文明思想，为中国生态文明建设和生态环境保护标定航向。

在习近平生态文明思想的引领下，2018 年以来，中国的生态环境保护工作取得积极进展，天更蓝、山更绿、水更清的自然美景不断展现在世人面前。

一是基本完成生态环境机构改革。中国生态环境领域机构改革备受国内外关注。一年多来，我们顺利完成生态环境部组建，31 个省（自治区、直辖市）均成立生态环境厅（局），统一行使生态和城乡各类污染排放监管与行政执法职责。同时，组建生态环境保护综合执法队伍，增强执法的统一性、独立性、权威性和有效性；健全流域海域监管体制，组建 7 个流域海域生态环境监督管理局，近期已陆续完成挂牌。

二是稳步推进污染防治攻坚战。蓝天、碧水、净土保卫战全面展开，生态环境质量持续改善。2018 年，中国地级及以上城市优良天数比例同比提高 1.3 个百分点，细颗粒物（$PM_{2.5}$）平均浓度同比下降 9.3%；全国地表水优良水质断面比例同比增加 3.1 个百分点，劣 V 类断面比例同比减少 1.6 个百分点。2019 年 1—5 月，地级及以上城市优良天数比例同比上升 0.6 个百分点，$PM_{2.5}$ 平均浓度同比持平；其中，北京市 $PM_{2.5}$ 浓度同比下降 14.3%。全国地表水优良水质断面比例同比上升 5.4 个百分点，劣 V 类断面比例同比下降 2.9 个百分点。

三是大力推动经济高质量发展。出台生态环境领域进一步深化"放管服"改革推动经济高质量发展的 15 项重点举措，推动提高环评审批效率等措施落地见效。编制长江经济带 11 省（市）及青海省"三线一单"（生态保护红线、环境质量底线、资源利用上线和生态环境准入清单），引导和优化产业布局。依法依规加大督察执法力度，整治"散乱污"企业及集群，有效解决"劣币驱逐良币"问题，促进合规企业生产负荷和效益不断提升。制定实施健全市场准入机制等支持服务民营企业绿色发展的举措，推动形成支持服务民营企业绿色发展长效机制。

实践证明，加强生态环境治理本身就是新形势下经济发展的重要推动力。2018 年中国重点城市直接用于黑臭水体整治的投资累计 1 143.8 亿元。在散煤治理中采取"煤改电"和"煤改气"，也有效拉动了消费和投资。2018 年，全国生态保护和环境治理投资同比增长 43%，同比上升 19.1 个百分点，环保产业对经济发展的贡献度日益上升，成为经济增长的新亮点。

四是深度参与全球环境治理。在联合国气候变化卡托维兹大会中发挥建设性作用，推动大会达成一揽子全面、平衡、有力度的成果。举办第二届"一带一路"国际合作高峰论坛绿色之路分论坛，启动"一带一路"绿色发展国际联盟和生态环保大数据服务平台，推动共建绿色"一带一路"，携手落实联合国 2030 年可持续发展议程。

各位委员、各位专家，

中国国家主席习近平指出，在中国经济由高速增长阶段转向高质量发展阶段过程中，污染防治和环境治理是需要跨越的一道重要关口。他强调，要保持加强生态文明建设的战略定力，不动摇、不松劲、不开口子，探索以生态优先、绿色发展为导向的高质量发展新路子，加大生态系统保护力度，打好污染防治攻坚战。

今年是中华人民共和国成立 70 周年，是决胜全面建成小康社会、打好污染防治攻坚战的关键之年。我们将保持攻坚力度和势头，坚守阵地、巩固成果，协同推进经济高质量发展和生态环境高水平保护，持续改善生态环境质量，赢得中华民族永续发展的美好未来。

一是坚定不移贯彻绿色发展理念。自觉把经济社会发展同生态文明建设统筹起来，力争每一项工作都能够同时实现"三个有利于"，即有利于减少污染物排放，改善生态环境质量；有利于推动结构调整优化，促进经济高质量发展；有利于解决老百姓身边的突出环境问题，消除和化解社会矛盾，促进社会和谐稳定，最终实现环境效益、经济效益和社会效益多赢，让绿色成为发展的不变底色。

二是坚决打好污染防治攻坚战。全面推进蓝天保卫战，实施重点区域秋冬季大气污染综合治理攻坚行动。着力打好碧水保卫战，全面实施水源地保护、黑臭水体治理、长江保护修复、渤海综合治理、农业农村污染治理等攻坚战行动计划或方案。扎实推进净土保卫战，继续做好禁止洋垃圾入境　推进固体废物进口管理制度改革工作，开展"无废城市"建设试点。总结推广浙江"千村示范、万村整治"工作经验，积极推进农村人居环境整治。

三是强化生态环境保护督察执法。启动第二轮中央生态环境保护督察。针对生态环境问题突出的地方、部门和企业，组织开展机动式、点穴式专项督察。统筹安排重点区域大气污染防治、集中式饮用水水源地环境保护等强化监督，既督促又帮扶，推动解决突出问题。坚持严格监督与优化服务并重，重视企业合理诉求，增强服务意识和本领，帮助企业制定环境问题治理方案。

四是携手合作应对全球环境挑战。积极筹备《生物多样性公约》第 15 次缔约方大会，全面履行东道国义务，与各缔约方共同协商制定 2020 年后全球生物多样性框架文件。深入实施积极应对气候变化国家战略，继续建设性参与气候变化国际谈判，进一步推动气候变化"南南合作"，与各方一道落实好《巴黎协定》，推动 2019 年联合国气候峰会取得成功。切实落实第二届"一带一路"国际合作高峰论坛共识，持续推进"一带一路"绿色发展国际联盟和生态环保大数据服务平台建设，落实绿色丝路使者计划。

　　各位委员、各位专家，

　　迈向绿色繁荣新世界是我们的共同愿望。我希望各位委员和专家积极分享知识、经验和智慧，聚焦"十四五"规划，为建设美丽中国献言献策。也希望国合会继续发挥桥梁和纽带作用，广泛分享中国生态文明的理论与实践和国合会政策建议，为推动全球可持续发展事业和建设清洁美丽世界做出更大贡献。

目　录

综　述　向高质量绿色发展转型 [1]

一、中国的"五年规划"

中国环境与发展国际合作委员会（简称国合会，CCICED）2019 年年会是国合会针对中国"十四五"规划（2021—2025 年）编制提供建议的良好时机。

中国的"五年规划"机制具有重要的战略意义，能够明确中国在国内、地区乃至多边体制中的重要发展目标。规划会制订各项主要发展方向和社会目标，形成对市场环境的分析判断，确定重点发展领域、发展区域和地带，量化发展指标，并阐述其他有关主题、路线与方向。

2018 年年末，国家发展和改革委员会（简称国家发展改革委）回顾总结了"十三五"规划（2016—2020 年）实施进展，重点强调了高质量发展的重要性，将其作为整体目标，提出若干横向工作重点，如社会福利、创新驱动发展、供给侧结构改革、扩大发展服务业、环境保护与可持续发展等。国家发展改革委指出，在一些重点领域要持续推进生态环境改善，包括淡水资源管理、单位国内生产总值（GDP）与能耗脱钩、降低单位 GDP 的二氧化碳排放、林业发展与保护等。同时，指出空气质量、城市水质及土壤污染等问题仍是当前面临的挑战。

二、转换车道：从高速度增长转向高质量发展

近年来，中国呈现出从高速度经济增长向高质量发展的战略转变。高质量发展包括绿色发展，不仅包括环境保护和污染减排，同时涵盖创新、生产要素提质增效、福祉改善、扩大清洁机制范围（能源、交通、绿色金融）、拓宽服务业领域等。

中国的高速发展引人瞩目。过去 40 年，中国经济总量增长了 30 倍。经济增长结构方面，中国经济向高附加值产业和产品驱动转型，巩固了创新优势和生产力发展。

---

1 本章为国合会首席顾问魏仲加、刘世锦撰写的《中国环境与发展国际合作委员会 2019 年关注问题报告》摘编。

2014 年，中国超过日本和欧盟，成为世界第二大研发投入国。如今，中国不但是世界粗钢、水泥、煤炭等低附加值产品的最大生产国，同时也生产全球最多的计算机、机器人、高速列车、手机、家电和全球价值链上其他高附加值产品。

（一）高速经济增长带来巨大的环境外部性

中国的高速经济增长带动了数以百万计的人口脱贫，壮大了中产阶级。但发展的环境代价很大，典型问题包括严重大气污染、淡水资源污染、土壤污染、自然资源枯竭、沿海湿地等生态栖息地丧失及温室气体排放增加等。目前，中国是世界最大的温室气体净排放国。

（二）污染防治攻坚战

面对环境挑战，中国采取了全方位、高要求、可持续、创新性的解决对策。污染防治被列为国家三大"攻坚战"之一（另两个为防范重大风险和精准脱贫），在"污染防治攻坚战"方面持续加力。李克强总理近期在报告中指出，2018 年中国在污染防治项目上已投入约 2 555 亿元（约合 381 亿美元），比上年增加 14%。近期的四大举措突出了中国持续强化的环境责任观：自 2018 年起在全国开征环境保护税，覆盖 26 万家企业；继续逐步淘汰低能效煤电厂，对新建电厂实行排放指标考核；继续强化监管执法：2018 年前 10 个月，共查处环境违法违规 3 万宗，收缴罚款 118 亿元（约 17.1 亿美元），处理违法行为责任人 6 500 人；计划于 2020 年推出碳排放交易体系（ETS），将是世界最大的碳交易市场，并率先在发电行业中推行。

同时，中国日益关注加强国内环保行动与地区和多边行动的协调性。中国在《巴黎协定》谈判及其后续措施的保障中发挥了不可或缺的引领作用，并日益重视加强绿色"一带一路"建设与联合国可持续发展目标的高度一致性：2019 年 4 月，建立"一带一路"绿色发展国际联盟，设立生态环保大数据服务平台。2020 年，中国将承办《生物多样性公约》第 15 次缔约方大会（CBD COP 15）[1]，随着爱知生物多样性目标的到期、生物多样性和生态系统服务政府间科学政策平台（IPBES）报告的发布，全球亟须出台一份有雄心的全球自然保护议程，此次大会的召开至关重要。

（三）抛弃旧模式：经济增速放缓与环保行动

中国的环保政策本已值得称赞，在整体经济放缓的条件下仍未放松就更为难能可

---

1 因为新冠肺炎疫情，CBD COP15 延期到 2021 年举行。文中提及的原计划于 2020 年举行的多项活动多因疫情而延期。

贵。国际货币基金组织（IMF）预测中国 2019 年和 2020 年两年的年经济增速为 6.2%，比 2017 年和 2018 年 6.9% 的增长有所降低，较之更早几年的两位数增长更是显著回落。但即使经济增长速度有所放缓，中国在环保方面的政策仍在加强。在 2019 年 3 月召开的第十三届全国人民代表大会第二次会议上，高层领导人就曾宣布，二氧化硫和氮氧化物污染排放指标将进一步降低三个百分点。同时，继续降低 $PM_{2.5}$ 的有关措施也在持续推进。

相比之下，回顾传统意义上的国家发展路径，经济发展放缓往往与环保措施覆盖的范围放宽相伴，这常常使政府误认为环保行动会导致失业率上升、削弱国际竞争力。与此发展路径不同，中国采取了以绿色发展引领高质量发展，最终实现生态文明的道路。

三、生态文明建设与高质量发展

2019 年 3 月，习近平主席参加第十三届全国人民代表大会第二次会议内蒙古自治区代表团审议时指出，内蒙古的森林、草原、湿地、河流、湖泊、沙漠共同构成一个"综合性生态系统"，"不能以牺牲环境换取经济增长"。习近平主席要求要以"战略定力"加强生态环境保护和绿色发展，推进高质量发展。

生态文明的概念不断发展，一方面杜绝环境破坏，另一方面实现经济发展。这两方面愿景在习主席 2018 年的一次演讲中得以诠释：

"生态兴则文明兴，生态衰则文明衰。"

（1）生态退化压力持续增大：Harper 等人曾撰文分析历史上一些文明的衰败与生态破坏的联系。但当前全球生态衰退的速率前所未见，人类活动已经超出地球承载力的极限，造成了生物多样性丧失，气候变化加速。

（2）生物多样性：生物多样性和生态系统服务政府间科学政策平台于 2019 年 5 月 6 日发布了对全球生物多样性现状的评价报告。报告中的结论十分惊人，供政策制定者参考的报告摘要包括以下重要结论：①全球生态退化和破坏的速率前所未有；②接受评估的动植物物种中，平均 25% 的物种遭受威胁，即全球约有 100 万个物种面临灭绝风险，许多物种在未来几十年内即将消失；③ 1980—2000 年，全球丧失了约 1 亿 hm^2 热带森林，这主要是由于南美洲畜牧业、东南亚棕榈油业发展造成的后果；④自 18 世纪以来，全球湿地减少了 87%；⑤自然生态系统衰退率平均已达 47%，生物质和物种丰富性已减少 88%；⑥土地退化降低了全球 23% 陆地面积的生产力，同时，由于传粉媒介物种流失，全球每年价值 5 770 亿美元的作物面临风险；⑦这些损失已不可避免，必须从现在开始采取新的、变革性的措施，刻不容缓。

《生物多样性公约》第 15 次缔约方大会是推动全球行动的重要机遇。目前，多项爱知目标无法实现。科学界目前提出了多项建议，其中包括达成一项新的自然协议，建议至 2030 年，全球 30% 的面积需得到保护，另有 20% 的陆地应被划为气候稳定区。受保护的地区不仅应包括森林地区，还包括泥炭地、苔原、红树林、草原和湿地。一方面保护栖息地，另一方面也可以发挥这些生态系统的碳汇功能。部分新自然协议的支持者认为：讨论协议内容的时间已经结束，当前的目标远远不足，人类正处在一个"无法回头的临界点"。到了 2030 年以后的"后 1.5℃"世界，拐点后的曲线下降将更加陡峭。

（3）气候变化：IPBES 2019 年报告指出，气候变化正在加剧全球生物多样性危机，严重影响全球物种分布、物种数量变化、社群结构和生态系统功能。自 2018 年 11 月国合会年会之后，澳大利亚、阿根廷、智利等世界各地都出现了破历史纪录的最高气温。2019 年 4 月，莫桑比克遭遇了当年第二场前所未有的严重飓风和洪涝灾害。根据世界气象组织的报告，海洋平均热容量达到了历史最高水平；2018 年全球平均温度已超过工业文明前水平 1℃；2015—2018 年这四年是有历史纪录以来最热的四年；2018 年，3 500 万人遭受洪涝灾害，1.25 亿人受到足以致命的高温威胁。

为减缓气候变化，应对措施不断推陈出新。清洁、低碳、零碳能源的市场不断扩大，在新的市场中其价格得以降低、需求有所提高。美国市场上已经可以购买到超过1 300 种型号的电动车。去年，全球应对气候资金年度投入已达 4 630 亿美元，但用于气候变化减缓措施的资金远远超过用于气候变化适应的资金。亚特兰大、旧金山和芝加哥等越来越多的城市将在 2030—2035 年实现 100% 使用可再生能源；威尔士则做出承诺至 2030 年实现全行业碳中性。在建筑、交通和其他活动中，绿色采购将发挥核心作用。

与此同时，整个世界尚未走上达成《巴黎协定》目标的正轨。国际能源署 2019 年上半年的报告称，2018 年全球能源消费导致的温室气体排放增加了 1.7%。目前温室气体排放水平已达到历史最高点，为 33.1 Gt CO_2。因此，Greta Thunberg 等新一代气候变化行动倡导人士认为，只做出承诺远远不够，必须从现在开始采取行动。

四、绿色发展、经济繁荣与高质量发展

由此，习近平主席提出的生态文明另一内涵至关重要，即生态文明是实现经济繁

荣的新路径。数十年来，科学家不断做出有关全球生态系统状态和未来发展的警告，人类已经采取行动，但程度和速度远远不足。由此，强调生态文明有助于促进经济繁荣的内涵至关重要，有助于进一步推广这一理念。其中，这一内涵明确提出了绿色发展可以取得传统经济指标上的增长，如就业和收入。国际劳工组织（ILO）对绿色发展所作的分析即是一个实例。在其最新的年报中，该组织指出，世界上高达12亿个工作岗位要依赖于稳定与健康的环境，并论证了因向低碳、清洁能源系统转型而创造的就业岗位要多于在煤炭和其他非清洁能源夕阳产业中失去的就业。据统计，在电动汽车、清洁能源、绿色金融服务等创新型新兴产业中已新产生了2 400万个就业岗位，而高碳耗产业中失去的工作岗位仅有600万个。气候变化直接影响着劳动生产率，国家的生产力乃至全球供应链都将受到威胁。预计在未来11年里，全球范围内因此损失的全职就业岗位就将达到7 200万个。

跳出 GDP 陷阱：发展质量亦重要

以上气候变化对就业的影响促使各方开始重新反思传统的经济评价指标。在经济规划领域，最重要的指标无疑是GDP。GDP曾经是存续了70年的布雷顿森林体系的支柱，反映了凯恩斯理论强调以基于收入和支出的若干国家统计指标对总体需求进行衡量的思想方法。虽然也有其他一些辅助衡量指标，如储蓄、支付平衡等，但归根结底GDP首先是衡量收入流的指标。

长期以来，对于GDP这一指标一直有质疑和不满的声音。1968年，罗伯特·肯尼迪（Robert Kennedy）说出了著名的那句："GDP衡量一切，却把那些令人生有价值东西排除在外。"多年以来，为弥补GDP的劣势，人们采取了很多方案，如联合国开发计划署于1990年开始的"幸福感指数"年度报告。近年来，国际货币基金组织和世界经济论坛等组织均指出了GDP指标的局限和弊病。2018年末，经济合作与发展组织（OECD）发布了《超越GDP报告》，提出多项弥补GDP局限性的建议，以期将经济表现与人、与自然重新关联起来。

对GDP指标的质疑在2008年全球金融危机之后变得更加突出，不少人难以理解在崩盘前貌似稳健、显著增长强劲的GDP指标为何没能预测到整个系统的不堪一击。其实答案非常简单：GDP从来就不是预测未来的指标，而是对前一阶段表现的评价。更突出的问题在于，GDP本身主要衡量的是收入流，即经济活动总量，它几乎不关注经济活动的结构性质量，更遑论反映债和赤字支出等（包括财务和生态两方面）的可持续性。

GDP 指标的设计者之一，诺贝尔经济学奖得主塞缪尔·库兹涅茨（Samuel Kuznets）针对 GDP 被过分推崇而背离其设计本意的现象曾警告说，这可能导致数量与质量被混为一谈。库兹涅茨在 20 世纪 30 年代选取了一个基于生产的模型作为国民收入统计和 GDP 指标的基础，其理由不难理解：在当时的经济大萧条中，库兹涅茨首先要关注的就是生产流，因为当时美国的国民总收入已经从 1929 年的 890 亿美元骤降到 1932 年的 490 亿美元。因此，在美国经济衰退的背景下，关注制造业产出及其相关的收入流顺理成章。然而，在其论文轰动问世而引发的与 GDP 的"热恋"持续了 30 年后，库兹涅茨就警示人们，务必要区分"增长数量与质量，增长的成本和收益，以及短期与长期增长……"。

五、自然资本

因此，中国提出的重发展质量的生态文明理念，无论从经济理论还是实用政策的角度都有非常重要的意义。中国是为 GDP 指标寻找理论补充的一个领衔力量，积极探索生态统计、综合财富定义和全面财富评价等领域的工作。

这里值得一提的是，联合国环境规划署 2018 年出版的《包容性财富报告》指出，过往的世界经济增长在很大程度上依赖生态透支。该报告使用各国已有的 1990—2018 年官方统计数据，揭示了虽然 GDP 保持正向增长，但自然资本总量在以年均 0.7% 的速度萎缩。也就是说，随着高速的经济发展，世界自然资本总量在不到 30 年的时间内就已丧失了 1/5。

气候智能型自然基础设施

自然资本这一议题已重新得到关注。这项工作不仅指出当下的高丧失率不可持续，还阐明应该在哪些领域采取自然资本方面的行动。泛美开发银行成立的自然资本实验室即是一例。该实验室旨在链接环境与金融领域，关注实用、可推广的项目，加速可持续解决方案的形成。2019 年年初，生物多样性科学与政策领域的前沿研究者 Thomas Lovejoy 发表了一份重要研究成果，将生物多样性与气候行动关联起来，论证了基于自然的气候解决方案有充分的科学基础。世界资源研究所等机构的研究显示，森林资源和良好的管理系统在碳封存领域起着非常重要的作用，而联合国减少毁林和森林退化所致排放（REDD＋）计划在森林保护领域的作用更是不容小觑。相关研究还显示，和传统的建大坝相比，维护并恢复湿地是更经济、更有效的治洪手段。生物多样性和生态系统服务政府间科学政策平台 2019 年的总结报告也体现了绿色、蓝色基础设施等基于自然的解决方案可以发挥重要的作用。

"自然资本项目"是由斯坦福大学、美国大自然保护协会、世界自然基金会、明尼苏达大学共同发起的合作机制，旨在将有关自然资本的信息整合为生态系统价值，并将其纳入经济和社会决策中。其工具包括推行大尺度空间规划，识别具有丰富生态系统价值的区域，以更好地开展基础设施等大型项目的选址和设计；还包括数据分析工具，用于记录生态价值，如存量森林的碳封存能力等。

六、展望未来：挑战与机遇

瞬息万变的国际环境带来了不确定性和风险，虽然很难预测到 2025 年"十四五"规划结束之际，中国和世界又将面临什么样的挑战，但有一点是清楚的，即我们必须采取切实行动，应对全球气候变化和生物多样性丧失的危机，才能在 2030 年之前步入正轨。在中国经济转型的推动下，诞生了保护自然资本、促进社会福祉的创新引领型经济发展模式，由此将推动实现联合国可持续发展目标和生态文明。而要实现这些重要目标，我们必须应对来自以下领域的挑战：

（一）治理手段、政策一致性与机制协调

高效协同的治理机制是"十三五"规划中反复强调的主题，即实现国家—省（区）—市（县）之间以及城乡之间的统筹协调。中国已经划定大面积的地理区域，如长江经济带等，藉以推行跨行政区域的政策措施协同。

达成政策一致性非常重要，但也并非易事。联合国 2030 年可持续发展议程及可持续发展目标的一个重要启示是其对整合行动的重视。与以往仅关注环境污染缓解的环境议程不同，可持续发展目标的行动范围则要求政府各部门协同动作，如德国、芬兰、法国、墨西哥等国家均在鼓励跨政府部门合作，鼓励公众参与，贡献富有变革性的新思路。

（二）实现性别主流化

这是国合会的工作重点之一，国合会将通过专题政策研究，继续推进在该领域取得进展。虽然在劳动力市场性别比例和男女劳工可比较收入领域，还存在着研究空白，但近期有分析表明，促进性别平等可提高经济收入，提高工作女性的经济福利，鼓励

更多女性进军管理层。例如，董事会中女性比例更高的银行资本缓冲能力更强、不良贷款的数量更少。

（三）实现经济领域的绿色发展

这一议题日益重要，不仅在下游末端环节非常相关，也需要上游规划环节采取新的、高效的、有韧性的行动。所有国家都将清洁能源转型作为工作重点之一，将此作为煤炭之后的能源路径日益获得了更多的支持，出现了越来越多的绿色消费者。此外还有其他两个重要的领域在中国的"十三五"规划中也有所涉及，即农业和自然资源领域。农业是可持续发展的首要关切之一。美国国家学术出版社近期发布的报告着重表述了建设更高效、有韧性、可持续食品体系的重要战略意义，并强调面对气候和其他诸多挑战，要在此方面取得成功就必须采取"本质上不同"的方式方法。在金属、矿业和采掘业领域，2019 年 4 月，伦敦金属交易所宣布到 2022 年将只接受"负责任来源"的金属矿产品在该所交易，引发了市场震动。因为第四次"工业革命"和发展清洁能源日益依赖的关键是钴、锂等金属矿产品，世界银行的气候智能型采矿项目树立了可持续综合管理的全球典范，意义重大。

（四）绿色金融机制

气候金融、绿色证券以及碳定价和排放交易机制等金融制度安排正在经历绿色变革，在此期间还诞生了新的政策工具，如绿色采购和债务融资。很多国家的政府采购在整体经济活动中占据了很大的比例（平均 20%～30%），所以根据严格绿色标准开展的政府采购，将有利于推进对低风险、低碳清洁的产品和服务的生产和消费。在债务融资领域，习近平主席曾指出实现债务可持续性的重要性。美国大自然保护协会曾促成联合国开发计划署、全球环境基金和非洲国家塞舌尔达成国家债务转换交易，在该债务安排下，塞舌尔必须增加其海岸保护面积，而债务转换产生的收益将用于保护工作。大自然保护协会在 20 个国家启动了类似的债务转换模式，用于促进自然环境资源的保护工作，起到了良好的杠杆效应。

（五）加强气候韧性

全球气候适应委员会是一个重要的国际机制，旨在摸清气候适应工作的现状，加强对行动紧迫性的认识，并将高级别理事委员会认可的意见建议转达给在纽约举办的2019联合国气候变化峰会。该委员会由世界资源研究所和全球气候适应中心共同组织，其 28 位理事中的 6 位也是国合会的成员,包括中国生态环境部原部长李干杰等。鉴于气候变化的影响在快速加剧,国合会可能要考虑将其研究发现和建议融入目前正在开展的工作和未来即将开启的专题研究之中。

(六)推行高质量的绿色标准

习近平主席在第二届"一带一路"国际合作高峰论坛上的讲话中强调了高标准以及绿色、高质量基础设施的重要作用。推行高要求的环境标准在中国乃至"一带一路"层面都具有重要意义。一方面有强大保障措施的世界银行于 2016 年更新了其保障政策,对各类借贷机构的保障政策提供了有益的梳理;另一方面是要将标准与多边环境协议如《蒙特利尔约定书》的《基加利修正案》等统一起来,并充分反映当下工作需求,如逐步淘汰高温室效应气体氢氟碳化物(HFCs),推行新型工业和制冷系统最佳能效标准等。

第一章　全球气候治理与中国贡献

一、引言

（一）全球气候变化面临的挑战比以往更加严峻

从自然的威胁来看，联合国政府间气候变化专门委员会（IPCC）第五次评估报告以及众多研究报告已经给出答案，气候变化是我们这个时代面临的最严峻和最紧迫的全球性挑战。2018 年 10 月，IPCC 发布关于全球升温 1.5℃的特别报告，更加明确地指出如果全球温升超过 2℃甚至更高，气候对人类生存和发展的影响将更为显著，后果将更为严重。

从解决问题的角度来看，应对气候变化涉及能源利用和转型，从而会影响到社会经济的方方面面和各个环节。一方面，对于一般发展中国家而言，在现有条件下实现低碳转型与消除贫困等其他发展目标有可能存在相互冲突；另一方面，我们必须在减排的同时考虑教育、就业、增加收入等问题，在没有实现经济增长、社会进步及转变发展方式的情况下，难以实现真正的减排，从而提高了解决问题的复杂性与综合性。因此，应对气候变化需要系统的解决方案，需要时间表、路线图、解决不同发展问题的优先顺序与政策取向。

从全球范围来看，一些大国正试图退出《巴黎协定》和其他国际环境协议，使全球气候和环境治理体系面临新的挑战，而且贸易战也将会直接影响全球气候变化行动和转型进程，单边主义会进一步拖累国际合作与转型进程，生物多样性丧失也会降低减贫的效果。2019 年 9 月，在纽约的联合国总部召开联合国气候峰会，各国首脑共聚一堂，商谈如何更有雄心地应对气候变化给人类带来的威胁，加快全球的低碳转型步伐，其结果将会影响到我们的未来。

为实现应对气候变化的全球目标，国际社会已经形成了必须转变生产方式、生活方式、加快技术和资金机制创新的共识。各国应当同舟共济、加强合作、共同行动，加速转型进程，创新全球气候治理体系，将应对气候变化与发展经济、消除贫困、改善民生、保护环境、保障健康、维护安全紧密协同，增进互信，努力构建人类命运共同体，推动全球绿色低碳与可持续发展。

（二）中国坚定落实《巴黎协定》，积极参与全球气候治理

中国共产党第十九次全国人民代表大会（简称党的十九大）提出一系列新理念、新思想、新战略，要求到2020年全面建成小康社会，到2035年基本实现社会主义现代化，到21世纪中叶全面建成社会主义现代化强国，并且指出，中国积极引导应对气候变化国际合作，已成为全球生态文明建设的参与者、贡献者、引领者，未来将继续积极参与全球环境治理，落实减排承诺。新的发展战略目标的提出，对科学设置机构、合理配置职能、统筹使用编制、完善体制机制，统筹推进经济建设、政治建设、文化建设、社会建设、生态文明建设提出了更为迫切的要求。在此背景下，中国推进了新一轮政府机构改革。2018年3月21日，《深化党和国家机构改革方案》（以下简称《方案》）全文对外公布。此前，《方案》中涉及国务院机构改革的内容已由全国人大审议通过，《中共中央关于深化党和国家机构改革的决定》（以下简称《决定》）也已公布。这是根据党的十九大精神，推进国家治理体系和治理能力现代化的一场深刻变革和战略调整，旨在"坚持一类事项原则上由一个部门统筹、一件事情原则上由一个部门负责，加强相关机构配合联动，避免政出多门、责任不明、推诿扯皮"。

有关生态环境管理体制的改革是《决定》和《方案》的重点内容之一。《决定》中专门提到"改革生态环境管理体制。实行最严格的生态环境保护制度，构建政府为主导、企业为主体、社会组织和公众共同参与的环境治理体系，为生态文明建设提供制度保障"。《方案》更是具体地规定了新组建的生态环境部的职能，特别指出"保护环境是我国的基本国策，要像对待生命一样对待生态环境，实行最严格的生态环境保护制度，形成绿色发展方式和生活方式，着力解决突出环境问题。为整合分散的生态环境保护职责，统一行使生态和城乡各类污染排放监管与行政执法职责，加强环境污染治理，保障国家生态安全，建设美丽中国，将环境保护部的职责，国家发展改革委的应对气候变化和减排职责，国土资源部的监督防止地下水污染职责，水利部的编制水功能区划、排污口设置管理、流域水环境保护职责，农业部的监督指导农业面源污染治理职责，国家海洋局的海洋环境保护职责，国务院南水北调工程建设委员会办公室的南水北调工程项目区环境保护职责整合，组建生态环境部，作为国务院组成部门。生态环境部对外保留国家核安全局的牌子，主要职责是，拟订并组织实施生态环

境政策、规划和标准，统一负责生态环境监测和执法工作，监督管理污染防治、核与辐射安全，组织开展中央生态环境保护督察等。整合组建生态环境保护综合执法队伍。整合环境保护和国土、农业、水利、海洋等部门相关污染防治和生态保护执法职责、队伍，统一实行生态环境保护执法，由生态环境部指导"。这当中明文提到了整合"国家发展改革委的应对气候变化和减排职责"的改革方向，国家发展改革委应对气候变化司、国家应对气候变化战略研究和国际合作中心转隶至新组建的生态环境部。自此，生态环境"大部制"时代开启。

正如时任生态环境部部长李干杰在两会记者会提到的，此次改革很好地解决了中国生态环境保护领域的体制机制方面存在的两个突出问题："一是职责交叉重复，叠床架屋、九龙治水、多头治理，出了事责任不清楚；二是监管者和所有者没有很好地区分开来，既是运动员又是裁判员，有些裁判员独立出来，但权威性、有效性也不是很强。"改革通过"五个打通"，把原来分散的污染防治和生态保护职责统一起来："第一是打通了地上和地下，第二是打通了岸上和水里，第三是打通了陆地和海洋，第四是打通了城市和农村，第五是打通了一氧化碳和二氧化碳，也就是统一了大气污染防治和应对气候变化。"其中最后一个"打通"谈到了应对气候变化职能转隶后工作开展的新基调。

全球气候变化已成为 21 世纪人类共同面临的最重大的环境与发展挑战，考验着人类的人性、社会制度、经济发展模式、国际政治和文明。面对当前世界"逆全球化"思潮和保护主义倾向抬头的复杂局势，全球气候治理作为"冷战"以后国际政治经济领域和非传统安全领域出现的少数最受全球瞩目、影响极为深远的议题之一，是全球治理变革的一面"镜子"和"旗帜"，会对现有国际格局和治理体制产生深远的影响。中国一直积极推动国内绿色低碳发展，创新发展路径，建设性参与全球气候治理进程，引导应对气候变化国际合作，特别是在《巴黎协定》的达成、签署、生效及落实过程中都发挥了历史性的重要作用，受到了包括联合国秘书长在内的国际社会的广泛好评和称赞，成为"全球生态文明建设的重要参与者、贡献者、引领者"。在美国宣布退出《巴黎协定》决定前后，习近平主席等国家领导人在多个场合重申了中国将与各方同心协力、共同坚守《巴黎协定》成果、共同推动《巴黎协定》实施、建设一个清洁美丽世界的坚强决心，也向世界释放出中国将坚定走绿色低碳发展道路、百分之百承担自己的义务、引领全球生态文明建设的积极信号，及时巩固了全球应对气候变化的信心和决心，充分展示了中国作为负责任大国对构建人类命运共同体强烈的责任担当，为各方共同努力全面落实《巴黎协定》和各国自主贡献承诺奠定了主基调。

（三）新时期气候治理面临的问题

在党的十九大之后，国际社会一方面对中国气候政策和行动赋予了新的期待，特别是希望中国能在美国退出《巴黎协定》后填补全球气候治理的领导力"缺口"；另一方面，国际舆论也对中国将应对气候变化职责从国家发展改革委转隶至生态环境部抱有一定的观望态度，甚至认为脱离了"强势的"宏观经济和能源行业管理职能部门，应对气候变化是否会落入"末端治理"的局限，并质疑这次机构调整对中国应对气候变化管理体制机制是否意味着一种"削弱"。

如何在生态环境保护的大体系下更好地推动和强化应对气候变化工作、更好地行使"全球生态文明建设引领者"的角色？如何通过开展应对气候变化机制创新为中国政府协同管理大气污染防治和应对气候变化提供强有力的制度保障，为中国贡献和引领全球应对气候变化多边进程提供新的契机？如何使应对气候变化工作更加务实且有活力和有效率，成为新时代生态文明建设、共商共建共享的全球治理观、推动构建人类命运共同体相融合的交叉点中最为浓墨重彩的一笔？本章希望能对上述问题进行初步探讨并给出建议。

二、国际经验和启示：气候治理架构的主要类型与特征

（一）各国间气候治理架构的多样性

本章研究了 13 个国家的政府组织和欧盟在气候变化、能源和环境方面的政策，尤其是空气质量方面。从组织结构与职责分工来看，可被分为三类（表 1-1）。

（1）由同一个部门负责气候变化、能源和环境，如法国、瑞典和澳大利亚；

（2）一个部门负责与气候变化和环境有关的事务，另一个部门负责能源问题，这是本章研究涉及的国家中最常见的案例，如德国、波兰、加拿大、美国、印度、巴西和南非；

（3）一个部门负责能源和气候变化，另一个部门负责环境问题，如英国、荷兰、欧盟以及日本（在某种程度上是这样），日本的能源、贸易和工业部（METI）和环境部（MOE）共同负责气候变化。

表 1-1 空气质量、气候变化和能源组织名录

政策	空气质量	气候变化	能源
类型 1：环境、能源和气候变化部门组合			
法国		生态转型部 能源与气候总司	
瑞典		环境与能源部	
	自然环境处	气候处	能源处
澳大利亚		环境与能源部	
	气候变化与创新能源副秘书处		能源副秘书处
类型 2：环境和气候变化部门组合			
德国	联邦自然环境保护与核安全部（BMU）		联邦经济与能源部（BMWi）
	气候政策司	风险防范司	
波兰	空气保护与气候环境部		能源部（2015 既有模式）
加拿大	加拿大环境与气候变化部		加拿大自然资源部
美国	环境保护署		能源部
印度	环境、森林与气候变化部		电力、新能源与可再生能源部
巴西	环境部		矿产能源部
南非	环境事务、空气质量与气候变化部		能源部
类型 3：能源和气候变化部门组合			
英国	环境、食品与农村事务部（DEFRA）	商业、能源和工业战略部（BEIS） 国家能源与清洁发展部	
荷兰	基础设施与水管理部	经济事务与气候政策部	
	环境与国际事务总司	能源、电讯与竞争总司	
欧盟	海洋和渔业事务专员	气候行动和能源专员	
	环境总司	气候行动总司	能源总司
日本	环境部	环境部和能源、贸易和工业部	能源、贸易和工业部 自然资源和能源厅

  这些组织结构不仅对决策产生影响，同时也会影响负责减缓气候变化的部门或机构对能源和气候变化政策的协调能力。例如，当气候变化和能源由不同的部门管理时，有些时候负责气候变化和能源的部门会对温室气体减排目标或国家级目标的实现方式表达不同的观点，表现出内部的分歧和争论。

  最终，无论组织结构如何，都必须进行一些跨部门协调，如根据《巴黎协定》提交的国家自主贡献就属于这种情况。

（二）案例研究：法国和德国气候治理的组织架构和气候行动

1. 法国气候治理

在法国，能源与气候总司负责所有与气候、能源和空气质量有关的事务，隶属生态转型部（Ministère de la transition écologique et solidaire），该部在最近几届政府中采用不同的名称，但自 2008 年以来一直负责所有与能源和气候相关的事务。

（1）地方层面协同实施与协同管理

在一些国家，地方层面的气候变化法规和空气质量或污染法规由环境部的地方办事处协同实施和管理。例如，他们负责验证温室气体排放的监测、报告和核查，以及污染物排放的许可、控制和报告。

在法国，环境、规划和住房区域办事处负责根据环境保护相关设施法规监测和发放大型工业设施既有污染设施的运行许可证。自欧盟排放交易体系开始以来，他们还负责跟踪和验证温室气体排放的 MRV 过程。由于他们负责运行许可证的发放，因此他们也监控工厂物理设备和运行中的每一个重大变化。这相应地有助于检查温室气体排放数据的质量及其与当地收集的其他信息的一致性。

（2）跨政府协作的收益

法国提供了一个跨政府部门协作的好案例。在包括有关气候和能源问题的所有欧洲谈判中，所有国家立场都由负责该问题的主导部门代表。具体到气候和能源问题，该项任务由生态转型部的能源与气候总司负责。一旦该主导部门代表法国政府准备了一份立场草案，它将被送交欧洲事务总秘书处（SGAE），该秘书处与所有相关的总司进行跨政府磋商，包括财政总司、商业总司、外交部和农业部。各部门可能会在 SGAE 磋商中表达、讨论并巩固自己的不同意见，从而形成正式的法国国家谈判立场。以下这些法国体制中的关键细节能够使法国表达出统一连贯的立场，并使各部门之间保持相对良好的合作关系：

1）为达成共识而进行的磋商是由一个中立党派开展的。SGAE 在这方面既没有专业知识也没有立场。它只会要求每个相关的总司发表意见，并试图建立一个一致的立场。只有在协商不成的情况下，SGAE 才会将问题转达首相内阁（SGAE 直接依赖内阁）做出最终决定。

2）各部门之间的磋商和讨论是在技术层面上进行的。通过直接咨询每一个问题的专家，起草意见并自下而上寻求建立统一的国家立场。这样一来，合作和相互理解的立场是从专家层面开始的。这将能建立起非常规律的磋商，从而降低各部门之间存在长期分歧的可能性。例如，在正常的欧盟谈判过程中，SGAE 将为每一轮工作组安排磋商，通常每两到四周进行一次。

3）在公共会议和谈判工作组中代表法国当局发言时，无论其来自哪个部门，代表人都必须表达国家官方立场。

在实践中，这也为各部门提供了一个规律和系统化的平台来讨论他们之间的争议问题。此外，由于 SGAE 系统化地处理日常谈判，不属于高级仲裁，且负责各问题的专家完全参与了跨部门磋商并从中寻求共识。如果反其道而行，在高风险的政治问题上将很可能触发仲裁流程，那么在最终仲裁得出国家统一立场之前，各部门将会产生相当不同的立场（见德国部分的介绍）。

2. 德国气候治理

在德国，负责环境与气候变化的部门（联邦自然环境保护与核安全部，Bundesministerium für Umwelt, Naturschutz und nukleare Sicherheit, BMU）和负责能源与经济的部门（Bundesministerium für Wirtschaft und Energie, BMWi）是分开独立的两个部门。

BMU 有一个负责气候政策的总司和一个负责污染事务的风险防范总司。BMWi 负责能源政策和经济事务，包含一个负责电力政策的总司，包括能源转型（Energiewende）、可再生能源政策、欧盟排放交易体系和碳价对能源系统的影响，以及电网等；另一个总司负责采暖、工业节能、可再生热能等方面的节能事务。

在欧洲碳市场改革谈判中，由于负责能源和气候的部门是分立的，德国在统一立场上会遇到一些困难。由于负责气候和能源的部门之间缺乏技术层面的合作和仲裁，在某些情况下，这两个部门可能会公开表达不同的立场。这种二元性只有在分歧大到足以让更高政治级别（总理级别）进行仲裁时才能得到解决。这也意味着大多数不具有足够政治相关性的技术问题在出现更大的问题之前往往不会得到仲裁。

不幸的是，这往往会导致需要更长的时间才能寻找到国家的统一立场，以及会出现国际谈判中的较弱立场。此外，有时也会导致德国能源部和气候部只能在不太涉及政治立场和"最没有争议"的问题上才能达成一致，从气候角度来看，这可能会导致力度的降低。

更多协同行动的例子和国际经验的说明见本章附件。在附表 1-1 中，我们总结了在环境部门下建立气候变化组织的优势和挑战，以及如何利用既有解决方案应对挑战并抓住机遇。

3. 国际经验的启示

治理结构对于有效应对气候变化的挑战至关重要。负责气候变化的部级组织机构与负责空气质量和能源的部级组织机构之间的联系非常重要。根据与其他机构的相邻程度，可以自然地进行有机合作和深度互动。相应地，这种整合有助于发掘各种措施的共同利益，并防止各项政策间的不一致。

然而，世界上不同部级治理的运作体系表明，无论部级的组织结构是如何设置的，影响气候变化的议题范围都需要跨部门、跨领域的协作。气候变化的挑战需要整个经济体的转型，任何一个部门都无法单独完成。国际经验表明，各国提供了多种促进气候行动的治理解决方案。

根据对世界上多个国家的分析，我们拟定了一份关于气候变化治理的问题和措施清单，详见附件 1-1。

三、机构改革后中国气候治理的机遇和挑战

（一）应对气候变化机构改革历程

1990 年，国务院设立由国务委员任组长的"国家气候变化协调小组"，负责统筹协调我国参与应对气候变化国际谈判和国内对策措施，办公室设在中国气象局。1998 年，国务院成立"国家气候变化对策协调小组"，作为部门间的议事协调机构，办公室设在原国家计委。2007 年，国务院成立了"国家应对气候变化领导小组"，由国务院总理担任组长，组员包括 20 多个部委的主要负责同志，领导小组办公室设在国家发展改革委。2008 年，国家发展改革委设立应对气候变化司，负责统筹协调和归口管理应对气候变化工作。2010 年，国家发展改革委在国家应对气候变化领导小组框架内设立协调联络办公室，具体工作和日常事务由应对气候变化司负责。2013 年，国务院重新调整了国家应对气候变化工作领导小组组成人员，具体工作仍由国家发展改革委承担。2018 年，国家发展改革委的应对气候变化及减排职责划入新组建的生态环境部，生态环境部自此承担了国家应对气候变化及节能减排工作领导小组应对气候变化及减排方面的具体工作。

2018 年 9 月 11 日，《生态环境部职能配置、内设机构和人员编制规定》（"三定"）的方案正式发布，在该方案的第三条主要职责的第（十）部分提到"负责应对气候变化工作。组织拟订应对气候变化及温室气体减排重大战略、规划和政策。与有关部门共同牵头组织参加气候变化国际谈判。负责国家履行联合国气候变化框架公约相关工作"。方案明确了生态环境部对应对气候变化的职责，并在第四条内设的机构中增设了应对气候变化司，部内排名第十一，位列大气环境司（京津冀及周边地区大气环境

管理局）之后。"大三定"方案对应对气候变化司的职能描述非常简单，仅包括"综合分析气候变化对经济社会发展的影响，牵头承担国家履行联合国气候变化框架公约相关工作，组织实施清洁发展机制工作。承担国家应对气候变化及节能减排工作领导小组有关具体工作"，与方案提及的生态环境部应对气候变化工作职责并不一致，缺少"拟订应对气候变化及温室气体减排重大战略、规划和政策，牵头组织参加气候变化国际谈判"等内容。除应对气候变化司外，生态环境监测司承担了"组织开展温室气体减排监测"的具体工作。这也在一定程度上引发了外界对"分拆、弱化"应对气候变化司的担忧。

与"大三定"方案不同，随后发布的有关生态环境部内部机构具体设置的"小三定"方案大幅恢复和保留了应对气候变化司的原有职能、机构和人员设置。具体机构设置和职能及改革前后的职能对比如表 1-2 所示，就应对气候变化司本身而言，其自身职能和内部机构设置基本没有改变，仅有"温室气体减排监测"相关工作纳入生态环境监测司，同时相比此前职责中增加了"牵头负责保护臭氧层国际公约国内履约相关工作"的内容。此外，随着全国碳排放权交易市场工作从研究转入实施阶段，"小三定"方案还进一步明确了应对气候变化司有关"全国碳排放权交易市场建设和管理工作"的职责。

与此同时，随着党的十八大领导人换届、机构改革的推进和气候变化相关事务的转隶，国家应对气候变化及节能减排工作领导小组成员也发生了变化，具体如表 1-3 所示。除去由于相关部门负责人更替发生的变化，主要变化在于：①由于部门合并、取消和重新组建引致的变化，如不再保留国土资源部、国家海洋局和国家测绘地理局，组建自然资源部；不再保留环境保护部，组建生态环境部；不再保留农业部，组建农业农村部；不再保留国家卫生和计划生育委员会，组建国家卫生健康委员会（国家卫生健康委）；组建国家市场监督管理总局（市场监管总局）；不再保留国家林业局，组建国家林业和草原局（国家林草局）；不再保留国务院法制办，重新组建司法部等；②外交部部长和国家发展改革委主任均不再作为领导小组成员，仅包含外交部副部长和国家发展改革委副主任；③增加文化和旅游部部长、中国人民银行行长和国家国际发展合作署署长作为领导小组成员；④专门负责气候变化和节能减排事务的副部级领导（之前为解振华副主任）不再作为领导小组成员。总体来看，国家应对气候变化及节能减排工作领导小组覆盖的相关部门有所增加，特别是增加了与文化和旅游、金融和国际发展合作相关的部门，为协作解决气候变化投融资、碳金融、"南南合作"等相关问题提供了体制基础。但与此同时，生态环境部部长仅在领导小组组员中排名第11（之前国家发展改革委排名第 3），且领导小组中不再保留专门负责气候变化和节能减排事务的副部级领导作为成员，这可能影响气候变化主管部门的统筹协调能力，进一步增加领导小组内部就气候变化事宜达成共识的难度。

表 1-2　机构改革前后应对气候变化司职责对比

改革前（国家发展改革委）	改革后（生态环境部）
综合研究气候变化问题的国际形势和主要国家动态，分析气候变化对我国经济社会发展的影响，提出总体对策建议	综合分析气候变化对经济社会发展的影响
牵头拟订我国应对气候变化重大战略、规划和重大政策，组织实施有关减缓和适应气候变化的具体措施和行动，组织开展应对气候变化宣传工作，研究提出相关法律法规的立法建议	组织实施积极应对气候变化国家战略，牵头拟订并协调实施我国控制温室气体排放、推进绿色低碳发展、适应气候变化的重大目标、政策、规划、制度，指导部门、行业和地方开展相关实施工作
组织拟定、更新并实施应对气候变化国家方案，指导和协助部门、行业和地方方案的拟订和实施	
牵头承担国家履行联合国气候变化框架公约相关工作，组织编写国家履约信息通报，负责国家温室气体排放清单编制工作	牵头承担国家履行联合国气候变化框架公约相关工作，牵头负责保护臭氧层国际公约国内履约相关工作
组织研究提出我国参加气候变化国际谈判的总体政策和方案建议，牵头拟订并组织实施具体谈判对案，会同有关方面牵头组织参加国际谈判和相关国际会议	与有关部门共同牵头组织参加国际谈判和相关国际会议
负责拟订应对气候变化能力建设规划，协调开展气候变化领域科学研究、系统观测等工作	组织开展应对气候变化能力建设、科研和宣传工作
拟订应对气候变化对外合作管理办法，组织协调应对气候变化重大对外合作活动，负责开展应对气候变化相关的多、双边合作活动，负责审核对外合作活动中涉及的敏感数据和信息	组织推进应对气候变化双多边、"南南合作"与交流
负责开展清洁发展机制工作，牵头组织清洁发展机制项目审核，会同有关方面监管中国清洁发展机制基金的活动，组织研究温室气体排放市场交易机制	组织实施清洁发展机制工作，承担全国碳排放权交易市场建设和管理有关工作
承担国家应对气候变化及节能减排工作领导小组有关应对气候变化方面的具体工作，归口管理应对气候变化工作，指导和联系地方的应对气候变化工作	承担国家应对气候变化及节能减排工作领导小组有关具体工作
承办委领导交办的其他事项	——

表 1-3　机构改革前后国家应对气候变化及节能减排工作领导小组组成人员对比

	2013 年 7 月 9 日版		2018 年 7 月 19 日版	
组长	李克强	国务院总理	李克强	国务院总理
副组长	张高丽	国务院副总理	韩　正	国务院副总理
	杨洁篪	国务委员	王　毅	国务委员
组员	肖　捷	国务院副秘书长	丁学东	国务院副秘书长
	王　毅	外交部部长	孔铉佑	外交部副部长
	徐绍史	国家发展改革委主任	张　勇	国家发展改革委副主任
	袁贵仁	教育部部长	陈宝生	教育部部长
	万　钢	科技部部长	王志刚	科技部部长
	苗　圩	工业和信息化部部长	苗　圩	工业和信息化部部长
	李立国	民政部部长	黄树贤	民政部部长
	楼继伟	财政部部长	傅政华	司法部部长
	姜大明	国土资源部部长	刘　昆	财政部部长
	周生贤	环境保护部部长	陆　昊	自然资源部部长
	姜伟新	住房城乡建设部部长	李干杰	生态环境部部长
	杨传堂	交通运输部部长	王蒙徽	住房城乡建设部部长
	陈　雷	水利部部长	李小鹏	交通运输部部长
	韩长赋	农业部部长	鄂竟平	水利部部长
	高虎城	商务部部长	韩长赋	农业农村部部长
	李　斌	国家卫生计生委主任	钟　山	商务部部长
	蒋洁敏	国务院国资委主任	雒树刚	文化和旅游部部长
	王　军	税务总局局长	马晓伟	国家卫生健康委主任
	支树平	质检总局局长	易　纲	人民银行行长
	马建堂	国家统计局局长	肖亚庆	国务院国资委主任
	赵树丛	国家林业局局长	王　军	税务总局局长
	焦焕成	国务院副秘书长兼国管局局长	张　茅	市场监管总局局长
	夏　勇	法制办副主任	宁吉喆	国家发展改革委副主任、国家统计局局长
	白春礼	中科院院长	王晓涛	国家国际发展合作署署长
	郑国光	中国气象局局长	李宝荣	国务院副秘书长、国管局局长
	吴新雄	国家发展改革委副主任兼国家能源局局长	白春礼	中科院院长
	刘赐贵	国家海洋局局长	刘雅鸣	中国气象局局长
	陆东福	交通运输部副部长兼国家铁路局局长	努尔·白克力	国家发展改革委副主任、国家能源局局长
	李家祥	交通运输部副部长兼中国民航局局长	张建龙	国家林草局局长
	解振华	国家发展改革委副主任	杨宇栋	交通运输部副部长、国家铁路局局长
			冯正霖	交通运输部副部长、中国民航局局长
说明	国家应对气候变化及节能减排工作领导小组具体工作由国家发展改革委承担		国家应对气候变化及节能减排工作领导小组具体工作由生态环境部、国家发展改革委按职责承担	

（二）机构改革对应对气候变化管理能力的影响

　　除了显性的机构职能和领导小组构成等方面的调整，国家发展改革委与生态环境部的不同职能定位、工作方式和特点、资源调配能力等隐性因素也会影响应对气候变化的实质工作。表 1-4 梳理了国家发展改革委和生态环境部各自的特点以及可能对实施应对气候变化职责带来的优劣势。国家发展改革委作为综合研究、拟订和组织实施国民经济和社会发展战略、中长期规划和年度计划，统筹协调经济社会发展，指导和推进总体经济体制改革和经济结构战略调整的宏观调控部门，其相对更有优势推动提高气候变化在国家整体战略中的主导地位和强化气候变化政策的顶层设计，可站在更高层面统筹协调应对气候变化与社会经济发展、能源、环境等各方面的关系，也有更强的能力调配和撬动资源、推动形成部门共识。同时，由于国家发展改革委同时还负责能源、可持续发展和节能减排的综合协调工作，也有助于应对气候变化目标、与全社会能源资源节约和综合利用、低碳能源发展等目标和政策的综合考虑和协调实施。此外，在牵头协调、实施气候变化相关事宜的近 20 年时间内，国家发展改革委通过长期的能力建设已逐渐建立起一支对气候变化工作有认识、有经验、能干事的地方应对气候变化干部和工作队伍，特别是在温室气体统计 / 监测 / 核查、碳强度目标考核、碳市场等需要较强专业背景知识的政策领域，转隶造成的地方队伍的变动可能造成较大的再培训和磨合成本。不可否认的是，正是由于国家发展改革委的综合性和宏观性，在一定程度上也影响了作为国家发展改革委内部相对弱势部门的应对气候变化司的工作。一方面，国家发展改革委一贯更为注重经济和发展的属性导致部分领导在未深入了解气候变化的情况下将其简单地置于发展的对立面，更为关注应对气候变化的成本和代价，阻碍了更有雄心的应对气候变化目标和政策的出台；另一方面，国家发展改革委凌驾于大多数部委的影响力又限制了应对气候工作的开放性，造成应对气候变化工作更多依赖委内政策和部门规章，气候变化立法工作相对滞后，且相关政策如碳市场、"南南合作"援助基金等设计、提出时因未充分考虑其他部门在其中的角色和作用而最终影响了政策的绩效，如"一行三会"、财政部等。

与国家发展改革委不同的是，作为 2008 年才升级为环境保护部的生态环境部，虽然其机构几经变化，规格越来越高，职能越来越强，但其在相关部委中的排序仍然较低，更多的是作为负责环境事务的专门机构。随着生态环境问题的不断恶化，环境保护部开始越来越多地进入人们的视野，在生态文明建设和生态环境保护方面取得了一定成效，"打好污染防治攻坚战、打赢蓝天保卫战"也成为全面建成小康社会的重点任务。但整体而言，上述工作进展的取得主要依靠严格的环境执法和行政管理措施，需要投入大量的生态环境保护督察力量。一方面，注重法律体系构建与完善，出台和修订了《环境保护法》《大气污染防治法》《水污染防治法》《土壤污染防治法》以及《环境保护税法》等，为环境保护工作的有效开展起到良好的法律保障作用；另一方面，有较强的行政执法队伍，更多依赖行政手段和末端治理，如取得了显著效果的中央生态环境保护督察就是从中央层面实施的，很有中国特色，同时也是与我国政治制度、体制等密切相关的重大举措，但缺少长效机制和市场化手段的运用，同时缺少对经济增长模式调整、产业结构调整和能源结构调整等应对气候变化和污染防治根本性措施的运用，也缺少协调出台相关政策的能力。在建立生态环境大部制后，生态环境内部各要素间如应对气候变化和局地环境保护的协调有望更好地解决，正如生态环境部原部长李干杰提到的"五个打通"。《环境保护税法》的实施和公众参与监督制度的建立也有助于发挥市场手段和公众参与手段的作用。但与此同时，生态环境与自然资源管理和经济发展间的关系仍未得到有效解决，如何在生态文明建设的大背景下，建立建成跨部门协调机制，统筹考虑建设生态文明、落实绿色发展理念、构建人类命运共同体等重大战略问题，是生态环境部面临的重要挑战。此外，如何依托现有的地方环保队伍，尽快完成应对气候变化地方机构的转隶、完善重新架构和能力建设，并借助生态环境部的既有优势，做好应对气候变化法和碳市场管理条例等立法工作，同时，如何在既有碳市场基础上，更好地利用市场化工具推动环保和应对气候变化，也是决定转隶后应对气候变化工作成效的关键因素。

表1-4　机构改革前后实施应对气候变化职责的优劣势

	改革前 （国家发展改革委）	改革后 （生态环境部）
优势	• 气候变化在国家整体战略中的主导地位； • 气候变化政策的顶层设计； • 统筹协调应对气候变化与社会经济发展、能源、环境等各方面的关系； • 更强能力调配和撬动资源、推动形成部门共识； • 应对气候变化与全社会能源资源节约和综合利用、低碳能源发展等目标和政策的综合考虑和协调实施； • 培育好的地方队伍，特别是在温室气体统计/监测/核查、碳强度目标考核、碳市场等需要较强专业背景知识的政策领域	• 注重法律体系构建与完善，相关工作开展有良好的法律保障； • 有较强的行政执法队伍，例如取得了显著效果的中央和地方环保督察机制； • 生态环境内部各要素间如应对气候变化和局地环境保护的协调有望更好解决； • 应对气候变化司在生态环境部内地位相比国家发展改革委有所提升； • 环境保护税法和排放权市场的统筹协调； • 建设生态文明、落实绿色发展理念、构建人类命运共同体的政治背景和战略定位
劣势	• 一贯更为注重经济和发展，更为关注应对气候变化的成本和代价； • 工作开放性不足，如碳市场、"南南合作"援助基金等设计、提出时因未充分考虑其他部门等在其中的角色和作用而最终影响了政策的绩效如"一行三会"、财政部； • 更多依赖委内政策和部门规章，立法工作相对滞后； • 气候司在国家发展改革委内部属于相对弱势部门，缺少专项资金和落地机制	• 统筹考虑生态环境与自然资源管理和经济发展间关系的能力较弱； • 过多依赖行政手段，缺少长效机制和市场化手段的运用，同时缺少对经济增长模式调整、产业结构调整和能源结构调整等应对气候变化和污染防治根本性措施的运用； • 资源撬动和协调其他部委出台相关综合性政策的能力较弱； • 地方队伍再培育和磨合成本

随着政府机构改革工作的逐步完成，应对气候变化工作也进入了一个新的起点，面临着新的机遇和挑战。一方面，党中央、国家层面大的谋划有战略性的长远、纵深的考量，为生态文明建设搭建了一个更为统一、更为有力的制度框架，形成了与新时代相适应的生态环境保护监督管理机制，并将应对气候变化纳入这个体系之中，发挥近远期、国内外的协同增效作用，并能就此前工作中遇到的问题和挑战进行及时的调整。同时，全球气候治理和国际合作尽管遭遇波折，但总体仍处在一个向好向上、格局重塑的大周期，在大国外交议事日程中仍然大有可为，具有国际影响力的活动事件接连不断，市场、社会、舆论的关注度与日俱增，相关的政策、商业和技术创新也层出不穷，道义性不容抹杀，效益性也正在显现。另一方面，一般认为，最初建立的应对气候变化工作体系更多依靠发展和改革系统的工作方式和特点，财政资源上、地方支持上与宏观经济管理、节能和可再生能源规划、重大项目专项和审批等结合得更为紧密，或者按照原来的说法，更多地把应对气候变化看成"发展问题"，而现在作为生态环境部的一项工作，工作方式、资源调配、地方队伍可能都面临着新的变化；同时，当前国际形势风云变幻，破坏多边规则和现有国际秩序的逆全球化思潮涌起，中美原有亲密的气候合作关系不复存在，贸易摩擦、技术封锁、成本比较等又反过来影响国内政府和企业的决策，还有观点认为应对气候变化的任务是重要的，但也是长期的、全球性的，而大气污染防治的任务是紧迫的，而且也是近期的、国内的，因此当前生态环境部的工作重点应该更多地放在污染防治攻坚战上，而非应对气候变化。这些观念认识、外部环境、队伍磨合等方面的问题也都是这轮机构改革后所需要面对的挑战。

四、中国气候治理的新期待及其对强化政府领导力的要求

党的十九大报告对我国到 2050 年的发展描绘了宏伟蓝图，提出了两个阶段的奋斗目标。实现上述目标，推进生态文明和绿色低碳发展是不可或缺的组成部分，需要我们坚定不移地贯彻创新、协调、绿色、开放、共享的发展理念，实行最严格的生态环境保护制度，坚定走生产发展、生活富裕、生态良好的文明发展道路，建立健全绿色低碳循环发展的经济体系，推进能源生产和消费革命，构建清洁低碳、安全高效的能源体系，倡导简约适度、绿色低碳的生活方式，建设美丽中国，为人民创造良好的生产生活环境。同时，我们要结合推动构建人类命运共同体，积极参与全球环境治理，落实减排承诺，合作应对气候变化，将应对气候变化与发展经济、消除贫困、改善民生、保护环境、保障健康紧密协同，继续发挥全球应对气候变化参与者、贡献者和引领者

的作用，实现全球绿色低碳、气候适应型和可持续发展。新时代、新理念和新目标对我国加快生态文明建设和强化气候治理提出了新要求。

（一）中国应对气候变化行动应与经济社会高质量发展相适应

党的十九大提出两个"再奋斗十五年"的阶段安排，提出建立绿色低碳的现代化经济体系，并总结出"习近平生态文明思想"，其首要原则就是要坚持"人与自然和谐共生"，同时，深度参与全球环境治理，形成世界环境保护和可持续发展的解决方案，引导应对气候变化国际合作。因此，作为新发展理念，一方面，把绿色低碳循环发展作为现代化经济体系的基本特征，研究探讨"高质量发展"内涵下的环境与可持续发展目标；另一方面，把制定"十四五"规划（2021—2025 年）、2035 年美丽中国，以及 2050 年低排放发展战略联系起来，短、中、长期规划相统一，明确时间表和路线图。

（二）中国应对气候变化行动应与美丽中国建设目标相一致

党的十九大将"生态环境根本好转，美丽中国目标基本实现"作为重要方面。应对气候变化工作应充分发挥协同效应，成为统筹和引领绿色发展、解决突出环境问题、加大生态系统保护力度的主要途径。2035 年和 2050 年是应对气候变化和绿色低碳发展的关键节点，逐步迈向低碳和气候适应型的新发展方向是引领和倒逼经济社会转型、妥善解决发展不平衡、不充分问题的重要战略举措。

（三）中国应对气候变化行动应落实到社会经济的结构性变化

去年中央财经委员会会议在布局打好污染防治攻坚战时，明确提出要坚持源头防治，调整"四个结构"，做到"四减四增"。一是要调整产业结构，减少过剩和落后产业，增加新的增长动能；二是要调整能源结构，减少煤炭消费，增加清洁能源使用；三是要调整运输结构，减少公路运输量，增加铁路运输量，也包括电动汽车的发展；四是要调整农业投入结构（土地利用方式），减少化肥农药使用量，增加有机肥使用量。结果可以看到，2018 年，中国煤炭消费占一次能源比重为 59%，首次降到 60% 以下。

（四）中国应对气候变化行动应与全球生态文明建设的重要参与者、贡献者、引领者定位相符合

新时代全球气候治理的主要矛盾和特征相较于 20 世纪末发生了深刻的变化，在如

何认识科学事实和历史责任、如何承担相应责任和义务、如何扩大资金规模、如何加速转型和技术创新、如何开展国际合作等方面将面临一系列更为复杂的新问题和新挑战。中国参与全球气候治理的国际国内环境和条件不同了，我们要摒弃应对气候变化"零和博弈"的思想，推动各方同舟共济、各尽所能、互学互鉴，建立公平合理、合作共赢的全球气候治理体制，倡导共商共建共享低碳发展命运共同体，分享低碳转型的效益。我们要讲好应对气候变化的"中国故事"，宣传中国低碳发展的优良实践，为发展中国家提供转型借鉴，为解决人类应对气候变化问题贡献中国智慧和方案；我们还要积极将应对气候变化列入"一带一路"（"丝绸之路经济带"和"21世纪海上丝绸之路"）、"南南合作"的主要议程，深入开展国际低碳产能和资本合作，努力打造全球气候治理的新平台，增添共同可持续发展的新动力。

正如习近平总书记在转隶后召开的全国生态环境保护大会上的讲话中特别提到的："要实施积极应对气候变化国家战略，推动和引导建立公平合理、合作共赢的全球气候治理体系，彰显我国负责任大国形象，推动构建人类命运共同体。共谋全球生态文明建设，深度参与全球环境治理，形成世界环境保护和可持续发展的解决方案，引导应对气候变化国际合作。"这既是对新时代应对气候变化工作的新期待，也为新转隶的应对气候变化职责在生态环境部如何开展工作指明了战略方向。

（五）中国应对气候变化行动应抓住机构改革红利，加强协同管理与协同控制

气候变化管理职能转隶到生态环境部，关键是要为实现高质量增长、建设生态文明和美丽中国、构建人类命运共同体提供制度保障，核心是最大化控制常规污染物及温室气体排放、促进绿色低碳发展的协同效益，即助力转方式、调结构、提高增长质量、形成增长新动能、促进绿色就业。是否实现这个核心红利，是判断这次机构改革成败的最重要标准。落实改革的思路主线，就是要将应对气候变化与改善局地环境质量进行有机融合，实现协同管理、协同控制。要最大限度地优化配置现有环境管理的政治资源、法律资源、行政管理资源、经济资源和技术资源。要统筹运用不同的政策手段，包括行政规制手段、经济手段和传播教育手段。要将应对气候变化管理融入现有的政策基础设施，如统计、监测、督查、执法系统。

五、政策建议

在当前中央和国家机构改革的大背景下，如何准确定位生态环境部的应对气候变化职能，充分发挥党的领导和我国社会主义制度能够集中力量办大事的政治优势，充分利用改革开放 40 年来积累的坚实物质基础，推动我国应对气候变化事业迈上新台阶，需要从观念认识上、责任担当上、业务实力上和协调合作上重新作出调整，根据生态环境部的新特点来构建中国气候治理的新体系。

（一）应对气候变化战略定位与转变

1. 首要是政治站位

气候变化是环境问题，也是发展问题，但归根结底气候治理是政治问题，要站在国际国内两个大局上来看问题，要获得国家利益和国际形象的"双赢"。从讲政治的角度看，这次机构调整后，应对气候变化在生态环境部只能比原来做得更好，而不是比原来做得差。应对气候变化的"中国故事"既要对国外讲，也要对国内讲，对外要服务外交大局，积极展现负责任大国形象，对内要统一认识、形成共识和合力。生态环境部现在讲"大环保"的概念，生态环境保护并不是一个部门的事务，而是全党、全国的重大改革举措。这对应对气候变化工作也是一样，不要将工作局限在一个司内、也不要将工作局限在一个部内，而应该有更高的站位，应该有更开阔的工作格局，充分发挥国家应对气候变化及节能减排工作领导小组的统筹协调作用，推动各领域、各部门、各行业、各地方共同行动。如全国碳交易市场建设，该归金融管理部门的归金融、该归行业管理部门的归行业、该归地方管理部门的归地方、该归市场创新的归市场，才有可能发挥其应有的作用，才能真正兑现总书记的庄严承诺。同样，对于应对气候变化"南南合作"援助基金也一样，应将其视为推动全球生态文明建设的国家平台，应该争取对外部门的广泛支持，共同将事业做大做好。

2. 核心是战略引领

应对气候变化是长期而重要的任务，更应该将政策注意力放在长远谋划上。党的十九大提出了"两个一百年"和"两个再奋斗十五年"的长期战略，重要节点是 2020 年、2035 年和 21 世纪中叶，这都与《巴黎协定》下国家自主贡献更新或通报、长期温室气体低排放发展战略制订的节点相吻合，而且提交时间都是 2020 年。这些目标和战略的制订是今后两年中应对气候变化工作中最为核心的任务，不能松懈，也不要局限在气候圈子谈气候，应该要自觉把经济社会发展同应对气候变化统筹起来，为中华民族永续发展的千年大计、为生态文明和美丽中国的建设、为人类命运共同体的构建提供新思想、新视野、新政策和新力量。应该扬长避短，充分发挥应对气候变化工作的长期性、全球性的特点，调动各方面的智力资源，解放思想、实事求是，谋大事、谋大局，想在前面，去做引领高质量发展的"大文章"、去搭建引领全球治理的"大舞台"。这当中，重大形势和问题的研判还需要在更高政治层面做出决断，包括但不限于是否要提高 2030 年国家自主贡献的力度（如实行碳排放总量控制、提前达峰）、是否要逐步承担出资义务（如向绿色气候基金捐资）、如何提出 2025 年新的国家自主贡献、如何确立 21 世纪中叶的战略目标等。对这些长期性、全球性的问题要有"气候坐标"，要有全球气候治理的"大历史观"和战略性思维。

3. 突破在协同增效

应对气候变化和大气污染防治协同虽是老话题，但现在已归生态环境部统一管理，争论"谁协同谁、谁为主"已不像此前那么必要了。更为务实的是，立足现有的工作基础，看双方如何能相互借力、实现"1＋1＞2"。大气污染防治在排放监测、督察执法等方面有较好的基础，在京津冀等重点区域有很强的执行力，如强制减少煤炭消费；而应对气候变化在统筹国内国际（如"以外促内"，政策和行动一般在国际场合宣布）、确立综合目标（如结合节能/能源强度、可再生能源、碳汇目标）、运用市场机制等方面有一定的经验。尽管温室气体和大气污染物排放同根同源，但两者的目标在此前并没有完全的对标。在此轮机构改革后，应对气候变化工作应该主动融合，充分运用彼此既有的基础设施和干部队伍，形成相互协调的监测、统计、报告、核查体系，形成源头减排和末端治理相结合的政策措施，形成全国统一平台、减少交易和监管成本的市场机制，形成基于综合生态绩效的评估考核方法，形成共同服务绿色"一带一路"的国际公共产品载体。此外，在环境立法、环境税等领域，也是应对气候变化工作需要逐步融入的，通过修订、增补或专门立法来实现真正的"打通"。而在绿色规划、绿色监管、绿色金融、绿色技术、绿色生产和消费等领域则更容易实现二者的融合，以往的隔阂和界线可以逐步打破。

4. 落脚在队伍建设

任何事业的推动都需要靠人才队伍，一支政治强、本领高、作风硬、敢担当的生态环境保护铁军也正是应对气候变化工作需要的。此轮机构调整后，地方应对气候变化的机构建设、队伍建设和能力建设是一大挑战，形成上下联动、实干有效的良好工作局面还需要一个过程，可能需要三至五年的时间。总体而言，老环保系统的队伍能让气候变化工作更务实、更专业、更接地气。在智力支持上，相比于原来的国家应对气候变化战略研究和国际合作中心主要侧重在国内减排政策和国际谈判业务上，生态环境部下的其他研究机构将有可能在气候变化科学、影响和适应等方面的研究中发挥更大的作用，也包括在多双边合作领域的支撑会更广泛和更多元。

（二）近中期应对气候变化的政策调整

1. 提高中国经济加速脱碳的力度

"十四五"规划时期要对"高质量发展"理论进行实践检验，也是回应习总书记建立生态文明号召的关键时期。提前达峰并且加快碳减排速度，对于中国实现对世界的气候减排承诺和自身的低碳经济转型至关重要。在"十四五"时期设立碳排放总量控制指标及相应制度，取代现有的能源消费总量控制指标，通过碳排放总量和强度"双控"，稳健推动全国碳市场的建设、运转及减碳目标的实现。此外，为实现经济环境和社会的可持续发展，碳排放量必须尽快和经济发展水平脱钩。"十四五"规划要结合中长期战略，重点关注三个领域：避免锁定化石燃料模式的基础设施投资，加速低碳技术的开发和部署，以及打造低碳未来的国家政策改革。

2. 全面深化经济发展、能源革命、环境质量、气候保护的协同管理

应充分发挥国家应对气候变化及节能减排工作领导小组的职能，以污染防治攻坚战为牵引，迅速推动产业结构、能源结构、运输结构和土地利用结构的转变，全面协调发展能源、环境与应对气候变化的各项目标、规划、技术、投融资和其他政策措施。将应对气候变化的相关约束性指标纳入中央生态环境保护督察工作体系中，并作为依法追责指标。建议将地方应对气候变化管理机构建设作为 2019 年和 2020 年督察的一项重点工作，利用现有生态环境保护督察的制度优势，切实推进落实应对气候变化工作。为了改进温室气体监测、报告和核查系统，应将温室气体纳入现有的环境监测、统计和管控体系，并建立温室气体和其他污染物的共同清单系统。

3. 强调能源消费的结构性转变

将能源消费相关指标纳入"十四五"规划，助推碳排放总量控制目标实现和经济绿色转型。到"十四五"末（2025 年），煤炭占一次能源消费比例降低到 50% 以下，非化石能源消费占一次能源消费比例达到 20%，非化石能源发电占比超过 40%。

进一步控制煤炭的使用。推动环境空气质量持续改善，需进一步加强对煤炭使用的控制、加大能效增幅，争取提前实现减排目标。在京津冀和汾渭平原等重点地区加速推进替代散煤行动计划，加大天然气和可再生能源等替代能源供应，多渠道解决补贴和筹资的可持续性问题，争取于 2020 年前后实现重点地区的散煤禁用；通过长期合

同或配额制政策停止批复新的煤电建设项目，优先保证非化石能源发电上网；加大对煤炭依赖型省（市）经济转型的支持力度。

积极推广可再生能源利用。修订《可再生能源法》和《节能法》作为顶层设计，构建新一代的可再生能源政策和管理体系，既包括进一步降低可持续能源成本和鼓励新型可再生能源技术的政策，创造有利的市场条件，又包括发展分布式能源、智能电网、储能技术等可再生能源系统建设的支持政策，加快电力体制改革，落实可再生能源配额制，进而克服现有政策壁垒，提升可再生能源并网灵活性。电力改革应当包括变革输配电政策，系统解决可再生能源整合问题；加强部门协调，尤其在土地利用、融资等方面加大对分布式新能源发展的支持。

4. 加强碳市场的管理制度建设、基础设施建设和能力建设

利用顶层设计，进一步完善总量管理目标，并加快立法以增强其约束力。理顺资金利用等政策后推行配额拍卖，同时尽快纳入其他行业，建立"碳价"机制。建设一个拥有紧约束的强大碳市场将有力支持低碳技术的发展，并能有效避免高碳基础设施的建设，降低沉没成本。

5. 加强适应气候变化和基于自然解决方案的研究和能力建设

将适应气候变化纳入国家和各级地方政府规划，研究开发气候变化与水资源、生物多样性、海洋管理、人体健康、基础设施建设等领域的协同治理方案，并建设相关数据和信息库。支持基于自然的应对气候变化解决方案，重视土地利用的减排作用，包括农业、林业、湿地、草地和土地利用变化。切实减少化肥和农药的使用，保护土地生态。

6. 明确将"绿色低碳发展"作为促进 "一带一路"建设和"南南合作"的一项基本原则

"绿色和低碳"是消除"一带一路"倡议负面争议影响的关键（如燃煤电厂投资、高碳和污染产能转移）。总结中国应对气候变化的最佳实践，根据沿线国家的不同需求，提供因地制宜的应对气候变化技术、资金、项目等解决方案，帮助"一带一路"及"南南合作"国家和地区实现其应对气候变化自主贡献（NDC）及可持续发展目标（SDGs）。

利用多种投融资工具拓宽气候融资渠道，为"一带一路"建设提供资金保障。将生态环境影响、碳排放强度和气候变化风险等因素纳入国家发展改革委境外投资负面清单制度中，引导绿色低碳投资。

重视以城市为代表的非国家主体在全球气候治理中的作用，构建"一带一路"低碳城市联盟。

　　加强"一带一路"国家间关于环保法制、气候变化目标等的政策对话，推动绿色低碳标准对接。

　　分享中国协同管理经验，推动"一带一路"及"南南合作"国家和地区的经济发展、环境治理、应对气候变化协同管理的顶层设计和规划实施，提高中国在全球气候治理中的引领作用。

附表 1-1　环境与气候变化部与能源组织分立的优势与挑战

议题	机遇与挑战	抓住机遇、迎接挑战的方法
高效决策	• 能源相关问题的决策速度较慢，可能会阻碍能源和气候决策 • 如果双方无法协调，国际谈判中的国家立场可能会被削弱 • 在生态环境部职权范围内的其他领域（交通运输、废物、住房等）相关的问题上决策速度可能更快	• 为能源和气候问题建立定期和临时的、非正式和强制性的跨领域合作环境 • 成立一个跨政府委员会，其有权在涉及能源和气候问题时对决定进行仲裁，并系统地就国际谈判做出最终决定 • 与其他环境相关问题进行定期工作协作，在生态环境部内建立统一的文化
立法权力	• 能源和气候部门分立，通过能源税的机制来征收碳税会更难 • 获取准确的能耗数据不太容易	• 采取更多沟通和定期更新，以评估能源和气候政策的交叉影响 • 访问关于能源消耗和排放 MRV 的公共数据库
指挥和命令	• 可以获取更多关于环境控制的数据，但当与能源和工业分离时不太容易对双方进行游说 • 更好的本地控制和执行	• 与环境部门其他议题充分整合 • 利用当地既有网络并结合实地经验
气候雄心	• 在不持续关注保守的能源安全供应的情况下，更容易推进气候政策 • 与环境问题和其他动机共同受益	• 与能源部门保持持续合作 • 明确共同利益并对其进行量化，以提高知名度和政治实力
与相关议题整合	• 当气候由经济部门负责时，更容易涉及绿色金融问题	• 与气候问题的其他方面保持合作，建立一个跨部级的气候小组

附件 1-1　气候治理的问题清单

是否充分挖掘了潜在的共同利益？

1. 既有环境法律法规是否将温室气体视作大气污染物？

2. 为了提高污染物数据的可得性，各部门和各机构之间是否采取了协作措施？

3. 为激励实现更高的气候目标，是否存在积极的反馈机制？

能源、气候变化和空气质量协同治理的政策是否存在？

4. 能源和气候规划相互依存，二者是否能够一起制定，并保持内在一致性？气候专家在多大程度上能够参与能源规划的制定过程？商讨过程和结果是否具有法律约束力？

5. 为了促进能源和气候专家之间顺利的开展技术性对话，必要的协调机制和相关的制度框架是否已经准备妥当？

气候变化的主管部门是否有足够的能力应对气候挑战？

6. 强有力的行政管理能力和高度的政治优先级是实施雄心勃勃应对气候变化政策的必要保障。行政机构的规模、预算规模和权力大小是确保政策有效实施的关键因素。应对气候变化在政治议程中是否享有足够高的优先级？

7. 环境政策通常以末端治理为导向，而应对气候变化则需要系统化、全过程和覆盖整体经济活动的解决方案。空气污染是区域性的问题，而气候变化则是全球性的问题。因此，企图将气候变化问题去本地化是不可能的。除空气治理的气候协同效益外，是否有专门的、应对气候变化目标？

8. 气候变化目标能否实现的最终责任应当由所有涉及温室气体排放的部门负责，而不仅仅是环境主管部门。那么哪些部门应该为气候变化负责？是所有部门吗？

9. 公共决策时应当如何将气候变化因素纳入考量？是否存在可供参考的碳价格来指导公共部门和私人部门的投资行为？

10. 如果主管部门的能力有限，地方层面是否存在提出倡议并展现领导力的空间？

中国是否准备好成为应对气候变化的全球领导者？

11. 对外投资活动是否会深刻影响周边经济体？例如，"一带一路"倡议的投资是否考虑了气候变化的影响并将负面影响反映在成本中？这些投资是否符合已有的气候目标和相关法律规定，还是有可能成为搁浅资产？

12. 中国是否参与了高级别联盟以营造应对气候变化的政治势头？在探索应对气候变化的通用解决方案上，中国是否对关键经济合作伙伴产生重要影响？中国是否积极参与各类国际平台，与合作伙伴开展技术对话，传播中国经验，促进国际合作？

第二章 2020 后全球生物多样性保护

一、引言

当今，全世界正面临着影响当代和后代的不断恶化的全球生态环境危机（Planetary Emergency），体现在全球变暖和生物多样性丧失等人类发展的支撑系统不断退化和丧失上。2015 年《巴黎协定》的达成，成为了解决人类面临的生态环境危机的一个关键驱动因素。此外，越来越多的科学家和决策者已经认识到，生态系统的破坏与生物多样性和生态服务的丧失一起，正以前所未有的方式威胁着地球和人类的健康和福祉。

《生物多样性公约》（CBD）需要公众及决策者像关注和参与《巴黎协定》那样关注和参与，需要各国在履行各种全球环境公约的执行行动中寻求协同增效，在实现联合国 2030 年可持续发展目标（SDGs）的针对环境问题目标的行动中，关键关注全球环境、生态系统和生物多样性面临的困境，以及海洋的重要作用。

2020—2030 年是保护和修复生态、扭转生物多样性丧失曲线、向可持续资源利用迈进的关键时期，而完全回归健康的星球并使人类发展活动保持在"地球生态限度（Planetary Boundaries）"以内，使所有人和国家的"生态足迹"与地球的生态承载力相适应，将需要更长的时间。2030 年之后的 20 年以及直至 2100 年的长时间内需要一些里程碑式的行动和目标。对于气候变化，将全球气温上升限制在不超过 1.5 ~ 2℃通常被视为顶级目标。为生物多样性保护制定单一的顶级目标有一定的难度，要考虑受保护的陆地、淡水和海洋空间，生物多样性，以及生态系统服务等。尝试建立一个全球"人与自然的新政"（New Deal for Nature and People，ND4NP），其旨在实现保护和管理一半的地球表面，杜绝因人类活动导致的生物灭绝将人类的生态足迹减半，以期在 2030 年实现自然正增长（Nature Positive by 2030）。这些目标需要各方采取全面行动，保护、修复和可持续利用生物多样性和生态系统服务。这个倡议行动符合中国"人与自然和谐共生"的文化传承和"生态文明"的新概念和实践。

中国将于 2020 年 10 月在昆明举办 CBD COP 15[1]。COP 15 是中国参与和加速全球

---

1 注：CBD COP15 已因新冠肺炎 (COVID-19) 疫情改期。

保护自然、展示自身进步的重要机会。这同时也提供了一个机会，可以考虑如何在关键主题领域和其他主题（如"一带一路"倡议，绿色供应链和中国对污染的宣战）之间的协同增效。

2020 年后全球生物多样性保护专题政策研究课题组（SPS 1-2）于 2018 年开展工作，重点关注三个主要议题：（1）2020 年后框架的分析和建议；（2）政治动员全球领导和绿色外交，作为东道国，确保在昆明达成雄心勃勃、实用的 2020 后框架；（3）通过案例研究展示中国自身的进步和需求，包括生态文明、机构改革、绩效管理 / 实施、生态红线、新的国家公园系统，作为其扩大保护系统的基础，以及其他可能的经验与做法，如生态补偿。

随着 COP 15 的进展和发展势头的加强，CCICED 的专题政策研究项目将继续与国际社会密切合作，与主办单位和其他国内机构合作。SPS 的初步建议已在 2018 年 11 月向 CCICED 年会提交的初始报告中提及。当前进度报告提供了进一步的建议，包括关于生物多样性保护在"十四五"规划中的作用的初步建议。预计未来的工作将继续进行，直至 COP 15 举办，并将参与与之相关的各种国际论坛。

2018 年 11 月，在埃及沙姆沙伊赫举行的主题为"为人类和地球福祉保护生物多样性"的 CBD COP 14 会议上，SPS 1-2 组织了边会，与各利益相关方商讨、听取他们的建议。

SPS 1-2 成员 Harvey Locke 和李琳出席了 2019 年 4 月在蒙特利尔举行的，由加拿大政府倡议组织的"自然领军者峰会"，此峰会旨在促进组建一个保护自然的"领军联盟"。作为加拿大环境与气候变化部长，凯瑟琳·麦肯纳牵头组织了这次会议，"自然领军者峰会"的灵感来自 2018 年 CCICED 年会关于 2020 后全球生物多样性保护的开放论坛。

期间，SPS 1-2 负责人与《生物多样性公约》秘书处、世界自然保护联盟、世界经济论坛以及德国、加拿大、法国、挪威等多个国家及若干发展中国家和中国境内外的民间社会团体等各利益攸关方进行了广泛接触，以期为中国国内决策者及国际机构提供进一步的建议。SPS 1-2 课题希望可以持续到 COP 15 结束以后一段时间，便可以为 CCICED 提供 COP 15 的结果和实时评估，并对今后中国实施 2020 后全球生物多样性框架提供政策建议。

近几年来，全球生态破坏和生物多样性丧失问题得到越来越多人的关注，相关的科学研究更加深入，采取的行动也越来越丰富。但是目前的全球行动与实现可持续发展的要求还不匹配，COP 15 的成功仍然需要强烈的全球政治意愿。此外，《巴黎协定》

和 2030 年可持续发展目标的经验表明，加强利益相关方对全球环境决策的参与，尤其是企业和金融部门的承诺和行动，也是至关重要的。

这份 SPS 政策建议文件关注 CBD COP 15 的中国政治承诺、对 2020 后全球生物多样性框架的建议、展示中国最佳实践和努力，同时为提高全社会对保护自然的必要性的理解提供支撑。文中，我们有意将"自然"一词与"生物多样性"互用，因为"自然"一词可以为公众和决策者提供直观的理解，而在学术及谈判领域，更多地使用"生物多样性"和"生态系统"等术语。

二、相关进展

在过去 20 年中，生物多样性的全球目标尚未完全实现。最新的全球生物多样性战略计划（2011—2020）确定了 20 个目标，即"爱知生物多样性目标"。战略计划为全球生物多样性可持续利用和惠益分享提供了路线图和时间表，它为制定国家目标和 2050 年长期目标提供了灵活的框架："到 2050 年，生物多样性得到重视、保护、恢复和明智使用，维护生态系统服务，维持健康的地球并为所有人提供必需的福利"。尽管取得了一些令人鼓舞的成果，但大多数国家和地区的这些爱知目标都没有达成。

在 CBD COP 14 之前，对 20 个爱知目标的进展情况逐个进行了多种评估，以便合理地理解其进展缓慢的原因。在 CBD COP 14 上，通过了成立一个闭会期间的工作组，以帮助制定适合 COP 15 的框架。其想法是，这一努力可以作为制定涵盖 2021—2030 年目标的行动计划的基础，也可以作为远超出下一个十年（或许到 2050 年）的计划的基础。

2018 年，中国、埃及与 CBD 秘书处合作在 COP 14 上发布了"为了自然与人——从沙姆沙伊赫到北京行动议程"（简称行动议程），设立了三个主要目标：一是提高公众对遏制生物多样性丧失、恢复人类和全球生态系统生物多样性健康的迫切需求的认识；二是激励和实施基于自然的解决方案，以应对关键的全球挑战；三是促进支持全球生物多样性目标的合作倡议。2019 年 4 月，行动议程在线上平台发布，全球参与者可以通过 CBD 网站访问。线上平台将在 COP 15 之前持续地接收和展示各利益攸关方对生物多样性的承诺和贡献。通过该平台，可以绘制全球生物多样性保护行动的示意图，并帮助确定关键差距和评估影响。

2019 年 5 月，在生物多样性和生态系统服务政府间科学政策平台（IPBES）的会议上，IPBES 发布了 2019 年决策者摘要报告。该报告引起了强烈的反应，因为它指出，未来可能会有一百万种物种消失。

三、政治参与

（一）应对主要挑战

《生物多样性公约》目标和指标的制定面临着许多挑战。

（1）尽管各个国家和地方都取得了一些令人鼓舞的进展，但全球扭转自然损失的努力仍然缺乏足够的政治紧迫性，及各方承诺和有效的实施。各多边环境协定的实施效果欠佳，而且各公约间缺乏协调和问责机制。气候变化、生态系统服务的退化、土地和水资源的可持续利用、海洋可持续性和生物多样性丧失等，这些支持人类生存的基本因素面临的综合挑战没有得到统一的应对。

（2）在政治家、公共和私营部门的议事议程中，对自然资本和生态系统服务损失的重视程度仍然相对较低。公司和金融机构在保护自然方面尚未发挥重要作用，在世界某些地区，民间公众参与决策的空间正在缩小。

（3）生物多样性保护面临的问题复杂，可行的解决方案往往存在显著差异。如何解决在提供生态产品和服务的同时促进经济发展和生态保护，是一个经常被提到的问题。

推动转型变革以便在 2030 年之前扭转自然损失趋势，在 2050 年之前实现自然系统的修复，需要未来十年内在各地方、国家和全球各层级采取更为紧迫、连贯和综合的应对措施。特别是在 COP 15 的筹备过程及会议期间，需要包括中国在内各个国家强有力的政治支持。

2015 年气候变化和联合国可持续发展目标的达成表明，实现生态丧失的逆转是可能的——这需要复制巴黎气候谈判成功的两个关键因素，即公约缔约各方政府首脑及主办国开展强有力的包容性外交，以及非国家行为者和企业采取重大而有意义的行动。

没有一个组织、部门甚至国家可以单独面对这些挑战。政治动员应尽可能广泛地在所有国家进行。从现在到 CBD COP 15 召开期间对于建立必要的政治参与和动员至关重要。

（二）机遇

一些国家和领导人已经表现出一定程度的政治意愿和领导力，包括法国、加拿大、哥斯达黎加、埃及、德国、肯尼亚、挪威等。此外，世界自然保护联盟、世界自然基金会、世界经济论坛和其他国家及机构正在积极参与推动。中国的机会是动员这些机构和其他领导人的支持，以实现在国家和全球层面保护自然的雄心和行动。

例如，随着《巴黎协定》的成功，2017 年 7 月法国政府又在联合国高级别政治论坛上提交了"全球环境公约"，并在 2020 年中期主办世界自然保护联盟世界自然保护大会[1]，从而在生态自然界发挥领导作用。法国开发署正在与全球金融界合作，加强绿色增长投资，关注应对气候变化和生物多样性保护。在法国梅斯举行的七国集团环境部长会议强调了"基于自然的解决方案 / 自然为本的解决方案"应对在解决气候变化方面面临的挑战。

在 2019 年 4 月下旬，加拿大在蒙特利尔举办了一次自然领军者国际会议，由各国环境部长和各组织的领导人参加，开始全球动员，呼吁"将自然需求置于所有全球议程的核心"。这一行动呼吁强调基于自然的解决方案等事项。

（1）认识到丰富多彩的自然、稳定的气候、人类福祉和可持续发展之间的基本联系；

（2）将自然保护目标与解决气候变化联系起来，并开发对二者都有效的基于自然的解决方案；

（3）为联合国《生物多样性公约》制定一系列雄心勃勃的新目标，这些目标在 2030 年具有明确和可衡量的目标，并能有效地扭转 2030 年生物多样性丧失的趋势，并在 2050 年实现与自然和谐相处的愿景；

（4）扩大政府以外的《生物多样性公约战略计划》的参与范围，也包括广泛的公民行动者的承诺、参与和行动；

（5）通过增加世界范围内保护和修复的土地及海洋的比例来解决自然需求，并改善我们管理和修复自然的方式；

（6）通过加强以下方面的具体行动，应对全球自然损失的主要驱动因素：减少栖息地丧失和砍伐森林、抑制陆地和海洋污染、发展和加强可持续供应和价值链管理；

（7）在所有关键的政治、经济、文化和社会决策中采用基于自然的决策；

（8）增加对自然保护和自然资源可持续利用的投资，并利用现有的承诺调动新资源；

（9）承认并加强地方政府、城市和其他地方当局以及原住民、当地社区、妇女和青年在保护自然方面的作用。

加拿大政治行动呼吁会议后，其他一些国家相继举行此类会议并成为自然领军者，如 2019 年 7 月 3 日至 5 日在挪威特隆赫姆举行的生物多样性会议，成为了另一个蒙特

---

1 因新冠肺炎疫情，此次会议推迟至 2021 年。

利尔自然峰会，该会议侧重于就如何实现"雄心勃勃的 2020 后目标和框架"建立对话，提出 CBD COP 15 还应关注绿色供应链，以解决森林砍伐等问题。2019 年 9 月的联合国大会高级别会议、2019 年 12 月的气候变化 COP 25、2020 年 6 月的海洋会议，以及 2020 年 6 月的世界自然保护联盟世界自然保护大会等，都是自然领军者体现领导力的场所[1]。

自然保护和生物多样性的主流化需要关注经济系统内对生物多样性损失的主要驱动因素，需要消费者的决策以及社会价值体系的支持。这意味着需要在更广泛的部门，如投资和贸易实践中得以体现。有必要深化近年来在达沃斯论坛以及许多其他会议和机制中建立的对话，逆转自然生态体系退化最大的机会是使 CBD COP 15 成为自然保护的转折点，就像《巴黎协定》对于气候变化一样。

（三）中国可能的应对和政治动员

作为 CBD COP 15 的主办国，中国是世界瞩目的焦点，中国可以与各国通过"生态外交"加强彼此的联络。同样，通过与国际组织、企业和其他组织的合作，中国可以扩大其影响力，也可以借此机会展示其将生态文明纳入主流的实践和保护自然的成功案例，以及《生物多样性公约》履约取得的进展。

（1）只是成为 CBD COP 15 的好东道国是不够的。所有自然对人类的警告信号都表明自然生态系统现在正处于紧急状态，2020 年成为中国能够而且应该采取最有意义的行动的历史时刻。最终会有三种可能的结果：①达成世界一致赞扬的 CBD 2021—2030 年雄心勃勃的框架协议，就如气候变化的《巴黎协定》的框架，世界各国将尽一切努力实现，并且将在历史中铭记；②达成一个基于最低共同标准的平庸协议，可能有超过一半的国家不满意，也许会引来大量认为中国没有发挥足够的领导作用而针对中国的批评；③未能达成任何协议，使大会失败且具有长期的负面影响。结果③是没有人愿意看见的，显然也应该明确避免达成结果②，中国应该为结果①积极努力。中国在这个过程中并不是孤立独行的，可以动员自然领军者给予支持，也可以形成一个领军者联盟以动员全世界的力量来实现所需的行动，这应该是中国采取的方法。

（2）动员并协助自然领军者的行动。中国政府和其他机构应该有决心并以高度的政治意愿来关注自然议程。所有相关部委和其他部门应积极与国内外志同道合的同行和利益相关者接触，自现在起至 CBD COP 15 期间与相关方联系、斡旋、协力联动。还可以利用各种正式和非正式的外交渠道，官方外交渠道、轨道 1.5 和轨道 2 外交、

---

1 2020 年的会议均因新冠肺炎疫情推至 2021 年。

双边对话、多边讨论、多方利益相关者交流、公共教育和交流、学术联系、商业活动、国际会议等，进行引导和磋商。

（3）利用"生态外交"来突破地缘政治的不确定性。现在是中国利用"生态外交"开辟新天地、建立一个共同的高尚道德基础、讨论全球共同问题的时机，特别是和新盟友一起扭转自然损失以及增强生态服务以带来经济收益的恰当时机，也是中国向世界解释其提出的生态文明、人类命运共同体等理念的本质的契机。

（4）发挥领导作用，推动"自然与人民的新政"（New Deal for Nature and People）。"自然与人民的新政"是由相关非政府组织和国际机构共同发起的一项倡议，目标是积极争取各国元首的支持和承诺，在 2020 年达成《生物多样性公约》的全球目标和有效实施机制，到 2030 年实现扭转自然损失、保护和恢复自然生态系统、落实 2030 年可持续发展目标和《巴黎协定》。"自然与人民的新政"要求除环境部门之外的其他政府部门也将扭转损失、恢复自然纳入工作考虑范围，共同支持对自然生态系统的保护和修复，同时实现经济发展与民众健康和福祉。非政府机构（如全球的商业领袖、金融家和公众）在实现"自然与人民的新政"中也至关重要。

中国的生态环境保护工作已经体现了"自然与人民的新政"的核心理念，包括：习近平主席 2005 年提出"绿水青山就是金山银山"；2007 年首次提出"生态文明"并纳入宪法；2012 年提出经济、政治、文化、社会和生态文明的五位一体的发展理念；2017 年的长江经济带生态环境保护倡议；2018 年起全面禁止象牙贸易，组建生态环境部，财政部新成立自然资源和生态环境部门，开展自然资源资产离任审计的试点，实施蓝天、净土、碧水保卫战等等。

具有最高政治意愿的关于生态环境问题的顶层设计，对于人与自然建立起新的关系至关重要，现在正是中国将其绿色倡议扩展到中国各行各业以及海外业务的最佳时机，也是中国与志同道合的其他国家和各利益攸关方合作，让全世界与自然达成新协议的时候。CBD COP 15 在中国实现第一个百年目标前后在中国举行，为中国提供了一个达成"自然与人民的新政"的良好契机。

（5）中国应该通过向生态文明迈进，成为世界的灯塔。借此机会，中国将有机会和世界分享中国提出的生态文明思想、实践、进步和发展。中国对世界可持续发展的努力和贡献是非常有价值的，尤其对相似的发展中国家有借鉴意义，将生态文明与绿色"一带一路"倡议的结合，会对可持续发展目标的实现产生深远的意义。

还有一个问题中国需要关注。生态文明立足于未来的发展，明确了发展与生态环境承载力的关系。但是，由于文化、意识形态和语言的障碍，目前世界上除了中国人外，可能别国人无法充分了解中国的思想和实践。在与自然领军者的合作过程中，关键在于发展志同道合的盟友，建立理解和联合，共同应对全球面临的共同问题。

中国可以与法国联合起来在国家首脑级别开展合作，共同呼吁其他国家首脑为捍卫大自然与联合国秘书长一起共同倡导生态议程。中国还可以与法国各界密切合作，学习和分享巴黎在《联合国气候变化框架公约》中取得的成功和经验教训，为中国成功举办 CBD COP 15 做贡献。

中国可以与德国联合起来调动资源，将默克尔的生态百万（"Merkle Millions"）（2006—2017年，德国对国际生物多样性融资的贡献从每年7 500万欧元增加到每年5.37亿欧元）变为"自然的亿万（Nature's Billions）"。

与肯尼亚等许多非洲国家，基于过去20年的中非合作所做的努力，加强在全球发展目标背景下的可持续发展和生态文明的联合合作。

还有许多其他国家，中国可以探索并成为共同议程的黏合剂，以便为我们未来共同的繁荣确保"基于自然的解决方案"系统。从法国开始，联合欧盟、德国、英国、加拿大、卢旺达、乌干达、埃及、智利、墨西哥、哥斯达黎加、哥伦比亚、秘鲁、塞舌尔和挪威等国，一起努力达成并实现有雄心且可执行的2020后全球生物多样性框架及实施和保障机制，并利用2019年的联合国大会气候峰会作为跳板，为2020年的联合国大会自然峰会打下坚实的基础。

在七国集团和二十国集团等重要论坛中引入自然议程，展示自然在和平与安全中的重要作用，也是达成"自然与人民的新政"的关键节点与场合。

在COP 15召开之前，中国可以利用许多其他机会，接触合作伙伴，协调彼此的行动。

1）在准备联合国大会2019年气候峰会时，利用与新西兰共同领导"基于自然的解决方案"的机会，将生物多样性保护的思路和成功经验纳入提议，生态部门和气候部门应密切协调合作，以使国家利益最大化，这样在2019年联合国大会气候峰会上就可以嵌入生物多样性议题。

2）加速学习《巴黎协定》的成功经验。这应该集中在两个方面：①在中国，生物多样性界应该向气候变化界学习，以获得有关参与全球议题的经验，发挥更加积极和主动的作用；②与法国通过开诚布公的对话，深入探讨如何发挥东道国的主导作用。

3）积极参与并引导自然领军者的征募与参与，2018年国合会年会（CCICED AGM）启发了蒙特利尔自然峰会，中国应该考虑在 CBD COP 15 召开之前尽快组织这样的自然领军者集会，以确保 CBD COP 15 的成功。

四、中国生物多样性保护的实践与案例

SPS 1-2 的主要关注点包括中国以及与中国联系紧密的国家（如"一带一路"倡议国家）在生态保护方面的实践和案例。作为全球对话的一部分，展示中国的经验非常重要，可以分享可行的方法，需要避免的陷阱，以及什么是具有成本效益的自然解决方案。作为全球生物多样性大国之一，中国在改善和恢复自然方面的做法对全球具有重要意义。中国已经开展的良好做法，对其他发展中国家具有特别重要的参考价值。

SPS 1-2 2019 摘要报告的内容涵盖了中国生物多样性保护的实践要点。之后我们将出版一份更为完整的报告，以作为 CBD COP 15 筹备工作的参考材料。本报告提到的总结要点构成了 SPS 1-2 建议的基础，包括对更高质量发展的考虑以及对"十四五"规划（2021—2025）的初步想法与建议。

附件 2-1 简要介绍了竹子作为可持续发展的重要新兴自然解决方案之一，契合了包括减贫、生态服务、低碳经济和提高生物多样性等在内的若干重要需求。其内容由 CCICED 研究合作伙伴中国国际竹藤组织（INBAR）编写。该案例表明，竹子在中国和其他许多国家具有非常高的潜在价值。

未来一段时间，我们将重点介绍其他与中国有关的案例，这些案例可能对其他国家具有参考价值，并且可能在 COP 15 期间予以审议。对于在"一带一路"倡议背景下与中国签署伙伴关系的国家而言，这些案例经验对其生态保护具有特殊价值。比如，巴基斯坦对于大规模造林（"百亿植树行动"）和基于生态的水管理感兴趣，希望能复制中国的成功经验。

（一）体制改革

（1）实施生态和生物多样性的机构改革

中国国务院在制订和监督《中国生物多样性保护战略与行动计划（2011—2030 年）》方面具有长期作用，国家生物多样性保护委员会由负责环境事务的副总理担任主席。韩正副总理在 2019 年 2 月的一次会议上强调，加强生物多样性保护是生态文明建设的重要组成部分，是促进优质发展的重要出发点。当然，在过去十年甚至更久以前，这个话题就已经得到了中国领导人，特别是习近平主席的高度关注。

2018 年，中国政府发布了《深化党和国家机构改革方案》。其中，新组建的生态环境部负责建立健全生态环境基本制度，监督管理环境污染防治，指导协调和监督生

态保护修复，开展生态环境监测，统一负责生态环境监督执法。新组建的自然资源部对自然资源开发利用和保护进行统一管理，建立自然资源有偿使用制度。国家林业和草原局整合了此前多个部门对自然保护区、风景名胜区、自然遗产、地质公园等的管理职责，并加挂国家公园管理局牌子，负责建立以国家公园为主体的自然保护地体系。上述机构职能的改革为加强生物多样性保护奠定了重要基础。

（2）实行自然资源资产负债表制度

自然资源资产负债表的范围应包括两类内容。一类是可以在经济系统中应用于审计范畴的自然资源，另一类是对地球上生物生存具有重要意义、与生态环境和生态服务相关的自然资源。作为生态环境保护的重要组成部分，生态系统多样性保护作为保护生物多样性的措施，主要通过在自然资源资产负债表中建立土地资源、森林资源和水资源账户来反映。生物多样性保护的基础是保护动植物的生存环境。为了改善栖息地质量，在自然资源资产负债表中主要将天然林、湖泊和河流纳入审计。审计体系正在构建中，在部分领域（如海洋）尚未最终完成。2015 年，国务院办公厅在多个地区开展试点工作。下一步的工作将包括建立统一的自然资源资产负债表框架和标准。该信息还将用于合理建立奖惩绩效考核机制，以及建设生态文明和绿色发展。

（3）实施领导干部自然资源资产离任审计制度

领导干部自然资源资产离任审计是指党政领导干部离任之后，审计部门对其任职期内辖区的土地、水、森林等自然资源资产进行核算。此项离任审计是为了防止领导干部只顾经济发展而不兼顾环境保护，目的是促进领导干部更好地履行自然资源资产管理责任和生态环境保护责任，从制度层面矫正领导干部的政绩观，倒逼其增强做好生态建设工作的积极性、主动性，因而常被称为"生态审计"，这是对官员生态环境损害责任的终身问责制度的重要组成部分。

（二）生态文明和绿色发展的指导原则

2017 年，在中国共产党第十九次全国代表大会上提出了"加快生态文明体制改革，建设美丽中国"的宏伟目标。实现这一目标的主要任务包括实施重要生态系统保护和恢复重大项目，优化生态安全屏障体系，建设生态走廊和生物多样性保护网络，提高生态系统的质量和稳定性，建立以国家公园为主体的自然保护地体系。

习近平生态文明思想内涵丰富、系统完整，深刻回答了为什么建设生态文明、建设什么样的生态文明、怎样建设生态文明等重大理论和实践问题，集中体现为"八个坚持"，即坚持生态兴则文明兴、坚持人与自然和谐共生、坚持绿水青山就是金山银山、坚持良好生态环境是最普惠的民生福祉、坚持山水林田湖草是生命共同体、坚持用最严格制度最严密法治保护生态环境、坚持建设美丽中国全民行动、坚持共谋全球生态文明建设。

2016 年，中国政府发布了《关于促进山川河流、森林、农田、湖泊生态保护和恢复的通知》。该通知明确提出："加快珍稀濒危动植物栖息地的生态保护和恢复，恢复受损的跨区域生态走廊，确保连通性和完整性，建立生物多样性保护网络，促进生态空间的整体恢复，促进生态系统功能的改善"。

（三）推进生物多样性保护主流化战略

为了落实《生物多样性公约》，切实解决中国生物多样性保护面临的新问题和新挑战，中国政府不断完善生物多样性保护的组织和制度建设，将生物多样性保护纳入生态文明建设，促进生物多样性保护的实施，实施生物多样性保护主流化战略，划定生态保护红线（ECR），以国家公园为核心开展自然保护地系统改革，通过生态补偿和创造多种经济效益来实现生物资源有效保护和利用。这些措施已开始产生良好的效果并积累了成功经验，对国家和国际生物多样性保护及生物资源的可持续利用具有重要意义。此外，中国正在通过"一带一路"倡议，寻求机会将生态保护经验推广到"一带一路"国家和其他有关的国家。

（1）制定《中国生物多样性保护战略与行动计划（2011—2030 年）》

中国制定的《中国生物多样性保护战略与行动计划（2011—2030 年）》确定了保护的战略目标、战略任务和优先行动计划。同时，该行动计划首次在中国提出了具有明确边界的生物多样性保护优先领域，在中国确定了 32 个内陆和 3 个海洋生物多样性保护优先领域，其中，32 个内陆生物多样性保护优先领域涉及 27 个省级行政区的 885 个地区，约占中国陆地面积的 24%。

（2）将生物多样性保护纳入五年计划

2015 年，中国发布《"十三五"规划纲要》，要求"坚持保护优先、自然恢复为主，推进自然生态系统保护与修复，构建生态廊道和生物多样性保护网络，全面提升各类自然生态系统稳定性和生态服务功能，筑牢生态安全屏障"。

在"十四五"（2021—2025 年）期间，国家将进一步提高对生物多样性的重视程度和保护力度，制定并实施 2020—2030 年生物多样性保护行动方案，加快推动国家生物多样性保护立法，定期开展生物多样性调查评估，继续按照"山水林田湖草生命共同体"的理念实施生态保护和修复。通过推进生物资源可持续利用和完善生态补偿机制，巩固和提升脱贫地区的人民生产生活水平，维护和改善生物多样性保护水平。

（3）实施全国主体功能区规划

2010 年，国务院印发了《全国主体功能区规划》。该规划是全国国土空间开发的战略性、基础性和约束性规划，将全国的国土空间划分为优化开发、重点开发、限制开发和禁止开发四类。其中，禁止开发区域是指有代表性的自然生态系统、珍稀濒危野生动植物物种的天然集中分布地、有特殊价值的自然遗迹所在地和文化遗址等。该规划确定国家禁止开发区域共 1 443 处，总面积约 120 万 km²，占全国陆地国土面积的 12.5%。其中，国家级自然保护区占陆地国土面积的比重为 9.67%，是以生物多样性保护为主的保护地。

《全国主体功能区规划》明确了 25 个重点生态功能区，总面积约 386 万 km²，占全国陆地国土面积的 40.2%。国家重点生态功能区分为水源涵养型、水土保持型、防风固沙型和生物多样性维护型四种类型。其中，生物多样性维护型的重点生态功能区有 7 个。

（4）《全国国土规划纲要（2016—2030 年）》

2017 年，国务院印发《全国国土规划纲要（2016—2030 年）》，提出了坚持保护优先、自然恢复为主的方针。以改善环境质量为核心，根据不同地区国土开发强度的控制要求，分类分级推进国土全域保护。

（5）《长江经济带发展规划纲要》

2016 年，国家发布《长江经济带发展规划纲要》。该纲要将改善生态环境放到了长江经济带发展战略的第一位，强调修复长江生态环境，尊重自然规律及河流演变规律，保护和改善流域生态服务功能，要求在 2030 年实现水环境和水生态质量全面改善，并提出了水质优良（达到或优于Ⅲ类）比例（2020 年达到 75% 以上）、森林覆盖率（2020 年达到 43%）等生态环境建设的具体目标。它强调生态优先，妥善处理江河湖泊关系、强化水生生物多样性保护、加强沿江森林保护和生态修复。

（四）生态补偿

生态补偿的实施是调动各方积极性、保护生态环境的重要手段。十年来，中央政府和地方政府积极推进生态补偿，有序推进生态保护补偿机制建设。但总的来说，生态补偿的范围仍然偏小、标准偏低、保护者与受益人之间的补偿机制不健全，在一定程度上影响了生态环境保护措施的效果。为进一步完善生态补偿机制，2016 年，中国政府提出"到 2020 年，实现森林、草原、湿地、荒漠、海洋、水流、耕地等重点领域和禁止开发区域、重点生态功能区等重要区域生态保护补偿全覆盖，补偿水平与经济社会发展状况相适应，跨地区、跨流域补偿试点示范取得明显进展"。

与生物多样性保护有关的补偿制度包括公益林补偿、停止天然林商业性采伐补助奖励、退牧还草奖励、禁牧补助和草畜平衡奖励、重要湿地生态补偿、沙化土地封禁保护补偿试点、增殖放流和水产养殖生态环境修复补助、水产种质资源保护区补偿、国家级海洋自然保护区和海洋特别保护区生态保护补偿。各有关部门有序推进各种补偿措施，在保护生物多样性方面发挥了重要作用。

上下游生态补偿机制的建立不仅保证了下游地区的水环境质量，而且促进了上游地区植被和栖息地环境的保护。2012 年，财政部和环境保护部协调安徽省和浙江省共同实施新安江跨省生态补偿机制。在首轮三年试点项目取得成功的基础上，2015 年启动了第二轮试点项目，总投资 7 亿元用于新安江的生态环境保护。2017 年浙江省财政厅、省环保厅、省发展改革委和省水利厅四部门联合发布了《关于建立省内流域上下游横向生态保护补偿机制的实施意见》，浙江省成为全国首个在省内流域开展横向生态保护补偿机制的省份。

生态补偿还可以用于加强野生资源的繁育研究，创新生物资源开发利用技术，按照"保护第一，可持续利用"的原则减少野生资源的利用。通过生物资源的可持续利用，生物多样性资源的开发利用将成为经济发展的新增长点，以及居民摆脱贫困的新途径。

（五）生态保护红线

划定生态保护红线是中国政府的一项重大决策。与国内外已有保护地相比，生态保护红线体系以生态服务供给、灾害减缓控制、生物多样性保护为主线，整合了现有各类保护地，补充纳入生态空间内对生态服务功能极为重要的区域和生态环境极为敏感脆弱的区域，构成了保护类型更加全面、分布格局更加科学、区域功能更加凸显、管控约束更加刚性的生态空间保护体系，是保护地体系构建的一项重大改进创新。通过划定并严守生态保护红线，不仅有效保护了生物多样性和重要自然景观，而且对净化大气、扩展水环境容量具有重要作用。同时，生态保护红线也是国土空间开发的管控线，维系了中华民族永续发展所依托的绿水青山，为维护国家生态安全、促进经济社会可持续发展提供了有力保障。因此，生态保护红线被称为中国"继耕地红线之后的又一条生命线"。

2017 年 2 月，中共中央办公厅、国务院办公厅印发《关于划定并严守生态保护红线的若干意见》，明确了生态保护红线工作总体要求和具体任务。2018 年 6 月，《中

共中央　国务院　关于全面加强生态环境保护　坚决打好污染防治攻坚战的意见》进一步提出了生态保护红线面积占比达到 25% 左右的目标。

目前，中国生态保护红线划定工作主要取得了如下进展。

（1）建立协调工作机制。生态环境部牵头成立生态保护红线部际协调领导小组，各地也建立相应的跨部门协调机制，加强组织保障。

（2）制定指导性文件。相继出台《生态保护红线划定指南》《各省（区、市）生态保护红线分布意见建议》《生态保护红线勘界定标技术规程（试点试行）》等文件，指导各地有序推进划定工作。

（3）建设监管体系。完善天地空一体化监测网络，启动建设国家生态保护红线监管平台并组织开展试运行，平台预计将于 2020 年底前全面建成。

（4）加大生态保护红线宣传力度。发布生态保护红线标识，策划和制作生态保护红线宣传视频，总结红线划定的有益经验并邀请媒体跟进宣传，加强生态保护红线科普知识宣传。与世界自然保护联盟（IUCN）合作开发生态保护红线划定工具包，向国际推广生态保护的中国经验。

（5）全面划定工作。2018 年 2 月，国务院批准了京津冀、长江经济带省（市）和宁夏等 15 个省级行政区的生态保护红线划定方案，划定的生态保护红线总面积约占其国土面积的 25%，15 个省级行政区划定方案均已由省级政府发布实施。目前，15 个省级行政区正在进行生态保护红线的勘界定标试点工作，剩余省份已形成生态保护红线初步划定方案，根据部委意见修改完善后上报国务院批准。

下一步，各地将根据国务院批准的划定方案全面开展勘界定标，结合国土空间规划、保护地体系建设等工作，促进生态保护红线精准落地，实施更加精细化的生态监管。同时，中国政府将制定出台生态保护红线的管理办法，明确生态保护红线的管理原则、人类活动管控、保护修复、生态补偿、监管考核等要求，在各地管理实践的基础上推动生态保护红线立法。

（六）国家公园是中国保护区系统的核心

经过几年的讨论和规划磋商，2017 年 9 月，中共中央办公厅和国务院办公厅共同发布了《建立国家公园体制总体方案》。国家公园概念的界定，从七个方面对如何建设中国国家公园进行了明确的描述：总体要求、国家公园内容的科学定义、建立统一的行政权力和分层管理体系、建立资金保障体系、完善自然生态系统保护体系、建立协调的社区发展体系和实施支持。国家公园系统将成为更广泛的保护区网络核心，包括现在被指定为自然保护区或其他名称（如地理公园）的许多区域。

在不到五年的时间里，中国抓住了国家公园体系发展的契机，在全面深化自然保护区体制改革方面取得了重大里程碑式的进展，为实现生态文明和国家建设战略奠定了坚实的基础。

国家公园是国家批准和管理的陆地或海洋区域，其边界明确，主要目的是保护具有国家代表性的自然生态系统，实现科学保护和合理利用自然资源。主要目标是保护大面积生态系统和大规模生态过程，强调保持生态系统真实性和完整性的必要性。它们被明确划分为国家主要功能区的发展禁区，规划实现生态红线管理和最严格的保护。国家公园坚持国家代表和代代相传的特点，激发民族自豪感，为子孙后代留下宝贵的自然遗产。它们坚持全民福利，为市民提供环境教育和娱乐场所，倡导人们保护自然。

到目前为止，已在 12 个省级行政区建立了 10 个国家公园体制试点区，包括三江源、大熊猫、东北虎豹和祁连山等，探索保护代表性地区的大规模生态系统和生态过程，促进深层次体制机制改革，用于自然保护区域管理。

为了更好地贯彻"建立以国家公园为主体的自然保护地体系"的指导方针，我们提出了以下六点建议。

（1）夯实"生态保护第一、国家代表性、全民公益性"三大基石，在严格控制国家公园准入门槛和总体数量的同时，由中央政府为主行使国家公园事权，实现国家公园在自然保护地体系中的主体地位。

"生态保护第一、国家代表性、全民公益性"是生态文明新时代对中国国家公园体制建设的总体要求，是中国国家公园建设的鲜明特征，因此夯实这三块中国国家公园体制建设的基石是第一要务。

为此建议依据生态系统和生态过程特征，将国家的全部陆地和海洋划分为不同的生物地理单元，在每一单元内选择最具代表性、原真性和完整性的区域作为国家公园潜在建设地区，进入国家公园预备名录。确定国家公园选点和区域时，应重视国家公园作为生态廊道的功能，以国家公园为核心，建立已有自然保护地之间空间上的关联。为了实现所有国家公园由"中央政府行使事权"和"最严格的保护"，建议中央政府严格控制国家公园准入门槛和数量。由中央政府组织多学科专家根据原真性、完整性和适宜性的要求制定中国国家公园发展规划，并根据每一个国家公园的特征、管理目标和现状问题制定该国家公园管理实施细则。

以这种最高标准和最严格程序建立起来的国家公园将成为美丽中国的璀璨明珠，成为生态文明新时代中国自然保护地的杰出代表和保护管理典范，也最能体现国家公园在自然保护地体系中的主体地位。

（2）建立中国荒野保护制度，在国家公园等各类自然保护地范围内划定荒野保护区域，抢救性地保护原真性最高的国家自然遗产。

荒野是指不受人类干扰、没有人类聚居的野性自然区域，该区域内没有人工基础设施、农牧业等开发性土地利用和人工视觉障碍物。荒野保护的目标是保存其原真自然状态。由于荒野是原真性最高的国家自然遗产，是国家公园等自然保护地中最具生态价值的精华，是中华文明的自然本底，是在经济建设中快速流失的最美国土，因此有必要研究建立中国荒野保护制度，实行抢救性保护。

荒野不是一种行政单元，而是管理政策单元。目前 10 个国家公园体制试点中，大多在边界范围内都有数以万计的人口居住生活，因此，在较长一段时间内，不可能实行全域范围的"最严格保护"。建议在国家公园等自然保护地内以尽可能大的面积划定荒野保护区域，实行"最严格保护"和"野化"政策。真正把荒野留给自然，把荒野纳入生态文明。

（3）根据保护对象特征和保护强度差异，构建多面向、多层次自然保护地体系，建立"以国家公园为主体的自然保护地体系"法律框架，同时分别制定不同类型的自然保护地管理政策。

我国的自然保护地目前占国土面积的 18%，今后还有可能进一步增长。不同个体自然保护地，它们的资源特征各不相同（山水林海湖草沙）；保护对象各有区别（生态系统保护、生态过程保护、物种多样性保护、文化景观保护等）；占地规模大小不等（从十几万平方千米到几百万平方千米）；土地权属复杂多样（国有土地、集体土地叠加承包确权）；财政事权不尽相同。因此，这么大规模的自然保护地不可能采取简单、粗放、"一刀切"的管理政策，而应根据保护对象的特征，构建多面向、多层次自然保护地体系，并分别制定不同类型的自然保护地管理政策，进行差异化、精细化、科学化管理。

考虑中国自然保护地的发展历史和生态文明新时代的要求，建议中国自然保护地分为四个大类：国家公园以大面积生态系统和大规模生态过程为保护对象，对应 IUCN 中第 Ⅱ 类保护地类型，实行科学意义上的最严格保护，允许开展作为国民福利的环境教育活动；自然保护区以典型生态系统和珍稀濒危动植物物种及其栖息地为保护对象，对应 IUCN 中第 Ⅰ 类保护地类型，实行严格的保护和差异化管理；风景区以中国独具特色的自然文化混合遗产和特别景观类型为保护对象，对应 IUCN 中第 Ⅲ 类和第 Ⅴ 类保护地类型，将现有风景名胜区、地质公园、森林公园、湿地公园等纳入风景区类别，可细分为风景名胜区、地质风景区、森林风景区、湿地风景区等；生态管理区以兼具文化价值、社区生计等生态系统服务功能的重要生态功能区和物种栖息地为保护对象，对应 IUCN 中第Ⅵ类保护地类型，以实现自然资源科学保护前提下的可持续利用为目标。根据不同类型自然保护地保护对象的敏感性分别制定人类行为、人工设施和土地利用负面清单。

建议建立金字塔型"1＋4＋X"的"以国家公园为主体的自然保护地体系"法律框架，"1"是指《中华人民共和国自然保护地法》，它是"建立以国家公园为主体的自然保护地体系"的基本法；"4"指 4 项国务院条例——《国家公园管理条例》《自然保护区管理条例》（由现有自然保护区相关条例修订形成）、《风景区管理条例》（由现有风景名胜区相关条例修订形成）、《生态管理区管理条例》；"X"是指根据《国家公园管理条例》，本着一园一法的原则，为每一个国家公园个体制定的管理实施细则，如《三江源国家公园管理实施细则》。

建议根据保护管理的强度和目标制定国家公园功能分区，可分为核心保护区（荒野区）、生态保育区和限制利用区三种类型。核心保护区（荒野区）严格禁止人工设施建设和人类活动干扰；生态保育区仅允许科研活动和栖息地管理等生态保育措施；限制利用区严格限制非保护管理需要的人工设施建设，可进一步分为传统利用区和科普游憩区，需科学制定社区人口和环境教育的承载量。

（4）充分重视土地权属的复杂性和社区管理的艰巨性，根据不同地区国家公园建设中土地、人口和社区的特征、问题、困难及其根源制定专项管理政策，预防"一刀切"政策可能带来的长期隐患。

中国国家公园体制建设中最具挑战性的问题是土地和社区人口。虽然中国的土地制度是建立在公有制基础之上的，但国有土地、集体土地叠加不同的形式、不同年限的土地承包制，造成国家公园潜在地区土地权属的复杂程度在世界上都是少有的。同时，大多数拟建国家公园和自然保护地的边界内外生活着大量农牧民、林业职工，甚至城市居民。土地、人口和社区的特征、问题、困难及其根源如果没有深入调研，并在此基础上针对不同地域、不同情境提出实事求是并富有创造性的"一揽子"解决方案，中国的国家公园和自然保护地发展过程中将存在长期隐患。

建议组织多学科专家对土地、社区和人口问题进行专题调研和专项研究，尤其要研究国家公园内土地所有权、管理权、使用权现状，土地确权对国家公园管理的影响，实行地役权、保护权、协议共管等社区参与国家公园保护和管理制度实施的可行性，在此基础上由国家公园主管部门分别制定国家公园土地管理专项政策，以及社区和人口管理专项政策。在国家公园管理政策制定过程中应充分征求社区居民等利益相关者的意见，提供社区参与国家公园决策和管理的途径，并特别关注妇女在这一过程中的参与情况。平衡国家公园内保护和社区发展的矛盾。通过国家公园功能分区将国家公园区域内的访客游憩活动、居民的生产生活划定在明确可控的边界范围内。在保证核心保护区和生态保育区最严格保护的前提下，做好访客规划和社区发展规划，充分发挥国家公园科研、教育、游憩和社区发展等综合功能。

（5）充分发挥科学研究和科学家群体在国家公园建设中的独特作用，以科学为准绳实现"最严格的保护"。

科学是国家公园体制建设中不可或缺的要素之一，也是目前中国各种类型的自然保护地的"短板"。作为自然保护地体系的主体，国家公园应该在科学立法、科学规划、科学保护、科学管理、科学监测方面做出示范，实现国家公园以科学为准绳的"最严格的保护"。

建议成立"中国国家公园科学指导委员会"，聘任有理想、有操守、有能力、有思路的多学科专家，承担国家公园建设方面的顶层科学咨询工作；施行国家公园首席科学家制度，由国家公园主管部门为每一个国家公园指定首席科学家；建立生态保护科学部门，负责该国家公园的规划、保护、管理和监测工作；尽快依托双一流大学或学科建设"国家公园人才培养基地"，协调教育主管部门落实研究生名额，用以培养国家公园高层次人才。

（6）在东部、中部、西部、东北和少数民族自治区各选一个省级行政区，尽快开展省域"建立以国家公园为主体的自然保护地体系"试点。以国家公园建设为契机，激活中国自然保护全局，进而探索不同地区实现生态文明建设与经济建设、政治建设、文化建设、社会建设"五位一体"的方式方法和可行路径。

与"建设国家公园体制"相比，"建立以国家公园为主体的自然保护地体系"是一项更为宏大、艰巨、复杂的任务。不仅影响中国自然生态保护的全局，而且还与脱贫攻坚、城镇和人口布局、产业转型、民族稳定、国防安全、生态红线、主体功能区等有着千丝万缕的联系。兹事体大，实施过程中一定不能草率落实。建议在现有国家公园体制试点基础上，总结经验教训，尽快开展"建立以国家公园为主体的自然保护地体系"省级试点。

中国地域辽阔，人口众多，生态环境丰富多样。在"建立以国家公园为主体的自然保护地体系"的过程中，东部、中部、西部、东北地区面临着不同的挑战和矛盾，尤其是不同的土地和社区人口管理问题。建议综合考虑地域特点、保护对象差异、经济发展水平、民族人口构成等因素，在东部、中部、西部、东北和少数民族自治区各选一个省区，尽快启动开展省域"建立以国家公园为主体的自然保护地体系"试点工作，以国家公园建设为契机，探索不同地区实现生态文明建设与经济建设、政治建设、文化建设、社会建设"五位一体"的方式方法和可行路径。

（七）推进"一带一路"绿色国际化战略

2013 年，中国国家主席习近平提出"一带一路"倡议作为国家顶层合作倡议。2017 年，环境保护部颁布了《"一带一路"生态环境保护合作规划》。2019 年，在第二届"一带一路"国际合作高峰论坛上"一带一路"绿色发展国际联盟正式成立。

《"一带一路"生态环境保护合作规划》旨在传播生态文明的概念，促进生态环境保护领域"一带一路"沿线国家间的合作，加强环境保护合作和环境保护信息共享的机制。它将鼓励有关国家在双边、多边、次区域和区域各级共同制定并实施生态环境保护战略和行动计划。合作平台的建设将促进相关国家在诸如《生物多样性公约》《关于持久性有机污染物的斯德哥摩公约》等多边环境公约中开展合作，从而建立形成环境公约实施的合作机制，促进技术交流和"南南合作"。

（八）中国竹业和国际竹藤组织（INBAR）（附件 2-1）

很多有关生物多样性及生态系统保护和利用的国际组织落户中国境内，并得到政府支持。自 1997 年成立以来，国际竹藤组织（INBAR）做出了很多重要贡献。虽然总部设在北京，但与其他各国都有联系。竹子与中国的景观和文化息息相关，自古以来，特别是自 20 世纪 80 年代以来，政府和私营部门对竹子行业的投资均带来了显著的社会效益、经济效益和环境效益。

1981—2016 年，竹子行业的年度价值从 1.6 亿美元增加到 320 亿美元，为中国南方的竹业带来了数百万个正式工作岗位，使很多人脱贫。例如，在浙江省的安吉县，竹子带来的收益占该县 GDP 的 35%，并提供了人均年收入 1 000 美元。

在此期间，竹子市场的开发也对造林和扭转土地退化产生了重大影响，同期竹林覆盖面积从 300 万 hm² 增加到 600 万 hm²。这对土壤和水的保护产生了有利的影响。INBAR 的研究表明，从边缘农业恢复到竹子种植区可以减少 25% 的水径流和 70% 以上的土壤流失。

用竹子恢复土地也对气候变化有好处。据估计，目前中国的竹林储存了 7 亿多 t 碳，到 2050 年将增长到 11.8 亿 t。据保守估计，改善中国竹林的管理实践可减少碳排放高达 5 000 万 t，产生 40 亿元人民币（5.8 亿美元）的额外收入。此外，依据气候变化脆弱性分析，加上近期气候冲击的观测结果，如 2008 年中国南方的暴风雪，表明竹资源对气候变化具有抵御能力，可以支持农民对气候变化的适应。

中国竹业的前途是光明的。2013 年，中国成为首批发布全国竹子战略的国家之一。据中国 2013—2020 年国家竹业计划预测，到 2020 年，竹业将达到 480 亿美元的贸易额，并雇用 1 000 万人。竹子可以成为中国政府"生态文明"驱动的重要组成部分。

竹子的一个非常实用的利用方法是作为中国与其他国家国际合作的一部分，特别是"一带一路"倡议，该倡议正在与许多国家建立贸易和基础设施的联系。2018 年，习近平主席在中非合作论坛北京峰会上的演讲中讲到了竹子，作为推动"绿色发展与非洲生态与环境保护"合作的一个重要内容。此后，在中国的支持下，在非洲国家建立了一个中非竹子中心，以发展非洲竹子产业。INBAR 也是新的"一带一路"绿色发展国际联盟的成员。

五、政策建议

自国合会 2020 年后全球生物多样性保护专题政策研究项目在 2018 年 11 月首次向中国国务院提供建议以来，全球人类和地球面临的环境紧急状况持续恶化。半年后，生物多样性和生态系统服务政府间科学政策平台（IPBES）发布了 2005 年以来的第一次全球评估。如果没有可持续性的变革，可能会有一百万种物种面临灭绝的风险。联合国秘书长在首届"一带一路"国际合作高峰论坛的开幕致辞中指出，地球的生态系统正以惊人的速度退化。他指出，"在人类历史上，第一次拥有可支配的足够的资源和先进技术来消除极端贫困，减少不平等，并使地球处于可持续发展的轨道上"，并且"多极世界需要多边合作应对共同的威胁，抓住共同的机遇"，而"中国是多边主义的核心支柱"。

在过去十年中，中国积极努力消除贫困，尤其最近在国内和全球范围内应对气候变化问题上赢得了认可。现在有机会在行星生态学（Planetary Ecology）和生物多样性领域开展这样的工作了。中国将承办《生物多样性公约》第 15 次缔约方会议（CBD COP 15），是在这个方向迈出了重要的一步。这个时机对于中国国内来说是完美的，因为它将成为自身繁荣和生态改革的转折点。

2020 年将在全球范围内遵循 2015 年《巴黎协定》和联合国宏伟的 2030 年可持续发展目标所确定的先例，成为制定保护地球自然财富的长期和十年目标的关键点。然而，要在世界各国政府领导人以及国际机构、商业和金融组织以及个人之间建立"自然领军"联盟，时间太短。幸运的是，最近几个月我们看到许多方面都建立了良好的开端。中国需要成为 COP 15 取得成功的催化剂和领导者，这将需要在未来几个月内进行积极和广泛的努力。

附件 2-2 中，我们纳入 2018 年 11 月 CCICED 年会的生物多样性建议，以提醒我们 COP 15 取得成功的基本需求。在之前第三和第四部分中，我们在政治参与的一般性讨论和中国可能希望在 COP 15 上展示的关于其自身最佳实践的主题中纳入一些具体建议（第四部分）。在以下建议中，我们提供了几个关于中国如何在国际上进一步发挥其积极作用的总体建议，以及关于中国如何进一步将自然、生态和生物多样性纳入其国内高质量发展行动的建议，特别是针对即将到来的第十四个五年计划，具体提出三项新建议供审议。

（一）建议 1

中国应该全力以赴，确保包括世界各国领导人在内的国际社会充分致力于实现高质量的 COP 15 成果。

如果我们要制定并遵守宏伟且实际的目标，从而指导 2020—2030 年的保护行动和全球环境公约之间的协同增效，包括本身属于联合国可持续发展目标的协同作用，中国必须全力以赴，确保世界各国领导人在内的国际社会充分致力于实现高质量的 COP 15 成果，才能实现大自然所需的全球政策关注。中国可以利用各种已确定的国际大型会议。此外，中国还应考虑尽快举行一次或多次主要筹备会议。中国和其他领军者需要进一步的努力，通过此类会议衡量发展趋势。这些会议不仅应吸引各国政府的参与，还应吸引企业界的其他利益攸关者及非国家行为者。

（二）建议 2

（1）加快中国国内外绿色"一带一路"倡议的努力步伐，包括强大的财政支持和 2019 年第二届"一带一路"国际合作高峰论坛宣布启动的"一带一路"绿色发展国际联盟的 2019 年行动计划。

"一带一路"倡议代表了人类历史上最大的基础设施发展项目，因此在没有认真规划和采取相应补救措施的情况下，可能具有巨大的环境破坏潜力。但是，慎重和尽力开展的规划可使"一带一路"倡议有可能成为一个保护（自然）的工具。绿色"一带一路"倡议有两种主要形式：一是通过严格的规划、评估、预防和恢复措施以及项目后监测和能力建设来减少对环境的影响；二是纳入具体的保护政策和目标，如强化生态服务、推动可持续发展、促进与生态旅游相关的湿地恢复等。这两种措施都可以通过项目融资人来实施和执行。

总之，这些努力可能有助于避免诸如过度和不良的二次开发、相关的不可持续的土地开发以及非法贸易、疾病风险等问题。值得注意的是，这些努力应该考虑来自中国境内的商品和服务的供应方，当然还应考虑"一带一路"倡议国家合作方位置的影响。其他努力可能涉及向伙伴国家分享绿色技术和价值经验，主要的例子是引入可再生能源的系统性努力，生态高效、低碳和绿色制造，以及向中国出口商品的绿色供应链。

（2）通过综合评估和规划改进预防措施。

为了减少在落实"一带一路"倡议时对生态的伤害，需要考虑几个方面。首先，在道路、铁路和其他运输走廊的实际布局中，应尽可能避免重要的生物多样性区域，特别是保护地，生物多样性关键区域、边境和原生林以及其他基于现场评估具有高度多样性和特有性的区域（尤其要关注具有高度特有性的生境，如喀斯特）。当通过这些区域是不可避免的时候，应该注意抬高路线（防止道路杀伤、减少原生栖息地的碎片化等）或至少为野生动物提供天桥/地下通道，并且不要在此类地区设置停车站点。在海上和陆地路线交界处，包括港口，也应考虑迁徙涉水鸟的关键湿地和繁殖区的位置。这些工作需要在许多"一带一路"共建国家做出相当大的努力来建立有效的海洋保护区网络。

（3）充分利用开展保护的机会，促进"一带一路"共建国家共同实现2030年可持续发展目标。

"一带一路"这一时空尺度的合作倡议前所未有，"一带一路"倡议可能会重新定义可持续发展的标准，实现形式包括以下几点。一是制定相关标准避免对环境的破坏，并在"一带一路"国家和地区推动切实可行的生态文明措施。二是利用"一带一路"合作机制，恢复植被并重新连通碎片化的自然景观，降低碳排放，以及产出其他生态效益。植树造林和可持续农业可以减少滑坡和侵蚀，在维持生物多样性的同时也能够保护生态走廊；加强对公路、铁路、管道和电网的管理和维护，减少入侵植物和昆虫物种的扩散风险；对于矿山和其他破坏性的设施，需要采取专门措施，确保受影响的环境是可修复的，并确保环境修复措施的落实。三是通过"一带一路"建设将森林连接起来，使物种能够随气候变化自适应地移动，从而实现许多重要的保护作用。

这些以及其他合理的绿色"一带一路"倡议政策将有助于中国成为可持续发展的世界领导者，并有助于采取综合方法在国内和"一带一路"共建国家实现联合国可持续发展目标。一些国家已经在"一带一路"倡议下寻求新型举措，以更好地满足其社会经济和环境目标，并且不再严格强调基础设施的发展。

（4）确保新的"一带一路"绿色发展国际联盟得到财政支持，并获得能力建设、研究和知识共享，包括更广泛地使用大数据。

如果要与基础设施发展和各种其他"一带一路"倡议决策保持同步，"一带一路"绿色发展国际联盟应该迅速活跃起来，实质性举措应在 3 ～ 6 个月内开始。

（三）**建议 3**

（1）更有效地将生物多样性保护纳入中国高质量发展的行动中，特别是"十四五"规划。

在"十四五"期间（2021—2025 年），中国应进一步加强生物多样性保护工作，制定和实施 2020—2030 年生物多样性保护行动计划；加速国家生物多样性保护立法工作；定期开展生物多样性调查和评估，并按照"山水林田湖草生命共同体"的理念，继续实施生态保护和恢复。通过促进生物资源的可持续利用，完善生态补偿机制，在保持和提高生物多样性保护水平的同时，提高贫困地区人民的生产生活水平。

（2）把加强生物多样性保护作为中国"十四五"期间高质量发展的一个要素。

第一，加强生物多样性保护在国家战略中的地位和作用。在国家顶层设计方面，应通过促进立法和政策制定将生物多样性保护置于更重要的位置，并在各级地方政府中实施。

第二，地方政府的保护主体应转移到更广泛的社会参与上来。地方政府是生物多样性保护的支柱，但仅靠政府来开展生物多样性保护还不够，有必要促进社会的广泛参与，特别是企业在生物多样性保护中的参与。

第三，促进保护与发展之间协调的良性循环。按照"保护优先和可持续利用"的原则，有选择地加强野生资源育种研究、创新生物资源开发利用和减少对野生资源的利用。生物多样性资源的开发和利用是经济发展的新增长点，通过可持续利用生物资源，也是居民摆脱贫困的新途径，如竹子。同时，完善纵向和横向生态补偿机制，真正实现环境和生态效益保护，最大限度地减少对重要物种和生态系统资源的破坏。

"十四五"规划中，在生物多样性保护领域，政府应向各界和利益攸关方示意其关注，即关注中国将努力成为负责任的生物多样性保护的领导者，将继续加强与国际社会的合作，强化对绿色"一带一路"政策的实施，积极参与解决生物多样性保护、森林和土地退化以及海洋污染等全球性挑战。

在系统设计方面，中国政府希望推动以下具体行动：制定并实施一个更新的2020—2030 年生物多样性保护行动计划；推动国家生物多样性保护立法，并在其他部门政策修改时，从生物多样性友好的角度进行完善；定期开展生物多样性调查和评估；继续按照"山水林田湖草生命共同体"的理念实施生态保护和修复；建立和完善以国家公园为主体的自然保护地体系；划定生态保护红线并建立最严格的环境保护制度；通过推进生物资源可持续利用和完善生态补偿机制，巩固和提升脱贫地区的人民生产生活水平，维护和改善生态环境质量。在技术创新方面，一系列重要的技术手段将助推生物多样性保护：生态保护红线划定技术、以国家公园为主体的自然保护地体系构建技术、生态廊道和生物多样性网络规划与设计技术、生物多样性大数据与人工智能技术、生物多样性天地空一体化监测技术、生物多样性保护成效评估技术、受损生态系统生态功能修复与提升技术、自然资源资产核算与生态补偿方法。

在"十四五"期间，中国作为生物多样性领导者的角色将在国际社会中变得更加强大。在"山水林田湖草"的综合战略理念指导下，中央和地方政府在生物多样性立法和体系建设、生态保护红线划定、系统保护和恢复等领域的行动，以及基于可持续利用生物多样性资源进行的社区改善和减贫，都可能成为许多国家学习的宝贵经验。

附件 2-1　竹子和可持续发展

本附件由国际竹藤组织（INBAR）为中国环境与发展国际合作委员会（CCICED）的 2020 后全球生物多样性保护专题政策研究项目（SPS）提供。中、英文版本在 2019 年 6 月 2—5 日在杭州举办的 CCICED 2019 年会上发布。

导言：基于自然的解决方案的重要性

基于自然的解决方案在打造一个更加可持续的世界中扮演重要的角色。如果妥善管理和保护，生态系统及其提供的服务可用于应对各种社会挑战，包括气候变化、贫困、粮食安全和自然灾害。

生态学方法正在不断发展。联合国《巴黎协定》所有签署方中有 65% 已经承诺恢复或保护生态系统。在 2019 年年初，一群著名的国际科研人员呼吁政治家签署"全球自然协议"，以配合《巴黎协定》。在中国，政府正在生态文明的目标下推行更加可持续的发展。

竹子是自然发展的重要组成部分。这个快速发展的草种植物在世界某些地区被称为"绿色黄金"，覆盖了热带和亚热带地区超过 3 000 万 hm² 的土地，并已被证明有助于应对一系列全球挑战，包括农村贫困、土地退化、森林砍伐，不可持续的资源利用和气候变化。

正如本文所示，中国是可持续利用竹子的光辉典范。几十年来，中国一直使用竹子作为生态方法来支持可持续的社会经济发展，并获得惊人的成果。中国的竹子产业现在每年的价值约 300 亿美元，从业人员近千万。

其他国家可以参照中国的领先经验。竹子是全球南部地区许多地方的公共资源，包括"一带一路"沿线的许多国家。通过适当的扶持、技术转让和培训，任何竹子生产国都可以将竹子作为其发展和绿色增长战略中基于自然的解决方案。

本附件包括两部分：第一部分是中国竹业的概览，包括贵州省的一个案例；第二部分总结了竹子的全球机遇：支持生计、作为能源、在建筑和基建中使用、可持续消费和生产的组成部分、帮助适应和减缓气候变化、利于陆地生态系统管理以及促进妇女赋权（性别平等）。

第一部分：中国竹业概览

在中国，自 20 世纪 80 年代以来，政府和私营部门对竹业的投资产生了重大的社会效益、经济效益和环境效益。

从 1981 年到 2016 年，竹子行业的年度价值从 1.6 亿美元增加到 320 亿美元。为中国南方的竹业创造了数百万个正式工作岗位，使许多人摆脱了贫困。例如，在浙江省安吉县，竹子占全县 GDP 的 35%，每年带来的人均收入为 1 000 美元。

在此期间，开发竹子市场也对造林和恢复土地退化产生了重大的积极影响，同期竹林覆盖面积从 300 万 hm^2 增加到 600 万 hm^2，对土壤和水的保护产生了实际的影响。INBAR 的研究表明，从边缘农业恢复到竹子种植区可以减少 25% 的水径流和 70% 以上的土壤侵蚀。

利用竹子的土地恢复也有利于减缓气候变化。据估计，中国的竹林目前储存了 7 亿多吨碳，到 2050 年将增长到 11.8 亿 t。据保守估计，改善中国竹林的管理实践可以最多减少 5 000 万 t 的碳排放、创造 40 亿元人民币的额外收入。此外，气候变化脆弱性分析，加上近期气候冲击的观测结果，如 2008 年中国南方的暴风雪，表明竹资源具有抵御气候变化的能力，可以支持农民的适应。

看起来竹子在中国有光明的未来。2013 年，中国成为首批发布全国竹子战略的国家之一。中国 2013—2020 年国家竹业计划预测，到 2020 年，竹业将达到 480 亿美元的贸易额，将雇用 1 000 万人。竹子可以成为中国政府生态文明驱动的重要组成部分。

竹子可以作为中国与其他国家国际合作的一部分，特别是"一带一路"倡议。该倡议正在与许多国家建立贸易和基础设施联系。2018 年，中国国家主席习近平在中非合作论坛上的讲话中提到了竹子，成为推动"绿色发展与非洲生态与环境保护"合作的一部分。在中国的支持下，中非竹子中心已经成立，已在非洲国家发展竹业。INBAR 也是由联合国环境规划署和中国生态环境部领导的新的"一带一路"绿色发展国际联盟的成员。

案例研究：竹子促进了中国赤水生计增长

在中国贵州省，几百万群众生活在贫困线以下。对于居住在黔西北偏远山区赤水市的人来说尤其如此。赤水位于长江上游，是中国国家扶贫项目的重点区域，具有实际的生态重要性，是中国生态保护示范项目区之一。赤水的生态系统特别容易受到气候变化的影响，近几十年来，该地区长期遭受土地退化影响，随后生产力和农民收入下降。在赤水发生严重的水土流失和洪水之后，自 2001 年以来，各种项目都致力于用竹子恢复非生产性土地。到 2018 年，赤水的当地竹林面积增加了 5 万多 hm^2，达到 8.7 万 hm^2，成为国内人均竹林面积最高的地方。

研究表明，赤水市的造林工作对减少水土流失、节约水资源和增加碳汇具有重要影响。

　　与马铃薯种植地相比，竹种植园的平均径流量减少了 25%，平均土壤侵蚀量减少了 80%。如赤水一个 13 000 hm² 的竹子种植园每年减少超过 35 万 t 的土壤侵蚀，这些土壤侵蚀以前通常会流入赤水河，每年保护每公顷水资源约 6 000 m³。增长的竹子每年吸收近 20 万 t 碳。

　　除了环境效益外，竹子在支持赤水市的经济发展方面也发挥了关键作用。如从 2000 年到 2015 年农民来自竹子的年人均收入从 600 元人民币增加到 2 900 元人民币（从 87 美元增加到 419 美元）；2000—2015 年，参与竹子供应链的农民人数增长 10 倍，从 1 万人上升到大约 10 万人，现在已有 3 倍多的小型和微型竹加工企业，2015 年竹业总产值 60 亿人民币（8.6 亿美元），几乎是 2000 年的 20 倍。

　　生态旅游业正在涌现，且正在吸引越来越多基础设施的投资和服务业能力建设方面的投资。赤水市 6 个著名旅游景点中有 5 个是以竹子为特色的；这些景点共价值 100 亿元人民币（14 亿美元）。

　　该项目的一个极有趣的结果是外出的农民工返回赤水。自项目开始以来，大约 40% 的农民工从广东返回家园，其中 30% 的人参与竹子供应链的工作。这一结果证明了强大的竹子供应链带来了机会的增加。

第二部分：竹子发展的全球机遇

　　本部分简要概述了竹子的全球潜力，特别是该植物为联合国 2030 年可持续发展议程做出贡献的潜力。

　　竹子具有巨大的全球潜力。鉴于中国已经从 600 万 hm² 的竹子中创造了 300 亿美元的产业，如果现有 3 000 万 hm² 的竹子得到充分发挥和利用，全世界将拥有 1500 亿美元的竹子产业。如果有 2 万 hm² 可用土地来种植竹子，将可能会创造一个价值万亿美元的全球产业。

　　（1）生计

　　竹子正受到关注。竹子现在被认为是世界上最有价值的非木材森林产品之一，可以成为穷人的优质资源，特别是在偏远地区收入有限的非农社区。以下方面使竹子成为制造或改善生计和减少贫困的一个特别重要的方式：

　　1）作为商品，竹子具有多种最终用途，从笋、容器和家具到层压胶合板和活性炭。各种各样的潜在产品为生产商提供了广泛的选择，并在市场压力时提高了灵活性。

　　2）在很多社群中竹子有悠久的使用历史。这意味着新的增值产品建立在现有技能的基础上，与一个全新技术相比，其更有可能被利益相关者所选择。

3）竹子可以在外围土壤上生长，或作为间作农场系统的一部分，需要很少的投入，并在收获后迅速再生，而无须重新种植。它本质上是一种可再生资源，不会与生产性农业土地竞争。

（2）能源

竹子可以为一些世界上能源贫乏的农村社区提供可再生的、合法可收获的生物能源，如薪柴、木炭或天然气。在非洲，竹子生物能源的潜力特别大，那里每天仍有大量人口依赖固体生物质。制作竹炭煤球是创造竹子能源的一种特别有效的方式，仅需要很少的投资或技术。

由于其快速生长和年度更新，使用竹子作为生物能源可以减轻其他森林资源的压力，减少森林砍伐。这在像撒哈拉以南非洲等类似地区可能至关重要，在这些地区，木材燃料的砍伐仍是森林砍伐的主要驱动因素。有研究认为，撒哈拉以南的非洲地区在可持续的基础上生产约 900 万 t 竹炭具有很大的潜力；这有可能取代该地区 60% 以上木炭生产木材消费量。

（3）建筑和基础设施

竹子的抗拉强度大于低碳钢的抗拉强度，可承受两倍于混凝土的压缩。鉴于其独特的性质和广泛的全球传播，竹子被开发用于重型基础设施和建筑并不奇怪。

竹子可以成为绿色基础设施的有恢复力的资源。在中国，有公司正在探索使用竹子作为主要材料，用于风力涡轮机叶片、雨水排放管道，甚至子弹列车车厢的防震外部。在印度和荷兰，使用竹子沿国家高速公路上建造了降低噪声和减少污染的"绿色走廊"。这些新产品使竹子作为可能的低碳材料用于基础设施开发。

竹子的灵活性和轻盈性使其成为易受自然灾害影响的地区（包括哥伦比亚、厄瓜多尔和尼泊尔）抗震建筑的优质建筑材料。竹子可以弯曲，但很少打破折断，在世界各地的建筑师中赢得了"植物钢"的绰号。在发生自然灾害后，可以快速且低成本地建造模块化的竹屋，联合国和耶鲁大学目前正在以此为目的开发 3D 打印的模块化竹屋。

（4）可持续消费与生产

近几十年来，工业的发展极大地提升了竹子和藤条为耐用、低碳和可持续来源的产品做出贡献的潜力。竹子可以作为一次性塑料产品的可回收替代品，包括餐具、杯子、纸张和包装。

竹子的所有部分都可以用来制造产品：秆、叶、根和根茎。在竹制品的生命周期结束时，它可以回收、重新利用或燃烧以产生热量或电力。这些因素意味着与其他材料相比，竹制品在其生命周期中可能具有较低甚至负的生态成本。

（5）气候变化

竹子特别适合于作为碳固定的工具。在 30 年的时间里，竹子植物和产品可以储存比某些树种更多的碳。这主要是因为竹子可以定期收获，除了存储在植物本身的碳之外，还可以产生大量耐用的产品，这些产品可以多年存储植物的碳。

竹子还可以帮助社区和个人适应气候变化带来的负面影响，作为变化的气候条件下的可持续收入来源。

（6）陆地生态系统管理

竹子的生物学特性使它非常有利于稳定松散的土壤，防止土壤流失。当土壤地上生物量被火烧毁时，竹子大面积的根系可以结合固定土壤，并使植物能够存活和更新。越来越多的国家正在将竹子纳入其流域和土地恢复计划。在印度的阿拉哈巴德，由 INBAR 支持的一个竹子项目在十年内将地下水位提高了 15 m 多，并将一个容易发生粉尘风暴的爆破砖矿区恢复到生产性农业用地。在埃塞俄比亚，竹子是世界银行资助的大型项目中的一个优先物种，用于恢复该国退化的集水区。

竹子也是生物多样化生态系统的一个要素。许多世界上最具标志性和濒临灭绝的物种依靠竹子来生存，包括大熊猫、小熊猫、山地大猩猩和某些类型的狐猴。

（7）妇女赋权

竹子的重量轻，线性开裂，比木材更容易加工。这为农民（其中许多是女性）提供了参与初始加工的机会，从而增加了他们在价值增值中的份额。INBAR 开展了许多项目，培训妇女从事增值加工和产品销售技术培训，许多受训人员随后报告说，不仅在收入方面，而且在家庭和社区中的社会地位和决策权方面也有所提升。

竹子还可以降低收集薪材木材的风险，在世界某些地区，这项工作通常由女性完成。由于竹子在当地生长到热带和亚热带的许多农村社区，并且经常被排除在当地森林保护法律法规之外，因此可以在社区邻近合法地收获竹子。将竹子转化为木炭需要很少的生产准备成本，一些技术甚至使用改造的油桶作为窑炉，并且所得到的木炭具有与其他常用生物质形式类似的热量密度。

（8）结论

竹子可以在不断变化的世界中发挥重要作用。竹子快速生长，快速成熟，易于补充，无须在收获后重新种植，为许多国家提供了多样化和可持续的收入来源。它还可以为国家绿色发展战略、气候变化减缓计划和环境保护政策做贡献。如果更多的国家能够充分发挥竹藤的潜力，世界将更接近实现其雄心勃勃的发展、气候和环境目标，包括联合国的可持续发展目标、REDD ＋目标、巴黎协定承诺和爱知生物多样性目标。

关于国际竹藤组织

国际竹藤组织自 2017 年成为 CCICED 合作伙伴，致力于提高公众对基于自然的解决方案的重要性的意识，应对全球挑战。

国际竹藤组织成立于 1997 年，是一个政府间发展组织，利用竹藤推动环境友好的可持续发展。目前拥有 45 个成员国，除总部位于中国北京外，还在喀麦隆、厄瓜多尔、埃塞俄比亚、加纳和印度等地设有区域办公室。其宗旨是以竹藤资源的可持续发展为前提，联合、协调、支持竹藤的战略性及适应性研究与开发，增进竹藤生产者和消费者的福利，推进竹藤产业包容绿色发展。

www.inbar.int

附件 2-2 2018 专题政策建议

（1）在制订《生物多样性公约》下的 2020 年后全球生物多样性保护目标方面发挥强有力的领导作用

《生物多样性公约》未能实现 2002 年和 2010 年制定的保护目标。与气候变化一样，阻止重大生物多样性和生态服务丧失的机会之窗正在迅速关闭。该公约第 15 次缔约方大会将由中国主办。通过与志同道合的国家和参与者的共同努力，中国可以帮助制定涵盖 2030 年甚至更长时期的新目标。此次大会是开辟全球绿色治理新征程的重要契机，也是展示中国实现生态文明承诺和成就的平台。

为履行《生物多样性公约》规定的国际义务，中国不仅要保护本国的生物多样性，还要积极参与生物多样性和生态系统的全球治理。通过与志同道合的国家和参与者的共同努力，预期的结果将是大幅度减少世界各地的生物多样性丧失。第 15 次缔约方大会是实现以下四项目标的重要契机。这些仅是初步的建议，国合会将在 2019 年和 2020 年初这段时间内不断进行跟进。

1）通过深入反省为什么过去的公约目标未能达成，为制定强有力的 2020 后全球生物多样性保护框架做出积极贡献。缔约方需要就 2020 后全球生物多样性框架达成一致意见，其中包括宏大且可衡量的目标、必要条件和实施机制、定期的审查和推进手段以不断增进雄心，以及国家自主贡献。必须开展与利益相关方的磋商，包括那些传统意义上没有参与生物多样性保护的人，如数字经济商业领袖，以及参与开发和实施生态服务和生物多样性保护市场机制的其他人。

2）建立有效机制，确保公约战略目标能够如期实现。重点应放在国家一级的行动上，而不是公约本身的法律约束力，这是成功实施保护目标的关键。全社会的积极参与至关重要。此外，还需要与相关的国际议程进行沟通。

3）展示中国在生物多样性保护方面的经验，供国际社会和参与方参考借鉴。关注中国国内和全球倡议，开展与其他政府的对话与合作，包括但不限于生态文明、生态红线、"一带一路"的绿色化、绿色金融、自然资源资产核算和审计，以及围绕国家公园建立的自然保护地体系。

4）与国家元首建立良好、持久的联系。需要针对在 2020 年联合国大会期间召开国家元首首脑会议的提议开展积极主动的外联活动；仿照 2015 年巴黎气候变化大会时的做法，为凸显 COP 15 会议的重要意义而创造积极的外部环境。步骤可能包括以下内容：一是与《生物多样性公约》秘书处合作，发出积极信号并开始筹备 2020 年联合国大会的首脑峰会；二是回应或主动联系可能与中国共同组建"自然卫士联盟"的各国元首；三是于 2020 年之前在中国和全球舞台开展一系列与自然、环境和生物多样性相关的活动，使之成为通向 COP 15 的前奏和里程碑；四是特别关注《生物多样性公约》与 SDG 2030 目标之间的联系，特别是与社会发展和性别主流化各个方面有关的目标；五是要认识到国外的领导行动将来自许多不同的参与者，包括国际机构、非国家、非政党行为者，如商界、金融机构、民间组织和公众。加强与国际社会的沟通和交流。

（2）关于"建立以国家公园为主体的自然保护地体系"的建议

2013 年 11 月，党的十八届三中全会首次提出"建立国家公园体制"，将国家公园体制试点作为我国生态文明制度建设的重要内容。2017 年 11 月，党的十九大报告提出"建立以国家公园为主体的自然保护地体系"，进一步明确了国家公园在我国自然保护地建设中的标志性作用。中国在不到 5 年的时间中，以国家公园体制建设为契机，在全面深化自然保护地体制改革方面取得了里程碑式的重大进展，为实现生态文明和美丽中国国家战略奠定了坚实基础。

2017 年 9 月，中共中央办公厅和国务院办公厅印发《建立国家公园体制总体方案》，在明确国家公园概念的基础上，从总体要求、科学界定国家公园内涵、建立统一事权和分级管理体制、建立资金保障制度、完善自然生态系统保护制度、构建社区协调发展制度和实施保障七个方面对如何建设中国的国家公园做出了清晰的阐述。国家公园是指由国家批准设立并主导管理，边界清晰，以保护具有国家代表性的大面积自然生态系统为主要目的，实现自然资源科学保护和合理利用的特定陆地或海洋区域。国家公园以保护大面积生态系统和大尺度生态过程为主要目标，突出对生态系统的原真性和完整性保护，明确属于全国主体功能区规划中的禁止开发区，实现生态红线管理和最严格的保护。国家公园坚持国家代表性和世代传承，激发民族自豪感，为子孙后代留下珍贵的自然遗产；坚持全民公益性，在为国民提供环境教育和游憩机会的同时，鼓励公众参与，激发国民对自然保护的认同感。

截至目前，已在 12 个省份建立了三江源、大熊猫、东北虎豹、祁连山等十个国家公园体制试点区，在代表性区域探索大尺度生态系统和生态过程的保护，推动自然保护地管理体制机制深度改革。为此，我们这些长期从事自然保护的国内外学者深受鼓舞。为了更好地贯彻落实党的十九大报告提出的"建立以国家公园为主体的自然保护地体系"，我们郑重提出以下 6 项建议：

1）夯实"生态保护第一、国家代表性、全民公益性"三大基石，在严格控制国家公园准入门槛和总体数量的同时，由中央政府为主行使国家公园事权，实现国家公园在自然保护地体系中的主体地位。

2）建立中国荒野保护制度，在国家公园等各类自然保护地范围内划定荒野保护区域，抢救性保护原真性最高的国家自然遗产。

3）根据保护对象特征和保护强度差异，构建多面向、多层次自然保护地体系，建立"以国家公园为主体的自然保护地体系"法律框架，同时分别制定不同类型自然保护地管理政策。

4）充分重视土地权属的复杂性和社区管理的艰巨性，根据不同地区国家公园建设中土地、人口和社区的特征、问题、困难及其根源制定专项管理政策，预防"一刀切"政策可能带来的长期隐患。

5）充分发挥科学研究和科学家群体在国家公园建设中的独特作用，以科学为准绳实现"最严格的保护"。

6）在东部、中部、西部、东北和少数民族自治区各选一个省级行政区，尽快开展省域"建立以国家公园为主体的自然保护地体系"试点。以国家公园建设为契机，激活中国自然保护全局，进而探索不同地区实现生态文明建设与经济建设、政治建设、文化建设、社会建设"五位一体"的方式方法和可行路径。

第三章 全球海洋治理与生态文明 [1]

一、引言

海洋污染是世界各国共同面临的问题和挑战，也是中国要优先考虑的环境事项，中国已采取一系列措施解决海洋污染问题。根据新的机构改革方案，把包括海洋污染监管在内的海洋环境保护职能调整到新组建的生态环境部，这是在新形势下进一步加强海洋生态环境保护、促进经济高质量发展的重要举措，强化了陆海生态环境保护职能的统筹协调。2018 年 11 月，中国和加拿大发布了《中华人民共和国政府和加拿大政府关于应对海洋垃圾和塑料的联合声明》。中国在全球和区域积极参与关于海洋垃圾的全球谈判进程，以及东亚海洋协调机构（COBSEA）和西北太平洋行动计划（NOWPAP）等。

中国国家主席习近平多次强调海洋环境的重要性：在 2018 年 7 月访问非洲期间指出，蓝色经济要纳入非洲 2063 年社会经济转型议程，中国率先推动海洋友好合作，为非洲提供开发蓝色国土所需的支持；在对葡萄牙进行国事访问期间，在当地主流媒体报纸上发表的署名文章中习近平主席提到"两国需通过推进海上合作来引领蓝色经济发展"，葡萄牙以其传统海上探险而闻名，拥有悠久的海洋文化和丰富的海洋资源开发经验；加强中国与其他沿海国之间的蓝色伙伴关系，促进海洋研究、海洋开发和保护、港口物流等领域的合作，共同发展蓝色经济，更好地利用海洋，造福子孙后代；在 2019 年 4 月中国人民解放军建军 70 周年多国海军活动中提出海洋命运共同体的重要理念，海洋命运共同体理念是对人类命运共同体理念的丰富和发展，是人类命运共同体理念在海洋领域的具体实践，是中国在全球治理特别是全球海洋治理领域贡献的又一"中国智慧""中国方案"，必将有力推动世界发展进步，造福各国人民。

海洋覆盖地球约 3/4，占地球水总量的 97%。海洋可提供供应、调节和支持等服务，它对地球上的各种生命至关重要。海洋提供生物和非生物资源、便利航运和其他海上

---

1 本章内容来自苏纪兰与温特共同领导的全球海洋与生态文明专题政策研究下属的"海洋污染"工作组。

用途，在全球气候和天气系统中发挥关键作用。海洋和海岸是世界经济重要的基础，全球有 3.5 亿个工作岗位与海洋有关[1]。

海洋环境资源和生物多样性正遭受日益严重的排放入海的污水、垃圾、溢油和工业废弃物等的威胁。陆源和海源污染引起了越来越多的关注，粗略估算 80% 的海洋塑料垃圾来自陆地，但目前尚没有足够的证据证实这一点。可以肯定的是，无论是废水还是固体废物，其收集和管理存在显著的区域差异[2]。有研究估计，开阔大洋中漂浮的大块和微塑料垃圾总数量为 5.25 万亿，重量为 269 000 t[3]。到 2015 年，全球已生产了 83 亿 t 新塑料，并产生了 63 亿 t 塑料废弃物。其中，9% 的塑料废弃物被回收，12% 的塑料废弃物被焚烧，79% 的塑料废弃物被堆放在垃圾填埋场或弃置在自然环境中。根据目前的生产和废物管理趋势估算，到 2050 年将有 120 亿 t 塑料废弃物进入垃圾填埋场或自然环境[4]。在全球范围内，未经处理就直接排放的废水超过 80%（部分发展中国家超过 95%）[5]。不同层面的治理体系改善、制度变革、行为改变等长期解决方案将支持向循环经济和可持续海洋的过渡。

本章旨在回顾目前中国海洋污染的现状和政策，评估现有的全球和国家海洋倡议，在此基础上给出对中国的政策建议。首先是关注中国的海洋污染，特别是营养盐、海洋垃圾、短链氯化石蜡（SCCPs）、多溴联苯醚（PBDEs）、有机氯农药（OCPs）、多氯联苯（PCBs）、多环芳烃（PAHs）和抗生素等，确定中国海洋污染的现状和来源，分析海洋污染对生态系统的影响，剖析中国现有的应对近岸和海洋污染政策，然后以全球视野描绘现有的国际海洋治理结构、新出现的海洋污染概念和国家措施，最后给出政策建议。

二、中国海洋污染及主要污染物

过去 40 年，在经济建设快速发展及开发利用的共同推动下，中国近海海洋生态系统发生了深刻变化。当前，中国经济已进入新的时代，与此同时，海洋生态文明建设对海洋环境保护工作提出了新的要求，海洋可持续发展也面临着新的形势与挑战。根

---

1 Why does addressing land-based pollution matter? UN Environment website. https://www.unenvironment.org/explore-topics/oceans-seas/what-we-do/addressing-land-based-pollution/why-does-addressing-land.
2 UNEP. Marine plastic debris and microplastics – Global lessons and research to inspire action and guide policy change[R]. United Nations Environment Programme，Nairobi,2016.
3 Eriksen M, Lebreton L C M, Carson H S, et al. Plastic pollution in the world's oceans: more than 5 trillion plastic pieces weighing over 250,000 tons afloat at sea[J]. PloS one,2014.
4 Geyer R, Jambeck J R, Law K L. Production, use, and fate of all plastics ever made[J]. Sci. Adv. 2017,3(7), e1700782.
5 https://www.un.org/waterforlifedecade/water_and _sustainbalbe_development.shtml.

据原国家海洋局历年发布的《中国海洋环境质量公报》，由于陆源营养盐过量的向海洋输入（我国近岸海域的主要污染物是无机氮、活性磷酸盐等），导致了我国近海的富营养化问题。不断涌现的新兴环境问题（如海洋垃圾和微塑料）和新兴污染物（如抗生素、短链氯化石蜡、新型阻燃剂等）因其普遍具有持久性、生物蓄积性和毒性，其入海导致的新的海洋环境问题也在我国近海逐步显现。因此，本部分内容选择营养盐、海洋垃圾和微塑料、短链氯化石蜡、多溴联苯醚、有机氯农药、多氯联苯、多环芳烃、抗生素等主要污染物，概述了我国近海上述污染物的分布特征。

（一）营养盐与水体富营养化

维护健康的海洋生态环境是中国富营养化管理的战略目标。造成富营养化现象出现的主要原因是氮、磷营养盐过量输入导致的营养盐污染[1]。随着中国沿海经济的快速发展及人口增长，大量氮、磷等通过河流和排污口等以点源与非点源的形式进入海洋环境，并影响海洋环境质量。2001—2017 年[2]，全国不符合洁净水标准的海域面积最大值为 177 720 km^2，水质低于海水水质质量标准（SQSC）Ⅳ级的海域平均面积为 36 102 km^2。2012—2017 年，渤海水质达到 SQSC Ⅰ级的海域面积显著增加，其主要污染物为溶解态无机氮（DIN）和溶解态无机磷酸盐（DIP）。2017 年夏季和冬季，无机氮浓度达到 SQSC Ⅳ级的海域主要分布在辽东湾、渤海、莱州湾、江苏近岸、长江口、杭州湾、浙江近岸和珠江口。DIP 浓度低于 SQSC Ⅳ级的海域主要分布在长江口、杭州湾、浙江海岸和珠江口近岸海域。

近 10 年，中国通过"水十条"和"气十条"等一系列举措，在减少水污染和大气污染方面取得了显著成效，同时也显著降低了入海污染物的输入，并在一定程度上改善了中国近海海域的富营养化程度。然而，在受人类活动干扰较大的河口、海湾等区域，富营养化问题仍非常突出，对陆源点源输入和大气沉降的贡献研究仍需要加以关注。

（二）海洋垃圾与微塑料

海洋塑料垃圾污染在全球范围内备受关注，已成为全球治理的热点，被列为全球亟待解决的十大环境问题之一，其中粒径或尺寸小于 5 mm 的微塑料对海洋生态环境和人体健康存在较大的潜在威胁，被科学界称为海洋中的 $PM_{2.5}$，是海洋塑料垃圾防治的重点。

---

1 Strokal M, Yang H, Zhang Y, et al. Increasing eutrophication in the coastal seas of China from 1970 to 2050[J]. Marine Pollution Bulletin，2014，85，123-140.
2 国家海洋局 . 2017 年中国海洋生态环境状况公报 . 北京：国家海洋局 . 2018.

海洋塑料垃圾主要来自陆源，全球每年向海洋中排放的塑料垃圾约 800 万 t，输入途径主要包括河流输运、雨水冲刷、陆源直接排放等。原国家海洋局监测显示，中国近岸海域海面可见漂浮垃圾数量约为 3 700 个 / km²，其中约 80% 为塑料垃圾，密度较高的区域主要分布在滨海旅游休闲娱乐区、农渔业区、港口航运区、部分河口海域等；海底垃圾的平均丰度为 1 400 个 / km²，其中塑料垃圾占比最大，约为 74%，其次是玻璃和木材，分别占 13% 和 5%。海底垃圾的主要种类是塑料袋、玻璃瓶和木块[1]。总体上，中国海洋垃圾污染水平与欧美等国家处于同一数量级；近十年来，海面漂浮垃圾呈逐年下降趋势，海底垃圾则有上升趋势。

在进入海洋的塑料垃圾中包括大块塑料和微塑料。海洋微塑料包括原生微塑料和次生微塑料，原生微塑料主要来源于合成织物洗涤、汽车轮胎磨损、个人护理用品使用和小颗粒塑料树脂泄漏等，次生微塑料主要来自海洋中大块塑料的逐渐降解破碎。据 2017 年世界自然保护联盟报告估计，原生微塑料在海洋塑料垃圾中的比例高达 15%～30%。2017 年，中国海洋监测断面漂浮微塑料平均丰度为 0.08 个 /m³，最高丰度为 1.26 个 /m³[2]，渤海、黄海、东海和南海的漂浮微塑料平均丰度分别为 0.04 个 /m³、0.33 个 /m³、0.07 个 /m³ 和 0.01 个 /m³。漂浮微塑料的主要类型为颗粒、纤维和碎片，主要成分为聚苯乙烯和聚丙烯。2017 年，海滩微塑料平均丰度为 245 个 /m²，最高丰度为 504 个 /m²[3]，主要类型为线条、颗粒和纤维，主要成分为聚苯乙烯和聚丙烯。海滩沉积物中微塑料的平均丰度为 25～47 897 个 /m²，潮下滩沉积物为 15～3 320 个 /kg。总体上，亚洲海滩的微塑料含量明显高于美国和欧洲，其中热点区域集中在中国（包括香港）、日本和韩国等近岸海域。

微塑料易被鸟类、鱼类、浮游动物、底栖动物等摄入，对海洋生物产生影响。2016 年联合国大会秘书长报告指出，有 663 个物种受到不利影响，包括 50% 以上的濒危海洋哺乳动物[4]。我国近岸 21 种鱼类中，微塑料含量为 0.2～26.9 个 /g，其中底栖鱼类的含量明显高于游泳鱼类，微塑料多为纤维。中国近岸鱼体中微塑料的平均含量略高于源自北海、波罗的海和英吉利海峡的鱼类。贝类软组织中微塑料检出率为 74.2%，平均每个贝类检出 2.5 个，平均每千克贝类组织中检出 347 个，主要材质为丙烯酸纤维、赛璐玢、人造丝。其中，毛蚶和翡翠贻贝中的微塑料含量较高，养殖贝类中的含量略高于野生贝类。各城市采集的贝类样品中微塑料含量差异不大。

1 国家海洋局 . 2017 年中国海洋生态环境状况公报 . 北京：国家海洋局 . 2018.
2 同 1.
3 同 1.
4 UNGA. A /71/74. Oceans and the law of the sea. Report of the Secretary-General. 2016-03-22.

（三）新兴污染物

1. 短链氯化石蜡（SCCPs）

SCCPs 是一类新型的持久性有机污染物，研究刚刚起步，国外的报道主要集中在欧美国家，我国已开展该领域的相关研究。我国是世界上最大的氯化石蜡（CPs）生产国和使用国，国内的生产厂家超过 100 家，仅 2007 年的年产能就达到 60 万 t，因此作为氯代阻燃剂，其对我国海洋环境的压力不容小觑。

已有的文献报道显示，SCCPs 在我国不同海洋环境介质中均普遍检出，并且含量水平明显地高于国外报道结果。其中，辽宁普兰店湾海水中 SCCPs 的浓度范围达到 494 ～ 1 490 ng/L，该结果与英国的 Darwen 河水（200 ～ 1 700 ng/L）和西班牙 Llobregat 河水中（＜ 20 ～ 2 100 ng/L） SCCPs 的浓度相当；沉积物中 SCCPs 含量具有明显的区域特征，其中珠江河口附近沉积物中 SCCPs 含量范围在 320 ～ 6 600 ng/g，显著高于大辽河入海口表层沉积物中 SCCPs 的浓度（64.9 ～ 407.0 ng/g）[1]，该结果同样高于巴塞罗那近岸海域 （210 ～ 1 170 ng/g） 以及波罗的海沉积物中 SCCPs 的浓度含量（108 ～ 377 ng/g）。此外，对东海海域表层沉积物及柱状沉积物的研究发现，随着离岸距离的增加，SCCPs 浓度呈下降趋势，表明河流输入是海洋环境中 SCCPs 污染来源的一个主要途径，并且海洋环境中 SCCPs 分布受大气传输及海流的影响比较显著；海洋生物体中 SCCPs 的赋存程度同样不容乐观，而辽河口水生生物中 SCCPs 的含量最高达到 20.32 μg/g （以脂肪含量计），该结果显著高于挪威境内食用鱼类中 SCCPs 浓度水平（108 ～ 3 700 ng/g， 以脂肪含量计）[2]。

2. 多溴联苯醚 （PBDEs）

PBDEs 是一类广泛使用的溴代阻燃剂，依溴原子数量不同分为 10 个同系组，共有 209 种单体化合物。PBDEs 具有优异的阻燃性能，常作为添加剂加到原料中，被广泛应用于各种工业产品和日用产品中，如油漆、纺织品、电路板和电器元件等。近 10 年来，PBDEs 已在全球范围内被大量使用，据统计，1990 年全球 PBDEs 的产量为 4 万 t，到 2001 年全球 PBDEs 的需求量已增加到 6.7 万 t，它们可通过多种途径进入环

---

1 Gao Y, Zhang H, Su F, et al. Environmental Occurrence and Distribution of Short Chain Chlorinated Paraffins in Sediments and Soils from the Liaohe River Basin[J]. P. R. China:Environmental Science and Technology, 2012: 46, 3771-3778.
2 同上。

境中 [1,2]。水中溶解态 PBDEs 浓度相对较低，一般在 pg/L 量级，但由于 PBDEs 具有较高的沉积物 - 水分配系数（$\log K_{oc}$），如五溴联苯醚、八溴联苯醚和十溴联苯醚分别为 4.89 ～ 5.10、5.92 ～ 6.22 和 6.80，因此高溴代 PBDEs 在沉积物中具有更高的残留分布。总体上，中国近岸不同海洋介质中 PBDEs 的浓度高于世界其他国家所报道的数据，甚至高于发达国家，如珠江口为当前所报道的 PBDEs 含量最高的区域，水中含量达 68 pg/L [3]。

PBDEs 是一类具有高度疏水性的化合物，可通过食物链进行生物放大。对比全球不同海域的鱼类研究显示，除少数区域外，海洋鱼类对 PBDEs 的富集能力普遍高于海洋浮游动物和海洋双壳类，这与鱼类的营养级较高有关。同一海域，不同鱼类间对 PBDEs 的富集能力也存在较大差异，如中国渤海海域的 6 种海鱼中，黄姑鱼（*nibea albiflora*）体内 PBDEs 含量最高，体内 PBDEs 含量最低为海鲇（*chaeturichthys sitgmatias*）。在西北大西洋海域，大西洋鲱（*clupea harengus*）富集 PBDEs 的能力较强，而灰西鲱（*alosa pseudoharengu*）富集 PBDEs 的能力较弱。此外，海洋鱼类富集的 PBDEs 种类会因栖息环境不同而有所不同，如我国渤海湾和珠江口的鱼类体内富集的 PBDEs 均以低溴同系物为主，而大亚湾海域则是高溴同系物。

3. 有机氯农药（OCPs）

OCPs 的广泛使用极大提高了粮食产量，但这类农药的持久性和"三致"毒性也同时给生态环境和人类健康带来了不可忽视的负面影响。我国已全面禁止《关于持久性有机污染物的斯德哥尔摩公约》中禁用的 OCPs 的生产和使用。由于 OCPs 的持久性，虽然其环境水平在缓慢降低，但目前在海洋环境中仍能普遍检出。与国内外类似水体相比，渤海海水中 OCPs 的污染处于中等水平。珠江干流河口水体中 OCPs 总量在丰水期、枯水期分别是 917 ～ 2 613 ng/L、4 117 ～ 12 215 ng/L，OCPs 含量随季节变化明显，枯水期 OCPs 含量明显高于丰水期。近岸水体中 OCPs 的分布特征是近岸高、离岸低，由近岸向湾外延伸方向依次递减。对水体中 OCPs 分布特征的分析表明我国近岸海域 OCPs 的来源具有明显的陆源特征。

目前在我国海洋环境中，滴滴涕（DDTs）和六六六（HCHs）是丰度较高、毒

1 Chen S J, Feng A H, He M J, et al. Current levels and composition profiles of PBDEs and alternative flame retardants in surface sediments from the Pearl River Delta, southern China: Comparison with historical data[J]. Science of The Total Environment, 2013,444, 205-211.

2 Mai ChenChen, Luo ChenChen, Yang Sheng, et al. Distribution of Polybrominated Diphenyl Ethers in Sediments of the Pearl River Delta and Adjacent South China Sea[J]. Environmental Science and Technology, 2005,39, 3521-3527.

3 Guan Y F, Wang J Z, Ni H G, et al. Riverine Inputs of Polybrominated Diphenyl Ethers from the Pearl River Delta (China) to the Coastal Ocean[J]. Environmental Science and Technology, 2007,41, 6007-6013.

性较强的两类 OCPs，在我国沿海区域广泛检出，如海河和渤海湾表层水中 HCHs 和 DDTs 的含量分别为 0.105 ～ 1.107 μg/L 和 0.101 ～ 0.115 μg/L。中国东海沉积物中 HCHs 和 DDTs 的残留水平分别低于 0.05 ng/g 和 0.06 ng/g，对其垂直分布分析表明，DDTs 存在复合污染，一方面来源于历史早期（1950—1980 年）的使用，另一方面存在近期的新源输入；而 HCHs 主要来源于历史使用。

总体上，与北冰洋、太平洋、白令海等公海相比，中国边缘海域的 OCPs 残留水平相对较高，但沉积物中 HCHs 和 DDTs 浓度远低于亚洲其他一些地区，如越南、印度和新加坡[1]。但值得注意的是，在软体动物中，中国中部沿海地区可能是世界上 DDTs 和 HCHs 污染最严重的地区之一。

4. 多氯联苯（PCBs）

PCBs 被广泛地应用于变压器和电容器内的绝缘介质以及热导系统和水力系统的隔热介质，在油墨、农药和润滑油等生产过程中作为添加剂和塑料的增塑剂。自 PCBs 被禁用以来，其在环境中的污染水平也在逐步降低。海河和渤海表层水中 PCBs 的含量为 0.106 ～ 3.111 μg/L，莱州湾海域表层水体中 PCBs 总浓度范围在 4.5 ～ 27.7 ng/L，珠江口海域水体中 PCBs 总浓度范围为 0.19 ～ 7.04 ng/L，均值为 1.8 ng/L。与 OCPs 类似，河流流域内的工业废水排放等陆源输入是近岸海域环境中 PCBs 的重要来源，同样呈近岸高、离岸低，由近岸向湾外延伸方向依次递减的分布规律。与国内外类似水体相比，渤海海水中 PCBs 污染处于中等水平。长江口和附近海域表层沉积物中 PCBs 的浓度为 0.19 ～ 18.95 ng/g，珠江三角洲河口表层沉积物中 PCBs 的浓度为 10 ～ 399 ng/g，PCBs 污染较严重的地区多为靠近港口、工农业发达的区域、发生过泄漏的 PCBs 退役设备封存点和 PCBs 设备非法拆卸的海区。水流交换畅通、水体流量大、沉积物含砂质较多、适当的管理等会减轻 PCBs 污染，人口密集、工业发达、有历史或当前排污、航运繁忙等会导致 PCBs 污染加重。第二次全国海洋污染基线调查数据表明，PCBs 的高值主要分布于秦皇岛近岸、辽东湾近岸和渤海湾近岸海区。

5. 多环芳烃（PAHs）

PAHs 是含有两个或两个以上苯环的碳氢化合物以及由它们衍生出的各种化合物的总称，主要来源于石油泄漏和各种不完全燃烧过程。PAHs 分布很广，可通过大气、水和食物等途径进入人体，是人类致癌的重要起因之一。随着化石燃料使用量的增加，

---

1 Wu Y, Wang X, Ya M, et al. Distributions of organochlorine compounds in sediments from Jiulong River Estuary and adjacent Western Taiwan Strait: Implications of transport, sources and inventories[J]. Environmental Pollution,2016, 219, 519-527.

PAHs 在环境中的水平呈上升趋势，并分布于各环境介质中。我国近岸海水中 PAHs 整体处于 ng/L ～ μg/L 的水平，且在不同海域差别较大，呈现出一定的区域特征，与区域经济结构、发展水平和人口数量等密切相关。在空间上，PAHs 水平一般随离岸距离的增加而降低且呈现河口＞海湾＞外海的浓度梯度特征，说明陆源入海输入是我国海洋 PAHs 污染的一个主要特征。河流径流与大气输入是我国 PAHs 输入海洋环境的主要过程，造成河口与近岸海域 PAHs 浓度高于外海海域的重要原因。

我国近岸海湾和港口沉积物中 PAHs 的浓度整体处于中等污染水平。近岸沉积物中 PAHs 的浓度与近海工业化和都市化进程有关，表现出明显的区域性特征，如经济相对发达的珠三角地区要明显高于其他区域。此外，对比不同海区（渤、黄、东、南）典型沉积物中 PAHs 的浓度值可以发现，同一海区的不同地点在有机物污染均较为严重的情况下，沉积物中 PAHs 浓度差别很大，说明沉积物中 PAHs 受区域内污染源的影响较大，近海地区工业的发展程度与海洋沉积物中 PAHs 的污染程度存在明显的正相关关系。例如，渤海沉积物中 PAHs 浓度范围为 24.7 ～ 3 558.9 ng/g，高低值相差近 150 倍，黄海海域 PAHs 浓度范围为 76.2 ～ 27 512.2 ng/g，高低值相差 360 倍，东海与南海沉积物中 PAHs 浓度的高低值相差也超过百倍。

6. 抗生素和抗性基因

中国抗生素的用量约占世界的一半，最终将排放进入环境。2013 年，中国抗生素使用量惊人，达 9.27 万 t，其中近 5.4 万 t 的抗生素由于人类和动物的不完全吸收而被排出体外进入环境[1]。在水体、沉积物和生物体中抗生素已有约 68 种抗生素被检出，平均浓度在 0.1 ～ 150.8 ng/L。其中磺胺类抗生素磺胺嘧啶、磺胺甲基异恶唑、磺胺二甲嘧啶和氟喹诺酮类抗生素氧氟沙星、诺氟沙星、环丙沙星的平均浓度水平与检出频率均较高。与其他国家相比，中国水环境抗生素污染水平相对较高[2]，磺胺类化合物和四环素的环境浓度高于意大利、法国等欧洲国家；大环内酯类药物中，罗红霉素在德国河流中的平均浓度范围为 N.D ～ 150 ng/L，而在中国为 0.05 ～ 378 ng/L；氟喹诺酮类药物（环丙沙星、诺氟沙星、氧氟沙星）在意大利（9 ng/L）、美国（120 ng/L）、德国（20 ng/L）的环境监测浓度远低于中国（7 560 ng/L），所有氟喹诺酮类药物的平均浓度为 303 ng/L。

1 Zhang Q Q, Ying G G, Pan C G, et al. Comprehensive Evaluation of Antibiotics Emission and Fate in the River Basins of China: Source Analysis, Multimedia Modeling, and Linkage to Bacterial Resistance[J]. Environmental Science and Technology, 2015, 49, 6772-6782.
2 Zhang R, Tang J, Li J, et al. Antibiotics in the offshore waters of the Bohai Sea and the Yellow Sea in China: Occurrence, distribution and ecological risks[J]. Environmental Pollution,2013, 174, 71-77.

抗生素长期滥用所引起的直接后果是诱导动物体内的抗生素抗性基因，其排泄后将对周边环境造成潜在的基因污染。对我国东南沿海养殖区的抗生素和抗性基因调查发现，水体中主要药物污染为磺胺类，浓度在 62.0～373.8 ng /L，磺胺类耐药基因总体水平高于四环素类抗性基因，为鱼塘抗性基因的主要类型，其中磺胺类耐药基因 *sul*2 在水体和沉积物中广泛分布。有研究显示，在我国近岸主要养殖区内抗性基因被普查检出，其中 *sul*1 和 *sul*2 丰度最高，在南海养殖对虾中，*sul*1、*sul*2、*qnr*D 和 *flo*R 是主要抗性基因，且在幼体中含量显著高于成体。

（四）小结

改革开放以来，中国沿海地区的经济和社会发展取得了举世瞩目的成就，由此产生的污染物大量进入海洋环境，引发了富营养化加剧、水环境恶化和生态服务功能下降等一系列生态问题。陆域社会经济活动对中国海洋环境污染的贡献超过 80%，污染物主要通过河流和排污口等点源与非点源途径进入海洋环境中，水体中营养盐水平与中国的 GDP 增长率、发展模式、人口规模和环境保护措施息息相关。自 20 世纪 80 年代末至 21 世纪初，伴随着中国沿海 GDP 的高速增长，大量营养盐输入近海环境，富营养化问题开始显现并逐渐加剧。近十年来，随着中国大力推进生态文明建设，营养盐入海量已呈下降趋势，近岸生态环境质量出现向好趋势，水体富营养化有所改善。除了营养盐和富营养化效应外，不断增长的新兴污染物及其潜在的危害日益严峻。中国近海海面漂浮垃圾的丰度与世界其他国家沿岸相比处于同一数量级，微塑料已在不同介质中普遍被检出，沉积物和生物体中微塑料总体污染水平不容乐观，相对较高的区域主要集中在河口、渔港和码头等。同时，大部分新兴污染物由于具有较强的生物富集性、难降解性和毒性等特点，中国政府和学者已高度关注该类化合物，且发现 PBDEs、SCCPs、OCPs、PCBs、PAHs 和抗生素等在中国近岸环境中的污染水平相对较高，尤其在渤海，亟待从分布状况、输移扩散规律、长期变化趋势及其对海洋生态和人类健康危害等方面开展系统研究。

三、海洋污染的来源与途径分析

随着沿海地区经济活动和海洋事业的发展，大量污水和各种有害物质进入海洋环境，造成一定程度的污染。近年来，近海部分区域渔业资源衰退、自然岸线受损、滨海服务功能下降等均与近岸污染有关。本小节基于中国海洋环境长期监测数据，对中国近海污染物的主要来源与传输途径进行了分析。

（一）入海河流及排污口

1. 中国主要河流污染物入海评估

2017 年，全国入海河流水质状况为中度污染，与上年同期相比水质总体保持稳定。110 条入海河流监测结果显示，其中 55 条河流在枯水期、丰水期和平水期入海监测断面水质劣于第 V 类地表水水质标准的比例分别为 44%、42% 和 36%（表 3-1）。污染要素主要为化学需氧量（COD_{Cr}）、总磷、氨氮和石油类。

表 3-1　多年连续监测的河流入海监测断面水质类别统计

监测时段	Ⅰ～Ⅲ类水质 / 条	Ⅳ类水质 / 条	Ⅴ类水质 / 条	劣Ⅴ类水质 / 条	合计 / 条
枯水期	6	18	7	24	55
丰水期	4	16	12	23	55
平水期	6	15	14	20	55

2017 年，55 条河流入海合计污染物通量分别为 COD_{Cr} 1 330 万 t，氨氮（以氮计）15 万 t，硝酸盐氮（以氮计）210 万 t，亚硝酸盐氮（以氮计）5.0 万 t，总磷（以磷计）23 万 t，石油类 5.0 万 t，重金属 1.0 万 t（其中锌 6 974 t、铜 2 826 t、铅 445 t、镉 105 t、汞 49 t），砷 2 761 t[1]。

2013—2017 年的监测结果表明，河流入海的氮（氨氮、硝酸盐、亚硝酸盐）总量为每年 230 万～ 70 万 t，磷总量为每年 18 万～ 27 万 t[2]。长江是监测河流中污染物入海通量最大的河流，其次是珠江。陆源排放是沿海水域污染物的重要来源。通过排污口排入海洋的主要污染物为总磷、COD_{Cr}、悬浮物和氨氮。

2. 沿岸陆源入海直排口

2017 年，不同类型排污口监测结果显示，综合排污口排放污水量最多，其次为工业污染源，生活污染源排放量最少。各项主要污染物中，综合排污口排放量均最多（表 3-2）。沿海各省（自治区、直辖市）中，浙江污水排放量最大，其次是福建和广东；浙江的 COD 排放量最大，其次是辽宁和山东（表 3-3）。

---

1 国家海洋局 . 2017 年中国海洋生态环境状况公报 . 北京：国家海洋局，2018.
2 同上。

表 3-2   2017 年各类直排海污染源排放情况

污染源类别	排口个数/个	废水量/10⁴t	COD/t	石油类/t	氨氮/t	总氮/t	总磷/t	六价铬/kg	铅/kg	汞/kg	镉/kg
工业污染源	150	162 033	21 168	153.0	711	3 594	120	361.0	469.5	1.8	9.0
生活污染源	59	73 385	24 081	290.0	1 946	7 058	385	130.3	422.9	5.9	18.1
综合污染源	195	400 624	127 165	463.3	8 102	45 973	1 664	1 843.5	2 965.3	235.7	516.3

表 3-3   2017 年沿海省份直排海污染源排放情况

省份	排污口个数/个	废水量/10⁴t	COD/t	石油类/t	氨氮/t	总氮/t	总磷/t	六价铬/kg	铅/kg	汞/kg	镉/kg
辽宁	34	52 534	19 742	278.4	3 282	6 209	264	138.4	30.3	31.1	—
河北	5	7 123	1 884	—	619	903	133	71.9	3.6	—	0.2
天津	18	7 037	2 213	3.5	201	577	26	—	11.3	1.7	4.2
山东	47	64 771	19 637	36.5	860	6 106	203	157.6	389.3	64.9	66.1
江苏	15	4 752	1 989	8.9	111	460	32	119.2	111.8	13.2	30.3
上海	10	24 598	6 269	72.7	322	2 513	131		126.1	26.5	14.5
浙江	85	206 877	74 702	271.1	2 585	23 480	524	1 589.8	1 139.1	28.3	289.1
福建	59	156 516	18 870	86.9	936	5 981	229	167.5	135.7	51.9	16.7
广东	66	71 487	14 529	70.9	1 014	6 008	328	22.9	201.6	14.5	4.0
广西	38	11 901	5 043	12.9	289	1 630	205	67.6	1 664.8	9.7	117.7
海南	27	28 446	7 537	64.3	541	2 757	93		44.2	1.6	0.5

　　我国陆源入海排污口超标排放现象严重，2011 年以来，各类排污口的平均超标次数比率约为 50%，工业和市政排污口超标排放次数比率分别为 33% 和 48%，排污河和其他类排污口超标排放次数比率分别为 55% 和 37%，主要超标污染物包括总磷、COD$_{Cr}$、氨氮等（图 3-1）。超标排放的氮、磷、COD 等营养物质造成排污口邻近海域富营养化状况严重，以 2017 年为例，5 月，53 个排污口邻近海域水质劣于第 Ⅳ 类海水水质标准，占监测总数的 67%；8 月，56 个排污口邻近海域水质劣于第 Ⅳ 类海水水质标准，占监测总数的 70%（图 3-2）。排污口邻近海域水体中的主要污染要素为无机氮、活性磷酸盐、石油类和 COD，个别排污口邻近海域水体中重金属、粪大肠菌群等含量超标。88% 的排污口邻近海域的水质不能满足所在海洋功能区水质要求。

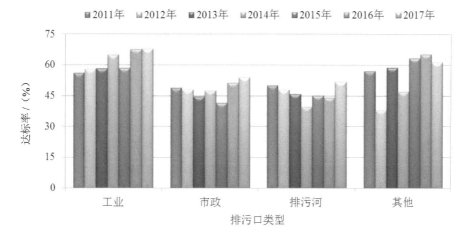

图 3-1　2011—2017 年不同类型入海排污口达标排放次数比率

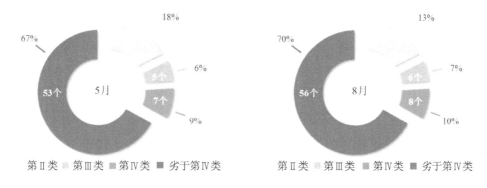

图 3-2　2017 年 5 月和 8 月入海排污口邻近海域水质等级

对新兴污染物的监测显示，有毒有害污染物排放现象严重。自 2006 年，连续 11 年对 120 余个陆源入海排污口及其邻近海域开展了持久性有机污染物监测。监测结果显示，排污口污水及邻近海域环境中多环芳烃类、多氯联苯类、有机氯农药类、酞酸酯类和酚类化合物普遍检出，部分排污口超标排放有毒污染物，邻近海域环境受到明显污染。该类污染物具有持久性、富集性、致癌、致突变和内分泌干扰等特性，在海洋环境中难以降解，并不断富集到海洋生物体中，对海洋生态环境的影响不容忽视。

以剧毒化合物苯并（a）芘（BaP）为例，陆源入海排污口污水中 BaP 的浓度范围为 N.D ~ 515.9 ng/L（注：多年监测均值），平均浓度为 28.4 ng/L，排污口多年来超标排放（30 ng/L，污水综合排放标准限值）的次数比率为 15.5%。BaP 超标排放的排污口主要分布在辽宁、河北、天津、福建和广东省。

排污口邻近海域水体中 BaP 污染严重，其浓度范围为 N.D ～ 652.2 ng/L，平均浓度为 20.8 ng/L，历年来邻近海域水体超标率（2.5 ng/L，海水水质标准）为 62.7%；邻近海域沉积物中 BaP 的含量范围为 0.1 ～ 404.8 ng/g，平均含量为 34.3 ng/g。

（二）大气沉降

大气沉降是陆源物质向海洋输送的重要途径，通过大气沉降进入海洋的营养物质和重金属等有害物质对近岸海域，特别是表层海水中的污染物质分布、富营养化、重金属污染及海洋酸化等均有一定影响。

干沉降监测结果表明，2010 年以来我国海域大气气溶胶中氨氮和硝酸盐氮含量分别在 2.32 ～ 5.41 μg/m³ 和 0.73 ～ 4.30 μg/m³，铜和铅含量分别在 22.33 ～ 89.21 ng/m³ 和 38.20 ～ 153.06 ng/m³，近几年气溶胶中污染物含量虽有所下降，但整体仍处于较高水平。

渤海湿沉降监测结果表明，2010 年以来，渤海氨氮和硝酸盐氮湿沉降通量分别在 0.52 ～ 1.56 t/km²/yr 和 0.25 ～ 1.20 t/km²/yr，铜和铅含量分别在每年 1.64 ～ 14.36 kg/km²/yr 和 0.39 ～ 19.59 kg/km²/yr，大气湿沉降对渤海营养物质和重金属的输入压力依然较大。

对渤海大气氮、磷沉降量进行了初步估算，结果显示，2016 年渤海大气氨氮、硝酸盐氮、亚硝酸盐氮和磷酸盐磷的总沉降量分别为 98 904 t/a、106 338.6 t/a、92.04 t/a 和 248.43 t/a（表 3-4）。与陆源点源输入相比，渤海氨氮和硝酸盐氮的沉降总量（205 243.0 t/a）已超过陆源点源输入量（179 005.6 t/a），大气沉降已经成为渤海中氮的最重要输入来源（图 3-4）。

表 3-4　渤海大气氮磷沉降总量

要素	大气干沉降量 /t	大气湿沉降量 /t	大气总沉降量 /t	陆源点源输入量 */t
磷酸盐磷	248.4	—	248.4	17 496.5
氨氮	32 783.6	66 120.8	98 904.4	36 279.6
硝酸盐氮	67 945.9	38 392.7	106 338.6	14 2726.0
亚硝酸盐氮	92.0	—	92.0	—

注：* 陆源点源输入量包含入海排污口和入海河流。
数据来源：2010 年渤海专项。

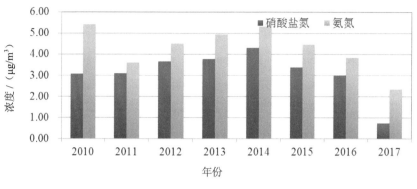

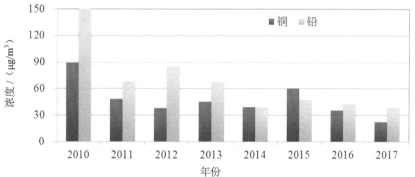

图 3-3 2010—2017 年气溶胶中污染物含量

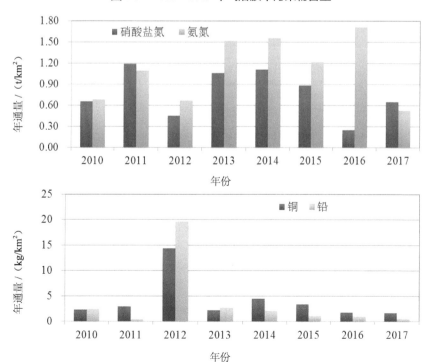

图 3-4 2010—2017 年渤海大气污染物湿沉降通量

（三）地下水

海底地下水排放（Submarine Groundwater Discharge，SGD）逐渐被认为是陆源化学物质，如营养盐、痕量元素及污染物等输入海洋的重要途径之一。我国有关 SGD 的研究起步较晚，不过到目前为止已经开展了许多工作。我国的 SGD 研究主要集中在黄河、长江、珠江等河流入海口，属于三角洲海岸类型，松散沉积物分布面积广而厚，沿岸含水层富水性较好，地下水输入比较明显[1,2,3]；胶州湾、厦口湾和香港吐露湾既有基岩海岸，又有砂质海岸，还有小型河流三角洲，地下水的输入分布很不均一[4,5,6]；海南岛东海岸，不同程度地分布着红树林和珊瑚等，地下水输入对红树林和珊瑚有着特殊意义[7,8]；闽江河口三角洲不明显，属于三角港海岸，地下水输入量十分有限[9]。

研究者运用镭同位素示踪技术对我国北方典型的半封闭型养殖海湾——山东半岛最东端的桑沟湾，南方典型的相对封闭型养殖潟湖——海南岛东部的老爷海和小海，以及典型的大河影响下的开阔陆架边缘海——东海大陆架的海底地下水排放进行研究，同时对其携带的生源要素等的输送通量进行分析[10]。三种类型研究区域的 SGD 通量列于表 3-5 中，可见 SGD 通量整体上表现为桑沟湾＞两个潟湖＞东海。对比发现，潮流潮汐动力的作用在半封闭型海湾较之相对封闭的潟湖系统更突出，所以在老爷海和小海这种相对封闭的水体环境中，由单一海洋驱动引起的海水循环量是有限的。不论是在半封闭型的海湾、相对封闭型的潟湖还是开阔海域的陆架系统，SGD 均在其生物地

1 Peterson R N, Burnett W C, Makoto T, et al. Radon and radium isotope assessment of submarine groundwater discharge in the Yellow River Delta[J]. Journal of Geophysical Research Oceans, 2008, 113(C9).
2 Gu H, Moore W S, Lei Z, et al. Using radium isotopes to estimate the residence time and the contribution of submarine groundwater discharge (SGD) in the Changjiang effluent plume, East China Sea[J]. Continental Shelf Research, 2012, 35(1):95-107.
3 Liu Q, Dai M, Chen W, et al. How significant is submarine groundwater discharge and its associated dissolved inorganic carbon in a river-dominated shelf system-the northern South China Sea?[J]. Biogeosciences, 2012, 9: 1777-1795.
4 Guo Z, Huang L, Yuan X, et al. Estimating submarine groundwater discharge to the Jiulong River estuary using Raisotopes [J]. Advances in Water Science, 2011, 22(1):118-125 (in Chinese, with English abstract).
5 Liu H, Guo Z, Gao A, et al. Distribution Characteristics of Radium and Determination of Transport Rate in the Min River Estuary Mixing Zone[J]. Journal of Jilin University (Earth Science Edition), 2013, 43(6):1966-1971 (in Chinese, with English abstract).
6 Tse K C, Jiao J J. Estimation of submarine groundwater discharge in Plover Cove, Tolo Harbour, Hong Kong by 222 Rn[J]. Marine Chemistry, 2008, 111(3):160-170.
7 Su N, Du J, Moore W S, et al. An examination of groundwater discharge and the associated nutrient fluxes into the estuaries of eastern Hainan Island, China using 226Ra[J]. Science of the Total Environment, 2011, 409(19):3909-3918.
8 Wang X, Li H, Jiao J J, et al. Submarine fresh groundwater discharge into Laizhou Bay comparable to the Yellow River flux.[J]. Scientific Reports, 2015, 5:8814.
9 Zhang B, Guo Z, Gao A, et al. Estimating groundwater discharge into Minjiang River estuary based on stable isotopes deuterium and oxygen-18* [J]. Advances in Water Science, 2012, 23(4):539-548 (in Chinese, with English abstract).
10 Wang X L. Study on submarine groundwater discharge (SGD) and its driven nutrient fluxes from typical area in coastal sea of China East China Normal University[D], 2017 (in Chinese, with English abstract).

球化学循环中起着非常重要的作用：在河流流量较小、区域范围较小、相对封闭和半封闭的研究区域，SGD 是主要的输入源，由其输入的营养盐通量可达营养盐总输入量的 40% 以上，甚至可达 98%；在河流流量较大、区域范围较大且开阔的研究区域，由 SGD 输入的营养盐通量与河流输送的营养盐通量相当，同样是不可忽略的重要输入源。

表 3-5　不同研究区域的 SGD 特征及其携带的营养盐（DIN、DIP、D_{Si}）排放通量

研究区域	区域特点	河流流量 $10^7 m^3 a^{-1}$	SGD $10^7 m^3 d^{-1}$	潮汐驱动的 SGD $10^5 m^3 d^{-1}$	SGD/ 河流 DIN	DIP	D_{Si}
桑沟湾	半封闭型养殖海湾	17 ~ 23	2.59 ~ 3.07	75 ~ 100	21.0	1.5	5.8
老爷海	相对封闭性养殖潟湖	1.26	0.17	1.5 ~ 1.9	2.6	0.1	79.7
小海		83.6	0.18	0.6 ~ 2.2	0.9	3.5	0.9
东海陆架	大河影响下的陆架边缘海	1.14×10^5	$(1.14 ~ 5.42) \times 10^5$	—	0.8	2.2	1.2

四、陆源污染对海洋生态系统的影响分析

海洋生态系统是地球上最大的生态系统，在气候调节、生物多样性保育和人类社会可持续发展方面都具有重要意义。海洋生态系统不仅为海洋生物生存提供了河口、海草床、盐沼、滩涂、红树林和珊瑚礁等多样化的生境，也为人类社会发展提供了许多重要的服务。海洋生态系统的健康对于保持全球经济的发展至关重要，每年渔业和养殖业产出可达 2 520 亿美元，而海洋中的鱼类为 31 亿人提供了超过 20% 的膳食蛋白[1]。

长期以来，人们一直认为海洋生态系统对来自外界的胁迫具有较高的承受能力，但实际上，海洋生态系统在多重胁迫影响下已经发生了显著的变化。影响海洋生态系统的因素很多，包括海洋变暖、酸化、污染、对海洋的过度开发、陆源物质过量输入、垃圾等废弃物的输入等。这些因素的综合作用对海洋生态系统的健康及其对人类社会的服务价值造成了巨大的损害。第一次全球海洋评估报告详细说明了海洋生态系统健康所受到的影响[2]。为保护海洋生态系统和资源，"针对可持续发展的海洋资源保护与可持续利用"也被列为联合国第 14 条可持续发展目标（SDG14）。

中国是海洋大国，海岸线长度超过 18 000 km，管辖海域面积超过 300 万 km²。海

1 United Nations Environment. Global Environment Outlook–GEO-6: Healthy Planet, Healthy People. Nairobi, 2019: DOI 10.1017/9781108627146.

2 https://www.un.org/regularprocess/content/first-world-ocean-assessment.

洋生态系统为海洋生物提供了多样化的生境，也为社会发展提供了重要的生物资源保障。丰富的海洋生物资源和多样化的生态系统服务为中国社会经济发展提供了重要支持。然而，随着社会经济的快速发展和沿海地区的城市化进程，近海生态系统也面临着各类污染问题带来的持续增加的压力。在许多海域已经出现了有害藻华、缺氧、食物网结构改变、生境退化和生物多样性受损等显著的生态系统变化。

（一）营养盐污染与近海富营养化

因人为活动导致的过量营养盐输入近海，会造成营养盐污染和富营养化问题，最终影响海洋生态系统。世界上许多近海海域，尤其是在东亚和西欧近海，存在着比较严峻的富营养化问题。

造成近海富营养化的主要原因在于农业中大量施用的化肥的流失。在亚洲、欧洲和北美洲等化肥用量较大的地区，大量 DIN 经由河流进入水体，据估计，全球每年大约有 60 Tg 氮（N）经由河口进入海洋。与磷肥相比，人工合成的氮肥产量增长更为迅速。在中国，过去 40 年里氮肥产量增加了约 5 倍。动物养殖产生的废弃物是另一重要的营养物质来源。动物养殖过程会产生大量的还原态氮化合物，如氨氮、尿素和其他形式的溶解有机氮化合物等。此外，海水养殖业也是海洋环境中氨氮等还原态氮化合物的重要来源之一。除河流之外，经由大气沉降过程输送到海洋中的营养盐物质也不容忽视。

在中国，营养盐污染问题主要出现在近海河口和海湾海域，如辽东湾、渤海湾、长江口、杭州湾和珠江口等。营养盐的过量输入会造成海水中营养盐浓度和结构的显著改变，在长江口邻近海域，氮的过量输入导致 20 世纪 60 年代以来河口区海水中 DIN 浓度增加了约 4 倍 [1]，而磷酸盐浓度变化不大，硅酸盐则表现出下降趋势，这使海水营养物质结构也出现了显著变化，氮磷比显著上升，而硅氮比则明显下降；在渤海海域，20 世纪 80 年代中期氮磷比仅为 3 左右，进入 21 世纪后，氮磷比上升到约 25，同期硅氮比则显著下降 [2]。在黄海海域，20 世纪 80 年代中期到 2000 年前后，氮磷比从 5 上升到 20，而硅氮比则从 2 下降到 1；在南海珠江口海域，从 20 世纪 90 年代开始，氮磷比则表现出一定的下降趋势，除了氮磷比的变化之外，营养盐输入的形式也有明显变化。目前，全球氮肥产量的一半由尿素贡献，大量有机氮的使用有可能会带来和无机氮不一样的生态效应，如促进海洋中鞭毛藻类的快速生长等。

1 Zhou M J, Shen Z L, Yu R C. Responses of a coastal phytoplankton community to increased nutrient input from the Changjiang (Yangtze) River [J]. Continental and Shelf Research, 2018,28:1483er di.
2 Wang B D, Xin M, Wei Q S, et al. A historical overview of coastal eutrophication in the China Seas [J]. Marine Pollution Bulletin,2018,136:394-400.

有害藻华（Harmful Algal Blooms, HABs）是近海富营养化导致的最突出的生态效应[1]。营养盐进入海洋之后，最直接的效应是促进藻类生长，提高叶绿素 a 含量，有时也会引起有毒或有害藻华。过去 20 年里，中国近海有害藻华发生次数明显增加，分布范围也逐渐扩大[2]。在 20 世纪 90 年代以前，中国近海记录的有害藻华次数很少，而且大部分是由硅藻形成的赤潮，影响海域面积非常有限。在 2000 年之后，中国近海每年记录的有害藻华次数可达 50 ～ 80 次，在许多海域都出现了不同类型的有害藻华现象。以东海为例，2000 年之后出现的甲藻赤潮成为主要的有害藻华问题，每年 5 月初到 6 月中旬，大规模暴发的甲藻赤潮面积可达上万平方千米。形成赤潮的东海原甲藻（*Prorocentrum donghaiense*）、米氏凯伦藻（*Karenia mikimotoi*）等甲藻对海水养殖业和海洋生态系统都有严重危害。2005 年的一次米氏凯伦藻赤潮造成了南麂列岛大量养殖鱼类死亡，经济损失超过 3000 万元；2012 年，福建近海的米氏凯伦藻赤潮造成了大量养殖鲍死亡，造成了大约 20 亿元的经济损失。东海原甲藻尽管无毒，但对于东海浮游动物关键种中华哲水蚤（*Calanus sinicus*）的繁殖具有强烈抑制效应。在渤海，2009 年出现了由一种微小的海金藻类抑食金球藻（*Aureococcus anophagefferens*）形成的大规模褐潮，此后褐潮开始连年暴发。2010 年，受褐潮影响的海域面积超过 3 000 km²，对该海域的海湾扇贝养殖业造成了近乎毁灭性的打击，经济损失约 2 亿元。在南海柘林湾，由定鞭藻类球形棕囊藻（*Phaeocystis globosa*）形成的赤潮从 20 世纪 90 年代中期开始出现，导致大量养殖鱼类死亡，经济损失约 7 000 万元。从 2010 年开始，以往很少有赤潮现象的广西北部湾海域也出现了大规模的球形棕囊藻赤潮，2014—2015 年发生的大规模棕囊藻赤潮一度威胁到当地核电设施的安全运行。除了由各种微藻形成的赤潮之外，2007 年后黄海海域还出现了由大型绿藻形成的大型藻藻华"绿潮"，对黄海西部沿海一线造成了诸多危害。许多研究表明，中国近海的有害藻华现象与营养盐污染造成的近海富营养化密切相关[3]。大量的氮、磷营养物质以各种形式、形态进入海洋后，产生了不同的生态效应。长江口邻近海域的富营养化以高浓度的硝酸盐和高氮磷比为特征，而渤海秦皇岛近岸海域则以高浓度的有机氮污染为特征。因此，也造成了上述海域不同类型的有害藻华的问题。

缺氧是近海富营养化的另一重要生态效应，严重时会造成底栖生物群落的衰退甚

1 Glibert P M. Eutrophication, harmful algae and biodiversity–Challenging paradigms in a world of complex nutrient changes [J]. Marine Pollution Bulletin, 2017,124 :591–606.

2 Yu Rencheng, Lv Songhui, Liang Yubo. Ecology and Oceanography of Harmful Harmful algal blooms in the coastal waters of China//P Glibert E Berdalet M, A Burford, et al. Ecology and Oceanography of Harmful Algal Blooms. Springer, 2018: 309-316.

3 Zhou M J, Shen Z L, Yu R C. Responses of a coastal phytoplankton community to increased nutrient input from the Changjiang (Yangtze) River [J]. Continental and Shelf Research, 2018,28:1483er di.

至渔业资源的崩溃[1]。近海富营养化会促进海洋中藻类的生长，造成大量有机质沉降入海。这些有机质的分解会消耗底层海水中的溶解氧（DO），对底栖生物产生危害效应。当缺氧问题非常严重时，会造成"死亡区"（Dead Zone）的形成。据估算，全球受缺氧影响的"死亡区"面积超过 245 000 km^2。墨西哥湾和黑海西北部海域是全球缺氧现象最为突出的两处海域。在长江口邻近海域的大量研究表明，底层水体缺氧现象在过去几十年里也有不断加剧的趋势[2,3]。特别是在 20 世纪 90 年代以后，夏季缺氧现象出现的概率增加了 90%。在珠江口海域，随着过量氮的输入，底层水体中的溶解氧水平也有下降趋势，自 20 世纪 70 年代以来，沉积物中对缺氧具有耐受能力的有孔虫丰度也表现出明显上升的趋势。近年来，在渤海海域底层水体中也观察到了明显的氧亏损现象。除缺氧之外，底层水体酸化也是近海富营养化的效应之一，同样也会对底栖生物群落造成不利影响。

此外，大量营养盐的输入还会导致生物多样性丧失、生境退化、生态系统结构改变，以及生态系统服务功能的下降等。营养盐的过量输入是海草床、珊瑚礁、盐沼湿地等退化的重要原因。在渤海海域，从 20 世纪 80 年代到 21 世纪初，随着浮游植物生物量（chl-a 含量）的持续上升，个体较大的网采浮游植物所占比例明显下降；90 年代后，甲藻优势度明显上升。在长江口邻近海域，底栖生物种类多样性明显下降，而生命周期较短的耐污生物多毛类所占比例明显增加。在黄海、渤海，大型水母的暴发也与近海富营养化密切相关。

（二）微塑料污染

塑料和微塑料在海洋中几乎随处可见，其污染问题日益受到关注[4]。据估计，每年进入海洋的塑料垃圾总量可达 800 万 t，其中，80% 来自陆源污染。塑料是合成有机物，常见的塑料包括聚丙烯（PP）、聚乙烯（PE）、聚苯乙烯（PS）、聚氯乙烯（PVC）和聚对苯二甲酸乙二酯（PET）等，其化学性质有明显差异。微塑料通常是指粒径在 1～5 μm 的塑料颗粒，常以颗粒状或纤维状存在于海水中。根据其产生过程，微塑料可以划分为原生微塑料和次生微塑料，其中，原生微塑料是指直接生产的工业用或家

1 Rabalais N N, Diaz R J, Levin L A, et al. Dynamics and distribution of natural and human-caused hypoxia[J]. Biogeosciences, 2010,7 (2): 585-619.
2 Wang B D. Hydromorphological mechanisms leading to hypoxia off the Changjiang estuary[J]. Marine Environmental Research, 2009, 67 (1): 53-58.
3 Wei H, He Y, Lia Q, et al. Summer hypoxia adjacent to the Changjiang Estuary. Journal of Marine System[J]. 2007.67 (3-4): 292-303.
4 Egbeocha C O, Malek S, Emenike C U, et al. Feasting on microplastics: ingestion by and effects on marine organisms[J]. Aquatic Biology, 2018, 27: 93-106.

用塑料颗粒产品，而次生微塑料是指在自然环境中由大块塑料分解产生的细微颗粒。

　　一般认为海洋中的塑料垃圾会通过缠绕海洋生物或被海洋生物误食等造成危害效应。许多滤食性的桡足类和贝类，以及鱼类和鲸等海洋动物，都会主动或被动摄入微塑料[1]。而且，微塑料可以作为污染物或病原生物的载体，增加对海洋动物的危害风险。由于微塑料具有颗粒小、比表面大等特征，容易吸附和浓缩海水中的有机污染物，并沿食物链传递到不同营养级的海洋生物中，有可能造成潜在的生态效应。

　　随着海洋微塑料的逐渐增多，其对海洋生物甚至人类健康的影响风险也在不断加大。许多模拟实验研究表明，微塑料对海洋生物具有危害效应。例如，桡足类生物长期暴露于微塑料后，会造成其摄食率下降、生长缓慢和生殖受损等；而经济动物体内蓄积微塑料后，也会对食用海产品的人类健康带来威胁。

　　在中国近海许多海域的海水和沉积物样品中检测到了微塑料，如渤海、北黄海、东海长江口邻近海域以及南海近海等[2]。对渤海和北黄海海域微塑料与多环芳烃（PAHs）的研究表明，存在通过微塑料向海洋生物体内传递多环芳烃的风险[3]。目前，在中国近海的浮游动物、贝类和鱼类样品中也检测到了微塑料。通常底栖性生物体内微塑料含量高于浮游性生物。但是，目前关于微塑料的生态效应研究多是基于模拟实验推测，关于微塑料对中国近海海洋生物或生态系统的真正危害效应还缺乏认识。

（三）持久性有机污染物和内分泌干扰物质

　　一部分卤代有机化合物，如有机氯农药（OCPs）、多氯联苯（PCBs）、多溴联苯醚（PBDEs）、六溴环十二烷（HBCDs）、得克隆（DP）及全氟烷基化合物（PFASs）等，被《关于持久性有机污染物的斯德哥尔摩公约》列入持久性有机污染物（POPs）清单[4]。在人口高度聚集的沿海城市区或工业区附近海域，往往存在高浓度的持久性有机污染物，这些污染物通常来自陆源污染。

　　持久性有机污染物能够通过多种途径危害海洋生物。有机氯农药、多溴联苯醚和全氟辛酸等持久性有机污染物对藻类具有急性毒性效应，能够抑制藻类生长。持久性有机污染物还会影响海洋生物体内的酶活力，损害其免疫系统。据报道，多溴联苯醚

---

1 Guzzetti E, Sureda A, Tejada S, et al. Microplastic in marine organism: Environmental and toxicological effects[J]. Environmental Toxicology and Pharmacology,2018, 64:164-171.

2 Zhu L, Bai H Y, Chen B J, et al. Microplastic pollution in North Yellow Sea, China: Observations on occurrence, distribution and identification[J]. Science of the Total Environment, 2018, 636:20-29.

3 Mai L, Bao L J, Shi L, et al. Polycyclic aromatic hydrocarbons affiliated with microplastics in surface waters of Bohai and Huanghai Seas, China[J]. Environmental Pollution, 2018, 241:834-840.

4 Liu L Y, Ma W L, Jia H L, et al. Research on persistent organic pollutants in China on a national scale: 10 years after the enforcement of the Stockholm Convention[J]. Environmental Pollution,2016, 217:70-81.

还会影响鱼类基因的表达。美国南加利福尼亚州的一些调查结果表明，DDT 等有机氯农药会对褐鹈鹕（*Pelecanus occidentalis*）等鸟类的产卵造成不利影响。许多研究证明，持久性有机污染物能够在生物体内蓄积，并经由海洋食物网的生物放大作用对高营养级生物造成危害。

一些有机污染物，如丁基锡化合物、天然雌激素（雌酮 [E1]，17β- 雌二醇 [E2]）、合成雌激素（壬基酚 [NP]）、阿特拉津、DDT 类化合物、多氯二苯并二噁英 / 多氯二苯并呋喃类化合物（PCDD/F），以及共平面多氯联苯类化合物（co-PCBs）等，具有特殊的内分泌干扰效应，被统称为内分泌干扰物质（EDCs）。其中，丁基锡化合物会导致腹足类性逆转（imposex），严重污染情况下有可能造成腹足类种群的衰退甚至灭绝。

为保护近海生态系统与人类健康，人们常常选用贻贝等作为特定指示生物，用于反映污染物的长期累积情况及其变化，如美国执行的"贻贝观察"计划，记录了海域持久性有机污染物的长期变化情况。

中国在《关于持久性有机污染物的斯德哥尔摩公约》的执行中发挥了重要作用，有效消减了持久性有机污染物的排放，也在沿海地区开展了针对持久性有机污染物的系统监测。根据对渤海和黄海海域的监测结果发现，高疏水性的有机氯农药、多氯联苯、多溴联苯醚和六溴环十二烷类化合物主要存在于沉积物中，而具有一定亲水性的持久性有机污染物往往在海水中浓度较高。根据环境中持久性有机污染物的污染状况，对其生态风险进行了分析和评估。[1] 一些研究发现，在南海珠江口海域，龙头鱼和刀鲚中存在多氯联苯、多溴联苯醚和 DDE（滴滴涕 DDT 的主要代谢产物之一）的生物放大效应。在福建九龙江河口，经分析认为持久性有机污染物的生态风险较低，但多环芳烃存在一定的生态风险[2]。

对内分泌干扰物质而言，丁基锡化合物在中国沿海普遍存在，由其造成的腹足类性逆转问题也有报道。在大连、连云港、厦门、深圳、北海、海口等海域的腹足类生物中，存在较高比例（10% ～ 27%）的雌性不育个体。雌性不育情况在汕头到深圳之间的南海海域最为突出。在渤海采集的野生四角蛤蜊（*Mactra veneriformis*）中也存在性畸变现象，有可能是受到内分泌干扰物质的影响。在渤海的调查中发现，内分泌干扰物质的生态风险要高于多环芳烃。

---

1 Meng J, Hong S, Wang T, Li Q, et al. Traditional and new POPs in environments along the Bohai and Yellow Seas: An overview of China and South Korea[J]. Chemosphere, 2017,169:503-515.

2 Wu Y L, Wang X H, Li Y Y, et al. Polybrominated diphenyl ethers, organochlorine pesticides, and polycyclic aromatic hydrocarbons in water from the Jiulong River Estuary, China: levels, distributions, influencing factors, and risk assessment[J]. Environmental Science and Pollution Research, 2017,24:8933-8945.

（四）抗生素

抗生素广泛应用于人类传染性疾病的治疗，以及畜禽养殖和水产养殖的病害防治。水环境是抗生素的重要环境归宿，在近海海域可以检测到多类抗生素。进入海洋中的抗生素对海洋生态系统具有潜在威胁[1]。目前对抗生素的研究集中在其急性和慢性毒性效应上，已经利用不同种类的海洋生物建立了多种针对抗生素的生态风险评估方法。但是，目前在抗生素对海洋微生物群落的影响效应认识方面却非常有限。越来越多的证据表明，环境中的抗生素能够导致抗药性细菌的出现。抗生素抗性基因 （ARGs）也被认为是一种潜在的污染问题，在近年来的研究中备受关注。

在中国近海，渤海湾、胶州湾、莱州湾、烟台近海、辽东湾、深圳湾和北部湾等许多海域都检测到了抗生素（图 3-5）。在 2017 年的调查中[2]，在 13 种目标抗生素中检测到了 7 种抗生素。分析认为，诺氟沙星（NFC）和联磺甲氧苄啶具有较高的生态风险，但对人类健康的影响风险不大。有研究发现，在国内水产品中分离到的创伤弧菌（*Vibrio vulnificus*）和副溶血弧菌（*V. parahaemolyticus*）检出耐药性，一些菌株对多种抗生素表现出抗性或中等程度的抗性，可能对人类健康构成潜在风险[3]。

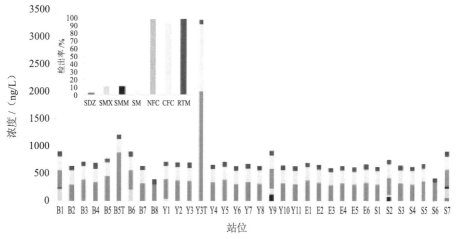

图 3-5　中国近海海水中目标抗生素的浓度和检出率情况

资料来源: Lu J, Wu J, Zhang C, et al. Occurrence, distribution, and ecological-health risks of selected antibiotics in coastal waters along the coastline of China[J]. Science of the Total Environment, 2018, 644: 1469-1476.

1 Brandt K K, Amézquita A, Backhaus T, et al. Ecotoxicological assessment of antibiotics: A call for improved consideration of microorganisms[J]. Environment International, 2015,85: 189-205.

2 Lu J, Wu J, Zhang C, et al. Occurrence, distribution, and ecological-health risks of selected antibiotics in coastal waters along the coastline of China[J]. Science of the Total Environment, 2018, 644: 1469-1476.

3 Jiang Y H, Chu Y B, Xie G S, et al. Antimicrobial resistance, virulence and genetic relationship of Vibrio parahaemolyticus in seafood from coasts of Bohai Sea and Yellow Sea, China[J]. International Journal of Food Microbiology , 2019, 290: 116-124.

（五）重金属

许多自然环境中存在的重金属，如锌、铜、铬、铅、镍、砷、汞、镉等，因人类活动而大量进入海洋环境中。海洋环境中的重金属通常能够被生物吸收，在高浓度下会对海洋生物产生毒性效应。

许多室内研究结果表明，重金属对浮游植物、浮游动物、鱼类和底栖生物具有急性或慢性毒性效应。在一些近海海域，重金属浓度已足以造成对海洋生物的危害效应。海洋环境中重金属的危害效应会受到海水盐度、沉积物中有机质含量等许多因素调控。对高营养级动物而言，经由食物链传递的重金属要比环境中的重金属影响更大。

中国政府采取了大量措施控制海洋重金属污染问题。但是，沿海地区对重金属的生产和使用仍然保持上升态势，因此重金属污染问题短期内无法消除。以珊瑚礁作为指示物，发现海南岛附近海域铬、铜、镉、钡、铅和铀等重金属浓度在过去140年里有稳定上升的趋势。在辽东湾海域，沉积物中镉、汞、锌、铅等重金属浓度在20世纪70年代以后也在持续上升。总体上看，中国南方海域海水和沉积物中的铅、砷浓度较高，而在渤海锦州湾等北方海域，镉和汞的污染程度比较严重。研究发现锦州湾海域高浓度的重金属对海洋生态系统具有潜在风险。

（六）海洋污染与气候变化的相互作用

在近海海域，海洋污染与气候变化（如水温上升、海洋酸化等）、过度捕捞、生境丧失等诸多胁迫因子共同作用于近海生态系统，影响食物网结构及生态系统的服务功能[1,2]。这些胁迫因子之间存在复杂的相互作用，如气候变化会影响到海洋生物对污染物的暴露过程和累积效应等。研究指出，随着全球变暖的不断加剧和海冰的融化，北极海域的顶级捕食者会更容易受到持久性有机污染物和汞污染的影响。气候变化还会通过不同方式影响海洋中的营养盐污染状况。进入海洋中的营养盐与淡水输入密切相关，而后者又受到区域气候变异和长期气候变化的影响。有必要针对海洋污染与气候变化等因子的相互作用开展系统研究，以便更好地理解其相互作用过程及其对近海生态系统的影响。

---

1 Alava J J, Cheung W W L, Ross P S, et al.Climate change–contaminant interactions in marine food webs: Toward a conceptual framework[J]. Global Change Biology,2017, 23:3984-4001.
2 Lu J, Wu J, Zhang C, et al. Occurrence, distribution, and ecological-health risks of selected antibiotics in coastal waters along the coastline of China[J]. Science of the Total Environment, 2018,644:1469-1476.

（七）小结

海洋环境受到营养盐、重金属、溢油、持久性有机污染物、内分泌干扰物质、抗生素及塑料垃圾（包括微塑料）等诸多污染问题的影响。其中，营养盐污染造成的富营养化问题无疑是中国近海最为突出的海洋污染问题，造成了诸如有害藻华、缺氧等许多生态灾害问题。内分泌干扰物质、溢油和重金属污染也会造成显著的生态效应，但通常影响的海域范围有限。对于一些新出现的海洋污染问题，如微塑料、抗生素抗性基因等，目前的认识仍非常欠缺。

为了更好地了解海洋污染的生态效应，需要针对污染物本身及其导致的海洋生态系统效应建立起一套完善的海洋环境综合监测评估系统，确保海洋环境达到良好状态。此外，针对海洋污染和气候变化之间复杂的相互作用，也需要开展系统研究，特别是对生态系统健康的综合评估，明确污染导致的生态效应，更有针对性地采取污染防控措施。

五、中国海洋污染治理措施

中国作为《联合国海洋法公约》《伦敦倾废公约》及 1996 年议定书、《国际防止船舶造成污染公约》《生物多样性公约》《控制危险废料越境转移及其处置巴塞尔公约》《关于持久性有机污染物的斯德哥尔摩公约》《关于在国际贸易中对某些危险化学品和农药采用事先知情同意程序的鹿特丹公约》和《关于汞的水俣公约》等国际公约的缔约方，一直致力于完善国家法律、法规和政策，切实履行国际公约规定的义务。经过 20 ～ 30 年的建设，中国已经建立了保护海洋环境和可持续利用生物资源的基本法律和法规体系。

中国海洋污染国内法在很大程度上依赖于其行政法律法规，而其他一些重要规定则在民法、刑法、程序法及其司法解释中反映。中共中央或国务院制定的政策虽然不具法律约束力，但也能对海洋环境利益相关者起到至关重要的作用，这一点不容小觑。

（一）法律

《中华人民共和国海洋环境保护法》（以下简称《海洋环境保护法》）是中华人民共和国海洋环境保护领域的基本法。《海洋环境保护法》自 1982 年 8 月 23 日颁布以来，历经修订一次（1999 年）、修正三次（2013 年、2016 年、2017 年）。该法目前共有 10 章，包括总则、海洋环境监督管理、海洋生态保护、防治陆源污染物对海洋环境的污染损害、防治海岸工程建设项目对海洋环境的污染损害、防治海洋工程建设项目对海洋环境的污染损害、防治倾倒废弃物对海洋环境的污染损害、防治船舶及有关作业活动对海洋环境的污染损害、法律责任和附则，共 98 条。该法全面规范了海洋污染控制、生态系统保护和资源保护，规定国务院环境保护行政主管部门负责指导、协调和监督全国海洋环境保护工作，负责防治陆源污染和海岸、海洋工程建设项目对海洋环境的污染损害。

该法建立了一系列保护海洋环境的法律制度。在污染控制方面，法律建立了海洋环境质量标准制度、总量控制制度和区域限批制度；在重点海域实施海洋污染物排放总量控制；在超过主要污染物总量控制指标的重点海域，环境保护行政主管部门应暂停批准新增建设项目的环境影响报告（表）。污染防治是《海洋环境保护法》的核心部分，相关内容覆盖五章，包括防治陆源污染物对海洋环境的污染损害、防治海岸工程建设项目对海洋环境的污染损害、防治海洋工程建设项目对海洋环境的污染损害、防治倾倒废弃物对海洋环境的污染损害、防治船舶及有关作业活动对海洋环境的污染损害。2016 年修订版明确要求船舶及相关操作应采取有效措施防止海洋环境污染，同时增加"海事管理部门和其他有关部门应加强对船舶及其相关操作的监督管理"的规定。对于海洋污染事件，要求国家制定应急计划应对重大海洋污染事故。

此外，还有一些与海洋环境保护密切相关的法律，《中华人民共和国大气污染防治法》规定了大气沉降造成的污染；《中华人民共和国水污染防治法》通过实施排放标准制度、总量控制制度和排污许可制度来规范陆源污染；《中华人民共和国环境影响评价法》将环境影响评估作为控制海岸和海洋工程建设项目等环境影响的有用工具。

（二）国家条例和部门规章

为落实全国人民代表大会及常务委员会颁布的法律，或规范现行法律尚未解决的问题，国务院、中央行政管理部门、地方人民代表大会和地方人民政府发布了 80 余项各级条例和细则，在很大程度上丰富了海洋环境保护法律体系。

1. 国务院颁布的管理条例

自 20 世纪 80 年代以来，为落实全国人民代表大会及全国人民代表大会常务委员会颁布的法律或规范现行法律尚未解决的问题，国务院发布了 15 项国家管理条例。其中，6 项管理条例是针对不同来源的海洋污染，如船舶、拆船、海岸和海洋工程建设项目、倾废、油气勘探开发，表明污染问题是国务院关注的重点领域。

1）《中华人民共和国防治船舶污染海洋环境管理条例》

2）《中华人民共和国防治海岸工程建设项目污染损害海洋环境管理条例》

3）《中华人民共和国防治海洋工程建设项目污染损害海洋环境管理条例》

4）《中华人民共和国海洋倾废管理条例》

5）《中华人民共和国防止拆船污染环境管理条例》

6）《中华人民共和国海洋石油勘探开发环境保护管理条例》

2. 国务院部门规章

为切实落实法律、管理规定，履行国务院规定的管理职责，在海上有管理权限的行政管理部门颁布了 28 项部门规章。其中，7 项与船舶污染控制、海上石油开采和海洋倾废有关（表 3-6）。

表 3-6　部分相关部门规章

序号	名称	颁布机构	颁布日期	生效日期
1	《中华人民共和国船舶及其有关作业活动污染海洋环境防治管理规定（2017 年修正本）》	交通部令第 15 号〔2017〕	2017 年 5 月 23 日	2017 年 5 月 23 日
2	《中华人民共和国船舶污染海洋环境应急防备和应急处置管理规定（2018 年修正本）》	交通部令第 21 号〔2018〕	2018 年 9 月 27 日	2018 年 9 月 27 日
3	《中华人民共和国海洋倾废管理条例实施办法（2016 年修正本）》	国土资源部令第 64 号	2016 年 1 月 5 日	2016 年 1 月 5 日
4	《海洋石油勘探开发环境保护管理条例实施办法（2016 年修正本）》	国土资源部令第 64 号	2016 年 1 月 5 日	2016 年 1 月 5 日
5	《委托签发废弃物海洋倾倒许可证管理办法》	国土资源部令第 25 号	2004 年 10 月 8 日	2005 年 1 月 1 日
6	《渔业污染事故调查鉴定资格管理办法》	农业部	2004 年 4 月 12 日	2004 年 4 月 12 日
7	《渔业水域污染事故调查处理程序规定》	农业部令第 13 号	1997 年 3 月 26 日	1997 年 3 月 26 日

除国家法律法规外，沿海省市还颁布了地方海洋环境保护法律和法规，进一步完善了海洋环境保护法律体系。

（三）国家和地方政府颁布的政策

为落实法律法规、履行国际公约，我国出台了多项国家政策，并启动了一系列保护海洋环境的规划。许多政策和规划可在国家和地方政府的发展规划中找到，最基本的是国家发展改革委（NDRC）制定的国民经济和社会发展五年规划。还有一些特定领域的规划，如生态环境部制订的"十三五"生态环境保护规划，国家发展改革委和国家海洋局制定的《全国海洋经济发展规划（2016—2020 年）》。地方政府根据国家规划和地方特色制定具体规划，如《江苏省"十三五"海洋事业发展规划》《江苏省海洋生态红线保护规划（2016—2020 年）》。

各级政府严格控制排入海洋的陆源污染物，要求其必须符合污染物的排放标准和污染物排放的总量控制要求。政府部门正努力建立预警机制，以防止排放的污染物超过海洋环境的承载能力。

《近岸海域污染防治方案》是为了切实加强近岸海域环境保护工作，改善河口和近岸海域的生态环境质量。该方案的目标是在"十三五"期间全国近岸海域水质稳中趋好，2020 年沿海各省（自治区、直辖市）近岸海域 I、Ⅱ 类海水比例达到目标要求，全国近岸海域水质优良（I、Ⅱ 类）比例达到 70% 左右；入海河流水质与 2014 年相比有所改善，且基本消除劣于 V 类的水体。

《中华人民共和国国民经济和社会发展第十三个五年规划纲要》明确提出实施"蓝色海湾"整治工程、"南红北柳"湿地修复工程和"生态岛礁"工程。通过实施"蓝色海湾"整治工程，优化海湾、滨海湿地的生产、生态、生活空间布局，控制陆源污染物入海排放，加强海湾生态整治与修复，打造美丽海湾，加快滨海湿地和岸滩恢复，遏制我国滨海湿地退化和丧失，提升海湾和滨海湿地生态系统服务功能。

《渤海综合治理攻坚战行动计划》要求以改善渤海生态环境质量为核心，开展陆源污染治理行动、海域污染治理行动、生态保护修复行动、环境风险防范行动四大攻坚行动，确保渤海生态环境不再恶化。通过三年综合治理，到 2020 年，渤海近岸海域水质优良（I、Ⅱ 类水质）比例达到 73% 左右，自然岸线保有率保持在 35% 左右，滨海湿地整治修复规模不低于 6 900 hm^2，整治修复岸线新增 70 km 左右。

（四）制度建设

1. 生态文明制度建设

2012 年党的十八大将生态文明建设作为"五位一体"总体布局的一个重要部分，要求树立尊重自然、顺应自然、保护自然的理念，提出生态文明建设不仅影响经济持续健康发展，也关系政治建设和社会建设，必须放在突出地位，融入经济建设、政治建设、文化建设、社会建设各方面和全过程。树立山水林田湖是一个生命共同体的理念，按照生态系统的整体性、系统性及其内在规律，统筹考虑自然生态各要素、山上山下、地上地下、陆地海洋以及流域上下游，进行整体保护、系统修复、综合治理，增强生态系统循环能力，维护生态平衡。"十三五"时期既是全面建成小康社会的决胜阶段，也是生态文明建设的关键时期。关键任务包括发展绿色经济促进经济转型升级，提高能源和资源利用效率，建设环境友好型、资源节约型社会，实施生态建设项目，提升生态系统服务能力，解决威胁人民健康的突出环境问题，制定和严格遵守生态红线，推进新型城镇化和农业现代化，促进城乡区域协调发展；开展国家生态资产核算，建立生态资产监测平台。在"十三五"期间制定了若干海洋生态文明的目标，如修复2 000 km 海岸线和 66 个海湾，恢复 8 500 hm² 以上的滨海湿地，海洋保护区面积占国家管辖海域的 5%。

2. 湾长制

建立实施湾长制是全面贯彻落实习近平新时代生态文明思想和全国生态环境保护大会精神要求的重要举措，是落实党政领导干部治海管海护海主体责任的重要制度创新，对持续改善近岸海域生态环境质量、打好污染防治攻坚战、满足沿海地区人民群众亲海拥海爱海的美好生活需求具有十分重要的现实意义。2017 年，原国家海洋局成立湾长制试点工作领导小组，在浙江、秦皇岛、青岛、连云港、海口一省四市先期启动了湾长制试点工作。2018 年，湾长制试点工作范围进一步扩大，浙江、山东、海南三省已全面推行湾长制工作，江苏、河北、广东、广西等省级行政区部分沿海市已经开展或正在探索开展湾长制试点工作。在各试点地区的积极推动下，湾长制工作已经取得了一定成效，为全面建立实施湾长制奠定了实践基础。

3. 生态保护红线

2017 年，中国发布《关于划定并严守生态保护红线的若干意见》，指出以改善生态环境质量为核心，以保障和维护生态功能为主线，按照山水林田湖系统保护的要求，划定并严守生态保护红线，实现一条红线管控重要生态空间，确保生态功能不降低、面积不减少、性质不改变，维护国家生态安全，促进经济社会可持续发展。2020 年年底前，全面完成全国生态保护红线划定，基本建立生态保护红线制度，国土生态空间得到优化和有效保护，生态功能保持稳定，国家生态安全格局更加完善。到 2030 年，生态保护红线布局进一步优化，生态保护红线制度有效实施，生态功能显著提升，国家生态安全得到全面保障。海洋生态红线制度是指为维护海洋生态健康与生态安全，将重要海洋生态功能区、生态敏感区和生态脆弱区划定为重点管控区域并实施严格分类管控的制度安排。《近岸海域污染防治方案》要求近岸海域的生态保护红线区面积不少于 30%。

（五）存在的问题分析

尽管过去 10 年，中国在与环境（特别是海洋环境）相关的法律和政策方面有了较大的改善，但仍存在一些差距，不利于中国充分履行其在国际公约中保护海洋生态和资源的义务。

1. 缺乏基于生态系统的综合观念

海洋生态系统的生态特征决定了维护和管理生态系统的最终目标是保持其生态完整性。这要求任何保护和管理活动必须基于生态系统的观点来设计。虽然"根据海洋环境容量来确定陆源排放量"和"海陆统筹发展"等是重要的国家政策指导原则，但由于受限于管理体系，这些原则未得到有效实施。现行法律、法规、政策和规划的制订缺乏部门间足够的沟通和协调。

2. 缺乏资源和生态保护的法律法规

在审查现行环境法律和政策后发现，中国有关污染控制的法律和政策相对发达，而资源和生态系统保护的法律和政策相对薄弱。例如，缺乏与国家湿地相关的法律或法规仍然是中国湿地保护面临的挑战，特别是建立湿地管理的具体机制，包括保护特许权、生态补偿、生态用水供给和水污染治理等。在《海洋环境保护法》方面，目前"海洋生态保护"章节所占比例太小，在 10 章 97 条中仅占 1 章 9 条，不足 10%，"污染防治"则占了 5 章 44 条，与目前"生态"与"环境"并重的形势不符。近年来，国际社会非常关注海洋垃圾。虽然中国拥有一系列防控各种海洋污染的法律制度，及一项《固体废物污染环境防治法》，但海洋垃圾的管理尚不完善。因为目前《固体废物污染环境防治法》尚未与海岸带管理法律和政策相结合，需要进一步加强沿海地区海洋垃圾防控管理的法律体系建设。

3. 缺乏法律实施细则

自 1982 年颁布《海洋环境保护法》以来，法律框架提供了保护海洋环境和利用海洋资源的粗略路线，但是大多为一般性表述，并无遵循实施细则，这在很大程度上影响了实施效果。

4. 缺乏跨部门实施机制

环境问题的全球化特征越来越明显，最近，国际环境公约讨论的问题都是相互交叉的，特别是气候变化、湿地退化、生物多样性丧失、渔业资源枯竭等。在中国，国际公约的履约责任是根据不同行政部门的职责进行分配的，没有协调或协调不够，不同的执行机构分别履行中国作为国际公约参与国规定的权利和义务。其缺点是实施机构所花费的资源不能产生综合效应，因此存在大量的工作和活动重复，造成有限的管理资源浪费。

六、国际海洋污染物治理趋势与经验

2050 年，我们的星球将为 90 亿人口提供食物、健康、工作与能源。健康的海洋对地球上所有生命，从最小的浮游生物到最大的海洋哺乳动物都至关重要，它是生态系统和人类福祉的基础。据估计，全球约 40% 的人生活在沿海，30 亿人依海而生。随着我们对海洋依赖的增加，政治因素越来越多地参与其中，各种防治海洋污染的政策与倡议已经制定或正在酝酿中。

（一）全球和区域性管理政策

1. 全球海洋治理机构和国际法律文书

全球有多个海洋污染治理的机构和相关法律或协定，具体如专栏 3-1 所示。

专栏 3-1　**法律和组织机构**

　　国际机构

国际海事组织（International Maritime Organization）

国际海底管理局（The International Seabed Authority）

世界贸易组织（The World Trade Organisation）

联合国粮食及农业组织（The Food and Agriculture Organization）

世界银行 / 全球环境基金（The World Bank/Global Environment Facility）

联合国开发计划署（UN Development Programme）

　　法律、协定、协议等

《联合国海洋法公约》

（*United Nations Convention on the Law of the Sea*，UNCLOS）

关于执行《联合国海洋法公约》第六部分的协定

（Agreement relating to the Implementation of Part XI of UNCLOS）

《执行 1982 年 12 月 10 日联合国海洋法公约有关养护和管理跨界鱼类种群和高度洄游鱼类种群的规定的联合国协定》（《跨界鱼类种群协定》）

［The United Nations Agreement for the Implementation of the Provisions of the United Nations Convention on the Law of the Sea of 10 December 1982 relating to the Conservation and Management of Straddling Fish Stocks and Highly Migratory Fish Stocks (the Straddling Stocks Agreement)］

《生物多样性公约》

（*The Convention on Biological Diversity*）

《联合国气候变化框架公约》

（*The United Nations Framework Convention on Climate Change*，UNFCCC）

《京都议定书》

（*The Kyoto Protocol*）

《巴黎协定》

（*The Paris Agreement*）

《联合国粮食及农业组织章程》

（FAO instruments）

1993 年联合国粮食及农业组织制定的《促进公海渔船遵守国际养护和管理措施的协定》

（The 1993 FAO Agreement to promote Compliance with International Conservation and Management Measures by Fishing Vessels on the High Seas）

1995 年联合国粮食及农业组织制定的《负责任渔业行为守则》

（The 1995 FAO Code of Conduct for Responsible Fisheries）

《国际海事组织公约》（IMO treaties）

1972 年制定的《防止倾倒废物及其他物质污染海洋公约》

（The Convention on the Prevention of Marine Pollution by Dumping of Wastes and Other Matter，1972）

《防止倾倒废物及其他物质污染海洋的公约 1996 年议定书》

（The 1996 Protocol to the Convention on the Prevention of Marine Pollution by Dumping of Wastes and Other Matter）

《保护迁徙野生动物物种公约》（The Convention on Migratory Species）

《控制危险废料越境转移及其处置巴塞尔公约》

（The Basel Convention on the Control of Transboundary Movements of Hazardous Wastes and their Disposal）

《关于在国际贸易中对某些危险化学品和农药采用事先知情同意程序的鹿特丹公约》

（Rotterdam Convention on the Prior Informed Consent Procedure for Certain

Hazardous Chemicals and Pesticides in International Trade）

《关于持久性有机污染物的斯德哥尔摩公约》

（The Stockholm Convention on Persistent Organic Pollutants）

《关于汞的水俣公约》（The Minamata Convention on Mercury）

拟议的具有法律约束力的国际文书《国家管辖范围以外区域海洋生物多样性
的养护和可持续利用》

[Proposed international legally binding instrument (on the conservation and sustainable use of marine biological diversity of areas beyond national jurisdiction）]

《保护海洋环境免受陆上活动污染全球行动纲领》

（The Global Programme of Action for the Protection of the Marine Environment from Land-based Activities）

UNCLOS 是海洋治理的全球法律公约，其中关于深海海底采矿和高度洄游鱼类种群的执行协定与海洋污染有关。《国家管辖范围以外区域海洋生物多样性养护和可持续利用执行协定》（BBNJ）目前正在谈判中，预计将于 2020 年定稿。

UNCLOS 第十二部分涉及"保护和保育海洋环境"，要求各国采取一切必要措施，防止、减少和控制任何来源对海洋环境的污染，旨在最大限度地减少有毒、有害或有毒物质的释放。同时，对关于陆源污染、船只污染、海底活动、倾倒和大气污染或通过大气污染给出了详细规定。

《联合国可持续发展目标》第 14.1 项目标：到 2025 年，防止和大幅减少各种海洋污染，特别是来自陆地活动的污染，包括海洋废弃物和营养盐污染。

联合国环境大会（UNEA）通过了几项与海洋污染有关的决议[1]。

国际海事组织（IMO）和《国际防止船舶污染公约》也对航运业造成的海洋污染做出了规定。

1995 年通过了《保护海洋环境免受陆上活动污染全球行动纲领》。该纲领目前正在审查中，但其任务侧重于与三个来源有关的海洋污染，即营养盐、垃圾和废水。

---

1 联合国环境大会第 71/312 号通过的决议：我们的海洋，我们的未来；联合国环境大会关于可持续珊瑚礁管理的第 2.12 号决议；联合国环境规划署关于应对海洋塑料垃圾和微塑料和对相关国际组织有效性的评估的第 2/11 号决议，关于海洋垃圾和微塑料的第 3/7 号决议，关于海洋塑料垃圾和微塑料的第 4/L7 号决议和关于保护海洋环境免受陆地活动影响的第 4/L12 号决议。

2. 应对海洋污染全球治理的新概念 / 议题

为应对海洋污染，多项全球治理概念已经提出，且部分已在全球或者区域被接受与实施，尤其是蓝色经济、循环经济和污染溯源方法。

（1）蓝色经济

"可持续蓝色经济"的提出为审查和处理海洋经济活动与其对环境影响之间的关系提供了有效方法，其关键是确保海洋经济活动在不破坏海洋价值赖以产生的生态资产的情况下进行。目前为止，有关蓝色经济所取得进展包括：2018 年 11 月 26—28 日肯尼亚政府在内罗毕举行了首次可持续蓝色经济会议，吸引了来自世界 184 个国家的 18 000 名与会者；为"促进大胆、务实的海洋解决方案"，由一些国家元首和政府首脑成立了可持续海洋经济高级别小组[1]；2018 年 9 月，世界银行宣布设立一个多捐助方信托基金"PROBLUE"，以支持实现可持续发展目标中的第 14 项目标，解决海洋污染、过度捕捞、海岸侵蚀和沿海经济的可持续增长问题；"联合国全球契约"（UN Global Compact）[2] 的"可持续海洋商业行动平台"包括 35 家世界上最大的公司、银行和投资基金，它们都是各自经营领域的领导者。

（2）循环经济

海洋污染的治理需从上游生态系统和下游生态系统两方面着手。上游生态系统的治理方法包括从源头上阻止污染。随着越来越多的政府对海洋垃圾和一次性塑料采取行动，"循环经济"的概念越来越受到重视[3]。该方法旨在重新定义经济增长，侧重于积极的全社会效益。实现废物减量化、资源化和无害化，使经济系统和自然生态系统的物质和谐循环，维护自然生态平衡，是以资源的高效利用和循环利用为核心，以"减量化、再利用、资源化"为原则，符合可持续发展理念的经济增长模式，是对"大量生产、大量消费、大量废弃"的传统增长模式的根本变革。

为了努力将欧洲经济转变为更可持续的经济，欧盟委员会在 2018 年 1 月通过了一

---

1 IISD. Heads of State and Government Form Panel to Support Sustainable Ocean Economy.2018. http://sdg.iisd.org/news/heads-of-state-and-government-form-panel-to-support-sustainable-ocean-economy/?utm_medium=email&utm_campaign=2018-09-27%20-%20SDG%20Update%20AE&utm_content=2018-09-27%20-%20SDG%20Update%20AE+CID_01f07018f6597500dc479b31b110422a&utm_source=cm&utm_term=Heads%20of%20State%20and%20Government%20Form%20Panel%20to%20Support%20Sustainable%20Ocean%20Economy.

2 United Nations Global Compact (UN Global Compact), Action Platform for Sustainable Ocean Business. https://www.unglobalcompact.org/take-action/action-platforms/ocean.

3 Ellen Macarthur Foundation, Concept of circular economy. https://www.ellenmacarthurfoundation. org/circular-economy/concept.

套新的措施，实施了循环经济行动计划[1]。这些措施包括欧盟循环经济中的塑料战略，解决化学品、产品和废物立法之间界限的备选方案，循环经济进展监测框架以及关于关键原材料和循环经济的报告。

（3）污染溯源方法

"污染溯源方法"对于解决陆上活动和污染至关重要。这一概念将陆源污染与海洋和沿海污染联系起来。影响下游生态系统、沿海地区和海洋环境的几个因素源于上游生态系统陆地和河流的开发，其中包括农业、工业活动、林业和能源生产等陆域产生的直接排放，以及人类消费等产生的间接来源。此外，渔业、运输、非生物资源（矿、沙、石油和天然气）的开采也势必给海洋环境带来压力，并对沿海地区以及三角洲和河流上游产生影响。

综合海洋污染治理所面临的挑战，结合当前气候变化及人们对美好生活日益增长的需求，基于生态系统的综合海洋管理新模式亟待建立。政策和管理系统需要在各部门和下游/上游用户之间分配水资源，确保可靠的供水和满足需求的水质，并保护人类和环境免受生态系统的危害和退化的影响。因此，将复杂的经济、社会以及环境和污染溯源方法相结合是实现可持续发展的重要策略。

3.污染物消减全球行动计划

（1）营养物质

多种营养盐在全球范围内广泛使用，不同地区的使用量也不尽相同，过度使用和营养缺乏同时并存，但目前面临的最主要的问题是全球范围内营养盐的利用效率均较低[2]。畜禽养殖是当前造成水体营养盐污染的主要原因之一。中国是全球最大的牛羊肉和奶制品生产和消费国之一，但由于尚未建立完善的畜禽养殖污染管理体系，部分粪便未经处理就进入了环境。美国目前实施零排放管理系统，畜禽养殖可实现零营养物质排放[3]。

当前，全球正在积极实施一项关于"陆源污染所导致的富营养化和低氧消减计划"项目，该项目由 GEF 全球基金资助[4]，致力于开发和应用全球营养盐循环模型，评估全球不同流域营养盐来源、入海负荷及其影响等，为科学评估陆源营养盐输入对近岸

1 European Commission, Environment, Implementation of the Circular Economy Action Plan. http://ec.europa.eu/environment/circular-economy/index_en.htm.
2 Olha Krushelnytska. Solving Marine Pollution, Successful models to reduce wastewater, agricultural runoff, and marine litter[R], 2018.
3 United Nations Global Compact (UN Global Compact), Action Platform for Sustainable Ocean Business. https://www.unglobalcompact.org/take-action/action-platforms/ocean.
4 GEF Marine Plastics publications. http://gefmarineplastics.org/publications.

生态系统的影响提供支撑。

（2）废水

发达国家废水处理率约为 70%，但全球约 80% 以上（一些发展中国家会超过 95%）的废水未经处理直接排入环境中。

全球废水倡议致力于解决废水相关问题，促进、协调和鼓励将更多的投资纳入废水管理。近期，为保护海洋生态环境和珊瑚礁，在全球珊瑚礁保护合作网络和全球废水倡议下，共同制定了"防止珊瑚礁受陆源污水污染"的政策，重点是针对废水对珊瑚礁的影响，围绕珊瑚礁的健康和恢复潜力来开展相关工作。

此外，作为联合国环境规划署区域海洋项目之一"红海和亚丁湾环境保护"项目，旨在编制废水排放对珊瑚礁影响的监测实施手册，收集有关珊瑚礁生态价值的基础资料，促进和倡导更有效的实际管理行动。同时，相关环境和水利管理部门等将举办一系列研讨会，加深市民对废水资源的认识和了解，提高和促进对废水可持续管理有关重要问题的认识和推广。

《城市污水管理指南》提出了废水可持续管理的相关建议，并指出 10 个关键机制，包括保障国内财政资源、发展城市供水和卫生管理系统、采取长远且循序渐进的行动，以及针对水资源管理采取适宜和经济有效的技术与替代方案等。

（3）海洋垃圾

当前，塑料污染已成为全球性热点话题，为解决这一问题也采取了相关措施。主要通过各种宣传活动和知识推广形式引起公众和政府的关注，鼓励各利益相关者自行采取行动，具体措施包括：全球海洋垃圾伙伴关系（联合国环境）；联合国环境规划署清洁海洋运动；Charlevoix《海洋塑料宪章》[1]；G7 海洋塑料垃圾创新挑战赛[2]；英联邦海洋塑料蓝色宪章行动小组（也被称为"英联邦清洁海洋联盟"）；海洋行动团队，实施可持续发展目标 14.1（海洋污染）（联合国可持续发展目标）；海洋垃圾问题不限成员名额特设专家组。

下列措施较海洋垃圾更为广泛，从发展循环经济的角度为解决海洋垃圾污染问题提供了新的方案：全球塑料平台（欧盟和联合国环境）；新塑料经济全球委员会[3]（IISD，塑料经济）；欧洲循环经济塑料战略（欧盟塑料战略）。

---

1 G7. Charlevoix Blueprint for Healthy Oceans, Seas and Resilient Coastal Communities[R], 2018. https://g7.gc.ca/en/official-documents/charlevoix-blueprint-healthy-oceans-seas-resilient-coastal-communities/.
2 G7. G7 Innovation Challenge to Address Marine Plastic Litter[R], 2018. https://g7.gc.ca/en/g7-presidency/themes/working-together-climate-change-oceans-clean-energy/g7-ministerial-meeting/joint-chairs-summary/g7-innovation-challenge-address-marine-plastic-litter/.
3 New Plastics Economy Global Commitment, 2019. https://newplasticseconomy.org/assets/doc/GC-Report-Spring.pdf.

与主要利益相关方合作推动污染防治行动，支持会员国采取具体措施，对解决这一问题的紧迫性至关重要。

根据联合国环境规划署关于海洋垃圾和微塑料的第 3/7 号决议，2018 年 5 月召开了不限成员名额特设专家组第一次会议，提出了 3 个备选方案：方案 1 是维持现状，继续当前的努力；方案 2 是修订现有的框架，以更好地处理海洋塑料垃圾和微塑料；方案 3 是构建多层次治理的国际新架构。

由于目前制度的不完善和不协调，海洋塑料垃圾和微塑料的治理未见明显成效，已重点针对订正现有框架（备选方案 2）或新框架构建（备选方案 3）。

第二次特别会议于 2018 年 12 月举行，政府专家讨论结果如下：有必要对塑料的循环管理采取全面和以实践为基础的方法；将预防作为优先事项，探讨现有框架（多边协定）的潜力是否有用；需要加强科学政策接口和方法的来源；生产者延长责任制度；信息交换与共享；循环经济和全生命周期方法；考虑是否可能制订一项具有全球法律约束力的文书；会议还讨论了设立临时协调部门的问题。

在 2019 年 3 月召开的第四届联合国环境规划署会议上通过了一项关于海洋垃圾的决议，此外，正在制定海洋垃圾国家来源清单和监测方法。

2017 年 2 月，联合国启动了清洁海洋行动，并将其推向全球，在减少海洋塑料污染方面发挥了积极作用。为了做到这一点，清洁海洋将个人、民间社会团体、企业和政府联系起来，改变全球各地的习惯、做法、标准和政策，以期大幅减少海洋垃圾及其造成的危害。截至 2018 年 12 月，已有 54 个国家承诺开展这一活动。

系统性地解决海洋塑料问题，需要从线性塑料经济向循环经济进行根本性转变，方法是在设计、生产、消费、废物管理和消减阶段，在整个价值链上采取行动。目前已有倡议要集中解决整个塑料生命周期的问题，其目标是实现塑料的循环经济。全球塑料平台由联合国环境规划署与欧盟委员会等政府共同发起，是联合国环境规划署、各国政府和地区组织之间的伙伴关系平台。其目的是促进各国政府之间在最高一级就通过可持续消费和生产方式处理塑料污染方面的经验和吸取的教训进行对话和交流。全球塑料平台的工作包括五个方面：一是政策，其他政策是围绕该政策制定的；二是循环性、创新和技术；三是教育和宣传；四是财政；五是科研。所有相关者都可以通过这五个流程参与进来。该平台活动有助于 20 国集团国家正在进行的关于海洋垃圾和资源效率的讨论。艾伦·麦克阿瑟基金会（Ellen MacArthur Foundation）[1]与联合国

---

1 Ellen Mac Arthur Foundation, Concept of circular economy. https://www.ellenmacarthurfoundation. org/circular-economy/concept.

环境规划署（UNEP）合作发起的"新塑料经济全球委员会"（New Plastic Economy Global Commitment），将企业、政府和其他组织联合起来，共享塑料循环经济的共同愿景，以及从源头解决塑料污染的目标。截至 2019 年 3 月，超过 350 个机构（新塑料经济全球承诺）签署了新的塑料经济全球承诺，其中包括全球 16 个政府部门、150 多家塑料包装价值链企业（占全球塑料包装使用总量的 20% 以上）、26 家金融机构，管理资产总额 4.2 万亿美元[1]。

（4）抗生素

鉴于抗生素及其药物残留对海洋环境的全面影响尚未清楚，海洋中抗生素和药物残留普遍令人担忧。这是一个新兴领域，在国家和区域两级都需要开展许多工作。到目前为止，波罗的海区域在这个问题上取得了更多进展。

在波罗的海地区，2017 年 11 月启动了一个制药平台，汇集了整个区域的项目和利益攸关方，以协助知识共享、提高效率、精简活动和支持区域政策发展。它将主要关注非监管解决方案，如新的技术和管理选项，并包含三个相互关联的列：项目、支持活动和地区的状态报告与政策发展[2]。

4. 区域海洋管理框架或方案

为了可持续管理和利用海洋及沿海环境，超过 143 个国家加入了 18 项区域海洋公约和行动计划。多数情况下，强有力的法律框架是行动计划的基础，其形式是关于具体问题的区域公约和有关议定书。现有区域海洋管理框架主要有：运用基于生态系统的管理方法治理海洋；确保区域战略，旨在实施和加强保护，以及可持续利用（蓝色经济）；建立创新伙伴关系或治理机制，实现区域蓝色经济的可持续发展；基于可持续蓝色经济原则和现有框架，制定区域海洋治理战略。

（二）沿海国家的管理措施

1. 海洋管理案例

越来越多的国家认识到海洋污染的负面影响，各国纷纷采取相关遏制行动。

（1）新加坡

新加坡通过立法控制和行政措施，控制陆源污染。《环境保护和管理法》（EPMA）

---

1 IISD, Over 290 Companies Sign Global Commitment on New Plastics Economy. http://sdg.iisd.org/news/over-290-companies-sign-global-commitment-on-new-plastics-economy/.
2 Swedish EPA, A regional cooperation platform to reduce pharmaceuticals in the Baltic Sea. http://www.swedishepa.se/Environmental-objectives-and-cooperation/Cooperation-internationally-and-in-the-EU/International-cooperation/Multilateral-cooperation/Baltic-Sea-Region-EUSBSR/Policy-Area-Hazards/A-cooperation-to-reduce-pharmaceuticals-in-the-Baltic-Sea/.

规定：通过控制工业废水、石油、化学物质、污水或其他污染物质的排放来保护和管理环境；EPMA 还确保以无害化的方式妥善管理有害物质。针对土壤污染，实施综合固体废物管理系统，防止垃圾乱丢、乱放，确保防止包括塑料废物在内的陆源垃圾流入海洋。国家能源局还与民间、私营和公共部门（3P）开展合作，助力减少陆域固体废物的产生和排放，如制定新加坡包装协议等。

（2）南非

在南非则设立了海洋经济部长管理委员会，主要负责向副主席报告，并与海洋有关部门协调，以便实现更有效的跨部门海洋管理。

（3）肯尼亚

2018 年 11 月 26 日至 28 日，肯尼亚政府举办首届可持续蓝色经济会议。来自世界各地的超过 18 000 个参与者学习如何构建一个蓝色经济：利用海洋、湖泊和河流的潜力，改善人类生活，特别是发展中国家人民，如妇女、青年和土著人民的生活；利用改革创新、科学进步和最佳实践手段，在为子孙后代保护水资源的同时创造繁荣。

（4）瑞典

在瑞典 [1]，截至 2020 年，土地、淡水和海洋保护的中期目标至少占瑞典陆地和淡水面积的 20%、海洋面积的 10%，这将通过采取保护措施来实现，主要针对生物多样性和生态系统服务的重要领域。湖泊、河流的正式保护面积至少增加 1.2 万 hm^2，海洋的正式保护面积至少增加 57 万 hm^2。通过强化绿色基础设施建设，避免生境破碎化，使包括海洋环境在内的保护区能保持自然过程整体性和连续性（《RAMSAR 公约》，国家报告）。欧盟海洋战略框架指令正在瑞典实施，于 2010 年通过的《海洋环境条例》（Marine environment Regulation），将该指令正式转换为瑞典的立法。[2]《欧盟海洋战略框架指令》正在瑞典实施。该指令于 2010 年通过《海洋环境条例》（Marine environment Regulation）被正式转换为瑞典的法律。

（5）加拿大

加拿大颁布了海洋战略 [3]，该战略是关于国家河口海岸和海洋生态系统管理的相关政策声明。它致力于提升体制治理机制，实施综合管理计划，鼓励合作伙伴参与海洋活动的规划管理，明确管理职责和提升公众意识。

---

1 Swedish Agency for Marine and Water Management, the concept of Source to Sea. https://www.havochvatten.se/en/swam/eu--international/international-cooperation/the-concept-of-source-to-sea.html.

2 National Report on the Implementation of the RAMSAR Convention on Wetlands. Sweden, 2015. http://archive.ramsar.org/pdf/cop12/nr/COP12NRFSweden.pdf.

3 Canada's Oceans Strategy. http://www.dfo-mpo.gc.ca/oceans/publications/cos-soc/index-eng.html.

2. 禁塑与限塑政策

2018 年世界环境日发布了《全球塑料状况》报告，联合国环境规划署在其中制定了一项十步路线图，供各国政府在寻求或改进措施时遵循。倡议各国政府需要控制塑料废物数量，建立鼓励使用便利袋的激励机制，并加强监管执行，及时推行替代方案。截至 2018 年 7 月，192 个国家中已有 127 个国家通过各种形式的立法规范塑料袋的使用[1]。各国采取多种措施对海洋塑料污染的治理发挥了积极作用。

欧洲议会通过一项禁令，即到 2021 年，禁止在欧洲使用吸管、盘子、餐具和棉签等一次性塑料制品。根据该提案，目前还没有切实可行的替代品，以减少一次性汉堡盒和三明治盒等其他塑料制品的使用量。目标是到 2025 年，一次性塑料制品的使用量将至少减少 25%，90% 的饮料瓶也将被回收利用。

英国对购物时购买塑料袋征收附加费，而肯尼亚甚至对使用塑料袋的人处以高达 4 万美元的罚款或四年监禁。印度尼西亚计划到 2025 年减少 70% 的塑料垃圾。2018 年乌拉圭开始宣布将在 2018 年后期对一次性塑料袋征税。哥斯达黎加将努力通过增加适当的废物管理措施（立法）和教育来减少塑料垃圾。

（三）小结

全球海洋管理面临着诸多挑战：对海洋环境问题的认知不足；部门/跨部门政策、合作和治理体系的低效；缺乏提高资源利用效率和鼓励循环经济的解决方案和激励措施；公共和私人融资不足等。目前，已有多个海洋治理的全球、区域和国家层面的法律和体制框架，但这些框架相对较为分散，侧重于具体行业，而少有针对性的措施。为实现海洋的综合治理，一些新兴概念不断涌现并已加以应用，如蓝色经济、循环经济和污染溯源方法等。为应对营养盐、废水、海洋垃圾和抗生素等海洋污染问题，多项举措和行动已在全球范围内实施，如针对海洋垃圾与微塑料所成立的联合国政府间专家工作组和《联合海洋法公约》下的国家管辖范围外海洋生物多样性保护与可持续利用国际协定等。围绕海洋塑料垃圾的全球治理，倡议在不同层面建立相应的治理策略：在全球层面，建立全球塑料平台和成立新塑料经济全球委员会，促进塑料循环经济发展；在区域层面，强化发挥区域海洋项目在污染治理方面的关键作用；在国家层面，实施污染防治攻坚战，从源头控制污染排放。

---

1 UNEP Legal Limits on Single-Use Plastics and Microplastics: A Global Review of National Laws and Regulations. https://wedocs.unep.org/bitstream/handle/20.500.11822/27113/plastics_limits.pdf? sequence=1&isAllowed=y.

七、政策建议

过去两个世纪，全球工、农业取得了为世界提供衣食住行的巨大成就，其代价是包括海洋环境在内的许多地球重要组成部分严重退化，特别是沿海地区。通常，虽然生产和排放在很大程度上是基于陆地的，但海洋环境实则是最终的受纳者。除了众所周知的陆源营养盐输入导致的富营养化效应外，全球不断增长的塑料污染挑战是这种海陆相互作用的另一个主要例子。

中国也是如此。改革开放 40 年间，中国基本形成了经济高速发展的沿海经济带，成为中国城市化程度高、人口密集、经济发达的区域。海岸带及近岸海洋生态系统在支撑沿海及海洋经济发展的同时，承受着巨大的生态破坏和陆源污染压力，可持续发展能力明显下降。陆源及其他来源污染物进入海洋环境，直接导致海洋水体、沉积物和生物质量下降。海洋污染给海洋渔业、滨海旅游和人群健康等方面造成了巨大的经济损失。海洋污染还造成重要生境退化、生物多样性减少和生态系统提供服务的功能丧失等更多难以量化的经济损失。

近年来，中国充分利用改革开放 40 年来积累的坚实物质基础，加大力度推进生态文明建设，污染防治攻坚战是必须打赢的三大攻坚战之一。当前，中国生态环境质量持续好转，出现了稳中向好的趋势。为了更好地追求人与海洋的和谐，促进海洋保护和绿色发展，加强海洋繁荣，就海洋污染防治提出以下政策建议：

（一）建议 1：构建全方位的海陆统筹、联防联控管理机制

1. 完善陆海一体化生态环境监测体系

按照陆海统筹、统一布局的原则，优化建设全覆盖、精细化的海洋生态环境监测网络，强化网格化监测和动态实时监视监测，对主要的入海河流、陆源入海排污口等实施在线实时监测。建立海洋污染基线调查 / 普查制度。

2. 加强农业、医药等行业的陆源污染管控

统筹考虑增强农业综合生产能力和防治农村污染，采取财政和村集体补贴、住户付费、社会资本参与的投入运营机制，加强农村污水和垃圾处理等环保设施建设，采取多种措施培育发展各种形式的农业面源污染治理、农村污水垃圾处理市场主体。推行农业绿色生产，促进主要农业废弃物全面利用。按照市场化原则，探索开展绿色金融支持畜禽养殖业废弃物处置和无害化处理试点，逐步实现畜禽粪污就近就地综合利用。加大对畜禽粪污综合利用生产有机肥的补贴力度，同步减少化肥补贴。加强抗菌药物管理，依

法规范、限制使用抗生素等化学药品，禁止滥用抗生素（包括人用和兽用）。

3. 进一步健全我国海洋环境质量目标体系

我国海洋环境质量目标体系以水质目标为主，一般以海洋功能区划和近岸海域环境功能区达标率或水质优良海域（第Ⅰ类、第Ⅱ类海水）所占比例来表达。建议进一步丰富我国海洋环境质量目标体系的内容，除了水质目标外，结合海洋生态系统时空分布特征，进一步增加海洋生态保护目标，如表征生物多样性、栖息地适宜性、生态系统结构与功能的目标等，为海洋生态保护工作奠定基础、指明方向。加强地表水和海水水质标准在分类、指标设置、标准定值等方面的衔接，增设总磷、总氮、新兴污染物等指标，推进海水水质标准修订工作，推动陆海一体化的排放控制和水质目标管理。

4. 构建河（湾、滩）长制的一体化治理机制

按照山水林田湖草系统治理的理念，加强入海河流综合治理、河口海湾综合治理的系统设计，建立河长制、湾长制联动机制，建立定期会商机制和应急处置机制，协调推进，协同攻坚，提升陆海一体化的污染防治能力。

（二）建议2：强化全过程管控，制订国家海洋垃圾污染防治行动计划

1. 强化塑料和微塑料源头管控

探讨与本国国情相适应的废弃物减量化、资源化、无害化管理模式，有效防范沿海地区由生产活动、生活消费、极端天气和自然灾害等因素导致塑料废弃物进入海洋环境。加强塑料颗粒原材料管理，建立"树脂原材料—塑料制品—商品使用流通"过程的备案和监管。鼓励和促进生产者责任延伸制度（EPR）和相关机制，把生产者对其产品承担的资源环境责任从生产环节延伸到产品设计、流通消费、回收利用、废物处置等全生命周期。禁止生产和销售含有塑料微珠的个人护理品。研发并应用洗衣机过滤技术，捕获家用和商用/工业洗涤产生的纤维并避免排放进入环境。

2. 倡导可持续的废弃物综合管理

制定和完善国家废弃物监管框架，包括生产者责任延伸制度（EPR）的法律框架，并加强执法和治理；开展能力建设和基础设施投资，通过改善城市和农村现有的废物管理体系，促进废弃物收集，并促进对废物管理基础设施的投资，以防止塑料废弃物泄漏入海。在沿海城市港口建立足够的废弃物接收设施，以便船只无害处置废弃物。

3. 研究制订国家海洋垃圾污染防治行动计划

促进建立海洋垃圾国家管理框架，建立跨部门、区域、流域的海洋垃圾防治综合协调机制。鼓励绿色发展，加快塑料制品替代化和环境清理技术的研发和应用，推动

传统塑料产业结构调整，鼓励可降解塑料制品和传统塑料替代品的生产与使用。促进基础科学研究与技术交流，加强对微塑料的来源、输移路径和环境归趋，及其对海洋生态环境影响评估研究，提升对微塑料问题的科学认知。鼓励社会组织、团体和公众开展清理行动，倡导绿色消费等方式，减少一次性塑料包装和产品的使用，防止和大幅减少海洋微塑料污染。

（三）建议3：构建运用经济杠杆进行海洋环境治理和生态保护的市场体系

1. 加快沿海地区创新驱动发展和绿色发展转型

推动产业升级，发展新兴产业和现代服务业。强化工业企业园区化建设，推进循环经济和清洁生产，建设生态工业园区，加强资源综合利用和循环利用。沿海地区确定产业结构、布局、资源环境承载力、生态红线等方面的约束，严格项目审批，提高行业准入门槛，倒逼产业转型升级，逐步淘汰落后产能。

2. 完善海洋生态补偿制度

坚持"谁受益、谁补偿"的原则，综合运用财政、税收和市场手段，采用以奖代补等形式，建立奖优罚劣的海洋生态保护效益补偿机制。

3. 严格实行生态环境损害赔偿制度

强化生产者环境保护法律责任，大幅度提高违法成本。健全环境损害赔偿方面的法律制度、评估方法和实施机制，对违反海洋环保法律法规的，依法严惩重罚；对造成生态环境损害的，以损害程度等因素依法确定赔偿额度；对造成严重后果的，依法追究刑事责任。

4. 建立多元化资金投入机制

中央财政整合现有各类涉海生态环保资金，加大投入力度，继续支持实施农村环境综合整治、蓝色海湾整治等行动。地方切实发挥主动性和能动性，加大地方财政投入力度，充分利用市场投融资机制，鼓励和吸引民间、社会、风投等资金向近海生态环境保护领域集聚。

（四）建议4：强化滨海湿地生态保护修复，恢复水质净化等湿地生态功能

1. 完善滨海湿地分级管理体系

建立国家重要滨海湿地、地方重要滨海湿地和一般滨海湿地分级管理体系，分批发布国家重要滨海湿地名录，确定各省（区、市）滨海湿地面积管控目标。探索建立滨海湿地国家公园，创新保护管理形式。

2. 建立退化滨海湿地修复制度

按照海洋生态系统的自然属性和沿海生物区系特征进行滨海湿地修复，通过实施退养还湿、植被厚植、生境养护等工程，改善湿地植被群落结构，提高湿地生境的生物多样性，提升湿地水质净化、固碳增汇等能力，扩大滨海湿地面积，恢复湿地生态功能。到 2020 年修复滨海湿地面积不少于 2 万 hm^2。

（五）建议 5：加强合作交流，共同应对全球海洋污染

1. 强化新兴全球海洋环境问题研究

重点围绕海洋酸化、塑料垃圾、缺氧等新型海洋环境问题，在热点区域开展调查研究，系统分析大洋和极地区域全球重点关注的海洋生态环境问题，深度参与公海保护区建设、海底开发活动环境影响评估和南北极海洋环境保护等工作，为全球海洋环境治理做出贡献。

2. 建立海洋命运共同体共同应对海洋污染

借助 21 世纪海上丝绸之路建设，在亚洲基础设施投资银行、中国—太平洋岛国经济发展合作论坛、中国—东盟海上合作、全球蓝色经济伙伴论坛等框架下开展务实高效的合作交流，加强全球性海洋环境问题的研究，构建广泛的蓝色伙伴关系，建立中国—东盟海洋环境保护合作机制，推动开展海洋环境保护合作。充分利用 PEMSEA、APEC、NOWPAP 和 COBSEA 等区域组织的平台，共享认识，共同提升监测、应对和治理海洋污染的能力，携手打造人类命运共同体。

第四章 区域协同发展与绿色城镇化战略路径[1]

一、引言

现代意义上的城市，乃是建立在工业革命后形成的工业化模式基础之上。人口和经济活动在城镇的集聚，即城镇化的过程，大大加快了工业化进程，人类社会由此形成了以工业文明为基石的现代社会结构，以及"城市—工业、农村—农业"的基本城乡地理分工格局。现有的城镇化模式，无论是城市承载的经济内容，还是城市自身的具体组织形态，很大程度均是基于传统工业化的逻辑。这种基于传统工业化的发展模式，给人类带来了巨大的进步，但也带来了严重的不可持续问题。

由于现代经济活动主要发生在城市，故环境问题大部分也源于城市。人们很自然地将绿色城镇化作为城市问题而非发展问题来对待，并将现有城镇如何绿色化当作讨论的逻辑起点。但是，思考绿色城镇化问题，需要从为什么会有城市这个逻辑起点开始，而不是从现有的城镇出发。城市的环境问题，根本上是一个发展模式问题，而不只是一个城市自身的问题。当作为城镇化基础的经济发展内容和方式因为不可持续而面临深刻转型时，相应的城镇化模式也必然要进行深刻转型。

这意味着，必须在生态文明的基础上，对现有基于传统工业化模式的城镇化进行重新塑造，以绿色城镇化促进中国经济转型和高质量发展。本课题旨在从城镇化为什么出现的逻辑起点开始，揭示城镇化问题背后的内在机制，并提出基于生态文明重塑中国城镇化的战略思路和路径。

二、为什么要对城镇化进行重新定义

（一）中国绿色城镇化的两大基本任务

中国经济高速发展的一个重要驱动力，就是城镇化的快速推进。1949 年，中国只

---

1 本章是"区域协同发展与绿色城镇化战略路径"专题政策研究项目组的中期报告执行摘要，最终报告将在 2020 年完成。

有 10.6% 的人口生活在城市。2017 年，中国城镇化水平达到 58.5%。[1] 按照工业化国家的经验，预计到 2035 年，中国将有约 70% 人口生活在城镇。2050 年，这一比例将上升到 80% 左右（图 4-1）。这意味着，中国城镇化水平还有超过 20 个百分点的上升空间，新增城市人口可能超过 2 亿人。

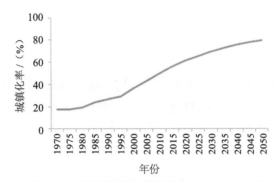

图 4-1　中国城镇化的快速增长 1970—2050 年

资料来源：DRC 绿色团队模型。

　　因此，中国绿色城镇化面临两大基本任务：一是按照国际经验，未来有大约超过 2 亿人口会从单纯的农业中转移出来，他们是否会进入城镇，或者如何以绿色方式实现所谓的城镇化；二是传统工业化时代形成的现有城镇，如何通过绿色转型实现可持续，并以此激发新的发展活力。

（二）中国城镇化进入新阶段

　　中国实际城镇化水平高于传统口径的水平。如果将人口密度高于 1 000 人 /km² 的区域定义为城镇，则 DRC 宏观决策支持大数据实验室根据百度慧眼人口大数据的一项研究显示，中国 2015 年实际城镇化水平为 62.2%，高于传统统计方法 6.1 个百分点 [2]（图 4-2）。

　　中国城市总体上已从数量扩张进入高质量发展阶段，一些城市的发展与人口流动开始呈现倒 U 型关系 [3]。近两年，中国一些最具吸引力的城市的日间流动人口净流入未有较大变化。个别特大城市常住人口出现下降。随着区域经济平衡，返乡创业就业现

1 国家统计局 . 中国统计年鉴 . 北京：中国统计出版社，2017.
2 陈昌盛，石光 . 大数据视角下的我国城镇人口比重 [M]// 陈昌盛 . 迁徙的人、变动的城：大数据视角下的中国城镇化 . 北京：中国发展出版社，2019.
3 陈昌盛，魏冬 . 从人口互动大数据看中国城市的发展与潜力 [M]// 陈昌盛 . 迁徙的人、变动的城：大数据视角下的中国城镇化 . 北京：中国发展出版社，2019.

象亦越来越多。

城市的空间格局正发生重大变化：城市群和都市圈的兴起，将主导未来中国经济发展格局。基于官方统计数据测算，2017 年中国 20 个城市群占全国 GDP、人口和土地面积的比重，分别为 90.87%、73.63% 和 32.67%。兰宗敏基于百度迁徙数据、手机密度数据和夜间灯光数据的研究显示, 城市群的分化比较明显, 规划城市群的空间范围，普遍小于大数据测度的城市群范围 [1]。

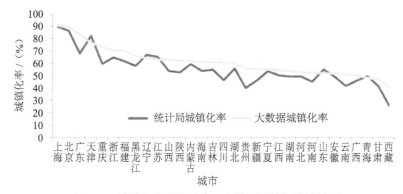

图 4-2　城镇化率省际对比：大数据测算与统计数据

资料来源：课题组计算。

中国城市总体上已从数量扩张进入高质量发展阶段，一些城市的发展与人口流动开始呈现倒 U 型关系 [2]。近两年，中国一些最具吸引力的城市的日间流动人口净流入未有较大变化。个别特大城市常住人口出现下降。随着区域经济平衡，返乡创业就业现象亦越来越多。

城市的空间格局正发生重大变化：城市群和都市圈的兴起，将主导未来中国经济发展格局。基于官方统计数据测算，2017 年中国 20 个城市群占全国 GDP、人口和土地面积的比重，分别为 90.87%、73.63% 和 32.67%。兰宗敏基于百度迁徙数据、手机密度数据和夜间灯光数据的研究显示, 城市群的分化比较明显, 规划城市群的空间范围，普遍小于大数据测度的城市群范围 [3]。

1 兰宗敏.基于大数据的城市群识别与空间特征[M] // 陈昌盛.迁徙的人、变动的城: 大数据视角下的中国城镇化.北京：中国发展出版社，2019.
2 陈昌盛, 魏冬. 从人口互动大数据看中国城市的发展与潜力 [M]// 陈昌盛.迁徙的人、变动的城: 大数据视角下的中国城镇化.北京：中国发展出版社，2019.
3 兰宗敏.基于大数据的城市群识别与空间特征[M] // 陈昌盛.迁徙的人、变动的城: 大数据视角下的中国城镇化.北京：中国发展出版社，2019.

这意味着，在未来，无论是现有城镇的绿色转型，还是新增城镇以绿色方式实现城镇化，发生的主要空间范围集中在现有城市群和县域城镇化两大部分。同时，城镇化的内容和形态，也在发生深刻变化。

（三）传统城镇化的基本特征及后果

传统工业时代建立的城镇化，有两个基本特征。

第一，从经济发展内容上看，城市的功能主要是为了促进工业财富的生产和消费，即促进工业化进程。相应地，城市基础设施的功能，很大程度也是围绕工业产品的生产和消费。更一般意义而言，基于传统工业化的经济发展过程，就是一个将大量农业劳动力转移到城市制造业的城镇化过程，形成了"城市—工业；农村—农业"的城乡经济地理分工格局。

第二，从城市的组织形式上看，主要是基于传统工业化逻辑的集中式分布。城市的设计理念过于依赖工业技术，而不是基于生态理念让自然力造福人类。比如，供热、能源、建筑、水处理等过于依靠工业技术的集中化模式，往往成本高昂。如果充分释放自然力，将会有效降低城市成本、提高城市效率（参见大自然保护协会，Urban Coastal resilience: Valuing Nature's Role 一文）。

传统工业时代形成的这种城镇化模式，在大大促进工业化的同时，不可避免地对环境和区域经济带来难以持续的后果。

第一，严重的环境后果，包括空气污染、水污染、噪声污染、固体废物污染等。背后的原因是，以物质财富的生产和消费为核心的传统工业化模式，必然建立在物质消费主义的基础之上（表现为鼓励过度消费、内置的产品生命周期、一次性消费等），从而必然产生"高资源消耗、高环境破坏、高碳排放"。只要经济发展建立在过于依赖物质财富基础之上的性质不发生根本性改变，则建立在这种发展内容基础之上的城镇化，就必然成为环境破坏的重要来源。

第二，用城市工业化的逻辑将农业改造成工业化农业和化学农业，带来了严重的农村生态环境后果。具体表现为：环境污染后果（工业污染、化学农业、养殖污染、生活污染）、生态后果（污染引发、滥捕滥采引发、生态链破坏引发、单一农业和化学农业导致农业生物多样性大幅下降）。

第三，城乡和区域不平衡后果。在工业化和城市化的过程中，人口必然从不具有工业优势的农村或内陆地区大规模向城市或沿海地区转移，从而给前者的社会生态系统带来难以逆转的冲击，不可避免地造成城乡和地区差距。

第四，社会代价和文化代价。一方面，大城市陷入"买房难、教育难、医疗难"的困境，"高收入、低福祉"成为突出问题。同时，农民工亦难以真正融入城。另一方面，城市的问题与乡村问题成为一个铜板的两面，原有乡村社会结构被大规模城市化冲击，"三农"问题成为严重问题，出现大量空心村、留守儿童老人等。为此，党的十九大将"乡村振兴"作为重大战略。

作为传统城镇化模式根基的传统增长模式，它在提高人类福祉的同时，也通过两个途径影响人类福祉。一是生态破坏和环境污染会降低人们生活质量和福祉。诸如空气污染、食品安全、饮用水质量、噪声垃圾、极端天气、生物多样性丧失等环境问题，已经渗透到人们生活的各个方面，严重影响人们的生活质量和健康安全[1]。二是以物质财富生产和消费为中心的经济增长，并未能同步提升人们生活质量和幸福水平。大量研究表明，包括中国在内的很多国家，传统工业化模式下的经济发展并没有像人们以为的会持续同步提高国民幸福水平[2,3,4,5]。当基本物质需求得到满足后，物质财富的进一步扩张，虽然会带来亮眼的 GDP 数字，但对于进一步提高人们的福祉却效果甚微。

总之，作为现有城镇化基础的传统工业化模式，虽然带来了高物质生产力，但却是一种不可持续、高成本的经济，只是这种高成本并未反映在企业私人成本中，而是体现为社会成本、隐性成本、长期成本和机会成本，因而容易被人忽略。同时，这种增长模式的福祉效果也较为低下，而提高福祉乃是经济增长的根本目的。随着这种不可持续的增长模式的转型，与之相应的城镇化模式，也必须在生态文明的基础上进行重新定义。

三、绿色城镇化：分析框架

（一）为什么会有城市

思考绿色城镇化转型，必须从为什么会有城市这个逻辑起点开始。在回答为什么会有城市之前，我们首先要理解经济增长的机制，以及城镇化又是如何促进经济增长。

---

1 Zhang, Zhao. Testing the scale effect predicted by the Fujita–Krugman urbanization model[J]. Journal of Economic Behavior and Organization, 2004, 55 (2004): 207-222.

2 Easterlin R A, Morgan R, Switek M, et al. China's life satisfaction, 1990–2010[J]. Proceedings of the National Academy of Sciences of the United States of America, 2012, 109(25): 9775-9780.

3 Ng Y K. From preference to happiness: Towards a more complete welfare economics[J]. Social Choice and Welfare, 2003, 20: 307-350.

4 Jackson T. Prosperity Without Growth: Foundations for the Economy of Tomorrow. Taylor and Francis, 2016.

5 Skidelsky E, Skidelsky R. How much is enough?: money and the good life[M]. Penguin UK, 2012.

经济增长的源泉，乃是分工水平的提高，而分工又取决于市场的大小[1]。这里有一个两难折中，即更高的专业化分工意味着更高的生产力，但专业化分工必然需要交易，交易就会产生交易费用。如果交易费用过高，以至于超过专业化分工的好处，则分工就难以发生，经济就难以增长[2,3]。

因此，如何提高交易效率，就成为促进经济增长的关键，而城镇化则对提高交易效率至关重要。交易效率提高的原因，除了道路交通运输通信等硬件基础设施的改善以及制度和机制设计等软的方面（包括高效的政府、产权制度、企业制度、专利制度等）之外，经济活动在地理空间上的集聚，也即城镇化，起着重要作用。

可以设想，当一个产业链条相对集中在城市，就比分散在乡村的不同角落更容易进行分工与协作，从而带动经济增长。此外，城市的好处还在于以下几点。第一，人口集中在城市也扩大了市场，而市场扩大又为分工水平的提高创造条件。第二，城市集中便于提供基础设施和政府公共服务。水、电、气、通信等公共设施的集中，会大大提高使用效率，节省建设成本。第三，人口集中在城市，便于思想交流，有利于创新和新知识的产生与扩散。除了分工的视角，城市的研究还有很多视角[4,5,6,7,8]。

因此，决定城市化模式的，有三个关键因素：一是交易效率的变化；二是公共设施和公共服务供给的变化；三是发展内容的变化，即生产、消费和交易的内容（图4-3）。

图4-3　决定城镇化模式的三个核心条件：分析框架

资料来源：作者绘制。

1 Smith A. An inquiry into the nature and causes of the wealth of nations[Z]. London: W. Strahan and T. Cadell. 1776.

2 Yang X K. Economics: New classical versus neoclassical frameworks. NewYork, NY: Blackwell, 2011.

3 Bettencourt. Impact of Changing Technology on the Evolution of Complex Informational Networks[C]. Proceedings of the IEEE. 2014, 102(12). No. 12, December 2014.

4 Yang X. Development, Structure Change, and Urbanization[J]. Journal of Development Economics, 1991,34: 199-222.

5 Yang X, Rice R. An Equilibrium Model Endogenizing the Emergence of a Dual Structure between the Urban and Rural Sectors[J]. Journal of Urban Economics, 1994, 25:346-368.

6 Henderson J V. The Sizes and Types of Cities[J]. American Economic Review, 1974, 64: 640-657.

7 Fujita M. Urban Economic Theory: Land Use and City Size[N], New York: Cambridge University Press, 1989.

8 Fujita M, Krugman P. When is the economy monocentric? von Thunen and Chamberlin unified. Regional[J]. Science and Urban Economics, 1995, 25: 505-528.

这其中，发展内容从过去以"高资源消耗、高环境破坏、高碳排放"为特征的资源投入为主的工业财富，转向更多依赖知识、生态环境、文化等无形资源投入的高质量新兴服务业，是绿色城镇化的经济基础。当这三个因素发生深刻变化时，经济发展对空间集聚的要求就会发生改变，从而城镇化的内容和组织方式也会发生相应变化。本项研究的核心，就是揭示这三个因素在数字绿色发展时代的变化及其对中国城镇化的含义，以及政府应如何据此制定相应的绿色城镇化战略。

（二）城市群的出现

既然人口和经济活动的集聚对经济如此重要，按照这个逻辑，是不是所有的人口都会集聚到一个超级大城市？不是。在市场力量的作用下，一定会形成大中小城市层级结构，进而不同区域形成若干中心城市，它们共同构成若干城市群和都市圈。

为什么会出现大中小城市层级结构？大城市虽然有提高生产力的好处，但也有坏处，包括高物价和各种"城市病"（城市污染、交通拥堵、高房价、犯罪、高精神压力等）。因此，大城市的真实效用，并不是其名义收入看起来的那么高。比如，在大城市 1 万元收入，并不意味着其真实效用是在小城市 5 千元收入的两倍，因为其中很大一部分收入被用于支付各种交通、高房租等额外费用。如果考虑大城市的污染、精神压力等非货币因素，大城市和小城市的真实效用应该大体相当。这就是为什么在市场驱动下，不同人会选择不同的城市，从而形成大中小城市层级结构的原因[1]。

城市群如何出现？不同区域均形成其区域城市中心，可以使整体经济的空间成本最小化。尤其是，像中国这样人口密集、幅员辽阔的国家，一定会形成若干个区域中心的大都市和城市圈，而每个区域中心的大都市范围，又会形成城市的层级结构。一个国家大部分人口集聚到一个特大城市的现象，更多地只会出现在一些国土狭小的国家。人口分别集聚在不同的区域中心城市的交易成本，往往低于所有人口集聚在一个全国性大城市的成本。当然，除了成本外，城市在地理上如何分布，还取决于城市规模对生产的好处，包括国土面积、人口大小及其初始分布、产业结构、自然禀赋的分布、地理交通、气候、文化、制度等因素，均会影响集聚的成本和收益，进而影响城镇化的地理格局。

---

1 Yang X, Rice R. An Equilibrium Model Endogenizing the Emergence of a Dual Structure between the Urban and Rural Sectors[J]. Journal of Urban Economics, 1994, 25:346-368.

四、未来中国城镇化模式

（一）决定城镇化的关键条件正发生深刻变化

随着人类社会从传统工业时代进入数字绿色时代，决定城市化模式的三个关键因素，都在发生剧烈变化。这些变化在中国尤为剧烈。这意味着，中国未来的城镇化模式，将发生深刻变化。

首先，交易效率的戏剧性提高。随着移动互联技术、数字时代和快速交通体系的来临，传统时空概念正发生大的变化，很多经济活动不再需要像工业时代那样如此依赖生产要素和市场的大规模物理集中，也不再非要在城市或固定地点就能完成。

其次，技术条件的变化，使得一些原先依赖集中的公共设施和服务，很多都可以通过分散化的方式提供。比如，供暖、污水处理、分布式能源、垃圾处理等，在很多条件下均可以从集中式供给转向分布式供给。这意味着，在一些小城镇和乡村，也可以低成本地实现高品质的生活。在数字时代，很多政府服务也可以通过数字平台来提供。

最后，更重要的是，发展内容的变化。前面讨论过，传统工业化模式必然导致环境不可持续，绿色城镇化转型的重要内容之一，就是要改变供给的内容。这其中，满足人们"美好生活"新定义的大量新兴服务需求，正是绿色发展的方向，也是绿色城镇化新的经济基础。虽然城市的集聚依然会非常重要，但很多内容不一定非要像工业生产那样大规模地集中。尤其是，很多环境和传统文化都是分布在乡村和小城镇。因此，乡村可能会出现很多新的经济活动，城市和乡村的关系也会被重新定义。

（二）绿色城镇化的含义

需要特别指出的是，虽然上述三个变化导致很多经济活动不再像过去那样高度依赖生产要素的物理集中，但这并不一定意味着"城市的衰落"，也不意味着大量经济活动会离开城市，而是意味着传统的城市概念和乡村概念都需要重新定义，从而形成新的增长来源。

城市承载的经济活动发生深刻改变。人们对"美好生活"的需求，并不只是物质财富。随着人们需求的升级，经济发展内容从传统的物质财富，更多地向新兴服务拓展。很多在传统发展定义下不存在的经济活动会大量出现。比如，现有城市依靠其人口集中的优势，可以发展文化创意和体验经济，从而实现发展内容的转型；乡村不再只是生产农产品的场所，而是成为一个新型的地理空间，可以容纳很多新的非农经济活动，包括体验、生态观光、教育、健康等。

　　城市自身的组织方式以及地理空间布局均会发生改变。比如，吃穿住行的方式，均会发生很大的变化；原先集中式的能源供给，可能部分地被分布式能源替代。城市基础设施，会更多地基于生态原理，等等。

　　上述变化，既有促进经济活动进一步集聚的效果，亦有促进经济活动分散的效果。未来城镇化的地理空间分布，究竟是会出现集聚化还是分散化，则取决于上述三个决定因素中，哪些因素占据主导地位。

　　对于未来城镇化空间分布的趋势，学术界似乎还有待形成共识。目前关于未来城市形态的讨论，有两种不同的预见。一种是对分散趋势的支持。Henderson 等人证据表明，随着高铁等的出现，中国城市正出现分散的趋势[1]。一种是认为互联网和便捷的交通会加速人口向大城市集中[2]。这两种不同的观点，可能是出于对城市内在规律的不同理解，以及不同的城市定义导致。因此，基于大数据对人口与经济活动的实际空间分布的研究，就较传统统计数据更能刻画真实的状况。

　　对中国未来城镇化战略而言，厘清城市规模同经济发展之间的关系非常重要。在经济增长理论中，人口规模并不总是有利于经济增长。比如，在 Solow 增长理论（1956）、内生增长理论、刘易斯剩余劳动力理论中，人口规模对经济增长分别有着负面、正面或中性作用。以 Krugman 和 Fujita[3] 等为代表的新经济地理，强调人口规模对经济增长的好处。但是，正如 Young 指出的，斯密定理强调的"市场大小"（extent of market）并不是"大规模生产"（mass production）和人口规模[4]。张永生和赵雪艳的研究显示，Fujita-Krugman 城市化模型中的规模经济同现实不符[5]。一些强调城市规模的经验研究显示，城市规模同其人均 GDP 之间存在强相关。但是，结论可能并不是如此简单，因为大城市市场规模大、分工水平高，其名义 GDP 通常会高于中小城市，但大城市的 GDP 中包含更多的交易成本（通勤成本、房价、拥挤等），净效用却并不一定更高。在现实中，我们既可以发现大量"城市规模小却经济发达"的例子，也可以发现大量"城市规模大却贫穷"的例子。在欧洲，超过一半人口生活在 5 000 ~ 100 000 人口的中小城市。同时，城市人口规模并不等于繁荣，世界上超过千万的 29 个超大城市中，有 22 个在非洲、亚洲和拉丁美洲，这些超级大城市并没有因此获得繁荣。在中国，很

1 Baum-Snow N, Brandt L, Henderson J V, et al. Roads, railroads and decentralization of Chinese cities[J]. Review of Economics and Statistics, 2012(0).

2 Glaeser E. Triumph of the city: How our greatest invention makes us richer, smarter, greener, healthier and happier[M]. Penguin, 2011.

3 Fujita M, Krugman P. When is the economy monocentric? von Thunen and Chamberlin unified[J]. Regional, Science & Urban Economics, 1995, 25: 505-528.

4 Young A. Increasing returns and economic progress[J]. The Economic Journal, 1928, 38: 527-542.

5 Zhang, Zhao. Testing the scale effect predicted by the Fujita–Krugman urbanization model[J]. Journal of Economic Behavior and Organization, 2004, 55 (2004): 207-222.

多城市的发展不再依靠人口的增长，人口和城市经济增长之间，出现了倒 U 型关系。

五、中国绿色城镇化的战略选择

总体思路：基于生态文明重新塑造中国城镇化，不再走过去依靠数量扩张的城镇化道路，而是通过绿色城镇化促进中国经济绿色转型和高质量发展。在"十四五"规划中，绿色城镇化战略应成为重要内容。

（一）绿色城镇化的三大板块

1. 板块一：现有城镇的重塑，即根据数字绿色时代新的生产生活方式要求进行转型

一是催生绿色新经济。现有城市绿色转型的优势在于：市场需求方面，其已有的人口规模为新兴服务经济提供了市场需求；供给方面，依托其高素质人才和城市的文化、历史等无形禀赋，可以形成大量体验经济和创意经济。同时，用新型商业模式和互联网技术对传统行业的改造提升，有着巨大潜力。这方面中国有大量成功的案例，包括老街区、老工业区、老商城等转型为创意和体验经济区，以及资源枯竭型城市的成功转型案例。

二是城市基础设施绿色改造。基于生态文明理念对已有城镇基础设施进行改造，会降低城市成本、提高城市效率。比如，大自然保护协会（The Natural Conservancy）的研究显示，通过充分利用大自然的力量，可以带来更好的效果（TNC，"Urban Coastal Resilience: Valuing Nature's Role"，"如果将生态功能和服务纳入成本—收益分析，提供综合的基础设施，也即将自然同传统基础设施结合，就可以最经济的提供对自然灾害的保护，包括海平面上升、暴雨、海岸洪灾等。传统抗洪设施不仅成本更高，而且会错失很多产生额外经济活动和生态服务的机会，比如娱乐、碳捕获、动物栖息地"）。

2. 板块二：新增的城镇化，即以绿色方式实现新增城镇人口的城镇化

未来新增加的 3 亿城镇化人口，需要采用新的绿色理念和模式实现城镇化。这些人口，大量会转移到现有城镇，而一部分亦会在县域范围就地城镇化，形成新型特色小镇。未来城市和乡村之间，更多地只是一个物理形态的差别，而不是现代文明和经济发展水平的差别。由于乡村会出现大量新的工作机会，并且乡村生活质量大幅提高，大量新型"城乡两栖人口"会出现。关于城镇化的传统统计方法，也需要相应改变。

中国有很多好的案例和研究。比如，Rocky Mountain Institute 在中国一些地方开展的"全口径近零排放示范区"。它是基于综合治理的概念，在促进经济增长的同时，尽可能降低污染物、垃圾及二氧化碳排放。示范遵循全系统解决生态环境问题的思路，同时考虑对空气、水、土壤和生态系统的保护，将生态环境作为一个整体，从生态系统、生产全过程、全价值链等着手，提供整体解决方案。

3. 板块三：对乡村的重新认识

城市和乡村是一个问题的两面。当经济发展内容和方式发生改变时，乡村的定义和城乡关系也会发生相应改变。在传统的发展概念下，发展被视为一个农业劳动力大规模转移到城市进行工业生产的过程，即工业化和城镇化，而农业和农村则在工业化视角下被重新改造，成为一个为城市工业提供劳动力、粮食和原材料的基地。农业的生产方式，也按照工业化的逻辑，改造成单一农业、化学农业，带来了严重生态环境后果。这种工业化视角下的传统农村定义，不仅限制了乡村的经济发展空间，而且牺牲了很多宝贵的乡村文化和生态资源。实际上，乡村是一个多功能的新型地理空间，可以容纳大量新型经济活动。在这方面，中国亦有很多成功案例。比如，国务院发展研究中心绿色发展研究团队在"重新定义乡村"的框架下，帮助欠发达地区通过绿色转型实现蛙跳式发展。

（二）绿色城镇化的两大战略抓手：绿色城市群＋县域城镇化

中国绿色城镇化的两大战略抓手，一是城市群和都市圈的绿色转型；二是县域城镇化。为什么要以城市群和县域城镇化作为中国绿色城镇化的战略抓手？

第一，目前 20 个城市群的经济和人口在全国占据绝对比重。2017 年，中国 20 个城市群占全国 GDP、人口和土地面积的比重，分别为 90.87%、73.63% 和 32.67%（表 4-1，图 4-4）。可以说，解决了城市群绿色转型的问题，就基本解决了全国绿色城市转型的问题。

表 4-1　城市群经济、人口、国土面积加总量占全国比例

	GDP/亿元	人口/万人	土地面积/km²
城市群数据加总	743 771	102 351	3 147 710
全国 2017 年数据	818 461	139 008	9 634 057
城市群加总占全国比例	90.87%	73.63%	32.67%

资料来源：作者根据国家相关统计数据绘制。

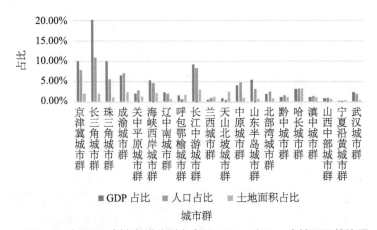

图 4-4　中国 20 个城市群分别占全国 GDP、人口、土地面积的比重

资料来源：作者根据国家相关统计数据绘制。

　　第二，城市群从空间上包括了三大板块的内容，即现有城镇、新增城镇和乡村，能够同时发挥城乡互补的优势。以城市圈为重点，可以最大限度激活城市和乡村的优势和潜在市场需求。位于城市群和都市圈的乡村，基于其生态环境资源，为周边城市提供绿色新供给。

　　第三，县域经济是中国乡村振兴的主要内容。除了人口向县城集中外，大量人口会以特色小镇的形式，就地实现城镇化，以同时利于城镇和乡村的好处。

第五章　长江经济带生态补偿与绿色发展体制改革

一、引言

绵延 6 000 多 km 的长江流域拥有独特的生态系统，是中国重要的生态宝库。长江经济带涉及我国 11 个省市，区域总人口和生产总值均超过全国的 40%，是中国经济重心所在、活力所在，也是中华民族永续发展的重要支撑。推动长江经济带走生态优先、绿色发展之路，建设成全国具有重大影响的绿色发展示范带，意义非凡。本项目借鉴国内外流域管理的成功经验，研究如何通过长江经济带多个省份之间的流域综合管理的创新体制改革，推动整个长江流域尤其是上游地区的绿色发展，确保一江清水绵延后世。

二、长江经济带绿色发展基础、问题及需求

长江经济带沿岸 11 个省市在国家长江经济带发展战略部署下共同努力，牢固树立绿色发展理念，优化产业结构、强化环境治理、统筹协调联动，长江经济带绿色发展取得了积极成效。但同时在突破区域行政区划界限和壁垒，创新区域协调发展体制机制，深入推进一体化市场体系建设等方面还存在一些挑战。

（一）长江经济带流域管理经验

长江经济带横跨东中西部地区，经济总量约占全国的 40%，是我国综合实力最强、战略支撑作用最大的区域之一，形成了以下游长江三角洲为龙头，中游城市群、上游成渝城市群为支撑的发展态势。长江流域山水林田湖浑然一体，具有洪水调节、水源涵养、水土保持、生物多样性维持、净化环境等多种巨大的生态服务价值，又是我国

重要的生态宝库，同时，中上游还有秦巴山区、武陵山区等 8 个集中连片特困地区，这些地区既是国家重点生态功能区，也是矿产和水能资源集中分布区，资源开发和生态环境保护矛盾尖锐。

1. 基础条件

（1）长江经济带的自然资源价值。地跨热带、亚热带和暖温带，地貌类型复杂，生态系统类型多样，川西河谷森林生态系统、南方亚热带常绿阔叶林森林生态系统、长江中下游湿地生态系统等是具有全球重大意义的生物多样性优先保护区域。长江流域森林覆盖率达 41.3%，河湖、水库、湿地面积约占全国的 20%，物种资源丰富，珍稀濒危植物占全国总数的 39.7%，淡水鱼类占全国总数的 33%，不仅有中华鲟、江豚、扬子鳄和大熊猫、金丝猴等珍稀动物，还有银杉、水杉、珙桐等珍稀植物，是我国珍稀濒危野生动植物集中分布区域。秦巴山区、武陵山区等 8 个集中连片特困地区，既是国家重点生态功能区，也是矿产和水能资源集中分布区。全国近一半的重金属重点防控区位于长江经济带。

（2）长江经济带的水资源价值。长江经济带流域蕴藏极其丰富的水资源，是中华民族战略水源地。按全国生态功能区划，全国 17 个重要水源涵养生态服务功能区中，分布在长江经济带范围内的有 8 个，占 47.1%，包括秦巴山地、大别山、淮河源、南岭山地、东江源、若尔盖、三峡库区和丹江口水库库区等。长江流域单位面积水源涵养量高值区主要位于湖南、江西、浙江、云南等地。长江是中华民族的生命河，多年平均水资源总量约 9 958 亿 m^3，约占全国水资源总量的 35%。每年长江供水量超过 2 000 亿 m^3，保障了沿江 4 亿人生活和生产用水需求，还通过南水北调惠泽华北、苏北、山东半岛等广大地区。

（3）长江经济带的生态服务价值。金沙江岷江上游及"三江并流"、丹江口库区、嘉陵江上游、武陵山、新安江和湘资沅上游等地区是国家水土流失重点预防区，金沙江下游、嘉陵江及沱江中下游、三峡库区、湘资沅中游、乌江赤水河上中游等地区是国家水土流失重点治理区，贵州等西南喀斯特地区是世界三大石漠化地区之一。环四川盆地丘陵区、南岭山脉、武夷山脉、皖南山区等长江流域地区具有较高的生态系统土壤保持功能。长江经济带共有国家级自然保护区 140 个，国家森林公园 297 个。根据各省最新发布的生态保护红线划定结果，长江经济带生态保护红线总面积约 51.85 万 km^2，占长江经济 11 省市国土面积的 25.34%（图 5-1）。

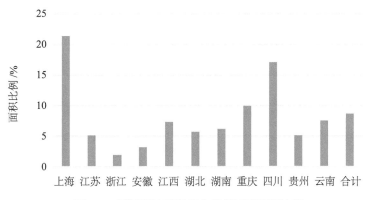

图 5-1　长江经济带各省自然保护区面积比例

（4）保护与发展的突出矛盾。长江经济带生态功能重要区域与贫困地区在地理分布上存在很强的耦合性。长江经济带有川滇森林及生物多样性生态功能区、三峡库区水土保持生态功能区、秦巴生物多样性生态功能区、武陵山区生物多样性与水土保持生态功能区、大别山水土保持生态功能区、若尔盖草原湿地生态功能区等 8 个国家重点生态功能区，涉及 254 个县，占到全国重点生态功能区县域数量（676 个县级行政区）的 1/3，其中 154 个县属于国家级贫困县，保护地区与贫困地区高度重合，这些区域既发挥着"生态保障""资源储备"的功能，又承担着脱贫发展任务（表 5-1，图 5-2）。长期以来，我国对这些地区的生态补偿政策以项目工程为主，巨额的财政转移支付资金为生态补偿提供了良好的基础，对生态保护地区损失的发展机会成本给予了一定的补偿，但同时这些政策因具有明确时限，缺乏可持续性，给实施效果带来较大的风险。一旦"输血"停止，很容易造成"贫困—破坏—贫困"的恶性循环。因此，要实现生态补偿长效机制，应与国家精准扶贫、精准脱贫工作相结合，推动生态保护地区生态保护与扶贫开发相协调。

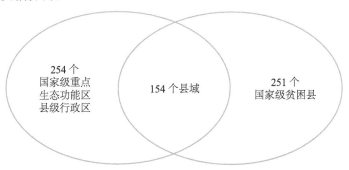

图 5-2　长江经济带生态功能重要区域与国家级贫困县情况

表 5-1 长江经济带重点生态功能区名录

序号	重点生态功能区名称
1	川滇森林及生物多样性生态功能区
2	三峡库区水土保持生态功能区
3	秦巴生物多样性生态功能区
4	武陵山区生物多样性与水土保持生态功能区
5	大别山水土保持生态功能区
6	若尔盖草原湿地生态功能区
7	南岭山地森林及生物多样性生态功能区
8	桂黔滇喀斯特石漠化防治生态功能区

2. 全流域管理经验

（1）长江经济带生态补偿经验

单要素生态补偿工作不断夯实，沿江省（市）均在省内重点流域建立了生态补偿机制，有 6 省（市）将生态补偿机制覆盖到全省范围，流域生态补偿机制已成为长江经济带上下游开展综合治理的重要手段；森林和湿地生态补偿制度不断完善；山水林田湖草系统修复工程加快实施。综合性生态补偿深入推进，重点生态功能区转移支付办法不断优化，补助范围不断扩大。生态补偿也正在从省内补偿拓展到跨省，逐步实现区域间生态保护与环境治理的成本共担、效益共享、合作共治。

1）长江经济带沿江省（市）均在省内重点流域甚至全省范围建立了生态补偿机制

上海市、江西省建立了覆盖全省范围的纵向生态补偿转移支付机制。2017 年，上海市在 2009 年《关于本市建立健全生态补偿机制的若干意见》和《生态补偿转移支付办法》的基础上，印发《市对区生态补偿转移支付办法》，进一步细化原有支付办法，生态补偿转移支付资金始终保持大幅增长的态势。以市环保局负责的水源地生态补偿为例，2009—2018 年累计补偿资金逾 59 亿元，2018 年补偿资金达到 11.5 亿元。江西省《江西省流域生态补偿办法》正式下发，基本保留了 2015 年出台的《江西省流域生态补偿办法（试行）》的内容，继续将鄱阳湖和赣江、抚河、信江、饶河、修河五大河流以及长江九江段和东江流域等全部纳入实施范围，涉及全省所有 100 个建制县（市、区），2018 年生态补偿资金规模将超过 28.9 亿元。拟就全省成熟度具代表性的县（市）开展全省流域生态补偿情况调研，推进建立省际及省内横向生态补偿机制。

江苏省、安徽省按照"谁超标、谁补偿，谁达标、谁受益"为原则，建立了覆盖全省的流域水环境质量"双向补偿"机制。江苏省全省共有补偿断面 112 个，其中沿江 8 市共有补偿断面 76 个，截至目前，江苏省水环境区域补偿资金累计已近 20 亿元，补偿资金连同省级奖励资金全部返还地方，专项用于水污染防治工作，有效推动了区域水环境质量的改善。江苏的区域补偿工作还向纵深发展，无锡、徐州、常州、苏州、南通、淮安等多地也参照省级补偿工作做法，在辖区范围内开展跨县（市、区）河流区域补偿。安徽省政府办公厅于 2017 年 12 月 30 日印发了《安徽省地表水断面生态补偿暂行办法》，建立了以市级横向补偿为主、省级纵向补偿为辅的地表水断面生态补偿机制，范围涉及全省 121 个断面，涵盖了安徽省长江干流、淮河及重要支流，以及重要湖泊。2018 年 1—3 月安徽省生态补偿资金达 1.17 亿元。组织了长江干流上下游 5 市政府签订《安徽省长江流域地表水断面生态补偿协议》。

浙江省、重庆市推动全省建立上下游横向生态补偿机制。浙江省在前期印发《关于建立省内流域上下游横向生态保护补偿机制的实施意见》（浙财建〔2017〕184 号）的基础上，按照"早签早得、早签多得"的要求，及时分解安排长江经济带保护和治理奖励资金，截至 2018 年 3 月底，纳入第一批（要求 3 月底前完成）的钱塘江、浦阳江流域的 6 对上下游地区已全部签订横向生态保护补偿协议。重庆市政府出台《重庆市建立流域横向生态保护补偿机制实施方案（试行）》（渝府办发〔2018〕53 号），到 2020 年，全市行政区域内流域面积 500 平方千米以上，且流经 2 个区县及以上的 19 条次级河流，实现区县横向生态保护补偿机制全覆盖，目前璧南河流域的三个区县已签订横向补偿协议，其余 18 条次级河流涉及区县均表明今年签订横向补偿协议的意愿。

湖南省、贵州省、四川省在全省重点流域建立了基于流域水环境质量的生态补偿机制。湖南省在湘江流域水质水量考核生态补偿工作实施三年的基础上，计划将水环境生态补偿工作在全省范围全面铺开，积极研究构建省内湘资沅澧四水流域横向生态补偿机制，并探索在全省开展大气环境生态补偿奖补政策。贵州省自 2009 年以来，先后在长江流域的清水江、赤水河、乌江及红枫湖开展了流域生态补偿，流域相关（州）间通过水环境质量协议对赌，投入约 3.3 亿元生态补偿资金专款用于流域环境质量改善，初步建立了长江流域贵州段沿河各市县主要流域的生态补偿机制。四川省 2011 年在境内长江上游重要一级支流岷江、沱江首次尝试开展流域横向生态补偿工作，2017 年印发了《四川省"三江"流域省界断面水环境生态补偿办法（试行）》，建立起了"三江"流域四川境内闭循环考核机制。目前，正在起草《沱江流域生态保护补偿实施方案》。

2）跨省流域生态补偿实质性进展有待突破

跨省新安江流域生态补偿试点稳步推进。在前两轮新安江流域生态补偿试点的基础上，前期我厅会同省财政厅对两轮试点工作进行了绩效评价，并联合安徽省向财政部、生态环境部申请继续对新安江流域生态补偿的指导和支持。目前，两省正在就新安江流域新一轮补偿基准、补偿方式、补偿标准、联防共治机制等方面进行深入的协商沟通，同时将积极探索在产业、人才、旅游等方面加强合作，探索建立多元化补偿机制。

跨省赤水河流域生态补偿试点进展有待加快。2018 年 3 月 21 日—23 日，云贵川三省环保部门、财政部门在贵州省仁怀市召开赤水河流域跨省生态补偿工作推进会。会议调整增补了云贵川赤水河流域生态补偿机制试点工作协调小组成员名单，就《赤水河流域横向生态保护补偿实施方案》的编制进行了研讨。目前，《赤水河流域横向生态保护补偿实施方案》（征求意见稿）已编制完成，正在征求云贵川三省有关部门意见。

其他跨省流域尚处在磋商阶段。贵州省启动了西江流域横向生态补偿试点工作研究，与云南省达成初步共识，拟于近期共同发起建立西江横向生态补偿机制的倡议，共同与广西、广东下游省份进行磋商。湖北、湖南、安徽、重庆等省市相关部门就推进省际长江流域横向生态补偿机制、签订补偿协议等工作开展前期沟通。湖北、湖南两省正就位于两省交界的黄盖湖开展省际流域横向生态补偿进行协商。重庆市生态环境局会同市财政局已完成重庆市跨省流域补偿协议（初稿）草拟工作，待与毗邻省市磋商。

（2）长江经济带绿色发展体制机制经验

1）形成了多层次的协商合作机制架构。长江流域横跨中国东部、中部和西部三大经济区，共计 19 个省（自治区、直辖市）。近年来，为做好跨界流域环境保护工作，促进流域经济社会健康发展，长江沿岸各地在环保行政监管体制上也做出了一些创新和实践。云贵川三省环境监察部门按照"改革突破、治理为本、机制保障、重拳打击"的工作思路，通过建立长效机制、修建基础设施、开展联合执法等多种手段，大力实施流域环境综合整治，严厉打击流域环境违法犯罪行为，赤水河流域生态明显好转、水质明显改善。各省相继出台关于推进河长制全面实施的意见，长江经济带全面建立河长制体系。长江经济带部分行政区域自发的签署相关流域跨区联合防治协议。通过建立流域联合防治组织机构、工作联席会议制度及签订联合协议等，逐步实现流域内"信息互通、数据共享、联防联治、联合应急"。

2）初步建立绿色、有序、协调和规范化发展的格局。新形势下推动长江经济带发展，关键之一是要处理好自我发展和协同发展的关系。而推动长江经济带协同发展的一个重要方式是推动产业的绿色协同发展，其中如何在流域范围内科学合理规划好相互衔接和协调的绿色产业体系显得尤为重要。为此长江经济带下相关省市在流域内实行严格的产业准入负面清单制度，流域和沿岸各地都积极促进产业升级、优化、改造等，注重将绿色发展与种植业、旅游业等项目相结合，真正做到第一、第二和第三产业在长江经济带生态文明建设中的协同发展。为了促进乡村农业产业的生态化和美丽生态的产业化建设，长江经济带的一些农村合村并点，建设相应的基地，逐步实现规模化、集约化、标准化生产。

3）形成了从中央到地方的监督机制。在长江流域，自然资源资产分散性分布，厘清自然资源的权属、分布、结构是践行这一监督形式的前提，很多省份都开展了自然资源资产责任审计试点，追究领导干部相应的责任。各级人大都建立了人民政府向本级人大及其常委会汇报环境保护工作的制度。中央环境保护督察针对长江经济带内各行政区域就环境保护相关问题等进行巡视。地方省委、省政府环境保护督察组每两年对地方党委和政府及其有关部门环境保护责任落实情况督察，对发现的问题，提出整改意见和要求，并将督察主要情况和整情况通过媒体向社会公开。2016 年 12 月，中共中央办公厅、国务院办公厅印发了《生态文明建设目标评价考核办法》，长江经济带覆盖的江苏、浙江、湖北、上海、云南、四川、贵州等 11 个省市，也印发了相应的评价考核办法。

4）初步建立了企业参与机制。按照党中央的决策部署，在国家有关部委的大力支持下，三峡集团正在整合内外部资源，一是组建成立中国长江生态环保集团公司，作为承担共抓大保护的实施主体，大力培育生态环境保护产业，通过市场化、专业化、公司化运作，做大做强长江经济带环保产业；二是发起设立中国长江绿色发展投资基金和长江大保护专项资金，鼓励各类资本加大对绿色发展的投资，引导推动社会资本聚焦生态环境保护和清洁能源发展；三是组建长江生态环保产业联盟，发挥生态环保企业的产业协同优势，打造具有整体性、专业性和协调性的大区域合作平台；四是谋划建设长江经济带生态环境国家工程研究中心，为共抓大保护提供技术支撑。利用上述 4 个平台，以持续改善长江水质为中心，目前已在湖北宜昌、湖南岳阳、江西九江、安徽芜湖等省、市开展城镇污水处理先行先试项目建设，积极探索技术、政策、管理、商业等方面可持续、可复制、可推广的新机制和新模式。在此基础上，将在沿江 11 省市全面推广厂网河（湖）一体、泥水并重等模式，全面推进水污染治理、水生态修复、水资源保护。

3. 流域管理存在的问题

（1）缺乏统一的、综合性的流域法律体系[1]。长江经济带绿色产业协同发展不仅仅涉及对流域的资源保护和利用、污染防治等，还涉及 11 个省市以及工业、交通、农牧、水利、城建等多个行业部门的发展统筹等。但现行的法律法规如《水法》《水污

---

1 李梦源 . 长江经济带绿色发展法律保障问题研究 [D]. 华中农业大学 . 2017.

染防治法》《水土保持法》《环境保护法》等虽然对流域生态保护及污染防治做了规定，但一些共性规定并不能解决长江经济带生态文明建设和绿色产业协同发展中遇到的方方面面的问题；其次，流域内地方政府及相关职能部门为加强流域管理而制定了相关规定，但部分规定不排除存在维护地方、部门利益的可能性，更重要的是不同部门之间在制定规定时缺乏沟通协商，形成的规定、决议等难免存在重叠或冲突的地方，对长江经济带的协同发展无实质性帮助。所以需要统一的、综合性的流域律规范，对整个流域甚至长江经济带的绿色产业协同发展提供行动指导。

（2）全流域绿色发展还须进一步有效统筹协调。部分沿江地区产业布局同质化严重。长江沿岸有几十万家化工企业，主要污染物排放总量超过环境承受能力，一些污染型企业距离居民区和江边过近，部分企业环保措施仍不到位。同时，一些地区排污口、港区、码头与取水口布局不合理，也存在诸多风险和隐患[1]（专栏 5-1）。长江经济带的绿色发展离不开资金、技术、人力、市场等因素的加入，特别是在一些依靠计划经济体制发展起来的城市，其要实现转型升级，必须面向市场，以市场为导向合理布局自己的产业，但实践中长江经济带产业协同发展进程的推动依旧以政府主体为主导，市场机制在其中发挥的作用还比较弱。长江经济带绿色基本公共服务水平各地区差异较大。如城市绿地面积，2015 年长江经济带城市绿地面积为 104.2 万 hm^2（1 hm^2 = 1 000 m^2），其中长三角地区城市绿地面积占整个长江经济带总量的 51.7%，而中部和西部省（直辖市、自治区）比重仅为 28.6% 和 21.7%[2]（图 5-3）。

专栏 5-1　长江经济带产业"重化"特征明显，同质化现象严重

　　从长江经济带的产业布局来看，长江经济带目前已经形成了 3 大产业集群：一是重化工产业群，除重庆、四川外各省规模以上企业的化学原料和化学制品制造业产值都排在前 5 名，其中钢铁、石化、能源、建材规模较大，已经集聚了不少国内知名龙头企业；二是机电工业产业群，以上海、湖北、重庆的汽车制造业为代表；三是高新技术产业群，主要分布于下游地区及流域节点的大中型城市。自"十二五"以来，长江经济带产业结构不断调整，第一产业比重日趋减少；第二产业先升后降，在 2011 年达到比重峰值，为 49.92%；第三产业则是先降后升；自 2011 年后每年以平均 2 个百分点的速度增长。整体而言，长江经济带的产业结构正在不断优化，但是产业结构同质化的现象依然非常严重。长三角地区 1/5 的工业产值来自石化化工行业，建

---

1 成长春. 以产业绿色转型推动长江经济带绿色发展 [N]. 经济日报. 2018.
2 黄娟. 协调发展理念下长江经济带绿色发展思考——借鉴莱茵河流域绿色协调发展经验 [J]. 企业经济. 2018

成 80 多个化工园区或集中区，主要分布在江苏沿江八市、沿杭州湾 5 市，以及苏北南通、盐城、连云港的沿海地区。在长江经济带最发达的三个省市上海、江苏和浙江所占比重最大的 12 个制造业部门中，浙江与江苏有 11 个产业相同，浙江与上海有 10 个产业相同，上海与浙江、江苏各有 10 个产业相同。另外，沿江各省市内部产业结构趋同现象也很明显，例如，江苏沿江 8 市就有 20 多个化工园区，其中的 60% 分布在沿江两岸。在长三角 16 个城市中，选择汽车作为重点发展产业的有 11 个，选择石化产业的有 8 个，选择电子信息业的有 12 个。这种严重的产业结构同质化，使得各地区的比较优势和特色难以发挥，削弱了区域内分工协作能力，不利于长江经济带的一体化进程。

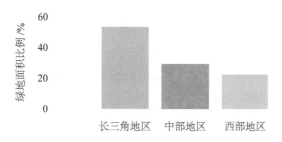

图 5-3　长江经济带城市绿色面积地区差异

（3）市场机制在长江经济带绿色发展中发挥的作用有待进一步提高。从目前长江经济带生态补偿与绿色发展的资金来源来看，目前仍以中央政府和地方政府为资金提供主体，并且绝大多数资金都是中央政府和地方政府一般公共预算的财政资金，包括一般转移支付、专项转移支付和横向转移支付。总体来看，资金来源市场化程度非常低，目前尚未与相关生态经济与绿色经济发展等项目联系起来，以经济发展补偿生态损耗的路径尚未完全打通。欠发达地区往往分布在流域上游，面临经济发展与生态制约双重难题，以政府为主体的财政机制无法满足对绿色发展的需求，资金支持的市场化程度偏低，资金支持不足。而发达地区的政策性金融、绿色金融、PPP 模式、企业补偿等资金来源更加多样化，资金支持的市场化程度相对上游欠发达地区更高。

（4）生态补偿机制缺乏法律规范，科学、长效的生态补偿机制仍需继续完善。关于长江经济带中一些流域的生态补偿问题地方政府通过积极的实践，形成了有效的机制并将其法律化，但考虑到其立法的效力层级较低，刚性约束弱，难以顺利执行，在解决跨流域的生态补偿问题时更是因行政壁垒等各种掣肘而显得无能为力。生态补偿的方式单一化，补偿资金不足。虽然像贵州省在流域生态补偿方面积极探索了上下游之间横向的政府转移支付机制，但补偿资金的主要来源还是单纯依靠政府财政。流域水污染发生后能否成功得到生态补偿要取决于地方政府财政能力，遇到经济实力相对落后的地区即使有补偿也是杯水车薪。同时这种靠上级政府推动的生态补偿也不能调动下级政府开拓市场补偿的积极性，从而限缩了补偿金的来源渠道，使得补偿机制缺乏适应性、灵活性和有效性。此外，生态补偿中公众参与不足，非政府组织和公民的参与微弱，尤其是在经济欠发达地区，几乎没有非政府组织或公民参与其中。

（5）"河长制"作为解决流域环保问题的重要手段，其执行机构的执行能力较薄弱。虽然地方多次强调河长办是党委、政府的河长办，但河长办设在水利部门，相对于其他权力部门较为弱势，各项工作的推动力不足，在监督检查通报上缺少权威性、震慑力。许多部门就把河长制当作是水利部门的工作，不能积极主动地参与进来。地方河长的专业能力仍存在不足。河长办承担着全面推行河长制工作的日常工作，任务十分繁重，涉及部门众多，但受编制等限制，县、乡级河长办没有落实机构编制，多为兼职人员，不能确保工作顺利开展。此外，"河长制"的考核制度不完善，考核主体不合理，现有的考核都是自上而下的体制内"自考"，没有引入第三方独立评价，也缺乏对社会公众意见的参考，考核结果缺乏公正性和可信度。

4. 新安江流域管理经验

为加快建立健全生态补偿机制，财政部、原环境保护部与皖浙两省积极磋商推动，于 2012 年共同签订了《新安江流域水环境补偿协议》，建立了我国第一个跨省流域生态补偿试点，以三年为周期开展探索。截至 2017 年底，两轮试点圆满收官，流域水环境质量稳定为优并进一步趋好，经济发展一直保持较快速度和较高质量，公众生态文明意识与生态环境保护参与度显著提高，流域上下游联动机制不断健全，基本实现了试点目标。

上下游坚持实行最严格生态环境保护制度，倒逼发展质量不断提升，加大对公众的宣传引导力度，取得了生态、经济、社会效益多赢，实现了以生态补偿促进流域上下游统筹保护和协同发展的目的。经过连续两轮试点，在多方的共同努力下，新安江综合治理效应持续放大，成效显著。一是生态效益，试点以来，新安江流域总体水质为优并稳定向好，跨省界街口断面水质稳定保持 Ⅱ 类，连年达到补偿条件，千岛湖湖体水质实现同步改善，营养状态指数逐步下降。流域自然生态景观面积比例达 85% 以上，呈现出良好的生态景观格局。根据测算，新安江流域生态系统固碳、释氧量分别为 574.3 万 t 和 419.3 万 t，其生态系统固碳、释氧的生态服务价值分别为 75.8 亿元和 16.8 亿元。二是经济效益，黄山市科学编制新安江生态经济示范区规划，结合生态补偿机制试点，倒逼产业转型，构筑绿色产业体系，在经济保持快速发展的同时，三产结构比例由 12.7∶44.1∶43.2 调整至 9.8∶39.0∶51.2，实现由"二三一"向"三二一"的产业结构模式转变，单位 GDP 能耗逐步降低，主要行业污染物排放强度明显下降。三是社会效益，新安江流域试点工作入选 2015 年中央改革办评选的全国十大改革案例，得到央视、人民日报、新华社等主流媒体深入报道并获高度评价，流域内广大干部群众的生态环保意识不断增强。

在我国当前的体制机制下，由中央政府协调相关省份，通过纵向+横向相结合的方式共同推动，是建立跨省流域生态补偿机制的可行路径。新安江在两轮试点过程中，积极探索流域补偿机制的"新安江模式"。"新安江模式"主要包括以下三方面：一是国家层面开展顶层设计。在当前生态补偿相关法律法规欠缺的情况下，通过印发《新安江流域水环境补偿试点实施方案》《新安江流域上下游横向生态补偿试点实施方案（2015—2017）》，确定了水质目标、划分了两省责任、明确了资金来源及使用方向等关键问题，开展补偿框架的总体设计，以国家行政手段保障补偿制度实施。二是补偿机制建立初期，中央财政资金的适当支持，起到了"种子资金"引导和放大效应，对激励流域上下游主动合作的意愿、强化中央对地方的指导和监管具有重要作用。三是流域相关省份通过签订协议的方式，进一步明确各自环保责任，加强各省横向沟通联系，建立起上下游联合监测、联合执法、应急联动等长效工作机制，有利于统筹推进全流域联防联控，逐渐形成水环境保护合力，为下步相关省份之间横向补偿奠定基础。目前，在引滦入津、东江、汀江（韩江）、九洲江以及长江等跨省流域建立的横向生态保护补偿机制，总体上都沿用了新安江试点的框架，证明了"新安江模式"是可复制、可借鉴的成功模式。

建立了完善的跨区域水环境保护联动机制，推动了流域上下游协同共治，增强了流域环境监管和行政执法合力，实现了流域环境保护统一规划、统一监测、统一执法，为健全环境治理体系、推进生态文明体制改革提供了有益探索。在流域水污染防治方面，"新安江模式"有力促进了流域上下游政府间沟通协作。皖浙两省打破行政边界，建立了流域上下游互访协商机制，积极构建跨区域水污染防治联动机制，统筹推进全流域联防联控，明确建立黄山和杭州市联合监测、汛期联合打捞、流域沿线污染企业联合执法、应急联动等机制，以及定期召开联席会议等制度。在共同治理跨界水环境污染、预防与处置跨界污染纠纷方面，上下游密切配合，通力合作，提高了治污能力和治污效率，促进了区域间环境保护的良性互动，推动了流域上下游协同共治，增强了流域环境监管和行政执法合力，实现了流域环境保护统一规划、统一监测、统一执法，有效化解了跨界水环境保护的难题，保障了流域水环境安全。

　　"新安江模式"用实践证明了绿水青山就是金山银山，在保护流域生态的前提下推进发展，将生态"绿色福利"转化成让人民群众长久受益的"经济红利"。新安江流域上游积极开展绿水青山就是金山银山的探索和实践。黄山市委、市政府深刻认识到绿色是黄山可持续发展的最大优势，必须充分发挥生态环境优越、生态资源丰富的比较优势，坚持生态环境优先，建立绿色、低碳、可持续发展的生态经济体系，以"做精一产、做强二产、做优三产"为工作思路，提出加快推进新型工业化进程、积极推进"旅游＋"的两条经济发展主线。在农业方面，黄山市发展精致农业，通过生态种植、清洁加工、降低农残等方式，提高茶叶等特色农产品附加值；利用当地优质水资源开展泉水鱼养殖，市场价格比普通草鱼高出3倍，实现了"草鱼"变"金鱼"，促进了群众特别是贫困群众增收。在服务业方面，不仅注重齐云山、太平湖等国家级"大景区"的创建，还通过美丽乡村建设，积极打造乡村精美"小景区"，发展安徽省星级农家乐298家、民宿客栈近千家，近200个行政村从事乡村旅游接待，超过10万农民从事以旅游为主的第三产业，人均年收入超8000元。在工业方面，黄山市牢固树立"生态立市"理念，积极优化产业结构，发展绿色食品、绿色软包装、汽车电子、新材料等与环境相适应的主导产业；借助丰富的水资源和优良的水质，培育和引进康师傅、六股尖、无极雪等一批"水产业"。在做强三产的同时，依托自然地理优势，培育品牌赛事和体育经济，依托徽商故里、徽州文化发源地等文化资源，利用摄影、绘画等方式带动旅游热，使当地古民居保护成为一项富民工程。

　　新安江流域生态补偿仍存在着补偿方式单一、补偿标准偏低、水质保优压力大等问题。建议上游地区加强氮磷污染防控，皖浙两省积极推进多元化补偿，中央财政继续予以一定期限的适度补助，推进建立完全横向、良性运行的长效补偿机制。新安江上游地区在水质保护方面，除总氮外，其他指标基本保持在Ⅰ～Ⅱ类，可以继续优化提升的空间进一步缩小，面源污染较为突出，水质持续保优难度较大。资金方面，新安江上游地区财力较为薄弱，经济发展约束条件严格，可持续性投入难度较大。试点补偿资金使用范围局限于生态环境保护方面，对于为新安江水环境保护做出牺牲的生态保护者以及民生等方面，还缺乏直接或间接补偿。在水质保护方面，建议继续深化流域系统保护和治理，重点加强流域氮磷面源污染防控。在补偿机制方面，建议两省在现有补偿方案和补偿协议的基础上，以建立常态化补偿机制为目标，继续深化合作方式和内容，在产业输出、生态旅游、基础设施建设、人才培训等方面形成全流域战略合作，打破补偿时间期限，协商确定常态化补偿方案、补偿协议，根据情况变化动态协商调整，中央财政继续予以一定期限的适度补助，协调建立成本共担、效益共享、合作共治的跨省流域生态保护长效机制。

（二）赤水河流域案例分析

1. 有利条件

长江经济带的重要经济走廊。赤水河流域流经云南、贵州和四川 3 省的 4 个地市级和 13 个县级行政单位，是云、贵、川三省融入长江经济带的重要经济走廊，孕育出了全国最重要的名优白酒产业。作为长江经济带跨省流域补偿试点示范，赤水河流域生态补偿得到了国家给予政策优惠和业务指导，中央财政对横向基于引导性资金支持，有利于推动赤水河流域生态补偿建立长效机制。

具有较为明确的保护对象。赤水河流域具有四方面明确的保护内容：一是保护良好水质。赤水河因其 3/4 的流域潜藏在大山深处，是国内唯一一条没有被污染的长江支流，水质较好，总体上可达 II 类水标准。二是保护良好生态环境。赤水河流域生物多样性丰富，建有 10 个自然保护区，是重要的生物多样性优先保护区域，也是长江上游特有、珍稀鱼类保护地重要生境。三是保护白酒产业。赤水河是国酒茅台等企业的水源地，也是郎酒、习酒等白酒知名品牌的水源地。四是保护文化资源。赤水河自古是滇黔川 3 省经济文化交流的重要通道，流域生态文化独特。目前的生态补偿方案主要着眼于保护良好水质和生态环境，也间接地对白酒产业和文化资源进行了保护。

赤水河流域发展存在分区梯度特征。上中下游三省对赤水河流域水资源的利用是不均衡的，区域间发展水平存在较大的差异，中下游发展水平高于上游地区，其中，中游发展水平最好，贵州省仅以近 60% 的流域面积和近 47% 的干流长度，创造了 79% 经济发展总量，其最发达的仁怀市（茅台酒厂所在地）2015 年 GDP 达 505.7 亿元，占流域的 20.3%，人均 GDP 高达 91 778 元，而上游云南威信县 GDP 为 29.88 亿元，仅占流域的 1.19%，人均 GDP 仅 7 426 元，发展的梯度差异异常明显（表 5-2）。同时，中游发展带来的污染也是最重的，其发展也必须建立在上游持续开展水环境保护提供良好水质水量的基础上。"上游保护受穷，中下游利用富裕"的不平衡的上下游环境与经济利益关系需要通过建立生态补偿制度来理顺，以实现流域上中下游整体的可持续发展。

表 5-2　赤水河流域所涉地区

省	市	县
云南	昭通市	镇雄县
		威信县
贵州	毕节市	七星关区
		大方县
		金沙县
	遵义市	播州区（原名遵义县）
		仁怀市
		桐梓县
		习水县
		赤水市
四川	泸州市	叙永县
		古蔺县
		合江县
		江阳区
		纳溪区

2. 制约因素

作为生态环境良好、开发强度低的典型代表性流域，承担持续守护好赤水河这一"青山绿水"的任务重，各方的期待高，当地的压力大。同时，作为典型的贫困地区，当地发展的冲动更加强烈，各方也希望流域内的人们能过上富裕生活，找到一条"青山绿水"变"金山银山"的道路。这要求流域生态补偿内容不能仅关注生态保护，还要通过生态补偿，找到一条流域生态保护与持续发展的协调之路，要求更高。

（1）流域关系较为复杂。赤水河流域涉及川、云、贵三省，但其并非一般简单的上下游关系清晰的流域，情况较为复杂。一是从在流域的位置来看，赤水河流域四川部分并未完全处于中下游，其中，四川省叙永县境内有一条名为倒流河的河流，发源于四川，然后流入云南境内，再汇入赤水河，从云南省出境，因此，四川同时有部分区域位于上游、中游和下游。二是位于中下游的贵州和四川的中游部分有很大部分属于共界断面（四川、贵州境内干流中近 57.4% 为共界断面），科学精准界定相关主体责任难度较大。

（2）人口较为集中但相对贫困。赤水河流域属于我国典型的欠发达地区，大部分属于国家级贫困山区，人均 GDP 仅为全国平均水平的 34%，流域 13 个县级行政区均未能达到全国平均水平。同时，赤水河流域是云、贵、川三省人口较为密集的地区之一，特别是上游云南省，境内镇雄和威信两县人口总规模已达 200 万，其国土面积仅为 3 817 km²，人口密度已达 524 人/km²，远远超出云、贵、川三省的平均人口密度，是流域内人口最为密集的区域，也是人均 GDP 最低的县份。流域内贫困人口较为集中，强调生态保护也需兼顾地方发展诉求，特别是大量贫困人口的脱贫诉求，经济社会发展和生态保护压力并存。

（3）农业农村面源和工业污染源隐患需要重视。流域属于典型农业区，农业面源是流域的主要污染源，特别是云南境内镇雄和威信，种植结构较为单一，化肥使用强度较大，农药的使用不合理、农膜的回收率低以及秸秆的资源化利用程度低，易对周边环境及赤水河水质造成二次污染。流域内煤炭、硫黄、金属矿储量丰富，矿业在地方经济中占有相当份额，特别是在中下游的贵州和四川等地，矿业加工、制造业等都成为当地的支柱产业，工业污染源隐患仍存在风险。

（4）环境基本公共服务欠账多。环境基本公共服务较为滞后，流域内污水收集管网和垃圾收集体系不健全、污水处理厂处理能力不足、垃圾填埋场渗滤液处理不规范，流域整体环境基本公共服务较为滞后。同时，流域内水质监测体系不健全，大部分支流都未有自动监测能力，给水质考核带来一定难度，后期流域上、中、下游环境风险联防联控也很难得以实施。

3. 实践基础

（1）中央政府推动建立赤水河流域生态补偿

签订《赤水河流域横向生态保护补偿协议》。赤水河流域生态补偿得以实现并实施，很大程度上得益于中央政府的大力推动、协调。2017 年环境保护部与贵州省政府签署的《探索发展与保护新路推进贵州生态文明建设合作协议》，明确提出推动赤水河流域跨省界（贵州、四川、云南）生态保护补偿纳入国家试点。中央办公厅和国务院办公厅发布的"按流域设置环境监管和行政执法机构试点方案"中，将赤水河流域作为唯一的跨省流域机构试点。2018 年 1 月，财政部、环境保护部、国家发展改革委、水利部又先后两次召集三省财政、环保等厅局，在成都召开"补偿协议"三省协调沟通会。在相关部委的大力推动下，2018 年 2 月，四川、云南、贵州签订了《赤水河流域横向生态保护补偿协议》，成为长江流域首个跨多个省份的流域生态保护补偿协议。

开展《赤水河流域横向生态补偿实施方案》磋商。2018 年 3 月，生态环境部于贵州怀仁召开了赤水河流域跨省生态补偿工作推进会，以加快落实《补偿协议》精神。在 2018 年 3 月及 6 月，生态环境部又分别于成都及北京组织召开了《赤水河流域横向生态补偿实施方案》（以下简称《实施方案》）研讨会，明确了补偿考核指标以及考核规则等具体内容。2018 年 7 月，生态环境部会同生态环境部环境规划院发布了最新版本的《实施方案》（征求意见稿），明确并细化了补偿期限、补偿指标、补偿目标、补偿标准以及补偿资金等内容。

（2）地方政府协同开展赤水河流域保护

1）云贵川三省联合开展联合执法行动

为加强赤水河流域生态环境保护，川云贵三省环保部门于 2013 年 7 月在贵阳市签署了《三省交界区域环境联合执法协议》，形成"数据共享、信息互通、联防联治"的环境保护机制。为确保环境联合执法工作有序、有效、有力开展，制定了协作保障机制，即建立联席会商制度、信息通报制度、联合监测预警制度、环境应急联动制度、环保准入统一门槛制度及三省跨界河流水污染防治专项资金协调机制。云、贵、川三省联合监测在环境保护部办公厅《关于印发＜跨界（省界、市界）水体水质联合监测实施方案＞的通知》指导下执行。已经先后开展多次联动执法，发现、整改环境问题150 余项，破解流域保护"单打独斗"的局面，全面推进环境联合执法工作，川滇黔三省也依据本省实际情况制定了一系列法律法规及政策条例。同时，三省也签订了《赤水河共管水域渔政管理联合工作机制协议》，从 2017 年 1 月 1 日起赤水河禁渔 10 年。

2）由中央引导，组织协调三省联合监测、联合执法工作

在生态环境部的协调下， 2011 年以来，逐步建立了云贵川三省赤水河流域三省交界区域环境保护联合执法工作机制，实现三省赤水河流域环境保护"信息互通、数据共享、联防联治"的联合执法体系，要求赤水河跨省界断面、省界分水线省省联防联控、重点污染源联合交叉执法检查、市县联合执法检查、跨区环境违法行为联合查处、重特大环境突发事件联合处置。

3）云贵川通过出台一系列规划、条例和办法共同保护赤水河流域

云南省

作为赤水河的发源地，云南省高度重视赤水河流域的保护，为下游产业发展做出了有力贡献。云南省级编制了《云南省促进长江经济带生态保护修复补偿奖励政策工作方案》，支持包括赤水河在内的水体建立跨省流域横向生态保护补偿机制，支持包括昭通市在内的 47 个县区建立生态补偿机制。编制完成了《关于建立赤水河流域云南省内生态补偿机制的意见》，明确了总体要求、治理重点、资金管理要求以及各

级职责分工，有力指导了流域内昭通市、镇雄县和威信县的保护工作。赤水河上游昭通市及镇雄、威信两县着力开展了"七个抓"行动，保护赤水河流域，调整了产业结构、取消了流域内部分重点项目。实施环境准入，对赤水源 38 km² 范围内禁止任何工业入驻，两县自 2014 起共关、停、并、转了流域内涉及煤矿企业 24 家。强化生态治理，镇雄县完成封山育林、人工造林 960 余 hm² 完成了退耕还林、退牧还草 9 500 余 hm²，威信县在扎西镇、水田乡实施了水土保持项目，治理小流域 4 条，水土流失面积 49 km²，营造水保林、经济果林等 1 050 hm²，封禁治理 1 700 hm²。

贵州省

2007 年 11 月，贵州省政府批准实施了《赤水河上游生态功能保护区规划）贵州境内）》，将"生态功能保护区的环境污染和生态环境普遍得到治理，区域生态环境明显改观，生态系统开始走向良性循环"作为规划远期目标，并划定国酒特殊水源保护区和国酒特殊经济区,严格控制来水携带污染物对国酒特殊水源保护区的污染影响。之后贵州省陆续发布了 40 余部流域保护有关的相关法规、文件、规划、方案。在项目资金支持方面，贵州省进一步针对赤水河流域加大资金投入力度，自 2014 年起，省财政每年投入 5 000 万元用于赤水河流域环境治理，遵义市亦通过生态补偿方式向上游毕节市每年投入约 1 000 万元生态补偿资金。贵州茅台酒股份有限公司每年还将捐资 5 000 万元用作赤水河流域的水污染防治。仅这三项资金投入合计 1.1 亿元。在资金筹集上，贵州省通过生态文明改革试点和良好河流项目申报，探索解决资金瓶颈问题，努力完善流域生态环境保护投融资制度，大胆引进社会资金，加强与国际国内知名组织及企业的合作；各级财政也将探索搭建投融资平台，强化资产经营理念，以资生财聚财；省环境保护厅亦会同省财政厅、省政府金融办、遵义市政府探索搭建更高层面的政银企对接平台，开通赤水河流域生态环保投融资"绿色通道"，通过 PPP 模式，多渠道筹集污染源治理项目建设资金。

生态补偿制度是贵州省赤水河流域生态文明体制机制改革试点的十二项制度之一，自 2013 年颁布《贵州省赤水河流域污染防治生态补偿暂行办法》以来，贵州各级政府及科研机构对流域生态补偿方式、责任认定、补偿资金使用、配套体制机制等多方面进行了研究和探索。除政府主导的生态补偿外，贵州省也在积极探索更多方式的生态补偿。在"全球环境基金（GEF）贵州赤水河流域生态补偿与全球重要生物多样性保护示范项目"2015 年起在贵州省仁怀市实施，旨在贵州赤水河流域试点建立基于"流域服务付费"（PWS）理念的市场化生态补偿机制。2018 年，流域试点区域仁怀市五马镇 20 余户村民和仁怀市三家酒企在仁怀市环保局、仁怀市环保促进会和五马镇政府的协调下，签订了生态系统服务合同，并在当地探索建立以信托基金为核心的生态补偿资金管理模式。这一协议所补偿的内容，不仅限于水质，而是扩展为含义更广的生态系统服务，将水土保持、土地利用方式转变、鱼类生物多样性等更多生态系统价值考量在内。补偿的主体不仅仅是政府，还包括政府、酒企和社会组织；补偿的客体也不仅仅是当地政府，还包括农户和赤水河环境保护的投资者和建设者。补偿的方式除资金补偿外，还有政策补偿和技术补偿。

四川省

四川省也高度重视对赤水河流域的生态环境保护，通过编制《赤水河流域（泸州段）环境保护规划（2014—2020 年）》，严格项目准入和推进规划环评，强化了污染源头控制；通过加强工业污染源治理、城镇污染治理、农业农村污染防治，关停小造纸厂、酿酒作坊共 150 余家，大力推进了污染整治；通过全面推进林业生态体系建设，加强土壤治理修复和自然生态保护区管理，切实加强了生态保护；通过印发《赤水河流域（泸州段）环境集中综合整治督查方案》《赤水河流域（泸州段）环境集中整治考核办法》等文件，全面推进河长制落实，开展专项监测，实施了激励约束考核。在《赤水河流域横向生态保护补偿协议》《赤水河流域横向生态保护补偿实施方案》的基础上，四川省正在起草《四川省赤水河流域生态补偿实施细则》，确定了省、市、县共同筹集资金，市、县均享受资金分配权，并由市、县共同承担生态环境保护责任的模式，发挥了省级层面的支持统筹作用，激活了泸州市衔接省级和县级的联结协调作用。

4. 共同诉求

现有补偿标准难以科学确定共界断面责任和生态环境保护价值。赤水河流域存在大量川 - 黔共界断面，现行方案为了现实可操作性和时效性，并未开展精细化科学核算，科学合理区分共界断面各主体责任，而是采取简单的五五平分的处理方式，因而牺牲了合理和公平性，未能精准厘清各方责任和义务。此外，现有方案补偿资金的多少并非建立在科学核算地区对水环境进行保护所产生的直接成本和发展机会损失以及赤水河流域保护为长江流域中下游带来的正外部性的基础上，赤水河流域处于长江上游，全域水质均较优（干流稳定达 Ⅱ 类，支流稳定达 Ⅲ 类），一是为长江中下游提供好水做出了贡献，其产生的正外部性已经超出了流域本身范围；二是按照建设长江上游生态屏障和长江经济带共抓大保护等最新要求，流域水质只能在已经很好的基础上保持稳定，不得变差，其保护的难度和对地区经济发展的限制程度势必很大；三是流域经济社会发展相对滞后，贫困量大、面广、程度深，同时面临生态环境保护和脱贫攻坚、产业振兴等双重任务，目前的方案显然不能精准地给出科学的生态补偿标准。

现有补偿方式和资金使用局限，对流域可持续发展带动乏力。流域生态补偿，一方面要依据保护地区开展污染治理与生态保护所产生的直接成本，另一方面也需考虑保护地区为开展保护而损失的发展机会成本。赤水河流域现行生态补偿方案对于保护地区损失的发展机会成本的考虑明显不足，导致赤水河流域生态补偿对于保护区域的可持续发展带动乏力。一是补偿的方式单一，以资金补偿为主，造血能力明显不足；二是资金的使用局限较大，对支持地区可持续发展与维持相关群体可持续的生计以弥补发展机会损失方面明显不足。三县乡镇生活污水处理厂的建设基本已经完成或已落实资金来源，仅有很少数的还未开展建设。

参与主体单一，未能有效带动多元主体共保共治。参与主体以政府为主，对依赖于流域生态环境发展的重要经济体（如中游的大型白酒企业等）和广大群众并未涉及，未能有效带动多元主体参与流域共保共治。相关企业依赖良好的生态环境资源创造了巨大的经济效益，也对流域水污染造成了相当的影响，却未能在生态补偿机制中承担相应的社会责任；因生态保护建设而失去发展机会成本的群众也未能从生态补偿机制中得到足够的补偿，群众缺乏对生态补偿红利的获得感而积极性不高，致使生态补偿与生态建设、社会经济发展、扶贫攻坚等的快速推进不相适应。

未能构建利益共同体，缺乏持久保护激励。赤水河流域上中下游三省对流域水资源的利用是不均衡的，虽然协议的签订，有利于三省上下游联防联治机制的建立，但由于补偿协议未能统筹上中下游、左右岸的经济社会发展，对流域水资源利用的不均衡性将继续存在，加上贵州和四川对白酒产业的发展，面临的政策环境不同，三省对流域水资源利用的不均衡甚至将继续扩大。共同保护的利益不能转化为三省共享的经济社会发展利益，使得对有些省份的持久保护激励难以持续激发。

5. 完善建议

强化流域生态补偿利益相关方的责任关系确立。当前拟定的《赤水河流域横向生态补偿实施方案》（征求意见稿）以及《关于建立赤水河流域云南省内生态补偿机制的意见》均把断面水质的达标程度作为主要的考核指标，考核规则中对水质考核的部分所占比重很大。然而，生态保护补偿应是在综合考虑生态保护成本、发展的机会成本、生态产品和生态服务价值的基础上对生态保护者给予合理补偿的手段。因此，建议适当调整实施方案考核规则，新增补偿客体的机会成本损失值、生态服务价值贡献值等相关指标。

充实赤水河流域生态补偿资金来源。目前，赤水河流域生态补偿资金仅有政府共同出资设立专项资金一项，单一的资金来源渠道及较大的资金筹集数额或将为各级政府带来新的债务压力；部分地区依赖于上级补偿资金而大幅减少生态环保投入，将严重影响生态补偿资金的归集效果；同时，受益企业所缴纳的环境保护税并不足以弥补其对环境带来的不利影响，即企业未能完全担负生态补偿责任，不利于生态补偿工作的如期推进。合理地补偿资金来源是流域生态补偿机制发挥作用的重要抓手，建立政府统筹、多层次、多渠道的生态补偿机制，以政府主导为基本原则，调动受益企业参与流域环境保护与生态补偿，争取金融机构优惠贷款，有利于促进补偿资金来源结构主体多元化与合理化。因此，一是加大各级财政资金的整合力度。各级财政通过巩固上、中、下级资金的纵向整合以及统筹环境保护税留成、生态功能区转移支付资金、碳排放交易金等相关资金的横向融合，逐步形成数额稳定、渠道多元的生态补偿资金来源。二是推动和激励市场化资金的参与。推动有条件的地区探索发行环境保护地方政府专项债券，动员金融机构和有实力的企业（如茅台集团等）参与设立生态补偿专项基金，进一步深化社会资本的参与程度，保障补偿资金数额。三是鼓励引导金融机构创新绿色金融服务。探索建立财政贴息、助保金等绿色信贷扶持机制，鼓励金融机构加大绿色信贷发放力度；支持发展绿色担保，完善对节能低碳、生态环保项目的各类担保机制，巩固补偿资金来源的稳定性。四是要转变当前一些把生态补偿资金与水污染防治资金当作同一性质的资金来管理使用的走偏倾向。由于水质响应的复杂性和额外性，发展机会成本损失和公共产品生产不一定直接以水质"改善"的形式体现。要强调生态补偿资金是对发展机会成本损失的补偿、是对生态公共产品生产的购买，不宜在考核等环节直接与水质要求强行挂钩。

扩展生态补偿资金使用方向。目前，云贵川三省补偿协议和实施方案并未明确生态补偿资金的使用范围，资金使用范围若严格按照水污染防治资金的使用范围实施，则使用范围偏窄，不利于支持绿色发展项目和机制建设类项目，有悖于生态补偿发展机会成本和生态资产价值的基本原理；若对资金使用范围不予以合理约束，资金移作他用未能广泛支持生态文明和环境保护，也有悖于生态补偿支撑环境保护的政策起点。建议按照资金来源和类别对生态补偿资金使用方向予以细化明确。一是，对于国家支持的资金，若来源于中央财政水污染专项资金，需严格按照《水污染防治专项资金管理办法》的有关要求，将资金专项用于水污染防治、良好水体生态环境保护、饮用水水源地生态环境保护等领域；二是，对于三省出资的横向补偿资金，应活化生态补偿资金使用范围，可以支持环境保护能力建设、环境保护机制和政策建设以及生态乡镇创建示范、生态移民搬迁、"护河员"岗位补贴等促发展、改善民生领域；三是在下一步市场化、多元化生态补偿机制建设过程中，引入重点企业及社会化资本注资进入生态补偿，应进一步扩宽生态补偿资金使用范围至补偿机会成本和生态资产价值领域，支持扶贫攻坚、基础设施建设、生态旅游开发等领域，打造"鸡鸣三省"旅游圈，促进上游涉煤产业等"两高一资"产业调整，使上下游共享生态福利，改变镇雄、威信等地贫困的面貌。

逐步建立多元化市场化生态补偿方式。在国家发展改革委、财政部已在全国征求《建立市场化、多元化生态保护补偿机制行动计划》的背景下，赤水河流域是长江经济带第一个多省补偿试点，应加快实践并建立市场化、多元化的生态补偿方式。建议，一是参照国外广泛实施的生态补偿经验，引导企业和受益产业进入生态补偿。赤水河流域中下游分布以茅台为主的众多名酒企业而俗称为"淌酒的河"形成了万亿级的产业规模，2017 年末，茅台的股票市值已经突破了 1 500 亿美元，对于保护赤水河上游水质越加强烈。茅台集团也不断认识到赤水河良好水质作为生态产品的关键作用，并表示出由其出资参与赤水河流域生态补偿的意愿。建议一是在下一步赤水河补偿实施过程中，积极引入白酒产业参与到生态补偿之中，形成多元共治的治理模式；二是积极创新非资金补偿的模式，推动对口协作、产业园区、共建园区等经济援助类补偿模式实施，推动人才培训、人口外迁等技术支持类补偿模式实施。通过创造"护河员""环保侦查员"等就业岗位，提高贫困地区人民的就业机会。鼓励受益企业雇佣生态产品供给地区有关民众，形成稳定化的就业模式。探索"飞地经济"生态补偿发展模式，在生态受益区的产业园区专门划出一定空间，建设飞地园区，促进欠发达地区经济发展同时减轻受偿地区的环境压力。

完善生态补偿配套体制机制。生态补偿的目标是通过上级对下级资金引导、受益方对受偿方的资金补助，以补偿绩效考核形成相互约束，促成上下游联防联控、流域共治，逐步形成受益方和受偿方良性互动，共同保护好一泓清水。但仅靠生态补偿一项政策单线实施，无法形成合力、打出有力的政策"组合拳"，所以加强各项环境保护政策联动衔接，可以进一步提高生态补偿的政策绩效。建议，一是强化并发挥河长制的核心作用，依托省、市、县、乡四级河长制体系的组织基础作用和统筹作用，促进生态补偿实现"一盘棋推进"；二是加强空间管控、总量控制政策与生态补偿的衔接，将总量控制、排污许可、区域限批、"三线一单"等环境管控制度的实施要求与生态补偿的资金和绩效考核对接；三是完善赤水河流域三省联防联控机制建设，建立统一规划、统一监测、统一监管、统一评估、统一协调的联防联控工作机制，联合开展沿岸工业企业污染整治行动，加强流域环境风险点排查，建立环境应急协商机制；四是把生态补偿绩效结果纳入云贵川三省赤水河流域范围内的各县（市）领导班子的政绩考核之中，并且考核权重应适当提高。

进一步推进政策协同。赤水河流域受限于山高谷深的自然条件，开发及发展不足，因此贫困面广、贫困程度深，面临着经济发展和环境保护的双重矛盾，可持续发展需求迫切。构建生态补偿机制是实现可持续发展的战略选择，而在生态补偿机制下开展生态扶贫工作、实施乡村振兴战略、引导与规范产业发展等措施有利于提高当地居民生产条件及人居环境、引导粗放式产业转型升级、改善或保护赤水河流域生态环境，是实现可持续发展的重要途径。因此，除核心的补偿制度以外，科学合理地使用补偿资金进行可持续发展、合理挖掘生态产品价值发展生态产品产业链、对补偿制度执行情况进行考核评价等方面都需要有相应的管理办法、行动方案、规划计划来指导实践，如何按照生态系统的功能特征系统谋划功能空间和策略，结合不同类型生态产品的优势来精准设计生态产品的模式也需要遵循科学的方法论进行探索。

（三）丹江口总氮排放总量控制对策

1. 流域总氮变化情况

丹江口库区及上游流域总氮浓度普遍偏高。2006—2016 年，丹江口库区总氮平均浓度基本保持Ⅳ类，近两年虽然有所降低，但仍处于高位（2016 年为 1.19 mg/L）。2016年，流域内有总氮监测数据的 39 个断面中，总氮为Ⅰ～Ⅲ类的 13 个，占 33.3%，Ⅳ～Ⅴ类的 14 个，占 35.9%，劣Ⅴ类的 12 个，占 30.8%；其中，丹江口库区的坝上中断面、取水口的陶岔断面和汉江的羊尾断面总氮浓度较 2006 年分别上升了 13.9%、51.9% 和49.5%，丹江的荆紫关断面总氮浓度较 2012 年上升了 36.5%。2016 年，112 个国控重点湖库总氮平均浓度在 0.11 mg/L（泸沽湖）～ 6.62 mg/L（艾比湖），按由低到高排序，丹江口水库位于第 68 位，总体不容乐观。

现有监测统计及研究基础薄弱，精准的防控措施尚待进一步研究。当前环境统计数据以 COD 和氨氮为主，总氮指标在污染源排放、断面水质监测中均有所缺失，尚不足以支撑精准制定防控措施。基于已有数据，利用源解析模型分析，2015 年丹江口库区年入库总氮通量约 5.2 万 t，67.7% 来自汉江，12.3% 来自丹江，其余 20% 来自其他入库河流和库周面源污染；从来源来看，50.7% 来自生活源，20.6% 来自种植源，19.0% 来自畜禽养殖源，工业点源仅占 1.0%，其余 8.7% 为自然本底；从行政区来看，49.9% 来自陕西省，40.2% 来自湖北省，6.6% 来自河南省，其余 3.3% 的贡献来自上游的四川省和重庆市。

丹江口库区局部已出现水华，但水华发生机理尚不明确，总氮浓度偏高可能是主要原因。按照《地表水环境质量评价办法（试行）》，2006—2016年丹江口库区水质稳定保持为Ⅱ类，综合营养状态指数为30.6～35.7（贫营养与中营养的界限是30），总体处于中营养偏贫的营养水平。随着库区蓄水带来的水体流动性变缓以及部分入库河流上拦水坝的建设，导致水体交换能力变差，2016年5月，现场观测到丹江口水库大坝一带出现数十千米的藻类异常增殖带，虽然很快消失，但敲响了水华风险的警钟。从影响富营养化的高锰酸盐指数、总磷、总氮等几项水质指标来看，2006—2016年，丹江口水库高锰酸盐指数、总磷稳定保持Ⅱ类，而总氮自2008年以来在1.09～1.46 mg/L波动，总氮浓度偏高可能是丹江口水库水华发生的主要原因。水库生态系统演替一般需要十年以上的时间尺度，丹江口水库自2014年通水以来，尚未达到规划设计的正常蓄水位170 m、近期有效调水量95亿m³的稳定运行状态，库区生态系统还未达到平衡状态，水华可能是演替过程中的偶然现象，也不能排除水库调度常规化后，更易发生水华。不同湖库发生水华的临界条件不同，目前关于丹江口水库水华发生机理尚不明确，研究有待深入。

2. 主要对策措施

加强总氮监测研究，夯实管理决策基础。加强水体和污染源总氮指标的监测与统计，为进一步细化分析总氮来源和迁移转化规律提供翔实的数据基础。开展丹江口水库富营养化机理研究，摸清氮磷浓度、水动力条件等影响因子阈值，为有效防范丹江口水库富营养化提供依据。研究建立水环境承载能力监测评价体系，试点开展承载能力监测预警。研究建立南水北调中线工程水源区总氮排放总量控制制度。探索南水北调中线水源区和受水区生态补偿机制，将水源区生态保护成本纳入受水区水价，建立生态补偿长效机制[1]。

推进流域生态保护，强化水华应急防控。进一步加大小流域治理、水土流失、环库生态隔离带、石漠化治理力度，入库河流因地制宜建设人工湿地水质净化工程，提高水环境承载力。严格执行保护区空间开发保护制度，对生态保护红线范围内的、非法挤占水域岸线的以及对水质影响大的村庄、农业用地、企事业单位和建筑等限期退出。按照"一源一档"的原则建立风险源档案，并实施动态化管理。建立水源区突发性水污染事件应急管理机制，科学制定应急预案并开展应急演练。加强水华应急能力建设和应急物资储备，制定水华应急预案并定期演练，有效防范支流水华发生。

1 王东，秦昌波，马乐宽，等. 新时期国家水环境质量管理体系重构研究 [J]. 环境保护,2017, 45(08): 49-56.

加强基础设施建设运营，深化面源污染综合防治。加快完善已建污水处理厂配套管网，城镇新建区实行管网雨污分流。整治雨污水管道接口、检查井等渗漏，解决管网清污混流造成的溢流污染、初期雨水污染等问题。因地制宜推进水源区污水处理厂提标改造，强化氮磷污染物削减。全面开展城镇污水处理设施总氮排放的监测与统计，将总氮作为日常监管指标。按照"种养平衡、循环发展"的理念，采取畜禽养殖废弃物资源化利用、种植业污染防治、农村生活污染治理等综合措施，推广科学化农业种植技术，优化山区农业种植方式，合理施肥，降低总氮污染物排放。

三、国际流域管理经验

国际典型跨界流域，如密西西比河、田纳西河、亚马孙河、莱茵河流域和多瑙河等在流域管理组织模式、生态环境保护管理经验和生态补偿相关做法方面积累了很多成功的经验。

（一）密西西比河流域管理经验

密西西比河是个较大的流域，由多个部门和团体共同进行管理。密西西比河上游是整个密西西比河流域管理经验最为成熟的区域，密西西比河上游流域协会，其最初为密西西比河上游流域委员会，直到里根政府于1975—1980年间解散。国家自然资源部或农业和交通运输部由州长指定一个部门来实施国家职能，这个部门通常是自然资源部，这种方式自1980年开始执行，联邦机构、USACE、USFWS、USGS、USEPA、海事管理局都是技术顾问和非政府组织，这些组织都鼓励公众参与，这对流域管理有很大的推动作用（图5-4）。

图 5-4　密西西比河流域图

密西西比河流域的管理经验主要是以下六个方面。

（1）严格执行排水许可证制度。其中美国国家污染物排放削减（NPDES）许可证制度，通过管理将污染物排放到美国水体的点源来解决水污染问题，由美国环保局授权各州政府实施该项目许可证的颁布、管理和执行；雨水径流吸收了垃圾、化学品、油和污垢/沉积物等污染物，会对我们的河流、溪流、湖泊和近海水域造成水体污染，NPDES雨水管理项目旨在防止雨水径流将有害污染物排放到当地地表水中。

（2）联邦流域管理政策。各种联邦机构，包括商务部和国防部，在管理或监管水资源方面都发挥了一定的作用，一些机构在水资源政策中发挥着巨大的作用，如美国陆军工程师团（USACE）和垦务局，其中USACE的作用最大，该军团还管理美国大约四分之一的水力发电，在密西西比河，USACE创建和管理水利基础设施项目，并维持水道的航行（图5-5）。

（3）各州之间的协调和联邦合作机制。密西西比州际合作资源协会（MICRA）是一个由28个州的自然资源管理机构组成的组织，在密西西比河流域拥有渔业管理权，旨在改善流域内跨辖区鱼类和其他水生资源的管理，密西西比河上游流域协会（UMRBA），负责协调各州与河流相关的项目和政策，密西西比河下游保护委员会（LMRCC），重点关注栖息地恢复、长期自然保护规划和自然经济发展。

（4）特殊的国家行动计划。低氧工作组（HTF）的一项主要任务就是在各州发展与实施养分减排策略，图5-6展示了低氧工作组各州成员的优先流域。

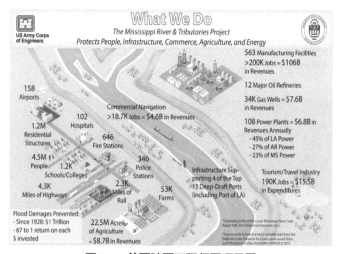

图 5-5　美国陆军工程师团项目图

资料来源：美国陆军工程师团。

图 5-6　低氧工作组优先流域

（5）多渠道融资。大多数合作和倡议都受益于多渠道融资，其中包括联邦、州和地方基金，以及公司和非政府组织的参与。位于密西西比河流域的几个州已经根据本州的公民投票批准了大量的保护资金。

（6）密西西比河的流域监测与评价系统。国家海洋与大气管理局（NOAA），覆盖了墨西哥湾死区的大部分监测，美国地质调查局拥有先进的监测技术，并可提供河流水质的数据，美国环境保护署拥有自己的不同数据点监测体系，个别州有时也有自己与密西西比河有关的监测系统。

（二）田纳西河流域管理经验

田纳西河和坎伯兰河流域是北美洲最具生物多样性的两个水系，拥有 300 多种鱼类和 125 种淡水贻贝，这些水系都是田纳西州自然遗产中不可替代的一部分。其流域管理经验主要体现在以下五个方面。

（1）进行综合管理。大自然保护协会在田纳西河有较多成功的经验，其与合作伙伴合作，从战略上优化、拆除或改造水上障碍帮助改善农业实践，保持这些河流清洁，将科学、规划和项目管理专门知识用于流域规划、生态系统恢复和河流管理工作中（图5-7）。

（2）生态补偿办法。斯通河的流域规划方法提供了与补偿性减排技术有关的建议，联邦法规概述了为减缓湿地影响的可行补偿形式，包括恢复、创造、增强和保护，在田纳西州，恢复优先于其他形式的补偿。影响流域的补偿性减排由分类系统指导，分类系统包括替代、恢复、增强Ⅱ、增强Ⅰ和保护类别，用于确定信用等级（TDEC 2004）。与修复和增强相比，人工建筑物的替代、拆除和自然河道的重建以及保存等方式应用更少。

（3）多元化融资体系。田纳西流域管理局致力于以可行的最低成本为客户提供更清洁、可靠的能源，尤其是在电力方面，通过安装控制装置、扩建功率提升等措施使多元化发电组合能够利用无碳资源生产一半以上的电力，可以为田纳西流域管理局的客户维持较低的电价。

（4）水资源开发与经济发展相协调。通过与其他经济发展组织的合作关系，田纳西流域管理局帮助促进该地区的资本投资和就业增长，田纳西流域管理局的经济发展致力于吸引新公司，从而带来更多就业机会和投资，并参与现有企业和行业，以帮助他们以可持续的方式成长。

（5）法律与监管经验。田纳西流域管理局不断地根据条件变化，调整其水系统的管理，以确保其继续有效地提供各项维持生命的功能，这些功能包括防洪减灾、导航、电力生产、水质，供水、娱乐。

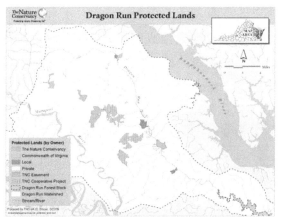

图 5-7　大自然保护协会"全系统"保护案例

（三）亚马孙河流域管理经验

（1）注重河道管理与整治。塔帕约斯河是亚马孙河最大的支流之一，塔帕约斯河长达 1 200 Miles（1 Miles ＝ 1.6 km），流经巴西的三个州（马托格拉索、帕拉帕拉和亚马孙），贯穿 65 个城市。河道上建成了若干大坝，这对流域水环境产生了巨大的威胁，大自然保护协会正在发起一项全球性的运动，以前所未有的规模保护土地、拯救世界的大河和湖泊、促进气候行动、革新海洋保护、使城市更具活力，亚马孙河就是这项运动的重要组成部分，大自然保护协会正在致力于塔帕约斯河流域的保护。

（2）注重环境保护和水资源保护。大自然保护协会通过在当地推广可持续发展的技术，如利用电子地图和卫星遥感技术，帮助当地居民遵守森林法，并且与当地的企业、政府、开发商共享科学技术，使得环境保护与经济发展相互协调。亚马孙流域综合型可持续发展跨区域水资源项目包含一系列的措施，用于应对整个流域地区的气候变化与改变，该项目整体目标是为亚马孙流域制定一套策略执行方案，实现可持续发展。

（3）与周边国家建立保护亚马孙河流的保护机制。鉴于跨国界的自然文化遗产，哥伦比亚、厄瓜多尔和秘鲁政府已经建立了联合管理区域：库亚贝诺（Cuyabeno）野生动物保护区、居普蒂—塞基（Güeppí-Sekime）国家公园等等。圭亚那地区保护团体（GSF）是多机构捐赠融资机制，为国家和地区在圭亚那保护区内的相关活动提供长期资金。

（4）管理系统与法律。亚马孙流域每个国家都有各自约束人类活动的法律制度，这些法律制度为政府、社区和团体合作保护亚马孙地区生态系统提供一个总体大框架。美国大自然保护协会为全州计划建立基本法则：在里约热内卢州内奖励保护森林并优先保护流域湿地的农村土地所有者。

（5）空间地球一体化与全要素集成的生态监测系统。监测安第斯亚马孙项目（MAAP）是亚马孙环境保护项目，其旨在使用先进的可行技术掌握安第斯山的亚马孙地区实时森林砍伐的规模、热点地区以及原因；以实时的、易接收的、友好的方式分配上述技术信息给该系统的使用者，包括决策者、政府权威机构、民间团体、新闻记者、科研人员以及普通群众。

（四）莱茵河流域管理经验

莱茵河从阿尔卑斯山脉流入北海，代表中欧最重要的文化和经济轴线，对莱茵河的使用比全部其他欧洲河流都要繁忙和多样。在莱茵河流域内生活的 6 000 万人口分布在不同的六个国家。其流域管理经验主要体现在以下两个方面。

（1）恢复流域内动植物多样性。综合生态系统理念，即恢复莱茵河流域动植物生活的多样性，已经取得很大进展。在 1998 年，欧洲委员会的部长制定的目标是从单个生态系统的恢复扩大到整个自然生态区域的恢复，包括莱茵河河口、侏罗山脉、阿尔卑斯山脉、莱茵山脉、泛滥平原上古老的针叶森林、莱茵兰－普法尔茨溪流、德国南部的黑森林以及孚日山脉。所有莱茵河流域的国家齐心合力的合作有助于恢复河流的健康状态。鱼类的回归是一个水质改善的清晰信号。尽管河流水质现在是优良的，但作为自然栖息地还需要进一步改善。

（2）注重国际合作。在 2001 年 1 月，负责莱茵河的部长批准了"莱茵河 2020"计划，是继最成功的"莱茵河工作计划（1987—2000）"之后的"有关莱茵河可持续发展的计划"，该计划为以后 20 年所需实现的莱茵河保护政策与措施确定了总体目标。核心内容包括实现莱茵河小块栖息地的互联互通、"鲑鱼 2020"、执行"防止洪涝灾害的工作计划"，减少洪涝灾害带来的经济损失、进一步提高水质和保护地下水环境、继续监测莱茵河的状态。

（五）多瑙河流域管理经验

多瑙河流域面积超过 80 万 km^2，占欧洲大陆面积的 10%，延伸到 19 个国家的领土。它被认为是世界上最具国际性的河流流域，多瑙河保护国际委员会 ICPDR）根据《多瑙河保护公约》，致力于多瑙河流域水资源的可持续和合理利用，《多瑙河保护公约》是多瑙河流域合作和跨界水资源管理的总体法律文书。《多瑙河保护公约》的主要目标是确保多瑙河流域内的地表水和地下水得到可持续和合理的管理和使用，它涉及地表水和地下水的保护、改善与合理利用；预防洪水、冰冻或有害物质事故危害的预防措施；减少多瑙河流域向黑海注入污染的措施。

四、政策建议

长江绵延 6 000 多 km，长江经济带涉及 11 个省市，人口和生产总值均超过全国的 40%，因此，需要统筹中央和地方，统筹政府、企业和社会，统筹流域上下游、左右岸、干支流，发挥中央的统筹协调指导作用、地方政府的主导作用、企业的市场主体作用、社会各界的参与作用，围绕"共"字从法治建设、可持续融资、居民生计、生态管理、体制机制、绿色能源六个方面深化改革，形成政策保水、法治保水、一水共治、产业共谋、责任共担的良性循环运行模式。

（一）运用法律保护长江

1. 加快"长江保护法"立法

坚持"综合法"的立法定位推进长江保护法。建议长江保护法作为流域治理的综合性基础性法律，以《物权法》等基本法律为立法指导，以改善水生态、水环境、水资源、水安全为核心，统筹《水法》《水污染防治法》专项法律规定，对空间管控、水资源开发与利用、水环境保护、生态保护与修复、生态环境风险防控等的体制、制度、机制作出基本规定，并着重通过信息平台、协商机制、规划协调等措施，对流域综合监管、流域生态补偿、流域法律责任等方面做出规范。

从生态系统整体性和流域系统性出发进行立法。要从长江流域山水林田湖草的生态属性和社会属性考虑，坚持生态优先、绿色发展的基本原则，坚持共抓大保护，不搞大开发的战略定位，将生态文明建设和山水林田湖草一体化保护作为立法基本理念，上下联动、打破要素、区域界线，按照流域生态系统规律，把水安全、防洪、供水、治污、港岸、交通、景观等问题一体考虑，建立长江流域资源、生态、环境、灾害、工程统一监管制度，特别是对水工程项目进行审慎监管，切实改变条块分割的碎片化管理模式[1]。

做好与已有法律的衔接。统筹考虑与《环境保护法》《水污染防治法》《水法》《环境影响评价法》《防洪法》《水土保持法》《航道法》《渔业法》等法律和长江流域各省制定的长江保护地方性法规的衔接关系，按照生态文明体制改革和长江经济带建设的目标要求进行评估，对各法律法规授予的涉水事权进行梳理，发现现行立法存在的问题以及制定长江保护法的特殊需求。

强化长江保护的规划和制度支撑。强化《长江经济带发展规划纲要》的顶层设计作用，作为指导长江流域发展的总纲领、总蓝图。强化现有法律法规已确立的流域生态保护制度，包括河长制、流域水环境保护联动协调机制、水生态承载能力预警机制、生态保护红线制度、生态补偿制度、规划环评制度等，宣告长江保护的基本理念、政策取向、制度架构、机制设计以及不同主体的权利义务等。要保证其既能够框得住现行的行政法规和地方立法，又能留出足够的立法空间，为以后适时制定、修改法律法规和地方立法留下接口或者提供依据。

---

[1] 杜群. 长江流域水生态保护利益补偿的法律调控 [J]. 中国环境管理，2017，9(3)：30-36.

2. 改革生态环境执法体制

设立一体化的流域统筹监管机构。建议设立协调性议事机构长江保护委员会或长江流域生态环境保护局，办事机构设在生态环境部。设立单列的综合执法监察机构和监测机构，由生态环境部和涉及的相关部门共管，以生态环境部管理为主。

衔接好河（湖）长制与法定监管机构间的权责关系。建议下一次修改《水法》和《水污染防治法》等法律时，可以考虑把现行的法定监管体制和河（湖）长制有机地衔接起来，通过信息平台和协调机制，促进联合执法和联合考核，提高监管绩效。

建议设立长江流域管理执法机构。针对长江积极开展流域综合行政执法试点工作，设立流域管理执法机构，负责长江流域综合水管理工作。开展流域内不同行政区域的联席会商和联合执法，开展流域机构与属地机构的联合或者协调执法，实现联动执法常态化。对于长江流域固体废物的运输和处理处置体系，要加强立法，规定统一或者衔接的审批体制和全过程监管机制[1]。

3. 完善生态环境司法体制

建议长江流域设立的海事法院可以受理跨区域的涉水纠纷，包括生态环境损害、区域生态补偿协议纠纷。建立统一的长江法院，作为长江流域各海事法院的上诉法院。健全水治理公益诉讼的条件、范围和程序，加强检察机关的法律监督作用。进一步放宽社会组织参与水污染、水生态破坏民事公益诉讼的资格，降低环保组织提起诉讼的门槛。通过修改《刑事诉讼法》《行政诉讼法》等，健全对水治理行政权力进行司法监督的体制、制度和机制。最高人民法院建立社会公共利益的范围清单和环境公益诉讼的诉讼请求清单或者指南，明确公益诉讼赔偿金的条件、诉讼请求和管理归属。研究建立水污染、水生态破坏刑事附带民事公益诉讼制度[2]。

（二）建立可持续绿色融资机制

1. 稳定生态补偿融资渠道

建议按照资金来源和类别对已有生态补偿资金使用方向予以细化明确。对于国家支持的资金，若来源于中央财政水污染专项资金，需严格按照《水污染防治专项资金管理办法》的有关要求，将资金专项用于水污染防治、良好水体生态环境保护、饮用水水源地生态环境保护等领域；对于各省出资的横向补偿资金，应活化生态补偿资金使用范围，可以支持环境保护能力建设、环境保护机制和政策建设以及生态乡镇创建示范、生态移民搬迁、"护河员"岗位补贴等促发展、改善民生领域。随着中央财政

---

1 常纪文. 生态文明体制改革的五点建议 [N]. 中国环境报，2017-1-17.
2 常纪文，郭顺褀. 体现环境公益诉讼制约和监督作用 [N]. 中国环境报，2015-09-25.

的逐渐退坡，建议建立长江经济带横向生态补偿资金池，用一个资金池把长江流域上、中、下游统领起来，有效解决左右岸、互为上下游的复杂问题。按照"谁污染、谁治理；谁受益、谁补偿"的原则，沿江 11 省市每年出资金额根据各地在长江流域的水资源、水环境和水生态的因素确定差别化的生态补偿标准作为资金筹集和分配的依据[1]。

2. 建立长江经济带生态投资基金

研究设立长江生态基金，发挥财政投资引导带动和杠杆效应[2]，并通过收益优先保障机制吸引金融机构以及茅台、郎酒、泸州老窖等社会资本投入，采用股权投资方式重点支持以 PPP 和第三方治理模式实施的长江经济带重大生态环境保护项目，参股项目公司。基金首期目标规模为 3 000 亿元，其中，财政出资 25%，采用承诺制，根据基金运作进展分 3 年到位，基金存续期为 10 年。财政资金主要来源于现有国家重大水利工程建设基金、中央财政资金、长江经济带 11 省市地方财政资金等。

3. 探索涉水企业参与的市场化机制

组建长江流域自然资源资产管理委员会，对长江流域一定范围水资源、水环境、水生态、水头、水面、水工程行使许可、发包、收费、处分等权能，通过契约行使对三峡公司、葛洲坝集团等对长江资源环境利用的收费权，一方面促进自然资源资产保值增值，另一方面增值全部反馈用于长江大保护资金投入[3]。对于生态受益地区收取取水、游览等事项的费用；对于生态环境损害地区，针对国家的涉水权利受损对地方政府开展索赔；对于生态保护付出的地区的政府予以补偿，再由地方政府予以再分配。

4. 搭建企业联盟联合保护平台

组织三峡集团、茅台集团、习酒集团、郎酒集团等有意愿提供资金的涉水企业以及中节能集团等主业为节能减排、环境保护的企业共同搭建企业联盟联合保护平台，探索长江流域和子流域统筹规划的生态产业链，建立从生产、加工到销售的"绿色"链条，实现生态产业链的有机循环，以工业反哺农业，使农户获利的同时改善流域生态环境。加入联盟的企业要将"绿色企业"定为发展战略，形成源头严防、过程严控、后果严惩的管理模式。

（三）建立可持续生计的发展路径

1. 搭建基于乡村振兴的惠益平台

建议国家发展改革委、生态环境部等有关部委重点围绕长江经济带中上游相对落

1 王金南，刘桂环，文一惠.以横向生态保护补偿促进改善流域水环境质量——《关于加快建立流域上下游横向生态保护补偿机制的指导意见》解读 [J].环境保护，45(7)：13-18.
2 王金南.以生态补偿推动共抓长江大保护 [N].人民日报，2018-09-17.
3 石英华.探索多元化生态补偿融资机制 [N].安徽日报，2018-07-31(006).

后且生态环境优美的地区出台促进长江经济带特色小镇发展的指导意见，按照生态优先理念，加强绿色发展政策顶层设计，结合亚行绿色生态走廊农业发展项目等支持长江经济带绿色发展的项目，分区、分类、分阶段的选择有基础有条件的项目和地区进行重点培育，结合精准扶贫要求，统筹使用扶贫资金，建议国家给予适当倾斜，比如由国家发展改革委牵头成立"长江经济带特色小镇产业投资基金"。

为避免出现长江经济带目前上中下游产业同构现象突出的问题，在对整个长江经济带特色小镇规划时，应顺应市场需求延伸产业链，促进一二三产业融合发展。对毗邻城市的小城镇，发展资源节约、环境友好和劳动密集型的特色工业。对农业资源丰富的小城镇，提高粮食综合生产能力，形成有特色有优势的"一乡（镇）一业"和"一村一品"。发展形成同一产业细化领域、不同产业错位发展的大格局。同时，依托"乡村＋大数据"，充分利用互联网、物联网、区块链等手段，实现智慧乡村链接智慧城市。

我国地处世界竹子分布的中心，我国的竹林主要分布于 20 个省（区、市），面积较大的 15 个省（区、市）中有 5 个位于长江经济带。依托竹资源开展生态旅游等第三产业在浙江、四川、湖南、贵州等产竹省区已成为竹产业新的经济增长点。欧美发达国家缺乏竹类资源，拥有巨大的市场需求，应进一步加强同国际竹藤组织等的联系，积极推进竹业科技创新，建立依托竹产业的特色小镇示范基地，充分挖掘其经济价值、生态价值和文化价值，延长竹产业价值。

2. 提高农村生产力的补偿

建议在长江经济带推广对口协作与技术援助相结合的生补偿机制，积极支持上游地区造血能力[1]。加强交通设施投入力度，打通上游地区生态产品出口和外部资金、技术等生产要素进入的通道，拓宽和加强生态产品与消费市场的联系渠道和流通能力。鼓励下游省份涉农企业到上游地区投资设厂，发展生态农业，并在发展中维护生物资源多样性。帮助中上游地区人才培养，将下游省份富余的技术、资金和产能向长江上游转移，推进长江上下游产业合作[2]。

建立下游省份与上游省市共建产业园区机制，在下游省份为上游省市设立工业开发园区，按照下游省份城市总体规划和产业政策，承揽区域内产业转移和吸纳其招商引资项目，促进区域的经济发展和产业升级。不吸引当地企业以及污染性企业，以避免恶性竞争及对环境的影响[3]。区内产生的产值和税收归上游省份所有。开发园区实行

1 王金南，苏洁琼，万军．"绿水青山就是金山银山"的理论内涵及其实现机制创新 [J]. 环境保护，2017，45(11): 12-17.

2 何军，刘桂环，文一惠．关于推进生态保护补偿工作的思考 [J]. 环境保护，45(24): 7-11

3 周冯琦．上海对接推进长江经济带生态共同建设 [N]. 社会科学报，2018-6-28.

自主开发并要正确处理属地管理。开发园区外围的市政基础设施配套由下游省份负责建设，园区内的市政配套以及由开发区负责实施，行政管理职能由上下游共同授权，统一由开发园区实施。园区总体规划、产业发展战略、土地征用等与下游地区保持一致，明确各方的利益分配机制。

3. 探索建立社区协议保护机制

在赤水河流域试点建立政府 - 企业 - 第三方机构 - 当地社区 - 个人的协议保护机制，通过谈判协商，由利益相关方签订协议，把保护权和有限开发权交给不同的利益相关方，制定保护计划和发展计划，并开展协议保护后的生态效益、经济效益和社会效益的评估。

4. 建立农户参与的碳汇机制

建议优先将长江经济带林业碳汇等具有明显生态修复和保护效益的温室气体自愿减排项目优先纳入全国碳排放权交易市场。将上游生态保护地区农户拥有林权证、土地证的林地或者退耕地上的人工造林以每一棵树吸收的二氧化碳作为产品依托扶贫平台面向社会销售，引导碳排放履约企业和对口帮扶单位优选购买。探索建立长江经济带生态保护地区排污权交易制度，在满足环境质量改善目标任务的基础上，企业通过淘汰落后和过剩产能、清洁生产、污染治理、技术改造升级等产生的污染物排放削减量，可在流域内跨区域交易。

同时，提升长江经济带生态补偿市场活跃度需要培育和多元化生态补偿参与主体，目前以政府为主的生态补偿主体占据市场化生态补偿模式的诸多领域，导致跨界市场化生态补偿模式的灵活性不够。因此在对长江经济带生态补偿顶层设计时，制定激励企事业单位、居民和 NGO 主体等补偿主体或对象积极参与市场化生态补偿项目[1]。

5. 探索生态用地和建设用地功能置换补偿机制

近年来，为支持扶贫开发，城乡建设用地增减挂钩政策成为解决脱贫攻坚资金难题的重要渠道，推动了农村人居环境整治，促进了城乡公共服务均等化和区域均衡发展。根据长江经济带主体功能定位、经济发展、生态环境、土地利用等因素确定长江经济带生态用地与建设用地功能置换的总量，建设用地转出区主要是重点生态功能区、生态保护红线等承担着生态安全建设任务、经济发展相对落后的生态功能重要区域，这些区域通过将建设用地指标转出而获得相应的补偿，并用于生态环境的投入。建设用地转入区主要是优化开发区、重点开发区等承载着工业化和城市化功能的区域。中央确定省际置换总量后各级政府对本地区进行再次配置。生态用地和建设用地功能置

---

1 刘桂环，文一惠，谢婧，等 . 完善国家主体功能区框架下生态保护补偿政策的思考 [J]. 环境保护，2015(23): 39-42.

换要符合国家和省级主体功能区划的要求，在置换指标的配置上，要根据本区域社会、资源、环境状况等，配置与土地规划利用类型大致相同的土地功能置换指标类型和结构[1]。四川省、贵州省、湖北省均是易地扶贫搬迁大省，也是长江经济带重点生态功能区集中地带，可以优先在这些地区探索生态用地和建设用地功能置换补偿试点（专栏5-2）。

专栏 5-2　新安江流域探索建立了社会资本和公众参与环境保护的良性互动机制

一是设立新安江绿色发展基金，鼓励社会资本参与新安江生态环境保护工作。黄山市在第一轮试点与国开行合作基础上，积极探索设立新安江绿色发展基金，由国家开发银行安徽分行牵头，国开证券有限责任公司与中非信银投资管理有限公司、黄山市政府共同发起设立，主要投向生态治理、环境保护、绿色产业发展、文化旅游开发等方面。首期绿色发展基金按1：4结构化设计，试点资金4亿元，基金期限为"5年＋3年"即前5年投资期，后3年按照30%、30%和40%的比例退出。目前，首批筛选启动10个项目，计划投资43.08亿元，其中生态建设项目的投资额不低于20%。同时，以流域上下游水环境补偿为平台，皖浙两省战略合作日渐深入，通过开通黄杭高铁等措施，进一步加强协作，探索多元化的合作方式，上下游联动互助，共同发展可期可待。

二是创新乡村"垃圾兑换超市"和"七统一"农药化肥集中配送体系，让村民主动参与到环境保护中。创新乡村"垃圾兑换超市"，让村民主动参与垃圾回收处置，有效实施了垃圾分类，解决了村级保洁和汛期垃圾入河的问题，目前黄山市已建成垃圾兑换超市24个，平均每个超市收集垃圾效率相当于3名农村保洁员工作成效。建立"政府采购、统一配送、信息化管理、零差价销售、财政补贴"的农药化肥集中配送机制，农药电子管理系统已试运行，通过招标采购方式，并及时配送到基层网点，确保农民零差价购买、农药配送体系有效运转。截至2017年底黄山市乡镇一级网点覆盖率达98%，回收农药包装废弃瓶（袋）1 890万个并进行无害化处理。

（四）实施"山顶到海洋"系统管理

1. 统筹生态系统综合管理

完善生态系统综合管理框架。建议重视生态系统的健康程度和自我调节能力，以

---

1 王文刚 . 区域间土地利用功能置换的理论与实践研究 [D]. 东北师范大学，2012.

及与社会经济系统的协调度，统筹长江经济带生态系统的综合开发、保护与治理，建立覆盖全流域的生态系统开发保护制度。充分考虑各省市自然生态、经济发展和社会文化因素等耦合性、异质性和多样性，针对长江经济带内的水环境污染、塑料等固废污染、水土流失等生态环境问题制定系统性的解决方案。以洞庭湖、鄱阳湖和太湖为试点，在湖泊生态系统健康评价的基础上，从大气、水、土壤、生物等维度出发，开展由点到线到面的立体式生态系统结构恢复与重建。加快总结湖泊等小流域生态环境治理经验，逐步推广至整个长江流域[1]。

识别"山水林田湖草"重要修复空间，创新治理新模式，系统推进生态修复工程。深入开展长江经济带自然资源与生态环境本底调查，识别"山水林田湖草"保护与修复重点区域空间分布和主要特征，优先划定长江经济带生态服务功能极重要且生态极敏感区域内的重要修复空间。积极探索长江上游生态功能重要区域"生态＋绿色融资"修复与治理模式。优先完成长江经济带重要岸线、重要滨海和河口海湾湿地、环太湖湖滨带等严重受损生境的修复。积极推进重要生态区以及居民生活区废弃矿山治理，着重修复交通沿线敏感矿山山体。协调三峡水库与中下游水系生态关系，稳定中下游河湖基本生态用水，加强洞庭湖、鄱阳湖、洪湖等大型湖泊滞洪调蓄能力。建立长江国家公园生态廊道，形成生物多样性保护网络[2]。

2. 加强农村废弃物管理

改进固体废物管理方法，遵循"3R"原则（减量化、可利用和可循环）整个产品生命周期中减少浪费。制定循环经济和绿色供应链的国家政策，进一步加强微塑料污染控制能力。创新收集和处理固体废物技术，改善畜禽养殖污染控制措施，提高污水处理厂的性能和污泥处理能力，并通过社区参与提高认识，减少固体废物对整个长江流域的水污染，直至海洋。

3. 统筹"水路港岸产城"共建

加快金沙江梯级电站、丹江口水库等流域重要水利水电工程以及水系节点、国控和省控断面、重要河湖水资源监测体系建设。严格水资源论证和取水许可管理，适时开展水权交易。按照干流、支流分批次编制水量分配方案，协调"三生"用水。加快沿江重点港口和支线航道建设，提前规划建设沿江铁路，推动沿江高速与沿江港区进港通道实现互联互通和快捷转换。重视长江沿岸岸线保护，建立生态环境准入负面清单[3]。全面保护沿江森林绿色资源，着力打造复合经济效益与生态效益为一体的竹木种

1 岑晓喻，周寅康，单薇，等. 长江经济带资源环境格局与可持续发展 [J]. 中国发展，2015,15(03):1-9.
2 唐晓岚，任宇杰，马坤. 基于自然资源生态优势的长江国家公园大廊道的构想 [J]. 环境保护，2017,45(17):38-44.
3 黄磊. 用好"负面清单"促长江经济带绿色发展 [N]. 经济日报，2018-04-19(015).

植带，加强自然保护区、森林公园与湿地公园建设维护。严格划定石化、煤化、造纸、印染、电镀等重污染产业转移准入空间分区。统筹规划城镇建设和产业发展，大力发展以赤水河流域为模板的循环经济，形成区域联动、结构优化、集约高效、低碳清洁、生态宜居的绿色城市空间新格局[1]。

（五）推进环保共治体制改革

1. 建立产业规划协调委员会

长江经济带的各行政区域要实现预防优先、绿色发展，根本的出路，是在流域范围内科学合理地规划好相互衔接和协调的绿色产业体系，实现自我发展和协同发展[2]。这需要进行产业规划体制的绿色改革，建议在中央长江经济带绿色发展的协调机制之下，设立一个产业规划协调委员会，由生态环境部和国家发展改革委承担日常的工作。委员会的主要职责应该包括：

通过区域协调统一建立流域内的产业准入负面清单，针对流域和沿岸各地建立健全环境容量总量控制制度。稳妥开展农村土地"三权"分置改革，开展农村和城镇垃圾处理和污水处理体制改革，减轻面源污染。针对农村地区的垃圾和污水处理体制改革出台统一的措施，如对于垃圾，出台统一的分类标准与方法、收集与转运要求、最终的处理处置要求；对于污水，统一出台家庭污水的统一收集处理的方法和施工要求，既体现农村的特点，也解决农村环境整治的现实问题。开展流域内的农业产业结构调整和农业种植方法监管的体制改革，通过统一的规划，统一规定农业产业结构调整和种植方法，解决水土流失、农药化肥污染等区域性农业环境污染问题[3]。

2. 探索生态环保和自然资源综合督察机制

在督察类型的体制改革方面，目前，中央环境保护督察主要是针对各省级党委和政府的综合督查，建议在今后针对长江经济带和国有企业建立专项督察制度，让长江经济带及其沿岸的国有企业成为环境保护的示范领跑者。

在督察主体的体制改革方面，目前全国人大在推行环境保护法律巡视，而中央环境保护督察属于中国特色社会主义法治巡视，建议将全国人大的环境保护法律巡视纳入中央环境保护督察，防止出现多头督察巡视的现象。2018年6月中共中央、国务院联合发布《关于全面加强生态环境保护 坚决打好污染防治攻坚战的意见》，规定"制

1 侯立军. 长江经济带建设与产业布局优化研究 [J]. 南京财经大学学报，2016(01):35-40.
2 王济光. 长江经济带绿色发展 唯有"协调发力" [N]. 人民政协报，2018-07-19(003).
3 李民，谢炳庚，刘春腊，等. 生态与文化协同发展助推长江经济带集中连片贫困地区精准扶贫的思路与对策——以湘西州为例 [J]. 经济地理，2017, 37(10): 167-172.

定对省（自治区、直辖市）党委、人大、政府以及中央和国家机关有关部门污染防治攻坚战成效考核办法，对生态环境保护立法执法情况、年度工作目标任务完成情况、生态环境质量状况、资金投入使用情况、公众满意程度等相关方面开展考核"，建议进一步加强全国人大对全国生态环境保护执法检查方面的督察。

在督察领域的体制改革方面，中编办2018年8月印发的自然资源部"三定"方案中，明确了国家自然资源督察办公室的职权；中编办2018年8月印发的生态环境部"三定"方案中，将中央环境保护督察改为"中央生态环境保护督察"。建议体制改革首先要理顺中央环境保护督察与国家国土资源督察、国家海洋督察和林草等部门的部门督察关系。这种关系的理顺可以采取两种模式：一是设立专门的中央自然资源督察制度，与中央生态环境保护督察并列，代表中共中央、国务院对各省行政区域开展陆地与海洋自然资源、生态修复与保护、生态空间管控等方面的政治和专业巡视；不再保留国家自然资源督察办公室，中央自然资源督察办公室设在自然资源部。二是建议将国家自然资源督察统一于中央生态环境保护督察的大盘子中，由中央生态环境保护督察组代表中共中央、国务院统一开展生态环境和自然资源方面的综合督察，中央生态环境保护督察组办公室的设立维持现状，仍然设立在生态环境部。由于"中央生态环境保护督察"的名称涵盖环境污染、自然生态和有生态功能的自然资源，因此，可以维持该名称。在这个模式下，可以采取如下两种方式落实具体的自然资源督察工作：其一，保留自然资源部下设的国家自然资源督察办公室，在中央生态环境保护督察办公室的统一安排下落实本部门负责的自然资源督察工作；其二，自然资源部参与中央生态环境保护督察，但不再代表国务院专门行使国家自然资源督察权。

3. 完善生态环境保护监督体制

在行政监督方面，建议借鉴赤水河流域等地的经验，对长江流域开展自然资源资产责任审计工作。该项制度由流域生态环境监管机构牵头实施，各地人民政府在属地组织实施，流域生态环境监管机构负责抽查。要加强对长江流域自然资源资产审计的理论体系、指标体系、评价体系以及审计方法的研究。各地要实地调查了解属地自然资源资产权属、分布、结构、管理、利用、效果等情况。在此基础上建立长江流域统一的信息和审计平台。

在权力监督方面，依照《环境保护法》的规定，各级人大都建立了人民政府向本级人大及其常委会汇报环境保护工作的制度，既包括在政府工作报告中汇报，也包括政府向地方人大常委会专门汇报，但是形式重于实质，少有问责的现象，如对于专门汇报方面，大多数情况是，政府的代表先在人大常委会上汇报，然后由人大常委会分组讨论，提出意见，但是并不付诸全会表决，监督作用有限。在信息公开方面，各级人大关于人大监督的信息公开不全面不系统，还有很大的提升空间。建议加强人大对长江流域生态环境保护司法的监督，要求检察院、法院每年向同级人大常委会专门汇报综合保护的情况。

在民主监督方面，建议制定工作规则，中央统战部加强对省级及以下统战部在长江经济带环境保护党派民主监督方面的督察，全国政协加强对省级及以下政协环境保护民主监督的督察，让各机关都成为生态文明的参与者，而不是看客。

（六）发展绿色能源和产业

1. 开发上游可再生能源

西南干热河谷是全球水电开发最密集的地区，云南、川西和藏东等西南地区是亚热带光伏资源最富集地区，光伏季节优势明显且当前几乎还没有规模开发。低纬度优势、环境条件和既定的配套条件决定了西南光伏与水电具有高度互补优势，联合开发潜力巨大、比较优势明显，可为长江上游开辟绿色发展空间。而且，通过水面光伏发电还可抑制干热河谷大型水库群吸热而加剧对下游三峡水库热污染，有效解决光伏等清洁电力传输并网等瓶颈问题，降低清洁电力成本，化解我国电网变化负荷大、主要依靠火电调峰的结构劣势，更大范围节能减排和改善我国电力供给侧结构。丰富的长江上游干热河谷地区以及不通航水库库面光伏可与水电捆绑发展，充分利用梯级水电群的调节与储能资源调峰调能和优势互补。可因地制宜地利用大型水库周边沟谷发展"光伏抽水蓄能"，高效扩展更多清洁电力和储能资源，通过"光伏抽水蓄能"上池附带解决灌溉供水条件，促进攀枝花和滇东等高热地区优质特色农业发展。这是一个能源、环境和区域绿色发展一体的新的集约发展方向，建议首先利用长江上游干热河谷地区水库水面光伏在水电支撑下捆绑、集约和大规模发展[1]。

2. 发展竹类生物质能源

利用山地及四旁地、荒山荒坡、溪谷河岸等不适宜粮食种植的土地种植能源竹，结合退耕还林工程、防护林工程建设探索发展竹类能源林，完善纤维素乙醇的制备工艺，为将来发展竹类生物质能源做好技术储备。

3. 建设绿色航道

研究建立金沙江流域航运与水力发电联合联动方案。加大与周边的省份的交流合

1 周建军，张曼．当前长江生态环境主要问题与修复重点 [J]．环境保护，2017(15)：21-28．

作力度，共同组织开展金沙江攀枝花至水富航运规划，制定与水电开发相协调的金沙江攀枝花 - 水富 - 宜宾综合交通体系建设路径。将生态工程建设与航道建设、产业转移衔接起来，打造绿色生态廊道，构筑综合立体交通走廊，带动中上游腹地发展，为金沙江流域经济持续健康发展提供有力支撑。

研究制定水富 - 宜宾航道配套方案。长江水富—宜宾干线航道建设是交通运输部确定的长江干线航道"延上游"的核心项目，通过实施该项目，才能充分发挥金沙江向家坝电站升船机、水富港的投资效益，实现上下游航道等级配套，将长江水运的辐射、带动作用更好地扩展到上游区域。

4. 建设绿色港口

完善岸电运营机制，大力建设内河港口岸电运营平台，推广长江沿岸港口应用"绿色岸电技术"，实现长江沿岸港口"绿色岸电技术"全覆盖。制定多种能源替代等方案，完善港口岸电设施建设相关标准和船舶使用岸电的鼓励政策。

五、研究展望

综上所言，针对长江经济带绿色发展和生态补偿机制构建问题，要基于国家战略机遇，构建体现各方利益的长效机制。强化全流域意识，国家要从一体化和系统性的角度加强对沿江各省市的引导，统筹协调长江经济带各省市共建共治、合作共赢。要引导长江经济带生态环境所在市县主动把参与长江经济带生态环境的修复、保护和建设放到全国"一盘棋"中来思考、谋划。通过互惠互利、多方共赢的生态产业发展机制，有奖有惩的激励约束机制，多元化、多渠道的融资机制等途径形成以全流域为单元、统筹各类生态系统的整体保护与综合管理的绿色发展和生态补偿长效体系，推进"共抓大保护、不搞大开发"真正有效落地。

第六章 2035 环境质量改善目标与路径

一、引言

党的十九大报告提出"2035 年生态环境根本好转，美丽中国目标基本实现"。在 2018 年 5 月召开的全国生态环境保护大会上，习近平强调"要通过加快构建生态文明体系，确保到 2035 年，生态环境质量实现根本好转，美丽中国目标基本实现"；6 月 16 日，在《中共中央 国务院关于全面加强生态环境保护 坚决打好污染防治攻坚战的意见》中提到"通过加快构建生态文明体系，确保到 2035 年节约资源和保护生态环境的空间格局、产业结构、生产方式、生活方式总体形成，生态环境质量实现根本好转，美丽中国目标基本实现"，并设计了 2020 年环境质量改善目标，即"到 2020 年，生态环境质量总体改善，主要污染物排放总量大幅减少，环境风险得到有效管控，生态环境保护水平同全面建成小康社会目标相适应"；7 月 10 日，全国人民代表大会常务委员会通过《关于全面加强生态环境保护 依法推动打好污染防治攻坚战的决议》，提出"到 2020 年，生态环境质量总体改善，主要污染物排放总量大幅减少，是我们的总体目标"。习近平生态文明思想为推进美丽中国建设、实现人与自然和谐共生的现代化提供了理念方向和根本遵循，其原则和五大体系为我们实现 2035 生态环境质量改善目标提供了思想指引和实践指南。

在"新常态"的经济形势下，全球可持续发展的环境目标加大了中国环境治理体系的压力和责任。联合国 2030 年可持续发展议程为中国经济的转型升级和可持续发展提供了新的要求，促使中国采取更加强有力的措施。因此，应分析未来 20 年环境目标对中国环境治理的重大影响，并加强对全球环境治理的研究。

分析中国的中长期环境质量改善目标以及实现这些目标的途径具有重要意义，不仅有助于厘清当前中国环境治理运作面临的基本思路、制度约束和系统性挑战，而且有助于指导中国环境治理体系的未来发展。

开展 2035 年环境改善目标和途径专题政策研究的课题组确定了该项目的三个总体目标：深入分析 2035 年中国环境质量改善目标的影响；评估实现目标的阻碍并探索实

现这一目标的有效途径。

在总体目标的指导下，课题组围绕四个主要议题开展工作：① 2035 年中国环境质量改善目标的影响及对实现目标的障碍进行评估；②中国 2035 年的绿色转型及其机制和路径；③到 2035 年实现环境根本改善的战略途径；④到 2035 年实现中国环境质量改善目标的法律手段。

自 2018 年 7 月项目开展至今，课题组先后召开了 4 次中外联合会议和 2 次中方专家会议，并赴德国、英国出访进行学术交流及开展国内实地调研工作。针对中国团队成员提出的十个问题，汇编了广泛的德国环境政策经验信息。

二、中国面向 2035 年的主要挑战和变化

习近平总书记在中共十九大报告中指出："建设美丽中国，为人民创造良好生产生活环境，为全球生态安全做出贡献。"在 2018 年全国生态环境保护大会上，他强调，"要通过加快构建生态文明体系，确保到 2035 年，生态环境质量实现根本好转，美丽中国目标基本实现。"他高度重视美丽中国建设，发表了一系列重要讲话，特别是在 2018 年全国生态环境保护大会上，更是突出强调了加强生态文明建设、建设美丽中国的实践要求。

习近平指出，"走向生态文明新时代，建设美丽中国，是实现中华民族伟大复兴的中国梦的重要内容，""扎实推进生态文明建设，实施'碧水蓝天'工程，让生态环境越来越好，努力建设美丽中国。"美丽中国以建设优美的自然生态环境为前提，以生态文明的发展进步为衡量标准。美丽中国是指生态文明高度发展的中国，是我国生态文明建设的奋斗目标。习近平指出，"切实加强生态环境保护，把我国建设成为生态环境良好的国家，""人与自然和谐共生的现代化，既要创造更多物质财富和精神财富以满足人民日益增长的美好生活需要，也要提供更多优质生态产品以满足人民日益增长的优美生态环境需要。"

大力推进生态文明建设、建设美丽中国是关系中华民族永续发展的根本大计，是关系党的使命宗旨的重大政治问题，也是关乎民生发展的重大社会问题。美丽中国是基于我国现实国情要求和未来发展定位提出的生态文明建设的战略目标。

如何界定美丽中国的目标，如何实现环境质量根本改善是本课题的题中之意。

（一）"绿色转型"背景下中国到 2035 年的经济社会发展主要趋势分析

中国经济正经历从高速增长阶段转向高质量发展阶段的转型，产业结构从以重化工业为主转向发展高技术产业和现代服务业，经济增长动力由要素驱动转向科技创新和人力资本驱动，经济驱动因素构成由投资、出口拉动转向主要依靠消费驱动。以绿色转型为方向，积极培育经济增长新动力是推进经济高质量发展的必由之路。

根据十九大精神，以"到 2035 年基本实现社会主义现代化，到 2050 年建成社会主义现代化强国"为目标，按照目标导向的原则，采用国家信息中心已有的生产函数模型和动态可计算一般均衡模型（CGE）对中国 2020 年、2035 年、2050 年三个时段经济社会发展进行情景分析。经过对各领域指标的平衡测算，主要结果如下所示。

1. 人口达峰与老龄化趋势

（1）中国人口总量

到 2020 年全国人口约为 14.1 亿人，2028 年前后出现人口总量峰值（14.3 亿人左右），2050 年人口总量将下降至 13.5 亿人左右。

（2）人口年龄结构

2020 年 60 岁以上人口将达到 2.61 亿人，占比达到 18.5%；2035 年中国老龄人口将增长到 3.71 亿人，开始过渡到中度老龄化阶段；2050 年老龄人口将增至 4.48 亿人，占比达到 33.2%。

（3）城镇化水平

2020 年城镇化率将达到 60.6% 左右，进入中级城市型社会；2035 年城镇化率达到 68.5% 左右，进入城镇化推进的后期阶段；2050 年城镇化率将达到 72% 左右，进入趋于成熟稳定阶段。

2. 经济总量及结构走势

（1）宏观经济增速换挡，增长动力逐步转换

从 GDP 增速来看，2021—2035 年，中国经济将处于中速增长阶段，年均经济增速为 5% 左右，大体上在 4%～6% 波动，2035 年基本实现社会主义现代化；2036—2050 年，中国经济将步入低速稳定增长阶段，大体在 3%～4% 波动，年均经济增速为 3.5%，2050 年建成社会主义现代化强国。

从需求侧拉动力来看，未来消费将成为推动经济增长的主要驱动力，预计到 2035 年消费率有望达到 65%，投资率达到 32%；2050 年消费率达到 70%，投资率达到 29%。在消费领域，预计人均消费水平将从目前的 2 700 美元逐步增长到 2035 年的 1.6

万美元，到 2050 年达到 4 万美元，尤其是在家庭设备及用品、居民服务等方面有广阔的增长潜力。以民用汽车为例，预计 2035 年约 5 亿辆，千人汽车保有量将达到 330 辆左右；此后进入平稳增长阶段，2050 年约 5.5 亿辆，千人汽车保有量将达到 370 辆左右。特别是纯电动、混合动力和燃料电池在内的新能源汽车进入快速发展阶段，预计 2035 年约 1.4 亿辆，约占私人汽车保有量的 28% 左右；2050 年达到 2.7 亿辆，约占私人汽车保有量的 50% 左右。另一方面，参照欧洲国家的居住水平，2035 年前后中国民用建筑面积存量有望达到峰值，相应地，从现在到 2035 年的每年新增建筑面积将逐步下降，这意味着长期以来我国经济增长的主要动力——房地产投资对经济增长的拉动作用会逐步放缓。

（2）与需求结构转换相适应，未来产业结构要逐步优化

从产业结构发展趋势看，2016—2020 年，工业化向中高端水平迈进，服务业比重持续提升，农业现代化取得积极成效，三次产业结构由 2015 年的 8.8∶40.9∶50.2 调整为 2020 年的 7.5∶37.5∶55.0 左右。2021—2035 年，第三产业比重呈稳步上升趋势，逐步成为经济发展的主导产业，第三产业比重在 2030 年左右突破 60%，三次产业结构调整为 2035 年的 5∶28∶67 左右。2036—2050 年，中国进入世界最发达的服务业强国行列，将成为全球高端服务业集聚中心，主导和引导全球价值链，经济控制力显著增强，第三产业比重在 2050 年左右突破 GDP 的 70%，三次产业结构调整为 2050 年的 3∶24∶73 左右。

3. 能源需求总量及结构

遵照党的十九大报告中生态文明建设的主要精神，基于对经济社会发展趋势的判断，未来中国一次能源总量会持续增加，2020 年接近 48 亿 t 标准煤，2030 年接近 54 亿 t 标准煤，2035 年达到 55 亿 t 标准煤，2050 年前接近 58 亿 t 标准煤，并维持在该水平。其中，煤炭和石油需求陆续达峰，煤炭在 2020 年之前处于平台期，此后有望持续下降，非煤比重有望从 2015 年的 35.7% 逐步升高到 2030 年的近 55%，2035 年达到近 60%，2050 年进一步提高到 73% 左右；石油在 2030 年之前处于平台期，此后也会随电动汽车替代规模迅速扩大而逐步下降；与此同时，清洁能源逐渐成为满足能源供应的主要力量。非化石能源比重有望从 2015 年的 11.8% 逐步扩大到 2030 年的 22.5%，2035 年达到近 28%，到 2050 年超过 40%。此外，全社会电气化水平的提高使发电能源占比持续上升，从 2015 年的 40.9% 逐步增加到 2030 年的 48.5%，2035 年超过 50%，到 2050 年提高到 54.8%（表 6-1）。

基于一次能源需求总量及结构的预测，初步分析我国能源利用的二氧化碳排放峰

值将在 2025 年前后达到，峰值水平约为 100 亿 t 二氧化碳，此后预计碳排放总量基本
稳定，到 2035 年预计碳排放总量逐步将为 90 亿 t 二氧化碳，2035 年之后，碳减排的
速度有所加快，到 2050 年二氧化碳排放量预计降至 70 亿 t 左右。

表 6-1　中国未来一次能源需求及二氧化碳排放走势

		2015 年	2020 年	2030 年	2035 年	2050 年
一次能源总量 / 亿 t 标煤	煤炭	27.5	26.7	24.3	22.3	15.7
	石油	7.7	9.0	9.4	9.1	8.4
	天然气	2.5	4.6	8.0	8.6	9.0
	非化石	5.1	7.5	12.1	15.4	24.2
合计		42.8	47.8	53.8	55.5	57.3
二氧化碳排放 / 亿 t		91	97	96	90	71
非煤比重 /%		35.7	44.2	54.8	59.9	72.6
非化石能源比重 /%		11.8	15.7	22.5	27.8	42.3
发电用一次能源	亿 t 标煤	17.5	21.0	26.1	28.3	31.4
	占比 /%	40.9	44.1	48.5	51.0	54.8

注：根据目前中国一次能源的计算方法，非化石能源发电计入一次能源时，按照发电煤耗进行折算。

积极鼓励和支持高端、绿色制造业发展成为我中国产业转型升级的重要方向。从
当前工业发展和产业结构来看，2016 年，工业增加值占国内生产总值的 33.3%，但同
时单位产出的能耗和资源消耗水平明显高于发达国家。目前每创造 1 美元增加值所消
耗的能源，中国是美国的 4.3 倍，是德国和法国的 7.7 倍，是日本的 11.5 倍。技术因
素和绿色因素成为制约当前我国工业发展及其产品竞争力的两大障碍。积极推进绿色
科技创新、推动传统产业绿色转型、实现制造业的现代化和绿色化发展，是我国工业
发展的必然方向。到 2035 年，绿色企业标准体系和绿色制造体系逐步形成，到 2050 年，
新一代信息技术、新能源、新材料、高端装备等智能制造和绿色制造产业成为中国经
济的重要推动力。

4. 物资利用与循环经济

近年来，中国和国际社会的政策制定者愈加关注高速经济增长和自然资源低效利
用对环境造成的不可持续发展压力，这些影响亦可导致某些生产过程中物资供给中断。
有鉴于此，这些政策制定者越发重视从线性经济向循环经济的转型。线性经济是一种
以"获取、生产和处置"物资为特征的经济。相反，发展循环经济的目的则在于以尽

可能小的资源消耗（使物资尽可能长时间地留存在经济循环中）获得尽可能大的经济社会价值。循环经济目标与中国绿色转型目标相辅相成。因此，促进循环经济发展应该是实现建设美丽中国目标的重要基石（图6-1）。

从废弃物到资源　　　　　生产

循环经济

废弃物管理　　　　　消费

图6-1　驱动循环经济持续发展

驱动循环经济持续发展的一个主要动力是人们持续关注与物资使用量快速增长相关的不良环境影响。

（1）物资管理活动引起的温室气体（GHG）排放量占全球温室气体排放总量的一半以上。据预计，到2060年，与物资管理相关的全球温室气体排放量将上升至约500亿t二氧化碳排放当量。

（2）化石燃料的使用过程以及钢铁与建筑材料的生产过程会产生大量与能源相关的温室气体和大气污染物。

（3）金属的冶炼过程与使用过程会产生大量污染并造成多方面危害，其中包括对人类健康和生态系统的毒性作用。

（4）相比二次原料（再生材料），初级原料（原材料）在冶炼和使用过程中所产生的排放会对环境造成严重得多的污染。

此外，一些经济方面的考量也可助力中国加快向循环经济转型：

（1）降低原材料供应中断风险与价格波动风险，同时减少对进口物资的依赖。

（2）通过降低制造成本提高生产率和国际竞争力。

（3）在物资回收与再利用等领域创造全新商机、市场及就业机会。

在联合国17个可持续发展目标（SDG）中，有12个直接取决于整个经济体对各种自然资源的可持续管理。[1]

---

1 Ekins P，Hughes N, et al. 资源效率：对经济的潜在影响 [R]. 联合国环境规划署国际资源小组报告，2016.

最近，经济合作与发展组织（OECD）针对行业层面与地区层面未来物资的使用编制了《2060 年全球展望》。[1] 据 OECD 预计，2011—2060 年，全球初级原料使用量和开采量几乎将翻一番，从 2011 年的 790 亿 t 上升至 2060 年的 1670 亿 t。预计中国的初级原料使用量将从 2011 年的 270 亿 t 上升至 2060 年的 380 亿 t。2011 年，中国的初级原料消费量占全球消费总量的 1/3。到 2060 年，中国在全球物资消耗量中的所占比重预计将降至 1/4 以下。

高密度投资、基础设施建设和工程建设一直是中国物资消耗的重要推动力（图 6-2）。在中国人均国内生产总值与 OECD 国家平均水平差距持续缩小的过程中，中国的物资需求将继续保持旺盛态势。不过，随着当前投资热潮的结束、服务业在国家经济中所占比重不断增加以及技术变革带来的物资利用率的提升，这些都将会在一定程度上抵消高企不下的物资需求。有鉴于此，中国在经济发展过程中的物资消耗强度将有所下降，而物资绝对使用量将保持较高水平。

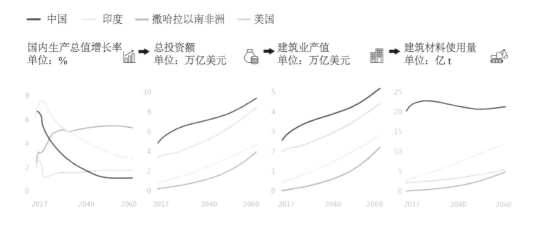

图 6-2　经济增长导致建筑材料使用量增加

资料来源：经济合作与发展组织，2060 年全球物资展望：经济驱动力和环境影响。这些预测基于基准情景。

该报告还指出了其他几大趋势。汽车与电子产品使用量的不断增长将推动全球金属使用量的快速增长。尽管汽车与电子产品的物资消耗强度整体偏低，但其金属使用量相对较大。由于预期技术发展前景良好，且生产投入的相对价格变化将朝着更有利的方向发展，再生利用行业将比采矿业更具竞争力。然而，只有通过增加初级原料和二次原料的使用量才能轻松满足物资总需求增长的要求。

1 经济合作与发展组织 .2060 年全球物资展望：经济驱动力和环境影响 [M]. 巴黎：经济合作与发展组织出版社，2019.https://doi.org/10.1787/9789264307452-en.

（二）中国到 2035 年面临的主要挑战

到 2035 年，中国经济社会环境还将处于转型过程中，生态环境保护问题将不可避免。因此，中国 2035 生态环境目标改善路径必须反映在两个方面：改善环境质量的现有不足以及必须发生能够在 2050 年前取得进一步成绩的变化。

中国"十三五"（2016—2020 年）时期以来生态环境保护和污染防治攻坚战取得显著成绩，生态环境保护和管理工作方向正确。但同时，中国仍然面临严峻挑战，且存在的问题以及解决的模式具有中国特殊性，因此未来重点要抓坚持、抓落实。

面向 2035 年，生态环境保护面临如下四大挑战：

（1）产业结构、能源结构、交通运输结构、用地结构四个结构转变进入深水区，中国生态环境质量要根本好转必须以绿色的生产和消费模式包括生活方式转型为前提条件，需要做到结构改善与环境改善并重。

（2）生态环境保护融入经济、政治、文化、社会领域各环节的方式还不深入，程度还很不够，需要投入更多的合适激励方法使生态环境保护的融入更积极主动和自发自持。

（3）需要更加关注公众的生态环境需求与权益，从中国社会发展角度出发，包括关注与健康影响相关的环境问题。生态环境的治理范围将从污染防治攻坚战目标解决重点问题、突出问题，逐步扩展到解决气候变化、资源效率、水管理、空气质量、土壤、废弃物和化学品管理、生物多样性、海洋环境、环境健康、环境风险等更为全面系统和深层次难度大的问题。

（4）"十四五"时期乃至 2035 年，生态环境保护的目标设定、实现路径、政策制定、配套措施等均须匹配且具有前瞻性。在外部经济环境压力大的时候，须保持生态环保战略定力。规划工具的投入使用可以助力现有的和未来的美丽中国目标得以实现。监管网络有必要用于评估基准线和进展情况。

（三）2020—2035 年阶段性生态环境保护方法

在结合考虑长期愿景与近期紧迫性的基础上，中国政府制定出阶段性生态环境保护方法。该方法确立了 2020—2035 年在改善生态环境质量方面的关键任务。这些任务也有助于指导策略调整和优化的方向。

（1）全国空气质量提至稳定达标。以北京、上海、广州为核心的大都市圈，空气质量达到如英国伦敦当前水平。到 2025 年 $PM_{2.5}$、PM_{10}、SO_2、NO_x 等传统污染物治理完成，到 2035 年进入维稳阶段。新型污染物纳入空气质量管理体系，包括地面臭氧、挥发性有机物等，需要提前部署相关行动计划。

（2）重点关注污染严重水体治理，完成水环境恢复进程。关注水体有机污染治理、重金属污染治理、管网等地下工程建设、底泥污染治理及海洋污染治理等重点领域，实现城市建成区黑臭水体完全消除，城市集中式饮用水水源水质均达到或优于 III 类，主要河流水质达到莱茵河当前水平，近岸海域水质全面改善，重点海域水质达到发达国家或地区水质水平。水质量管理制度仍以末端治理、恢复水环境系统功能为主，进一步加强流域上下游间联防联控的工作力度和落实程度。在流域开发的管理工作方面，应推广整体分析研究方法。

（3）严格保护土壤环境，修复工作由试点向全国范围铺开。中国对农业用地的土壤污染状况进行了清查，并且实施了关于处理污染土地的法规和指导方针。到 2025 年，将建立土壤污染防治制度，着力开展控源和控风险工作，暂不开发污染地块和再开发利用污染地块，土壤环境风险得到全面管控。

（4）2035 年之前，需要重点关注过去几十年中积累的土壤污染遗留问题。其他国家的经验表明，即使清除最紧迫的污染也要付出昂贵的代价。到 2035 年，由于城市持续扩张，新城镇不断涌现，制造业快速变迁，中国将出现大规模空间转移。同时，居民受教育水平将提高，掌握更多信息且更坚定自信。这些发展趋势表明，在这一特定时间点上有必要完成以下工作：①针对优先清理项目保留相关预算并制定预算规则，尤其是对于"单个的污染地块"；②建立优先机制，以公平和具有成本效益的方式指导清理受污染的场地；③建立所有利益相关者和领导者可在线使用的受污染土地登记簿。

（5）生态系统进入全面恢复阶段。森林覆盖率、生态公益林比例持续增加，生物多样性减少速度得到全面控制，生态服务功能大幅提高。到 2035 年，实现生态修复各项保障措施完善，重点生态系统自我修复和调节能力开始得到全面恢复，各类生态系统区域稳定。

（6）到 2035 年，和其他所有国家一样，中国需启动一项全面的适应气候变化规划。该规划应包括城市规模与布局规划，城市水管理规划，农业规划，河流、湖泊及沿海地区管理规划，以及自然保护区建设规划。长期愿景与自适应规划通常有助于限制年度预算的影响和减少对人类生活环境的破坏。

（7）公众健康应成为生态环境保护体系的重点内容之一，建立环境健康管理配套制度体系。空气质量（室外和室内）、噪声、化学品、饮用水和气候变化都对公众健康可能造成影响，应当被考虑。

三、2035 年环境质量根本改善目标的背景和原则

鉴于 2035 年绿色转型的基本经济与社会特征以及中国届时可能面临的主要挑战与变化，本部分将探讨 2035 年环境质量根本改善和建设美丽中国目标的内涵和背景。

（一）2035 年环境质量根本改善的目标内涵

习近平总书记在 2018 年全国生态环境保护大会上提出实现美丽中国的两个阶段性目标：一是到 2035 年，生态环境质量实现根本好转，美丽中国目标基本实现；二是到 21 世纪中叶，人与自然和谐共生，生态环境领域国家治理体系和治理能力现代化全面实现，建成美丽中国。具体而言，生态环境质量实现根本好转就是要解决突出的生态环境问题，具体集中在几个方面：①空气质量明显改善（刚性要求），基本消除重污染天气；②实施《水污染防治行动计划》，保障水的安全，基本消灭城市黑臭水体；③全面落实《土壤污染防治行动计划》，突出重点区域、行业和污染物，强化土壤污染管控和修复；④调整经济和能源结构，实施绿色发展；⑤优化国土空间开发布局，调整区域、流域产业布局。

1. 生态环境质量实现根本好转、美丽中国目标基本实现

针对第一点"生态环境质量实现根本好转、美丽中国目标基本实现"，所谓"生态环境质量根本好转"的内涵是指生态环境保持持续改善趋势，并最终实现在特定时间和空间范围内，全面稳定达到某一既定标准，使生态系统与环境系统各要素与人类生存及社会经济持续发展相平衡且充分适应。生态环境质量根本好转，不仅是某一时间点的转变或改善，而是一种可以长久维持的过程或状态，自然生态系统基本恢复持续供给能力、环境系统开始实现自我调节。

为了在未来几十年内环境质量实现根本好转，必须达到以下五项要求：

一是达标性。首先生态环境质量整体要达到所在时间阶段的国家标准，是其基本特征，是生态环境质量根本好转的底线要求。生态环境质量是否达标，其本质是将目标进行量化，通过确定标准、量化指标，从而可以制定可操作的细化且具体化的阶段性任务，同时便于评价与考核。对于"后进者"要迎头赶上，达到生态环境质量达标水平；"先行者"要在保持优良水平的基础上，向更高的标准迈进。

二是稳定性。在达标的基础上，生态环境质量要可以以较小的波动幅度（但应当

是在约定范围内最大限度地减小超出的范围）实现时间上持续维持达标或达标以上的状态，这是区别于 2020 年生态环境总体改善目标的最本质特征，是生态环境质量根本好转和巩固污染防治攻坚战成效的根本要求。以空气质量为例，至少实现连续三年持续达标，且一年中空气质量达标天数在 90% 以上，基本不再出现如 $PM_{2.5}$ 等污染物水平"爆表"情况，避免曲折反复，让蓝天白云成为常态。要求能够减少风险、积极应对环境风险，增强环境风险的预警能力，做到提前部署、提前安排、提前行动，减少重大突发生态环境问题。

三是均衡性，即生态环境质量要达到全面、协调改善，这是实现质量根本好转目标的主要特征，也是重点和难点。实现均衡性，要实现三个层面的生态环境质量改善，首先是覆盖要素的全面，包括空气、水、土壤、森林、湿地、生物多样性等生态环境系统各个要素达标，不能出现明显的质量短板。其次是覆盖范围的全面，我国国土面积大，不同区域之间自然资源禀赋和经济社会发展程度差异较大，造成生态环境破坏的程度不同，治理难易程度也不同。就目前生态环境治理进程而言，东部地区传统污染物排放或已达到峰值，改善成效虽缓但整体较好；中部地区环境质量处于最差时期，可能需要较长的治理时间；西部地区仍处于排放增加的阶段，治理难度最大。基于此现状，到 2035 年生态环境质量根本好转要求缩小地区间的生态环境质量差距，实现地区间的均衡发展，总体改善生态环境领域中的不平衡、不充分问题。同时要求减少高污染工业转移至中国中西部地区从而导致其生态恶化的风险。最后是实现生态环境污染与经济增长脱钩，形成二者协调发展局面，真正做到"绿水青山就是金山银山"，这是生态环境质量根本好转的内在要求。

四是可比性，即要以国际视野看待中国生态环境质量改善问题，其治理效果水平和质量标准与美国、欧洲等发达国家具有可比性，同时可以为后发国家提供借鉴作用。随着全球化的深入发展，中国需要逐步融入全球环境治理进程中，作为一个负责任的国家，做到生态环境质量全球可比，这其中包含三个层次的含义。首先是所关注的环境要素和环境问题可比，即在考虑本国突出生态环境问题的基础上，要将国际环境治理进程中关注的重点环境问题逐步纳入国家治理体系或进一步提升治理力度，如气候变化问题、海洋微塑料问题、大气污染物迁移扩散问题、生物多样性保护问题等。其次是要逐步提高质量达标标准，实现生态环境质量标准与发达国家可比，提升生态环境治理成效的国际认可度，提升话语权。最后是要逐渐做到生态环境数据监测技术可与发达国家相比。

五是一致性。根据我国当前社会主要矛盾和中国共产党的根本宗旨，要以人为本，生态环境质量根本好转的最终落脚点也是为满足人民对美好生活的需要。因此，生态环境质量改善不仅是数据上的改善，同时要达到与人民群众对于所处环境的客观感受一致，要让良好生态环境真正成为人民美好生活的增长点。例如，虽然大气中主要污染物浓度降低，但其能见度改善并不显著，环境质量监测数据达标但仍能闻到异味，水质达标但并不清澈，水清但卫生未达标，仍对人类身体健康有害等问题同样需要特别关注。建议更多使用与健康相关的数据指标可能是证实污染减少有效的工具。2035年实现生态环境质量根本好转的重要特征就是让群众真正在生态环境改善过程中获得幸福感。

2. 到 21 世纪中叶建成美丽中国

到 21 世纪中叶，实现人与自然和谐共生；生态环境领域国家治理体系和治理能力现代化全面实现，建成美丽中国。

此外，中国还围绕上述长期指导思想制定了阶段性目标。

"人与自然和谐共生，生态环境领域国家治理体系和治理能力现代化全面实现，建成美丽中国"，其内涵要求主要有以下几点：

（1）构建以生态价值观念为准则的生态文化体系。主要目标包括生态文明教育普及，全国森林公园建设，自然、湿地保护区建设加强生态文化体系研究和建设，发展生态文化旅游业。

（2）构建以产业生态化和生态产业化为主体的生态经济体系。要求在自然系统承载能力内，对特定区域空间内产业、生态与社会系统之间进行紧密融合、协调优化，达到充分利用资源，消除环境破坏，协调自然、社会与经济的可持续发展。

（3）构建以治理体系和治理能力现代化为保障的生态文明制度体系。生态文明制度体系主要包括自然资源资产产权制度、国土空间开发保护制度、空间规划体系、资源总量管理和全面节约制度、资源有偿使用和生态补偿制度、环境治理体系、生态文明绩效评价考核和责任追究制度等。

（4）构建以生态系统良性循环和环境风险有效防控为重点的生态安全体系。生态安全体系建设的要求包含恢复生态空间，提高生态系统质量和面积；改善和维持空气质量、水环境、水资源、土资源等，保持生物多样性，减缓生物多样性下降。

（二）生态环境质量和美丽中国的阶段性目标

1. 近 5 年目标

现阶段的主要任务是到 2020 年全面完成《"十三五"生态环境保护规划》中确定

的环境目标以及国家发展改革委确定的气候变化目标。

2. 2035 年目标

根据中国社会经济发展态势提出 2035 美丽中国目标如表 6-2 所示。

表 6-2　2035 美丽中国目标

指标		2035 年	〔累计〕与 2015 年相比	属性
1. 空气质量	地级及以上城市*空气质量优良天数比率 / (%)	90	—	约束性
2. 水环境质量	地表水质量**达到或好于Ⅲ类水体比例 / (%)	80	—	约束性
	重要江河湖泊水功能区水质达标率 / (%)	90		预期性
	近岸海域水质优良（Ⅰ、Ⅱ类）比例 / (%)	85		预期性
3. 土壤环境质量	耕地安全利用率 / (%)	100	—	约束性
4. 生态状况	森林覆盖率 / (%)	27	〔1.38〕	约束性
5. 主要污染物排放总量减少 / (%)	化学需氧量	—	〔25〕	约束性
	氨氮	—	〔25〕	
	二氧化硫	—	〔20〕	
	氮氧化物	—	〔25〕	
6. 区域性污染物排放总量减少 / (%)	重点地区重点行业挥发性有机物***	—	〔20〕	预期性
	重点地区总氮****	—	〔20〕	预期性
	重点地区总磷*****	—	〔20〕	
7. 国家重点保护野生动植物保护率 / (%)		—	—	预期性
8. 全国自然岸线保有率 / (%)		—	—	预期性
9. 新增沙化土地治理面积 / 万 km²		—	〔30〕	预期性

注：* 空气质量评价覆盖全国 338 个城市（含地、州、盟所在地及部分省辖县级市，不含三沙和儋州）。
　　** 水环境质量评价覆盖全国地表水国控断面，断面数量由"十二五"期间的 972 个增加到 1940 个。
　　*** 在重点地区、重点行业推进挥发性有机物总量控制，全国排放总量下降 10% 以上。
　　**** 对沿海 56 个城市及 29 个富营养化湖库实施总氮总量控制。
　　***** 总磷超标的控制单元以及上游相关地区实施总磷总量控制。

（三）目标设置的总体考虑

1. 中短期目标设定方向需一致，做好衔接

中短期目标应当是在时间、空间和政府层级方面保持一致；并且与经济、社会、环境和城镇化方面可预测的变化相衔接。应从 2035 年目标出发，提前布局，"十四五"目标应涉及 2030 年和 2035 年目标，从 2035 年美丽中国目标反过来确定"十四五"目标进程，以使中短期目标相衔接，"十三五"的一些目标指标要稳中求进，适当延续并同时增加农村、生态系统、气候变化、环境健康（特别是妇女儿童等弱势群体健康问题）等方面的要求，以提前做好相关工作，目标设定可以考虑三年滑动平均值的表

达方式。

2. 2035 年的目标应与中国 2050 年的路径保持一致

2035 年的目标应与中国 2050 年的路径保持一致。这对于缓慢变化和长期的系统而言尤为重要，如能源系统、城镇布局等。为了能及时采取行动，需要采用前瞻性的方法，如在大型旧式生产区域。前瞻性方法也需要尽可能地避免采用 2035 年可能有用但之后没有作用的措施，如任何涉及"清洁煤"的战略应保证规划期超越 2035 年 [1]。此外，需要及时了解适应气候变化的挑战和机遇，以尽量减少可能的成本和干扰以及潜在的公共健康风险。

3. 2035 年目标实现应考虑区域性差异

中国区域差异较大，不同经济发展水平和不同自然资源禀赋水平的地区均在 2035 年这一时间节点同步达到美丽中国目标要求不现实，如珠三角地区或将提前到 2030 年完成目标，中西部地区则会适当延后。发达地区与欠发达地区在达到共同环境标准和要求的前提下，还应确定"共同但有区别的责任"，鼓励一部分地区先行达到美丽中国目标，与此同时要给贫困地区、脆弱地区更多的支持，避免生态环境恶化，环境治理应更加关注良好经验的共享和互利共赢。建议设立美丽中国先行示范区，可以通过建立生态省市县区的基础和路径来实现，加强引领和示范作用。与此相适应，"十四五"规划目标指标和政策措施应尽可能分区分类，并加强这方面的实施指导和能力建设。地区差异应当附带时间表，表明最终适用于全国的全方位保护的时间，并使投资者和其他相关人员能够做出预测。应避免对在环境要求不太严格的地区的投资提供不正当奖励措施的政策。

4. 建立生态优先、绿色发展为导向的目标指标体系，以支撑高质量发展

这应是"十四五"的核心指导思想。目标设置应当是雄心勃勃的、清晰的、可测算的、以结论为导向的，并使用 SMART 目标管理原则，重点关注环境水平目标而非强度目标。在排放目标方面，制定和坚持长期排放目标极为重要，以使不同的参与人可以满足这些目标。这种方法可以帮助其他国家实现环境和发展目标。

5. 定期独立审核目标，建立跟踪体系

由于可持续发展过程中周围环境可能出现变化，涌现新问题和契机，或者可收集到更为优质的数据，因此有必要定期独立审核并修订指标和目标（专栏 6-1）。针对美丽中国示范区，加强对其实现美丽中国目标的长期跟踪，构建美丽中国进程评估体系并实施评估、预警，建立改进机制、加强政策储备。

---

1 Jan Bakkes, 等 . 中国向 2050 绿色转型的全球背景 [R]. 荷兰环境评估署 , 2017.

专栏 6-1　德国可持续发展战略：目标和指标的制定

目标和指标反映了可持续发展的状况，帮助评估是否成功实施并落实相关举措。

德国可持续发展战略并非以某个可持续发展目标的单一指标为基础，而是基于若干项关键指标。基础关键指标的数量相对较少（联合国机构间可持续发展目标指标专家组指标清单共有 232 项指标），以便简要概述德国的可持续发展现状。2018 年对可持续发展战略进行修订之后共明确 67 项指标，追踪 17 个可持续发展目标中 36 个领域的发展情况。这些关键指标也可作为其他国家指标系统的着力点，如国家生物多样性战略指标。

大多数指标均设有具体量化目标（如"指标 x 应在 z 年达到 y 值"）。其他指标与定性目标相关（如"指标 x 将来会增加"）。德国联邦统计局在一份独立报告中评估了目标的实现情况。为便于比较和浏览，每个指标的评估结果由四个类别的天气符号代表（如太阳表示成果卓越，雷暴表示进展极差）。

1. 目标和指标制定原则

确定适宜的长期目标和指标是成功实施可持续发展战略的必要条件，反映可持续发展的状况，帮助评估措施是否成功落地实施。

2. 将国家目标纳入国际框架（可持续发展目标）

2030 年可持续发展议程提出的可持续发展目标为制定国家目标和指标提供绝佳框架。将国家指标和目标与完善的国际进程相关联，促进可持续发展战略受到更广泛的接纳和认可，并促进国际经验交流。

3. 强调目标的相关性

为了提高新目标的接受度和支持度，应将其与气候保护等国际议定目标相关联，并以公认的科学成果为其提供支持。

4. 反映国家优先工作重点

应明确政治优先工作重点，制定宏伟的目标和指标。这是将宏伟的政策措施与发展目标相联系、确保成功实施监测的唯一途径。指标和目标的数量应保持在适度范围内。

5. 阐明社会、环境和经济目标之间的相互依存性、协同作用以及冲突

尽管发展目标通常仅涉及可持续发展的某个特定维度，但与其他两个维度亦存在相互依存性。在制定目标指标时，必须考虑这些依存关系、可能存在的协同效应以及冲突。生态环保型经济体系不仅对可持续发展的生态维度产生积极影响，如减少二氧化碳排放或降低资源消耗，其亦可帮助实现经济目标，如通过更高效地利用能源、减少资源消耗来提高竞争力。

6.细化目标和指标，便于采取行动并制定具体实施措施

由于总体目标的范围通常较广，因此细化目标和指标有助于高效开展监测工作。应从总体目标中选择特定的目标和指标，与政策措施相关联并受其影响。

例如，减少二氧化碳排放的目标可以细化为工业部门、居民住宅和交通部门的减排目标。为实现该目标，亦可进一步细化措施路径：提高能源效率、增加可再生能源的使用比例，制定出相当具体的目标和指标（包括具体措施）。

必须指出的是，基于指标的监测并非评估战略及其实施进展的唯一工具。基于指标的监测系统无法反映所有与可持续发展相关的领域和措施。

所有利益相关方（如可持续发展委员会、可持续发展议会咨询委员会、其他社会行为主体和同行评审国际专家）都可对可持续发展战略及其措施的实施情况提出反馈意见。

7.明确职责并进行透明可靠的监测

对目标实现情况进行监测并采取相应措施具有绝对必要性。在德国，由联邦统计局负责监测工作。该局在确保数据质量领域享有极高认可度。监测的质量和接受度也是起到决定性作用的成功因素。

8.定期独立审核目标和指标

由于可持续发展过程中周围环境可能出现变化，会涌现新问题和契机，或者可收集到更为优质的数据，因此有必要定期独立审核并修订指标和目标。在德国，该修订过程由国际专家负责，作为可持续发展战略同行评审的组成部分。2018年战略的修订稿中引入了3个新指标，调整了2个目标，以更好地反映当前的科学和政策情况。

四、政策建议

（一）向资源节约型低碳经济转型

1.减缓气候变化

（1）实现能源结构绿色转型

1）继续深入推进电力体制改革

加快建立透明高效的全国和省级电力交易平台，完善中长期电力交易机制，进一步推进电力辅助服务市场建设，积极稳妥推进电力现货市场建设试点。加快放开发用

电计划，提高电力市场化交易比重，进一步降低企业用能成本。加快推进配售电改革，完善增量配电网向社会公平公开。建立健全有利于可再生能源发电上网消纳的价格和调度机制，逐步推行可再生能源电力配额考核和绿色证书交易机制等。

2）继续加快推进油气体制改革

深化油气勘查开采管理体制改革，尽快出台相关细则。严格执行油气勘查区块退出机制，全面实行区块竞争性出让，鼓励以市场化方式完善矿业权转让、储量及价值评估等规则，建立完善油气地质资料公开和共享机制。推进管道运营机制改革，实现管道独立，推动天然气管网等基础设施向第三方市场主体公平开放。落实好理顺居民气门站价格方案，合理安排居民用气销售价格；推行季节性差价、可中断气价等差别化价格政策，促进削峰填谷；加强天然气输配环节价格监管，降低过高的省级区域内输配价格等。

（2）设定碳价：税收和碳排放交易体系（ETS）

设定足够高的碳价是减少碳排放和吸引推动绿色经济转型所需投资的经济有效的办法。

环境税收体系是一种基于市场的政策工具。在当前全球致力于减缓气候变化的背景下，政府可采取征收碳排放税的形式，即对特定活动的二氧化碳排放量征税。通常情况下，设立碳税的目的在于平衡污染活动的成本与环境成本之间的一致性。

当政府将环境税收体系应用于对环境产生影响的活动但不直接针对环境外部性时，环境税收体系也可能间接发挥作用（专栏 6-2）。在气候领域，对能源和运输燃料征收的税费是这种环境税的最常见形式。实际上，在 OECD 国家中，环境税收体系产生的收入中约 90% 来源于能源税与运输燃料税。[1] 这些税收通常用来产生收入，而非出于环境目的。然而，对这些燃料征收的燃料税为碳排放设定了明确价格，即有效碳奖励。

碳排放交易体系（ETS）是另一种基于市场的工具。目前，中国正在开展多项试点研究，在此基础上建立全国碳排放权交易体系。碳排放权交易体系会在体系覆盖范围内统一设定碳排放总量上限，然后将此上限以排放许可证或排放配额的形式分配给或出售给排放者，以指定每个许可证持有者可以排放的污染物总量。排放权配额不足的碳排放许可证持有者可以按照市场确定的价格从排放权配额尚未用完且有剩余的许可证持有者手中购买碳排放权配额。该项政策使排放者能够找到最经济有效的方式来减少碳排放，因此有助于实现碳排放总量控制目标。碳排放交易体系有助提升实现碳

1 关于经济合作与发展组织和 20 国集团国家能源税收的综合信息，可在经济合作与发展组织 2018 年在经济合作与发展组织出版社出版的《2018 年能源使用税：税收能源数据库辅助手册》中找到。https://doi.org/10.1787/9789264289635-en.

减排目标的确定性，但是体系内的碳价（许可证）标准会有所不同，有时会存在显著差异。相反，碳税则有助提升碳价的确定性，但减排水平将取决于消费者和生产者对碳税体系的响应。

专栏 6-2　税收激励政策

市场化工具旨在提高生产活动和消费活动的相对价格，以更好地反映其环境成本。不过，经常有人表示，通过对环保型生产消费活动提供税收减免或财政补贴，可以达到同样的效果，如对节能减排设备免征增值税或者面向可再生能源或致力于减少污染的资本投资提供优惠的折旧率政策。在存在"正外部性"的情况下（也就是说市场鲜有提供合乎社会需求的活动），使用此类激励措施最为有效。在这一领域，研发活动就是一个实例。由于担心某些收益会被其他企业攫取，因此企业在研发领域往往投资甚少。然而，税收政策及其他激励政策往往无法有效解决诸如碳排放这样的"负外部性"问题：这些激励政策往往会补贴本来就会如常开展的活动；识别所有对环境有益且可能值得支持的替代方案既困难重重又往往成本高昂；实际上，为某些活动提供激励机制可能导致污染加重；再者，尽管税收与碳排放交易体系会产生收入，但激励机制是公共支出的一种形式。

资料来源：Greene J, N Braathen.有助实现环境目标的税收激励政策：使用、限制和首选实践（经济合作与发展组织环境工作文件 第 71 号）[M].巴黎：经济合作与发展组织出版社，2014.DOI：http://dx.doi.org/10.1787/5jxwrr4hkd6l-en.

如果设计合理、实施得当，环境税和可交易的碳排放配额具有某种程度的等效性。因此，与环境法规相比，它们具有市场化手段的各项优势。

首先，尽管环境法规明确规定了有助减少碳排放的规定，但市场化工具有助催生更多的减排解决方案。反过来，这也促使人们寻找成本最低但成本效益最高的解决方案。OECD 2013 年的一项研究对这一主张进行了实证检验。验证结果表明：市场化工具能够以成本效益最优方式实现碳减排目标。[1]

其次，尽管一旦达到规定标准，基于目标或技术的法规就不会再激发企业的减排动力，但市场化工具会不断激励企业积极参与减排实践。这有助激发企业的创新动力，努力以成本最低的方式满足政府的环境要求。OECD 2012 年的一项研究证实，价格信号在刺激企业进行技术创新、加大减排力度方面发挥了重要作用。[2]

1 经济合作与发展组织.有效碳价[M].巴黎：经济合作与发展组织出版社，2013. DOI：http://dx.doi.org/10.1787/9789264196964-en.
2 经济合作与发展组织.能源与气候政策：弯曲技术轨迹[M].巴黎：经济合作与发展组织出版社，2012. https://doi.org/10.1787/9789264174573-cn.

最后，与法规相反的是，市场化工具可产生收入，这些收入能够以对社会有益的方式为社会所用。碳税及其他环境税的征收可以纳入国税征缴的既定程序。在碳排放交易体系中，这些税收会在拍卖排放配额时产生收入。据 OECD 预计，2017 年，在 OECD 国家中，与环境有关的税收约占税收总额的 5.2%，相当于 OECD 国家 GDP 的 1.6%。[1] 2016 年，中国的环境税收约占税收总额的 3.59%，相当于全国 GDP 的 0.7%。[2]

尽管使用水、废弃物或其他环境服务的收费可用于资助相关政府或实体提供这些服务，但税收通常应归国家财政所有。传统观点认为，针对特定目的征缴"专项"税费最终将导致支出效率低下。另外，专项税费不仅有助提高政策透明度，而且有助于抵消利益群体对征税项目的反对。

在近期一项研究中，OECD 调查了各国如何利用碳价来产生收入的情况（包括利用税收体系和碳排放交易体系产生的收入）。[3] 该项研究发现，碳税通常与更广泛的税制改革挂钩。换言之，碳税通常与减少个人所得税或企业所得税有关。此类手段旨在实现"双重红利"，涉及在改善环境质量的同时减少更具扭曲性的税负。针对能源与运输燃料征收的特许权税（在碳排放相关收入中所占份额最大）极少涉及专项税费。在某些国家，它们被用来为交通运输基础设施融资。这表明在这些国家，这种排放许可额度被视作使用费的一种形式。拍卖可交易排放配额的收入几乎专款专用于为提高能源效率、倡导低碳交通及其他绿色支出举措提供支持。此外，此类收入还被用于补贴能源用户，以减少其因必须承担更高成本而导致的压力。

尽管与环境有关的税收和碳排放交易体系具有一些共同优势，但它们具有不同特征，因此适用于不同目的。如果必须达到特定污染排放水平，则构建碳排放交易体系可能比推行环境税收制度更加可取。当一个体系内存在一系列对碳排放许可额度存在潜在兴趣的大型控排单位时，构建碳排放交易体系和推行税收制度都能够有效发挥作用。但如果目标是更广泛且更具多元化的控排单位，则征收碳税更加可取。尽管可能会对环境产生不确定性影响，但了解污染物排放价格有助于投资者做出减排决定，因此与碳排放交易体系相比，税收制度可以提供更加强烈的减排动机。

在税收制度与碳排放交易体系之间进行选择时，另一个重要的考虑因素是行政成本。通常情况下，建立环境税收制度所产生的费用可能庞大，但比建立碳排放交易体系少。监测应纳税二氧化碳排放量的成本也可能不容小觑。通过将税收收缴与管理工

---

1 经济发展与合作组织 .2017 年绿色增长指标 [M]. 巴黎 : 经济合作与发展组织出版社，2017. https://doi.org/10.1787/9789264268586-en.
2 https://www1.compareyourcountry.org/environmental-taxes.
3 Marten M，K van Dender. 碳定价收入的使用 / 经济发展与合作组织税收工作文件 (第 43 期)[M]. 巴黎 : 经济发展与合作组织出版社，2019.https://doi.org/10.1787/3cb265e4-en.

作整合到现有税收管理体系中，可以降低行政成本。相反，与碳排放交易体系相关的启动成本和管理成本可能高昂。旨在确保其完整性和透明度的碳排放交易体系管理工作也可能构成重大挑战。然而，考虑建立碳排放交易体系时付出的努力程度和参与程度，碳排放交易体系一旦启动并顺畅运行，就很可能得到广大参与者的支持。

就环境有效性而言，税收制度只有在最直接针对二氧化碳排放量时才最有效。因此，与征收能源使用税或向使用能源燃料的车辆征税相比，碳税将能够提供更好的激励机制，更有效地减少二氧化碳排放量。税收的环境有效性有时会因税收豁免制度而削弱。此外，当税收的实际价值未能根据通货膨胀进行调整时，税收的环境有效性也会减弱。

在建立和推行碳排放交易体系时，应当拍卖（而不是免费分配）排放配额（祖父制）。拍卖手段可确保与排放配额相关的租金流向政府当局，而不是现有的污染源。免费分配排放配额会削弱控排单位投资低碳环保技术的动力。这可能导致排放配额供过于求以及碳价不足以推动最初设想的低碳投资。免费分配排放配额还可能使一些企业谋取巨额暴利，并在碳排放交易体系中助长腐败，进而侵蚀碳排放交易体系的美誉度。欧盟碳排放交易体系在其早期阶段就曾出现过这种现象。

在全球范围内实施碳排放交易体系，要求所有参与其中的司法管辖区在未来特定时间点宣布对温室气体排放量设置绝对上限值（"碳排放总量上限"）。交易中的碳价将以该总量上限为基础进行计算。中国的现行气候政策并未明确规定温室气体排放量的绝对上限值，但在排放强度领域做出了相应承诺（即单位附加价值的排放量）。事实上，此类排放强度承诺更适合中国这样充满活力的经济体。但是，中国有朝一日在合适的时间点可以对温室气体排放量设置绝对上限值作为今后政策的一个选项，从而可以消除其在迈向国际碳交易体系进程中的一个障碍。在这种情况下，作为保持某种灵活性的一种手段，中国可以寻求定期修改其碳排放总量上限的权利，如根据其五年规划修改碳排放总量上限 [1]。

无论是推行环境税收制度还是建立碳排放交易体系，确保环境有效性的最重要决定因素将是针对这些工具建立碳定价机制。2018 年的一项研究分析了 OECD 和 G20 国家的有效碳率。[2] 该项研究还使用 30 欧元作为 1 t 碳排放量的参考碳价来计算碳价差距（表 6-3）。若要实现国际气候目标，这一价格被认为处于可行性碳价范围的低位。[3]

1 Zeng Yingying. 衔接欧盟碳排放交易体系与中国碳排放交易体系的障碍：比较法律学与经济学观点 [D]. 格罗宁根大学博士学位论文，2018.
2 经济发展与合作组织 . 有效碳率 2018：基于税收和排放交易体系的碳定价机制 [M]. 巴黎：经济发展与合作组织出版社，2018. https://doi.org/10.1787/9789264305304-en.
3 2018 年初，欧盟碳排放交易体系中的碳价每吨不到 8 欧元。至 2019 年 8 月，欧盟碳排放交易体系中碳价接近每吨 29 欧元。本部分内容中介绍的结果将这一发展趋势纳入考量。碳价的变动说明碳排放交易体系内部可能发生波动。

碳价差距是衡量实际碳价与参考碳价之间差异的量度。该研究报告显示，在 42 个国家中，所有因能源消费而产生的二氧化碳排放量中，有 46% 不受任何碳价的限制，且二氧化碳排放总量中，仅 12% 征收了至少每吨 30 欧元的碳价，88% 的碳排放价格低于每吨 30 欧元的参考碳价。

　　按行业细分时，有效碳率的差别则更大。道路运输行业的有效碳率最高，碳价差距达 58%。与此形成鲜明对比的是，工业以及住宅业与商业的碳价差距分别为 95% 和 93%。令人惊讶的是，作为在所有能源总碳排放量中占比最大的煤炭，几乎所有国家都以最低税率征收煤炭税或者甚至完全不征税。

表 6-3　碳价差距

挪威	34
英国	42
德国	53
波兰	67
美国	75
中国	90
印度尼西亚	95

资料来源：Zeng Yingying 的博士学位论文：衔接欧盟碳排放交易体系与中国碳排放交易体系的障碍。

　　阻碍各国征收更高碳税的重要原因有二：一是担心碳价会对工业竞争力产生负面影响；二是担心碳价会对低收入群体的能源承受能力产生负面影响[1]。然而，对工业竞争力的影响似乎被片面夸大，而可承受能力问题则可通过辅助政策来解决。这表明上述顾虑并不应构成阻碍各国征收更高碳税的充分理由。

　　越来越多的证据表明，现有碳定价机制对竞争力的直接影响微不足道，甚或为零。这包括碳税、能源税以及碳排放交易体系。虽然可用大多数机制中普遍存在的低价和免费分配制度来解释原因，但相同的价格却在减少二氧化碳排放量的同时产生暴利。这说明碳价尚未低到不足以在环境领域产生任何有效影响或在经济领域产生任何可观影响。其他分析表明，更高碳价有助促进生产率最高的企业和行业在短期内提高生产率，在长期内提高竞争力。

　　碳定价机制对家庭的影响取决于所涉税种。OECD 的一项研究表明，运输燃料税

---

1 经济发展与合作组织 . 环境财政改革：进展、前景与陷阱 [R]. 2017. https://www.oecd.org/tax/tax-policy/environmental-fiscal-reform-G7-environment-ministerial-meeting-june-2017.pdf.

倾向于产生收入累进效应（即高收入群体税负较重，而低收入群体税负较轻）。然而，法国的经验表明，城市居民可能会遇到以下情况：对于依靠私家车出行的农村居民而言，运输燃料税可能会产生收入累退效应。供暖燃料税则倾向于产生不甚明显的收入累退效应，而电力税收无论在收入领域还是支出领域都倾向于产生更为明显的累退效应。然而，如果能够在提高能源税负的同时辅之以经收入核准后施行的补偿措施，则只需使用所筹集额外收入的 1/3 就能提高最贫困人口的能源承受能力。因此，可以实行更高有效碳率机制，并且在实施有效的辅助政策之后仍有大量收入可供用于其他用途。

与所有其他政策工具一样，应定量研究拟议碳价变化的不良影响、分配影响和充分性。这方面的研究应在实施之前和实施期间开展。与替代性政策工具组合相比，政策充分性问题包括（其中最突出的问题是）拟议干预措施是否能够在确保不断向想要实现的目标方向前进的同时产生足够深入且足够迅猛的变化。

2. 提高物资生产率和资源利用效率 / 循环经济

预计到 2060 年，全球物资使用量将翻一番。除非环境管理与资源利用效率政策实现大幅改善，否则自然资源将继续退化并日益稀缺，进而对经济、社会和环境产生严重影响。因此，最根本的政策目标应该是力求实现经济增长与资源消耗的脱钩；首先实现相对脱钩，最终实现绝对脱钩。

与其他国家一样，中国也应与利益相关者协商，认真分析对经济、环境和社会构成最大威胁的各类资源消耗部门。在此基础上，中国将能够制定包含目标与指标的国家规划。国家规划的有效执行要求各级政府采取协调一致的政策行动，并在足够高的水平上采取有效的治理手段，以应对向循环经济转型过程中遇到的系统性挑战。包括芬兰和荷兰在内的一些 OECD 国家建立了总体机制，以支持资源生产率政策的协调和统一。

根据各国经验，OECD 在近期一份报告中建议，国家环境治理战略应包括四项主要方针政策。[1]

（1）综合运用多种政策工具，以此建立连贯一致的激励机制，提升产品价值链中各节点的资源效率

政策组合可包括一套互补的监管工具和基于市场的金融与信息工具。许多国家发现，在价值链下游应用政策工具（如对有待填埋的废弃物征税）相对容易。实践证明，

---

1 经济发展与合作组织. 资源利用效率政策指南 [M]. 巴黎：经济发展与合作组织出版社，2016.https://doi.org/10.1787/9789264257344-en.

应用专门针对产品而设计的工具更加困难，而应用旨在增加资源节约型产品需求的工具难度更大。然而，影响产品设计方式和激发人们对资源节约型产品的需求可能是实现资源利用效率目标的最有力手段（专栏 6-3）。

专栏 6-3　减少塑料使用的可行政策组合

可通过制定和施行相关法规来减少塑料的使用：禁止或限制某些塑料组件的生产和使用；禁止将一次性塑料制品用于某些用途；对最低回收量做出规定或要求使用二次塑料制品；以及确立回收目标和颁发垃圾掩埋禁令。

可使用多类市场化工具：可针对特定产品（或化学添加剂）的生产与使用和不甚可取的废弃物处置方法（即垃圾填埋或焚烧）征税；设计合理的押金返还制度和生产者责任延伸政策不仅有助于降低废弃物管理成本，而且有助创建再生塑料市场。

可通过拨付资金：以支持废弃物管理基础设施建设；资助产品设计等领域的研发项目；施行和推广绿色公共采购。

通过张贴认证信息和标签信息为企业和消费者在选购产品和服务时提供参考。

资料来源：Watkins E, et al. 有助激励可持续性塑料设计的政策手段 / 经济合作与发展组织环境工作文件（第 149 号）[M]. 巴黎：经济合作与发展组织出版社，2019. https://doi.org/10.1787/233ac351-en.

（2）实施政策，提升产品整个生命周期中的资源效率

实现这一目标的方式多种多样，可包括生产者责任延伸制度（EPR）、绿色采购、涉及价值链上企业的伙伴关系。

生产者责任延伸制度要求生产者根据污染者付费原则对其报废产品承担回收、分类和废弃物处置等责任。大多数 OECD 国家现已将在电气电子设备、产品包装和轮胎行业推行生产者责任延伸制度。这些政策有助于在减少废弃物填埋量的同时提高物资回收率。然而，近期对 OECD 国家生产者责任延伸制度实施情况的审查表明，OECD 国家仍有进一步完善此类政策措施的空间。此外，该审查报告还针对具体的完善措施提供了建议。[1]

绿色公共采购（GPP）旨在设立公共采购的资源效率标准。在 OECD 国家中，政

---

1 经济发展与合作组织 . 生产者责任延伸制度：有效废弃物管理指南更新版 [M]. 巴黎：经济发展与合作组织出版社，2016.https://doi.org/10.1787/9789264256385-en.

府采购金额一般占国内生产总值的 12%，占政府财政预算总支出的近 1/3。鉴于此，绿色公共采购可成为政府激励绿色技术创新和不断增加绿色产品需求的重要手段。然而，要在公共采购计划中纳入资源效率因素（包括使用生命周期分析）还有很多工作要做。此外，至关重要的是通过开展能力建设确保国家与地方相关机构具备适当的能力。

涉及构建商业合作伙伴关系的一个例子是产业共生。产业共生涉及鼓励企业参与旨在促进生态创新和知识共享的网络，以使一家运营商的废弃物能够被用作另一家运营商的原材料。构建商业合作伙伴关系的另一种方式涉及大型企业与小型供应企业合作，以确保价值链上的原材料与产品都能满足资源效率及其他环境标准。

（3）将资源利用效率视作一项经济政策挑战，并将其纳入跨行业跨部门政策

要实现传统经济向循环经济的转型，政府需要在宏观经济层面与行业层面采取一整套全面完备的政策措施。此外，政府还应寻求机会，发挥此类政策与其他政策（包括但不限于气候变化政策）的协同效应：在力求实现低碳目标和资源利用效率目标的进程中（如在可持续移动出行领域），存在许多合作共赢的良机。此外，成功实现资源效率目标的一些主要障碍可能涉及其他行业政策中包含的激励措施。分析主要的资源消耗行业（农业、食品、交通运输及能源等）不仅有助识别与实现资源效率目标相违背的政策，还有助探寻这些问题的解决方案。如果不开展此类分析，则资源效率策略可能无效。

政府还可通过在跨领域政策的主流政策中纳入对实现资源效率的要求为具有良好资源配置效率的结构调整提供支持。创新是实现经济增长与资源消耗脱钩的重要手段。因此，应采取措施将提高资源利用效率作为研发项目的主流方向。一些 OECD 国家的政府还致力于为中小企业提供创新支持，因为中小企业创新往往是根本性创新的重要来源。创新对于商业模式的优化也可能至关重要。实际上，循环经济与用于物资管理的全新商业模式休戚相关（专栏 6-4）。政府应该充分发挥其在促进创新发展中的作用，在构建支持性政策框架的同时规避任何不可接受的经济、环境或社会实践。

住房、交通运输及其他基础设施领域的投资将继续推动中国经济增长，这一现象将持续至 2035 年及以后。因此，此类投资必须具有较高的资源利用效率，且不得将中国锁定在资源利用效率低下的高碳发展模式，这一点至关重要。公众投资者应在这一领域树立榜样，在建筑物标准及其他基础设施标准中纳入资源效率目标，应激励私人投资者将资源效率目标纳入其投资策略。

专栏 6-4　促进循环经济发展的五个主要商业模式

（1）循环供应模式通过用可再生或可回收生物原材料替代源自一次资源的传统原材料，在长远上降低了对一次资源的开采需求。

（2）资源回收利用模式通过将废弃物回收利用制成二次原料，从而将废弃物从最终处置环节中转移出来，同时还在一定程度上取代了一次资源（自然资源）的开采和加工过程。

（3）产品寿命延长模式不仅有助延长现有产品的使用期限、减缓经济领域组成材料的流动，还有助于降低资源开采速度和废弃物产生速度。

（4）共享模式有助于分享未被充分利用的产品，因此可减少对新产品及其嵌入的原材料的需求。

（5）产品服务系统模式（在市场上销售的是服务而非产品）有助于完善针对绿色产品设计和高效使用产品的激励机制，从而促进对自然资源的节约使用。

资料来源：经济合作与发展组织 . 循环经济的商业模式：政策面临的机遇与挑战 [M]. 巴黎：经济合作与发展组织出版社，2018.https://doi.org/10.1787/g2g9dd62-en.

（4）通过提供更全面数据与更精准分析完善政策制定与评估

制定促进循环经济发展的政策需要以适当的指标为基础。为此，许多 OECD 国家已制定出物质流分析制度和各项新指标来为其政策制定提供强有力支持。减少循环经济的环境影响和优化循环经济的经济模式都需要以更好的信息作为基础。

（二）加强生态系统和人居环境的保护与修复

1. 加强生态脆弱区和生态功能区的保护和修复

一是根据不同脆弱地区的不同特点，推进重点区域等系统化生态保护与修复。根据因地制宜、自然修复与人工措施相结合、惠及民生等原则，综合考虑脆弱区的资源、环境、经济等因素，分别制定生态恢复的基本措施和技术对策。

二是有序实施生态修复保护工程，促进生态系统整体治理。整体推进森林、草地、湿地、湖泊和草原等生态系统的系统保护，在生态环境脆弱的生态保护红线区域首先开展典型受损生态系统修复示范工程。

三是落实生态保护与修复的监督管理机制，强化后续监管。各级政府应根据主体责任不改变的管理原则，明确生态修复和保护的部门职责与管理要求，实现山水林田湖草的统筹管理，建立"天地一体化"的监测与监管体系，实现常态化监管；建立典型生态脆弱区生态修复和保护监测预警技术规范，形成修复区和保护区全覆盖监测预警网络，及时掌握生态修复和保护的动态变化；健全生态保护补偿机制，实行分类分级的补偿政策，将生态保护补偿与精准脱贫有机结合，创新资金使用方式，开展贫困地区生态综合补偿试点，探索生态脱贫新路；严格评估考核，加强生态修复工程后续监管，定期对生态修复专项资金的使用及工程项目的实施情况进行监督检查，建立定期报告制度。

四是支持生态保护修复技术研究，推进科技创新。根据生态脆弱区的主导生态功能，开展基于生态功能退化的生态系统评价技术与诊断方法研究，识别区域生态退化的关键指标，建立基于生态服务功能退化的生态系统评价指标体系、等级判别标准及相应的技术方法，分析导致区域生态退化与生态服务功能下降的驱动因素，探寻建立区域调控与局地修复技术相结合、区域生态功能提升与经济发展相协调，不同类型生态脆弱区的适宜修复模式。

2. 巩固生态安全屏障，提升生态系统整体服务功能

维护生态系统总体稳定，巩固生态安全屏障，提升生态系统整体服务功能。坚持海陆统筹的总体规划，为确保生态环境质量根本好转、"美丽中国"目标基本实现，进一步加强生态保护与修复力度，优化生态安全屏障体系，实现生态环境质量的提高和资源的可持续利用。实施重要的生态系统保护与修复重大项目，构建生态廊道和生物多样性保护网络，提高生态系统质量和稳定性。完成生态保护红线、永久基本农田、城镇开发边界三条控制线的划定工作。开展国土绿化行动，推进荒漠化、石漠化和水土流失综合治理，强化湿地保护和恢复，加强地质灾害防治。完善天然林保护制度，推进退耕还林还草。统筹海洋生态保护与开发利用，构建以海岸带、海岛链和各类保护区为支撑的"一带一链多点"海洋生态安全格局。保护海洋生物资源，加强对海洋生态环境风险的监测和预警，防范环境风险。从现在开始直至21世纪结束时，对已"承诺的"气候变化进行预测。为此，需要在一些自然保护区内和周围以及其他地方设立充足的缓冲区，有利于这些区域可能需要在空间上进行重新定义或以其他方式进行调整。还需要进行远见的监视和定期评估，以便及时为新的分区程序做好准备。

3. 保护人体健康免受环境风险

加强卫生和环境部门在制定和监测关键环境标准、目标及关键节点方面的合作，以确保其为人体健康和环境提供充分保护。

可采取的主要措施：①公共安全。加强卫生和环境部门在制定和监测关键环境

标准、目标及关键节点方面的合作，以确保其为人体健康和环境提供充分保护。②管理环境卫生事件。建立涉及卫生和环境部门的机制，以管理与环境卫生事件相关的健康风险，如与空气、水和土壤污染/食品安全有关的事件。例如公共卫生和环境机构与水务公司之间的卫生响应协议，目的是在检测到超过安全饮用水指南范围并对公共卫生产生不利影响的物理和化学特征后，指导其实施联合响应。③公共意识。向公众提供有关空气、水和土壤污染对人体健康的不利影响的更多信息，以加深对行动必要性的认识。④公众获取由健康建议支撑的实时数据，以鼓励社区成员将其暴露水平降至最低，重点关注弱势群体。⑤目标和指标体系中应包含关键卫生计量标准，以促进高质量发展，增进良好健康/福祉。⑥卫生与环境机构之间正式确定数据协调和共享安排，并公开传播这些信息。⑦食品安全。与工业界合作，针对食品安全和环境卫生风险采取全面分析方法，加强食品监管体系，以改善粮食安全和食品安全。⑧治理问题。将公共卫生因素纳入支持中国生态环境质量改善目标的主要环境立法中。⑨能力建设。在卫生和环境部门开展人员和制度能力建设，以管理环境卫生问题，包括投资数据链接。

潜在益处：①通过减少与环境相关健康风险有关的过早死亡和疾病，增进公众福祉。②降低与环境相关死亡率和发病率有关的经济成本。③为公众提供有关环境卫生风险的准确可靠信息，从而最大限度减少无根据的环境或食品安全恐慌产生的影响。④协助提高公众对政策改变需求的认识，支持知情行为和消费选择。⑤强化官员和企业问责制。⑥提供关键人口健康数据，以告知区域差异化目标和关键节点。⑦协助监测进展情况，必要时根据对人体健康构成的风险调整污染行动计划。⑧通过加强食品安全监管提高公众对食品安全的信心，并改善公共卫生措施的实施效果；支持各方更加关注国内消费。

4. 空间和城市规划

（1）重新制定城镇化战略。"十四五"规划应制定以生态文明为基础的城镇化战略。该战略应当从基于数量的模式转向基于质量的模式，其中绿色城镇化成为中国高质量经济发展的关键驱动力。该战略应主要包括以城市群和大都市区为重点的绿色转型，以及以县为重点的绿色城镇化。

（2）积极探索环境管理与空间规划的交集。中国在 2035 年之前和之后的许多变化意味着环境和空间的变化：不断扩张、日新月异的城市；数以百计的新城镇；农村振兴计划；旧制造业让位于新的经济活动；持续扩建的基础设施和不断变化的港口区域；适应气候变化等。正如我们所倡导的那样，随着人们对人类健康和环境公平的日益关注，空间要素将成为一个重点课题。居住区接触环境风险便是一例。长江经济带的绿色发展将带来巨大的环境和空间变化；京津冀、珠江三角洲和各种"一带一路"项目也将发生类似的变化。

因此，作为战略考虑，应积极探索环境管理和空间规划的交叉点。这是政策一致性问题（为公民和企业提供更好的政府服务），同时关乎更好地利用两个领域的新旧工具。如，与许可相关的弱势群体的暴露映射、大数据和风险分析；作为后续监测和问责制的框架的战略环境影响评价；城市经济、社会和环境发展的战略不确定性分析；对新城镇建设中业已存在的蓝绿基础设施进行的优化利用和保护；与大面积"绿色发展"相关的公交导向式发展（TOD）；关于地块污染状况的官方网上登记簿。

5. 针对中国的土壤污染问题采取进一步行动

中国已对农业用地的土壤污染状况进行了清查，并且实施了关于处理污染土地的法规和指导方针。城市扩张、新城镇的建立和经济的快速发展是当今中国的特征。因此，改变土地用途将是很常见的做法，包括将工业和农业用地转变为居住用地。从现在起到 2035 年，空间动态变化至少会广泛发生。因此，除了持续土壤的保护工作外，采取行动来解决、优先处理和管理中国现有的土壤污染和土地资源也很重要。

（1）未来将采取的进一步措施：①预防。设定禁止将污染物带入土壤或地下水的日期。对于在该日期之后发生的污染，应遵循注意义务原则。这意味着污染者全权负责恢复土壤的自然条件。②对潜在污染场地的审查不应仅限于农业用地，还应包括旧工业场地。③土壤质量管理。制定以决策支持系统形式呈现的优先权制度，使之能够识别造成最负面社会影响的污染场地。社会影响的标准可以包括对人类健康和环境的影响以及地下水中污染物扩散的风险、财政方面和利益相关方的看法。④修复。针对可持续绿色修复方法实施法规并开发采购方法。这些方法基于自然衰减过程。在挖掘和倾倒式修复之外，自然衰减能够帮助实现土壤质量方面的长期目标，并且考虑成本效益因素。⑤公众和利益相关方的参与。利用地图、坐标和有关土壤污染的进一步信息建立污染土地登记簿，并在互联网上向所有利益相关方提供登记簿。此举将使建筑承包商及其他各方能够预测其建筑活动（如住宅开发、道路建设、将工业区或海港区转作其他用途）的土壤污染情况。该登记簿可以包含首次全国土壤污染状况调查（2006—2014 年）和目前的"全国土壤污染状况详查工作"结果。⑥必须建立（政府）资助机制，以便能够处理所谓的"孤儿"场地，即找不到污染者，也没有所有者可以对其承担财政责任的场地。⑦沟通。提升包括农民和公众在内的利益相关方对土壤污染影响的意识。意识提升工作必须包含有关土壤污染对人类健康和环境的不利影响以及所涉成本的信息。这方面的工作或许能够消除污染行为的负面影响，并可促进预防。此外，意识提升工作有助于加大公众对公共支出的支持力度。

（2）上述举措将带来以下潜在益处：①能够更好地预测中国将在 2035 年之前和 2035—2050 年发生的规模庞大的土地开发和相应的土地利用方式的巨大转型；②以更加高效、公平的方式管理土壤污染，从而到 2035 年改善土壤质量状况，同时尽可能降低成本；③有更大机会顺利达成国合会中国绿色转型 2050 特别工作组制定的政策目标。

（3）下面内容是对土壤污染问题背景的介绍。和其他国家一样，中国的土壤和地下水过去一度受到污染。此外，当前开展的活动加剧了未来的土壤和地下水污染。为了高效利用资源和预算，需要及早采取举措，以保证到 2035 年，土壤和地下水污染状况得到最有效的控制。

2014 年，中国首次全国土壤污染状况调查结果显示，中国 1/5 的农业用地受到污染。通过分析相关数据，Wan 等人[1] 得出结论，金属是主要污染物，其中包括人为来源（砷、汞、铅）和自然来源（铬、铜、镍、锌和铅）。2014 年后，各地启动了大规模土壤污染状况详查采样工作，结果尚未公布。2016 年，中国发布了《土壤污染防治行动计划》，规定到 2020 年，受污染耕地治理与修复面积达到 1000 万亩（1 亩 =1/15 hm²）[2]。

1）中国现行土壤政策

2014 年，环境保护部发布了一系列技术导则，内容涵盖场地环境调查[3]、场地环境监测[4]、污染场地风险评估[5]和污染场地土壤修复[6]。制定这些导则的目的是贯彻《中华人民共和国环境保护法》，保护生态环境，保障人体健康，加强污染场地环境监督管理，设定污染场地对人体健康的风险评估标准。

2018 年，中国发布了建设用地土壤污染风险筛选值《建设用地土壤污染风险管控标准》[7]。筛选值基于人体健康风险评估。

作为"污染防治攻坚战"的一部分，中国颁布了首部土壤污染专项法规——《土壤污染防治法》，该法于 2019 年 1 月 1 日生效。该法促使中国所有利益相关方进一步关注和解决土壤污染问题，为调查和防治土壤污染提供了指导和系统机制，并且明确了所有利益相关方的责任和义务。该法考虑并要求建设土壤污染防治领域的综合标准

---

1 Wan X, Yang J, song W. Pollution Status of Agricultural Land in China: Impact of Land Use and Geographical Position[J]. Soil and Water Research,2018, 13(4): 234–242.
2 国务院 . 土壤污染防治行动计划 [R]. 2016-05-31.
3 环境保护部 . 场地环境调查技术导则 :HJ 25.1-2014[S]. 北京：中国环境科学出版社 ,2014.
4 环境保护部 . 场地环境监测技术导则 :HJ 25.2-2014[S]. 北京：中国环境科学出版社 ,2014.
5 环境保护部 . 污染场地风险评估技术导则 :HJ 25.3-2014[S]. 北京：中国环境科学出版社 ,2014.
6 环境保护部 . 污染场地土壤修复技术导则 :HJ 25.4-2014[S]. 北京：中国环境科学出版社 ,2014.
7 中国国家标准化管理委员会 . 土壤环境质量建设用地土壤污染风险管控标准（试行）[S]. 中华人民共和国国家标准 (GB 36600-2018), 2018-07-13.

体系。要求生态环境部根据土壤污染状况、公众健康风险和生态风险制定国家土壤污染风险管控标准。地方政府有权制定更严格的附加标准。土壤污染风险管控标准是强制性标准。最后，该法倡导公众参与土壤污染管理，并建立框架，以提高透明度，增加与土壤污染有关的信息披露。

2）国外经验

30 多年前，土壤污染成为欧洲公认的环境威胁。迄今为止，欧洲已经确定了超过 13 万个需要修复的场地[1]（欧洲的情况说明成本效益是处理污染土地过程中的一个主要考量因素。自 20 世纪 70 年代后期以来，全球污染场地政策历经演变，普遍从最大风险控制理念转向更具功能性的方法。总体上，程序更趋务实，同时成本效率成为一个重要方面。就成熟的土壤和地下水政策而言，一个值得关注的普遍特征是功能特定的方法。该方法的基本原则是土地必须适合其既定用途。例如，对住宅区污染场地的评估遵循比工业场地更严格的概念。当土地利用功能需要满足更敏感的用途，如旧工业区的住宅开发，则对土壤质量评价具有重大影响。西方国家的经验表明，在此类场地再开发，特别是建设住宅建筑期间，可能存在严重的健康风险。

另一个变化是在更大规模上处理土壤污染，包括地下水污染，不再局限于一个场地或一个污染，而是在更大区域范围内考虑风险因素。简而言之，此方法侧重于整个地区的土壤和地下水质量，而非不同体积污染土壤或地下水的质量。关于修复，生物参与污染物去除的可持续—绿色—修复方法[2]越来越被接受为具有成本效益的替代方案。

3）潜在的有益新发展

迄今为止，防止土壤污染是最高效（最具成本效益）的土壤污染处理方法。然而，目前中国并未禁止将污染物带入土壤或置于土壤上。鉴于中国有大量（潜在）污染场地，从现在到 2035 年，土壤质量管理的进展将受益于识别最严重土壤污染情况的优先权制度[3]。当今中国，城市持续扩张，新城镇不断涌现，经济快速发展。有鉴于此，对潜在污染场地的审查不应仅限于农业用地。审查对象应当为旧工业场地及废物处置和处理场所。在欧洲，旧工业场地及废物处置和处理场所是最大的土壤污染源。中国公布了大量关于土壤污染状况的数据，近期将公布更多数据。建议利用地图、坐标和有关土

1 Payá Pérez A, Rodríguez Eugenio N. Status of Local Soil Contamination in Europe[M]. JRC Technical reports EUR 29124 EN, Publications Office of the European Union, Luxembourg, 2018, ISBN 978-92-79-80072-6, doi:10.2760/093804, JRC107508.

2 Peter A, Th Held, N Hüsers, et al. Natural attenuation[M]//Frank A Swartjes. Dealing with contaminated sites: From theory towards practical application.The Netherlands:Springer Science+Business Media BV,2011:979-1014.(Chinese version: pp 692-715. National Defense Industry Press, China).

3 Swartjes F A, M Rutgers, J P A Lijzen, et al. State of the art of contaminated site management in the Netherlands: policy framework and risk assessment tools[J]. Science of the Total Environment, 2012 (427-428): 1-10.

壤污染的进一步信息建立污染土地登记簿，据此在互联网上向所有利益相关方公布数据，此举将令中国受益。此外，还必须建立（政府）资助机制，以便能够处理"孤儿"场地。最后，通过提升公众和利益相关方，如（城市）政策制定者、顾问和研究界的意识，还能够助推中国土壤质量管理工作。

（三）抓住经济机遇，管理绿色转型的社会影响

1. 新技术和新市场：改变生产方式

（1）及早重视高质量技术研发，强化绿色科技支撑

1）搭建绿色科技服务公共平台

加强推广传统产业绿色升级的公共服务平台和中介服务机构建设，加快组建和完善绿色技术中心等创新平台，推进产业关键和共性技术推广与应用，整体提升传统产业的绿色技术水平；发展各类科技服务机构，强化科技基础条件平台的支撑功能，如搭建绿色科技文献服务平台、政策信息服务平台、科技数据和绿色科技信息平台、大型科研设备共享；培育一批基于绿色科技成果转化的数据基地，着力推进一批绿色创新创业服务中心建设，加速科技成果产业化应用。

2）健全产学研合作机制

创新产学研结合方式，重点围绕绿色高端装备制造、新能源等支柱产业。具体措施可包括鼓励企业与国内外高校和科研院所联合建立院士工作站、博士后工作站和工程技术研究中心等，充分利用高校和科研院所的技术成果和企业的生产条件，形成优势互补、利益共享、风险共担的科研－开发－生产合作机制。

3）重视人才保障制度建设

优化高等学校学科设置，培育造就制造业绿色转型升级亟须的各类人才，培养一批理工科人才和工程师。课程设置要反映基础前沿、关键共性技术应用，与生产实践相衔接；强化基础理论课程的实践教学环节，将实践环节的考核测试纳入整个课程的考核测试中。改变"重学历、轻技能"的人才选用导向。传统产业绿色升级离不开专业化的一线技术工人。健全职业培训体系，普及面向中低端劳动力的职业培训；提高对高等职业技术学院的资源支持力度，提升高等职业技术学院在当前整个院校体系中的地位；加快建立技术工人职称评定对应制度，使高级技工享有与高级工程师（研究员、教授）同等待遇；形成政府激励推动、企业加大投入、培训机构积极参与、劳动者踊跃参加的各方互动格局，促进技术工人岗位成才。

4）加强知识产权保护

建立健全适应我国国情、以公平为核心原则的知识产权保护制度。要大胆探索和

实践科技成果转化机制，保护和激发市场主体科技创新的积极性；加大对知识产权侵权行为的打击处罚力度，加大侵权人的侵权成本，严厉打击侵权行为，曝光典型案例，将侵权行为信息纳入社会信用记录；改革专利审批制度，缩短专利审核周期；改革专利收费制度，应该根据专利经济效益的大小进行合理收费，取消不合理收费，避免对发明、创造激励的减少；加快建立绿色创新的知识产权维权援助体系。仿照中国制造业企业在国际贸易投资中遇到的知识产权维权问题，优先建立健全绿色技术的知识产权保护制度、争端解决机制；构建行政管理部门、司法部门、大型互联网平台机构的深度合作机制，实现行政、司法在空间网络背景下对产业绿色创新知识产权的有效保护。

（2）激励企业积极参与

鼓励一批骨干企业带动区域经济绿色转型，发挥行业自律和自我学习功能，把环保理念融合到设计、布局、产品、技术和工艺过程中，而不是在产生污染之后才行动。特别建议培育绿色创新型企业。进一步明确企业的创新主体地位，以突破关键和共性技术为重点，整合资源，大力支持绿色科技企业研发中心建设，引导企业改善科研仪器设备，提升装备水平，不断提高产品的科技含量，加快培育创新型企业；落实研发费用税前加计扣除、固定资产加速折旧、引进技术设备免征关税、重大技术装备进口关键原材料和零部件免征关税及进口环节增值税、企业购置机器设备抵扣增值税等相关税收政策，尽快完善国家碳市场建设，制定完善实施细则，鼓励企业加大绿色技术创新投入能够尽快得到回报（专栏 6-5）。

专栏 6-5　以生态与经济"双赢"为特征的环保技术

20 世纪环境政策领域经验表明，环境政策领域相对易于兑现的成果是确保生态和经济"双赢"的有效措施。

1. 德国的"双赢"措施

譬如，德国在环境技术领域的长期领跑者地位不仅有助创造出口机遇，还为环境政策提供持久动力。用可再生能源 / 材料替代化石能源和其他关键资源是协调生态利益与经济利益的关键环节。2000 年出台的德国《可再生能源法》（EEG）最初提供了一系列上网电价补贴政策，旨在鼓励可再生能源发电大规模进入电力市场，并保证可再生能源补贴强度 20 年不变。自 2014 年以来，德国逐渐以招标竞价系统去替代上网电价补贴政策。德国《可再生能源法》有效推动了德国可再生能源发电业的发展与繁荣（目前，德国电力消耗总量的 36% 来自可再生能源）、促进了诸多技术的发展，并创造了逾 30 万个就业岗位。另一重要领域是提高能源效率，此项措施不仅有助优化资源的投入—产出关系，而且还可优化商品 / 服务。居民家庭能源消费占德国全部最终能源消费的比例达 1/4，其中大部分用于供暖。因此，提高保温隔热性能的措施大有裨益。自 1976 年以来，德国政府审议并通过了多项节能法案、法规和资助计划。得益于此，1996—2016 年，德国（每平方米）建筑空间采暖能耗总量相对减少 1/3。这一成果不仅对环境有益，也意味着节能能够给居民生活带来潜在但重要的经济实惠，并可减少企业和员工支出。然而，（每平方米）建筑空间采暖能耗总量的降低在一定程度上被人均生活空间的增长抵消。

2. 日本的能效领跑者制度

由日本率先实施的能效领跑者制度有助特定产品类别提供的高效环保技术在短时间内实现市场渗透。市场上最优秀的产品为其他同类产品制定了必须在同一时间范围内力争达到的行业标杆。在规定时间内未能符合标准的产品将难以在市场上立足。除生态效益外，该制度还促进了某些行业的技术发展，并提高了这些行业的领跑者地位。自 2007 年以来，德国政府主张在欧盟层面实施领跑者制度，以提高产品能效，但迄今为止尚未落实。

（3）大力推进绿色金融

为了加快绿色转型，还应更加关注税收、金融和定价等各种经济手段在改善环境条件方面的作用。加大绿色投入，完善环境管理模式，充分发挥长效市场机制。

1）完善税收和金融政策

对符合条件的节能、节水、环保、资源综合利用项目或产品，享受相关税收优惠，将高耗能、高污染产品及部分高档消费品纳入消费税征收范围。落实电动汽车用电价格政策，完善居民用电、用水、用气阶梯价格。

鼓励银行金融业机构落实绿色信贷指引，创新金融产品和服务，积极开展绿色消费信贷业务。研究出台支持节能与新能源汽车、绿色建筑、新能源与可再生能源产品、设施等绿色消费信贷的激励政策，促进金融机构加大信贷支持力度。

大力发展产业绿色转型升级所需的金融产品和服务模式。如通过履约担保的方式降低业务风险，鼓励企业以多种方式开展绿色先进技术设备租赁业务；支持绿色金融产品及服务模式创新，为制造业企业融资提供便利等。

2）尽快建立由市场决定绿色要素价格的机制

促使企业从依靠过度消耗资源能源、低成本竞争向依靠创新、差别化竞争转变。政策的着力点是遏制廉价供地、税收减免、低价配置资源等非理性招商引资方式，避免产能盲目扩张和同质化竞争。尽快完善碳排放权交易市场机制建设，充分发挥碳市场的碳价格发现机制，使绿色创新的经济性显性化。

3）加快推进资源税改革

改变"前端低成本""终端低价格"的非正常现状，加快水、石油、天然气、电力、矿产等资源性产品价格改革，如有序放开上网电价、择机放开成品油价格。目的是形成相对合理的资源性初级产品和制成品比价关系，合理补偿环境损害成本，理顺资源性产品上下游价格调整联动机制。改变"多种定价方式并存"的非正常现状。重点打破煤、电、气价格定价双轨制格局，理顺能源产品终端价格形成机制。

2. 新技术和新市场：改变消费方式

（1）促进绿色消费转型

鉴于中国国内消费作为经济驱动力的角色日益重要，需要加快绿色产品和服务体制机制改革，推动绿色产品和服务有效供给；完善绿色产品标准体系；提高全社会绿色消费意识，鼓励绿色低碳生活方式和消费模式，大力推广绿色消费产品。绿色消费将创造绿色生产需求，并且助力加强环境治理。

（2）推动生产领域绿色产品和服务有效供给

1）加快绿色产品和服务体制机制改革，推动绿色产品和服务有效供给

破除绿色产品和服务供给的体制机制障碍，引导和支持社会资本更多地投向绿色产品和服务供给的短板领域。放宽绿色产品和服务市场准入限制，鼓励各类资本投向绿色产业，加大绿色产品和服务供给。

2）加大企业绿色产品和服务有效供给

引导和支持企业增强创新能力，加大对绿色产品研发、设计和制造的投入，降低绿色产品的成本和服务，加强核心竞争力，增加绿色产品和服务有效供给。支持企业做好绿色技术研发与储备，加快先进技术成果转化应用。要求生产企业减少有毒、有害、难降解、难处理、挥发性强物质的使用。鼓励企业推行绿色供应链建设，降低产品全生命周期的环境影响。

3）建立绿色产品和服务多元化供给体系

支持企业把提高绿色产品供给质量作为主攻方向，提高中高端品牌的差异化竞争力，建立绿色产品多元化供给体系。丰富节能节水产品、资源再生产品、环境保护产品、绿色建材、新能源汽车等绿色消费品生产。推广利用"互联网＋"促进绿色消费，推动电子商务企业直销或与实体企业合作提供绿色产品和服务，鼓励利用网络销售绿色产品。

（3）推动市场领域绿色标准和完善标识认证

1）完善绿色产品标准体系

健全绿色产品和服务的标准体系，扩大标准覆盖范围，加快制修订产品生产过程的能耗、水耗、物耗等标准，动态调整并不断提高产品的资源环境准入门槛。加快实施能效"领跑者"制度、环保"领跑者"制度，研究建立水效"领跑者"制度。优先选取与消费者密切相关的消费产品，研究制定绿色产品评价标准，组织开展认证，切实改进产品质量。

2）健全绿色标识认证体系

推进中国环境标志认证。完善绿色建筑和绿色建材标识制度。落实节能低碳产品认证管理办法，加快推行低碳、有机产品认证。逐步将目前分头设立的环保、节能、节水、循环、低碳、再生、有机等产品统一整合为绿色产品，建立统一的绿色产品认证、标识等体系，加强绿色产品质量监管。

3）建立事中事后监管机制

建立绿色产品标准的量化评估机制，评价认证实施效果，提出落实生产者责任延伸制度、认证实施机构对检测认证结果的连带责任的基本要求，加大绿色标准和标识认证事中事后监管力度。

（4）推动消费领域绿色生活方式和模式践行

1）建立健全对消费者的激励机制

加大支持全面推广节能汽车和新能源汽车推广力度，加快电动汽车充电基础设施建设。实施"以旧换再"试点，推广再制造发动机、变速箱，建立健全对消费者的激励机制。研究绿色产品消费积分制度。

2）倡导绿色低碳生活方式

鼓励步行、自行车和公共交通等低碳出行。合理控制建筑温度，除特定用途外，夏季室内空调温度设置不得低于26℃，冬季室内空调温度设置不得高于20℃。鼓励消费者旅行自带洗漱用品，减少使用一次性日用品。鼓励大中城市利用群众性休闲场所、公益场地开设跳蚤市场，方便居民交换闲置旧物。完善居民社区再生资源回收体系，鼓励共享闲置物品。深入开展全社会反对浪费行动，开展反过度包装、反食品浪费、反过度消费行动。

3）鼓励绿色产品消费

鼓励选购节水龙头、节水马桶、节水洗衣机等节水产品。鼓励选购高效节能电机、节能环保汽车、高效照明产品等节能产品。推广环境标志产品，鼓励使用低挥发性有机物含量的涂料、干洗剂。推进公共机构绿色消费，提高办公设备和资产使用效率，鼓励纸张双面打印，积极推行无纸化办公。完善节约型公共机构评价标准，合理制定用水、用电、指标。推广使用节能门窗、建筑垃圾再生产品等绿色建材和环保装修材料。公共建筑全面执行绿色建筑标准，安装雨水回收系统和中水利用设施。

4）重视"绿色消费"中的性别维度

作为推行绿色消费工作的一部分，分析影响女性消费的因素并进行政策引导，以指导未来的政策制定工作。中国女性通常是家庭消费的主要管理者，其生活消费方式的选择将直接影响社会生产结构；女性的消费选择能有效改善日益恶化的城乡环境；女性自身消费正在成为社会经济发展的重要推动力，并有望提升绿色消费水平发挥；女性作为后代抚育和教育者中的优势，影响绿色消费行为的拓展。在绿色消费中应充分考虑女性影响因素。

（5）推动绿色消费意识理念培育和信息宣传教育

1）绿色消费教育

大力弘扬勤俭节约传统美德，开展全民教育。从娃娃抓起，将勤俭节约、绿色低碳的理念融入家庭教育、学前教育、中小学教育等。把绿色消费作为家庭思想道德教育、学生思想政治教育、职工继续教育和公务员培训的重要内容，纳入文明城市、文明村镇、文明单位、文明家庭、文明校园创建及有关教育示范基地建设要求。

2）绿色消费宣传

把绿色消费纳入全国节能宣传周、科普活动周、全国低碳日、环境日等主题宣传教育活动。深入实施节能减排全民行动、节俭养德全民节约行动，组织开展绿色家庭、绿色商场、绿色景区、绿色饭店、绿色食堂、节约型机关、节约型校园、节约型医院等创建活动。充分发挥工会、共青团、妇联以及有关行业协会、环保组织的作用，强化宣传推广，营造绿色消费良好社会氛围。

（6）完善绿色采购制度

严格执行政府对节能环保产品的优先采购和强制采购制度，扩大政府绿色采购范围，健全标准体系和执行机制，提高政府绿色采购规模。明确以绿色消费带动生产、流通、消费和资源回收各环节绿色化的制度安排，特别是在《政府采购法》中，明确政府绿色采购的约束性规定，建立配套细则和制度。

政府采购优先购买与国外产品性能相同或相近的国产产品，对国内重点创新的产品可采用强制性采购比例，使政府支持的绿色技术、绿色产业发展的财政资金更具有针对性。在涉及 WTO《政府采购协定》谈判时，应保留中国有权优先采购有利于生态环境保护的产品的权利。

专栏 6-6　德国可持续消费

可持续消费意味着在地球的承载力之内生活，并确保今天的消费模式不会危及当代人和后世子孙满足自身需求的能力。我们应力求我们的消费行为变得更具可持续性，这一点至关重要。整个社会必须行动起来，共同应对这一挑战。

1. 国际倡议

1992 年在里约热内卢举行的可持续发展问题世界首脑会议首次讨论了可持续消费问题。之后在 2002 年于约翰内斯堡召开的会议上，联合国正式启动马拉喀什进程，特别敦促工业化国家促进可持续消费和生产。2012 年在里约热内卢举行的可持续发展问题世界首脑会议（里约＋20）通过了《可持续消费和生产模式十年方案框架》，为消费和生产模式领域制定的各项措施提供了一个全球框架。

2015 年 9 月，各国元首和政府首脑在联合国总部通过了 2030 年可持续发展议程，设立了全球可持续发展目标。2030 年可持续发展议程的多个章节涉及可持续消费和生产模式的实施议题，同时还包括一项具体目标（SDG12：确保可持续消费和生产模式）。

欧盟委员会也发起了多个环境产品政策倡议，其中包括 2003 年 6 月通过的《整合性产品政策》（IPP），该政策为考量产品在其整个生命周期中对环境的影响奠定了基础。《欧盟生态设计指令》确保产品设计亦遵守相关环境要求。此外，欧盟还出台了诸多倡议，如欧盟生态标签、绿色公共采购制以及欧盟生态管理与审核计划（EMAS）。

2. 德国可持续消费计划

2016 年，德国政府通过新版《国家可持续发展战略》，该战略与联合国的 17 项可持续发展目标保持一致。同年，德国政府启动"国家可持续消费计划"（NPNK），其中描述了相关行动领域，并且详细介绍了 170 多项具体措施。"国家可持续消费计划"要求政府机构，包括所有部委和众多利益相关方团体全面参与其中，以跨领域的方法解决消费问题。该计划阐述了德国政府计划如何与国家层面携手不同利益相关方，系统化加强并扩大各领域的可持续消费。就可持续消费而言，德国有六个最有潜力缓解环境压力的领域（需求领域），即交通出行、粮食、住房和家庭、办公和工作、服装、旅游和休闲。

3. 开发和完善绿色标准和标识认证

"蓝色天使"认证体系于 1978 年正式推出，是世界上第一个生态标签。

它被视作与产品相关的环境保护运动的先驱。多年来，德国蓝色天使认证体系始终致力于为人们购买环保产品和服务提供可靠指导。该生态标签现已制定出120个不同的产品组标准文件，成为世界上最全面的生态标签计划之一。目前，来自约1 500家企业的12 000种产品已被授予蓝色天使标志。《德国可持续发展战略》也规定了相关目标：到2030年前，获得生态标签的产品的市场份额应达到34%。

4.创新以保障绿色产品和服务的有效供给

促进可持续消费的社会创新包括新的组织形式、服务、产品和做法，这些创新能够提高消费习惯的可持续性。示例包括可供汽车、工具或其他产品借鉴的共享模式，城市园艺项目或其他集体活动。联邦环境署（UBA）开展了关于通过社会创新促进可持续消费的研究，目的如下：实现社会创新系统化，促进可持续消费；提供建议，促进具有减少环境影响潜力的社会创新。

5.可持续公共采购

在德国，各州通过其行动在向可持续发展转型进程中发挥重要作用。通过实施适当的采购政策，公共部门能够以身作则，提升可持续消费政策的可信度。

6.制度监督

为落实"国家可持续消费计划"及其措施，德国成立了部际工作组和能力中心。通过建立这样的制度架构，德国希望在公众辩论中牢固树立可持续消费概念。为此，德国建立了一个主要信息平台，以便在所有利益相关方（包括公司、地方当局、消费者保护机构、协会、部委和其他公共机构）与市民之间建立沟通机制，并在开展可持续消费工作的不同组织之间建立强有力的联系。

为了制定更加有效的可持续消费促进政策，有必要进行全面、持续监督，以了解德国在促进可持续消费方面的动态以及配套政治措施是否奏效。为了开展监督工作，联邦环境署与其他几个机构一道，现已在"国家可持续发展战略"中制定两项新的可持续消费指标（加贴政府生态标签的产品的市场份额；私人消费的能耗和二氧化碳排放量）。自2013年起，联邦环境署定期发布报告，旨在开发一款工具，用于系统地跟踪绿色产品市场，提供绿色产品增长的估算值，并且评估推广绿色产品的措施和手段。

3. 帮助受到绿色转型不利影响者

中国和其他国家的绿色转型将通过改变相对价格影响生产者和消费者。因此，一些生产者和消费者将因此受益，另一些则将受损。在某种程度上，这是结构性变化产生的常见剧变的一部分。然而，在某些情况下，可能有充分理由支持受到不利影响者。

在向低碳、资源节约且具有更强环境抵御能力的经济转型的过程中，将产生新的就业机会，而一些传统就业来源则将消失。多数研究表明净效应很小；或许为偏正或偏负。不过，负面影响可能集中在特定行业（特别是与化石燃料有关的行业）及特定地区。受影响的企业及其员工可能需要支持，以确保其不会遭受过多损失，一些员工和群体不会"被淘汰"。被取代员工和群体的需求若得不到满足，将不仅会造成不公平和资源浪费，还可能导致对政府当局的政治抵制。

结构性变化是所有充满活力的经济体的共同特征，在此过程中会产生"赢家"和"输家"。例如，估计瑞典 500 万个工作岗位中消失了 10%，而每年创造的工作岗位所占百分比略高于该数字。随着"工业革命"的到来，人们更广泛地使用人工智能、机器人技术和一系列新技术。在此背景下，未来产业结构和劳动力市场或将经历更大变化。这一趋势表明，亟须在绿色转型之外建立社会福利专项规定和机制，以使员工能够适应劳动力市场的变化。

当公司因与环境有关的原因而被要求削减产能或关闭时，让员工参与讨论是有效管理转型的一个重要因素。首先应当解释根本原因，包括任何健康和环境影响。但是需要辅以具体措施，以帮助员工找到新的就业机会。这些措施包括提供学习的机会，支持新技能发展和创业，以及将公共部门服务转移到受影响地区。

然而，在实践中，许多 OECD 国家感到难以重新安置因结构性变化而失业的员工。其中一些挑战包括：员工难以或不愿意迁往其他地区；即使提供大量激励措施，仍难以将新产业吸引到产业衰退和失业率高企的地区。此外，OECD 国家的经验表明，受低碳转型影响的劳动力中，男性占很大一部分。应进一步分析这种性别影响可能产生的后果，包括对女性就业可能产生的第二轮影响。

另一种广为提倡的做法是向境况不佳的企业提供资金支持，以维持其经营活动和相关就业。然而，OECD 国家的经验表明，这种做法通常并不有效，当潜在挑战与产能过剩、破产及结构性变化有关时更是如此。在以下两种情况下，有针对性的支持或许有效：企业正在进行重大重组以提高竞争力；提供支持所带来的好处超过不提供支持所产生的代价。然而，政府必须为此"挑选赢家"，而这项工作往往以失败告终。

在世界贸易组织框架下，提供大量国家援助还可能扭曲竞争，导致挑战[1]。资金支持通常在用于加快低效企业退出市场时最有效。这方面的措施可包括设立专项资金，以帮助对受影响的员工进行再培训或重新安置，或管理潜在的重大环境风险，而不是向企业提供无条件支持。

各国对企业征收的碳税税率差别很大。在此国际背景下，人们普遍认为应当向能源密集型和贸易风险敞口较大的行业提供支持，特别是当这些行业有可能迁往现行效碳税税率较低的司法管辖区时。然而，对于这一挑战，并没有简单地解决方案。降低现行碳价的支持措施还会削弱减少排放和开发更清洁技术的动机。针对贸易的替代方法，如边境税调整，可能会引发报复性贸易措施。

在消费者方面，气候变化减缓政策，特别是对能源和交通运输燃料征税，可能会导致能源价格上涨。这些因素可能会影响低收入群体对交通出行和能源服务的负担能力。OECD 对这一问题的实证研究表明，较高收入群体往往更容易受到更高交通运输燃料税的影响，因为他们通常拥有更多汽车，行驶距离更长[2]。然而，法国最近的经验表明，以上规律或许适用于城市居民，但未必适用于农村居民，因为后者往往完全依赖私家车出行。对取暖燃料和电力征税往往会对贫困家庭产生更大影响，因为这些服务在收入和支出中的所占份额高于富裕家庭。然而，研究表明，如果在对取暖燃料和电力征税的同时辅之以与收入相关的补偿，就有可能保持与税收相关的环境激励措施，并且在补偿受影响的家庭之后，仍然有足够的收入分配给其他用途。

（四）改革生态环境治理

1. 健全生态环境的法制体系

（1）完善生态环境立法

1）加快制定生态环境新法步伐

在生态环境领域，结合党和国家新一轮机构改革，制定统一的《生态环境基本法》，以期弥合法律中存在的内容碎片化、相互矛盾冲突等问题。与此同时，还应当加快制定《生态环境损害赔偿法》《生态环境保险法》《自然保护地法》《应对气候变化法》，以上立法措施对于将重大改革措施法治化、实现生态环境保护领域国家治理体系和治

---

1 欧盟内部有关国家援助的规则远比世界贸易组织的同类规则严格 . https://researchbriefings.parliament.uk/ResearchBriefing/Summary/SN06775.

2 Flues F, Thomas A.The distributional effects of energy taxes:OECD Taxation Working Papers(No. 23)[M]. Paris:OECD Publishing ,2015. DOI: http://dx.doi.org/10.1787/5js1qwkqqrbv-en.

理能力的现代化具有十分重大的意义。

与此同时，在能源领域，当前应优先考虑制定《原子能法》，对原子能行政主管部门和安全监督机构的职责和权力、核科学研究与产业发展、核矿藏的开采、核材料的管制、核设施的监督和管理、核废物的处理和处置、辐射防护、核辐射装置和放射性同位素的应用、核事故应急管理和核损害的赔偿以及法律责任等重大问题做出明确的规定，并作好与《核安全法》等相关法律的衔接。

2）及时修改现行法律

对《森林法》《草原法》《水法》《水污染防治法》《大气污染防治法》和《环境影响评价法》等法律法规进行修改或者进行再次修改，以适应新形势下生态环境保护的新需要。

（2）加强生态环境执法保障

1）完善生态环境监管体制机制改革

优化环境管理体制，形成监管统分结合、法律实施与监督相结合的局面。将环境管理体制改革纳入法治的轨道上来，对环境行政主管部门及其他相关部门的权责进行明确区分；优化中央与地方环境监管体制分工，开展新一轮环境保护事权改革，下放行政许可和监管事权，赋予中介组织技术服务权；针对现实问题建立高规格的环境管理协调机构，如在中央层面可以设立国家环境保护委员会，环境保护委员会办公室设在生态环境部，在各流域设立流域环境保护的协调机构，在各大气污染重点防治区域设立协调机构等。推行"党政同责、一岗双责和失职追责"的体制和机制，健全人民代表大会监督的体制机制，使各级政府和党委依法行使环境保护职责。

2）改进政绩考核与评估机制

第一，完善地方政府生态政绩考评激励相容机制。主要是完善公务员政绩晋升机制、改进显性物质激励机制、健全隐性声誉激励机制、建立生态政绩质量信誉等级制度。第二，完善地方政府生态政绩考评专业监督机制。在生态政绩考评中，要通过建立专业监督机制来规避其中的政绩造假、政治注水、瞒报谎报等行为，实现监督权限制度化、监督机构的专门化、监督人才专业化及监督范围全面化。第三，完善地方政府生态政绩考评责任追究机制。结果承担形成从低调的或非正式的从轻处理方式到严厉措施的制裁阶梯，建立评估责任清单，强化惩戒功能。

3）推进环境健康风险管理机制建设

基于中国环境现实需求和 2035 年环境治理目标，对环境健康风险进行评估，用风险管理理论来对我国环境健康风险管理机制进行设计，为国家逐步建立环境健康风险管理体系提供建设性意见：构建环境健康风险监测体系；建立环境健康基准标准；融入衔接环境管理基本制度；提高环境健康技术支持能力；建立环境健康风险交流机制。

该风险管理机制应当提供如下两方面的信息：①战略性重点确定和分配资源，通常是在五年规划层面和政府工作计划层面作出；②在具体情况下进行风险监测，如工业发展、交通基础设施和干部绩效评估等领域。

4）坚持环境法治中性别平等原则

第一，在环境保护统管与分管部门中可设立专门的性别平等协调人，负责协调与监督本部门社会性别主流化的工作,向环境立法与决策的性别影响评价出具专家意见，负责环境保护性别平等项目的开展与其他相关部门的协调人保持沟通，并负责相关的国际合作。第二，在环境统管与分管部门中开展社会性别预算。分析现有环境预算，充分考虑对男性和女性可能产生的不同影响,筛选预算中的性别敏感因素作为关注点，推动本领域性别平等的实现和环境保护水平的提高。第三，收集性别化的数据，作为性别平等决策的依据，在已有环境数据中加入必要的分性别数据，将社会性别视角真正融入环境法治。

（3）加强生态环境司法保障

1）建立生态环境纠纷多元化解决机制

第一，应加强对生态环境纠纷多元化解决机制的顶层设计。基于中国体制的特点和社会条件，应优先发展各类公益性解纷服务，同时逐步探索市场化机制的发展模式，并构建合理的管理体制。第二，根据现实需要和条件，采取循序渐进、分门别类、逐步推进的方式，通过专门法、单行法规、法律修改等多种方式进行立法，构建高效、协调的生态环境纠纷解决系统，加强行政调解与诉讼等各方面的协调与整合。第三，培育新型纠纷解决文化。需要从教育普及和法律观念转变入手。

2）推进环境资源案件的集中管辖

环境资源案件集中管辖和归口审理的改革探索意义重大。司法机关应认真总结经验，逐步形成完善的法律制度予以推进。同时，有关司法机关和有关部门应积极构建多元共治机制，围绕加强环境司法与环境行政执法的衔接，构建联合调解机制，完善司法鉴定机制。司法机关应与公安机关和环境行政部门及时沟通协调，为环境资源审判创造良好的外部环境。

（4）加强生态环境全民守法

第一，加强全民自觉学法守法用法的社会氛围建设。各级党政机关的工作人员特别是与经济社会可持续发展密切相关的各部门，应当带头遵守宪法和法律，要积极发挥新兴网络媒体的监督作用。大学应当普遍开设环境法教育课程。第二，公众参与制度设计中充分考虑女性的因素，增加女性参与比例。第三，提出企业守法援助及激励机制的建议方案，提高排污者守法自觉性。

强化法治队伍建设。对工作强度大、任务重的执法和司法部门适当增加人员编制、配齐人员队伍。建立健全规范化培训制度，实现对专业人员队伍组织培训考核机制的常态化，全面提高相关部门工作人员的业务水平和专业素养。

2. 改革环境政策和手段

优化生态环境治理结构，构建绿色发展长效机制。

（1）树立共识，发动全社会共同治理和改善生态环境

共识和公众意识是推进生态环境治理的基础。具体而言，需要传播生态文化和生态伦理，培养公众的集体意识和全局意识。政府要发挥主导作用，下放权力。企业要主动承担责任，通过开展绿色生产实现更好发展；鼓励社会组织和公众主动参与环境治理。政府要将文化摆到生态环境治理体系的重要位置，通过文化传播，让生态文明成为社会发展主流价值观，培育生态人格，形成全社会范围保护生态环境的良好氛围。

（2）简政放权，加强基层生态环境治理能力建设

1）强化政府引导机制

基层政府应统筹安排基层生态环境治理工作，既要放手发动居民积极参与和创新基层生态环境治理，又要在广泛的基层治理实践之中敏锐发现典型，积极推广典型，同时还要主导制定规章制度来规范生态环境治理。关键是要建立强有力的生态治理专门机构以协同政府内部的治理行为，同时加强政府规制，要通过法律法规、政策制度、环境标准、考核机制等措施，调节规范各种经济主体的行为，特别是要引导好地方政府官员正确处理好经济发展与环境保护的关系。

2）创新企业的参与治理机制

基层政府和社区通过积极引导企业并发挥企业先进的创新方法，促成多元主体共建共享的基层治理实践。利用市场机制，让企业在生产过程、环境治理中承担起社会责任。一是运用经济杠杆原理，明确生态资源产权，健全生态资源的市场交易机制，通过征收资源税和生态环境税兑现"谁收益，谁付费"的理念，以实现生态资源的市场配置并激发企业生态环境治理动机；二是推动产业转型升级，加强政府积极推动和引导，通过不断调整经济结构和加强技术创新，不断推动节能环保、新能源、新材料、高端装备制造等战略性新兴产业的发展；三是建立绿色金融体系，发展绿色信贷、绿色债券，设立绿色发展基金，缓解政府、企业在生态环境治理中的资金短缺问题。

3）推进公众广泛参与基层生态环境治理

要使基层社区的居民和各种社会组织能够广泛参与基层生态环境的事务管理，共同推动社区建设，共享治理成果。还应确定公众参与生态环境治理的各项权益得到保障；拓展公众参与民主决策的机制，使生态公共政策集中体现人民群众的利益，确保公众的知情权；强化生态公众政策的监控与反馈机制；通过落实环境信息公开制度，让公众知情并展开监督。公众通过对政策执行情况的跟踪、评估和监督，能够支持政策的落地落实，同时通过监督反馈，加大生态问题的曝光力度，形成全社会倒逼有效生态治理的强大舆论压力。

（3）生态环境治理力度由末端治理向源头管控转变

2020—2035 年，中国生态环境治理进程仍将呈现与工业化、城镇化、农业现代化进程同步推进的局面。因此，要转变以末端治理为主的生态环境治理思路，让治理制度建设、政策设计、人员力量均向源头管控倾斜，实现治理成效可持续化，从而达到生态环境质量根本好转的目标（专栏 6-7）。

1）延续供给侧改革在生态环境治理中的重要地位

从生产端入手，进一步促进产业结构、能源结构、投资结构调整。加大新兴产业特别是环保产业在产业结构中的占比，补贴政策由扶持行业向激励绿色生产行为转变。构建以煤炭、石油、天然气和可再生能源（特别是生物质能、太阳能和风能）清洁高效集中利用为主要组成的能源利用体系。

2）增加需求侧在生态环境治理中的关注力度

从消费端入手，进一步调整贸易结构，完善城市、社区层面的基础设施（如建立完善的绿色公共交通供给体系等），实现绿色消费外部条件与绿色消费理念相匹配。

3）放宽市场准入，鼓励多元投资

环境治理和生态保护的公共产品和服务可以由各类资本支持投资、建设和运营。市场可助力实现投资主体多元化。首先，可以完善公私合作伙伴关系（PPP）环境基础设施项目的运行机制，提高竞争透明度。应建立各方之间的风险分担原则，以优化整个项目流程，包括融资、工程设计与施工以及运营、维护。此举有望改善环境服务绩效。其次，设立国家环境保护基金，建立双向激励机制以促进减少污染，同时引入作为社会信用体系一部分的企业环境黑名单系统，以此完善第三方机制。最后，完善环境治理的经济组成部分，如完善环境服务产品的价格构成和调整政策，加强对环境公共服务成本的核查和价格监督，以及在投资回报率不高的非经营环境中（如地下水、土壤、流域管理等）完善对环保产业的税收激励政策。应在有正当理由的情况下，对特定年份实施免税和减税政策，并对环境产业实行税收激励政策。

专栏 6-7　欧盟国家的多层次治理

以伦敦的空气治理为例，英国空气治理的层次共涉及三个方面，分别是欧盟层面、英国政府层面和地方政府层面。其中，欧盟主要起监管作用。英国层面主要是环境、食品与农村事务部负责，其主要职责之一是使用模型和监测每年对空气质量进行全国空气质量评估，确保符合欧盟关于特定污染物的限值。

1. 欧盟的监督

主要包括三方面：

（1）欧盟制定了防止空气质量对人类健康和环境造成重大负面影响的目标。欧盟控制大气污染政策有三大支柱：每个支柱都源于成员国的广泛投入以及欧洲议会和成员国的共同决策。

第一个支柱包括环境空气质量指令中规定的针对地面臭氧、颗粒物、氮氧化物、危险重金属和其他污染物的环境空气质量标准。

第二个支柱包括国家排放限额指令规定的硫氧化物、氮氧化物、氨、挥发性有机化合物和颗粒物等主要跨境大气污染物的国家减排目标；

第三个支柱包括从车辆和船舶排放到能源和工业等关键污染源的排放标准。

但是欧盟在标准制定上普遍低于 WHO 设置的标准。不过，各国政府可以自由选择制定更严格的国家标准。

（2）欧盟层面制定了各种措施，以帮助和敦促各成员国遵守大气污染的相关指令。此类措施包括：财务机制；提供技术和财政援助咨询服务（如欧洲委员会和欧洲投资银行资助的城市生物圈倡议 URBIS）；通过环境实施审查对绩效进行同行评审；欧盟委员会与欧盟成员国就如何提高合规性开展对话以及经验和最佳实践交流机制。

（3）司法手段。如果成员国不遵守欧盟空气质量法规，欧盟委员会和公众均可诉诸法院，要求政府采取必要行动履约。在欧盟层面，欧盟委员会可启动违规程序，包括记录违规行为并要求相关成员国提供履约措施等信息。如果该成员国仍未履约，委员会可诉诸欧洲法院，法院将对违规行为进行处罚。欧盟委员会已经要求包括德国在内的 16 个成员国被诉讼，13 个国家包括德国和英国因为二氧化氮被起诉。欧盟与各成员国之间可以就政策构架、政策执行情况予以协调。连续几年违反的国家可以被施加罚款。

2. 英国政府层面的监管

英国已就欧盟指令规定的空气质量承诺达成共识。但是，实施工作由英国四个国家行政部分别负责。苏格兰已制定其空气质量战略，威尔士和北爱尔兰正在起草其空气质量战略。英国主要的政府机构是环境、食品与农村事务部（DEFRA），其负责执行与空气质量相关的欧盟指令和总体政策，使用模型和监测每年对空气质量进行全国空气质量评估，确保符合欧盟关于特定污染物的限值。

国家层面实施的主要措施包括：到 2040 年，逐步淘汰化石燃料车辆，并要求车辆在 2050 年前基本实现零排放；出台各种财政扶持措施，包括：车辆充电基础设施、清洁巴士和出租车；交通要道减排措施；以及协助地方政府改善空气质量。请注意，术语"零排放"具有一定误导性。该术语是指没有碳氧化物、氮氧化物和碳氢化合物的尾气排放。从这个意义上讲，"零排放"车辆仍会排放大量细颗粒物（$PM_{2.5}$ 和 PM_{10}），因为这些细颗粒物大多来自刹车、轮胎和路面。

3. 地方政府的监管和举措

地方政府需定期审查和评估其所在地区的空气质量，评估相关地区能否在截止日期前实现或即将实现国家目标。如果无法或可能无法实现国家目标，相关地方政府必须申报空气质量治理区域，并制定空气质量行动计划。

4. 民间环保组织发挥监督作用

民间组织寻求的司法救济权利得到保障，因此，非政府组织一直可以积极通过法院向英国政府施加压力，敦促其遵守欧盟空气质量标准。比如，欧洲环保协会（"Client Earth"）不仅在英国，还在德国等其他欧盟国家寻求法院帮助，为推动空气质量改善发挥重要作用。2016 年，英国最高法院审理了欧洲环保协会提交的关于解释欧盟环境空气质量指令中空气质量计划的上诉。目前，欧洲法院对此解释的裁决对欧盟所有国家法院均具有约束力。

3. 重视利益相关者的全方位参与，强化环境信息披露

（1）培育公众生态环保意识

树立全社会的生态文明观，提高公众对生态环境的认识，培育生态文化，巩固生态环境教育的平台，把生态环境保护转化为全体人民自觉行动。要增强全民节约意识、环保意识、生态意识。有关主管部门应当对生态环境教育进行顶层设计，并将生态环境教育植根于国家教育体系。加强对环保相关科学知识的传播，使环境保护真正成为全体公众的自觉行为。抓好青少年的环保知识教育，树立真实可信的生态文明践行榜样，

同时通过各种教育培训系统来渗透"绿色化"的生态文化，发挥社区团体、大众传媒等在传播环保科学知识中的重要作用，大力宣传和报道科学的环保知识、绿色发展知识与成就，提高公众的关注度，提升公众环保意识，树立起绿色发展理念，营造崇尚生态文明和环境保护的良好氛围。

（2）开展全民绿色行动

开展全民绿色行动，建立生态环境共享共管格局，动员全社会以实际行动减少能源资源消耗和污染排放，为生态环境保护做出贡献。建立环保基金、增加科研投入、借助市场机制定价、灵活运用奖惩激励等措施，增大并满足公众对绿色产品的需求，引导广大公众践行绿色发展理念，逐步改善消费习惯与行为，促进绿色生产与消费的全面发展。同时，应充分发挥性别优势，提高妇女在绿色生活、绿色消费等政策制定和实施方面的参与程度。创新生态环境管理体系，定期进行公众沟通平台的建设，拓展公众参与绿色发展的途径和渠道，完善公众参与的制度环节。落实责任主体，加强工作协作，确保公众参与环境决策。建立有效的生态环境公众参与评价体系，定期开展评价工作，并通过听证会、座谈会、问卷调查、电话及回信回访等方式对公众参与生态环境进行反馈。还可以利用大数据和云计算等技术来提升公众参与生态环境的质量和有效性。

（3）强化生态环境信息公开

政府应依法有序向社会组织下放环境监督权，有利于社会组织监督企业排污行为，向社会发布信息；加强企业环境信息公开信息制度的建设，建立企业环境信息公开名录，包括对信息的分类，区分公开的程度，以模板等标准化方式进行公开，健全企业环境信息公开的各方主体的救济机制、罚则及激励措施；畅通公民的诉求渠道，对重点项目和重点政策实行听证会制度，对热点话题启动圆桌会议机制。在环境信息公开的方式上，应当建立统一的环境信息公开平台，制定统一的信息公开考核标准制度（专栏 6-8）。

专栏 6-8　欧盟国家重视信息披露和公众参与

1. 立法保障公民环境知情权

德国政府非常重视在法律规定中确保公民的知情权。以可持续化学品管理为例，德国通过制定系列的法律法规，如环境保护法和预防保护法，确保公众的环境知情权，包括在涉及工厂选址审批或环境保护措施实施等方面。

2. 各政府层级均重视环境信息公开

第一，欧盟和成员国各立法部门通过立法保障公众知情权。

第二，政府机构如德国环保署，也设立公众对话机制。通过对话机制，实现德国环保署与普通公众的接触。除起草"综合环境计划"之外，环保部每年举行5个对话，在德国不同城市进行，随机邀请公众。

第三，政府联合高校对外发布环境信息。以英国为例，英国建立了若干披露空气质量信息的公开渠道，包括：英国空气网（UK-Air）、国家大气排放清单（NAEI）、"CityAir"的手机App等多种渠道向民众公布环境信息，同时在发生高度污染情况发生时，通过地铁和公交做出预警。

3. 保障公民知情权理念深入企业，企业重视公共关系

以德国化学品工业园区为例，园区企业非常重视与居民保持良好的信任关系，积极向公众披露相关信息，不拒绝任何人的知情权，以让公众认为自己是可靠的单位，同时提升企业形象。

4. 环境信息公开中高度重视环境对健康的影响

英国的环境信息公开中非常重视环境污染对人体健康的影响，旨在唤醒民众对环境保护的重视。在了解到的英国空气质量信息公开的渠道中，英国空气网（UK-Air），包含监测点网络及其运行方式的信息、空气质量趋势和实时空气质量评估数据集等当地大气污染物浓度数据、短期空气质量预测以及空气质量对人类健康与环境的影响等信息；"CityAir"的手机App的内容则包括是否污染、何时污染以及哪条道路的污染情况最严重；可根据不同级别告知人们可以做什么、避免做什么；可以在民众离开家之前告知其污染物最少的道路，以减少人体接触到重污染区。

（4）在环境事物中获取信息、公众参与决策和获取司法救济

以开放、参与的方式制定环境政策是良好环境治理的基本要素。这些措施能够提高决策质量，提升公众对环境问题的意识，使公众有机会表达关切，并使政府能够适当考虑这些关切，使有关环境问题的公共决策更加透明和负责，并且加强公众对环境政策及其实施的支持。

《奥胡斯公约》（《关于在环境事物中获取信息、公众参与决策和获取司法救济的公约》）是该政策领域重要的国际参考和基准。这部公约最初于1998年由联合国欧

洲经济委员会成员通过，现在有 47 个缔约方。[1]《奥尔胡斯公约》明确规定今世后代人人得在适合其健康和福祉的环境中生活的权利。呼吁政府通过保障公民在环境事物中获取信息、公众参与决策和获取司法救济，使其能够行使此项权利。

1）获取信息

《奥胡斯公约》规定政府有义务提供公众要求的环境信息。政府应尽快提供公众请求获取的环境信息，通常应在收到请求后的一个月内完成此项工作。不过，政府可能会拒绝某些类型的请求。例如，如果请求"明显不合理或表述方式过于笼统"，或者披露可能损害正在进行的程序或损害商业机密或国家安全。政府应解释拒绝提供信息的原因。如果没有请求获取的信息，则应将请求者转向适当的来源。政府可向请求者收取信息费用。不过，费用不得超过"合理成本"，并且应事先提供收费明细表。

政府还有义务收集其履行保护人类健康和环境的责任所需的信息，并向公众传播该信息。应以透明的方式提供信息，信息应能够有效获取。亦期望政府确保环境信息的完整性和可靠性。为此，许多政府将收集和处理环境信息的责任分配给独立机构（如环境署或国家统计局），这些机构独立于政治控制范围之外。过去十年间，许多政府越来越多地使用互联网，并且从用户角度出发设计了多种方法来传播环境信息。

2）公众参与

公众参与为政府获取准确、全面、最新的信息提供了机会，帮助做出对环境有重大影响的决定。《奥胡斯公约》建议，对于特定活动，政府应及早安排公众参与，并发出公告，包括整个过程各个阶段的时间表。公众有权获取所有相关信息和发表意见的机会。政府机构应考虑这些意见，并将最终通过的决定（包括原因）告知公众。许多国家面临的主要挑战之一，是确保公众参与过程不仅是正式活动，而且公众真正有机会影响决定。

根据《奥胡斯公约》，应涉及公众参与的主要活动包括：①建议某些类型设施（通常超过一定规模）的选址、建设和运营，一般而言，根据国家法律，此类项目必须经过包括公众参与在内的环境影响评价程序。②制定与环境有关的计划、方案和政策，包括部门或各级土地利用计划、环境行动计划及环境政策，在许多国家，此类计划须接受战略环境评价。在这种情况下，可能需要针对参与资格制定明确标准。③制定法律法规，同样，可能需要制定参与标准，并且针对接收有关后续草案的意见建立程序。

在许多国家，环境非政府组织可以将这些信息和观点带到决策过程中，以此履行

---

1 联合国欧洲经济委员会 . 奥胡斯公约：执行指南 [R]. 日内瓦：联合国欧洲经济委员会，2014.https://www.unece.org/fileadmin/DAM/env/pp/Publications/Aarhus_Implementation_Guide_interactive_eng.pdf.

重要的公共职能。许多政府已认识到这一点，因此向非政府组织提供财政和其他支持，如免费办公空间或者履行规定任务的合同，采集信息或进行调查。在这种情况下，重要的是确保获得政府支持的非政府组织独立于政府之外。

3）获取司法救济[1]

关于获取司法救济的规定为公众对涉嫌违反环境法行为进行法律审查提供了机会。这些规定使公众能够在执行环境法方面发挥作用。《奥胡斯公约》中关于获取司法救济的规定适用于环境法的所有事项，但对三种违法行为进行了区分：请求获取环境信息；公众参与权（如许可、针对特定活动的决策）；影响环境的所有其他行为、决定和不作为。

对于前两类，政府必须规定涉及法院或依法设立的法院机构的审查程序。对于第三类，也可通过行政程序提供获取司法救济的机会。

除程序外，政府还必须确保可以采取适当的救济措施，其中应包括"禁令救济"，这是一种防止（再）造成伤害的救济措施。根据《奥胡斯公约》的规定，政府应明确谁具有"地位"，即谁有权发起法律审查。政府还应制定标准，以使程序、决定和救济措施公正公平及时，费用不会过高，并且以书面形式公布决定。

---

1 有关在欧洲司法救济经验的更多信息：Client Earth. 欧盟法律中诉诸司法的权利：在环境问题上诉诸司法的法律指南 .https://www.documents.clientearth.org/library/download-info/16209/.

附件 6-1　基于情景的展望的必要性

本专题政策研究强调需要具有前瞻性,以使"美丽中国 2035"目标与中国 2050 愿景相衔接,并且确定实现这两个目标的关键路径。为此,专题政策研究提出一项建议,即采用情景方法来指导中国的环境政策。

此外,专题政策研究成员聚焦中国环境与发展国际合作委员会(国合会)自身,指出中长期情景的共同基础将很大程度上助力整个国合会研究项目的实施。此前,这方面的总结工作由国合会特别工作组进行,分别探索了中国的环境政策与中国社会发展及经济转型之间的关系[1]。本附件总结了该方法用于国合会政策研究的潜力。

一、国合会研究项目的潜力

作为整个工作项目的基础,不同情景的共同基础将为国合会提供以下潜在作用。

(1)一条共同基线或一组基线,使所有研究之间的比较更为便利,也更容易整合所有的研究结果。

(2)在国合会研究发展的后期阶段也可以运用如下方法:对所有的当前研究草案进行压力测试,即以一组简单的相反的情景为基础,并拓宽可预见未来的领域。

(3)采用返溯法,以使 2035 目标与 2050 愿景相衔接。2013 特别工作组建议将此类情景工作作为确定环境政策与中国社会发展之间相互影响的首要任务。

(4)参与起草年度议题文件。

中国环境与发展的任何相关情景都必须考虑多个地理尺度,包括更广泛的区域,甚至考虑全球范围。其相关模型也应该如此。完成此项工作的一个实用方法是使用现有"共享社会经济路径"(SSPs)作为背景[2],而不是建立自己的全球情景和模型。之后可在该框架内详细针对中国国情开展的更详细工作。之前国合会的中国绿色转型 2050 工作组即采用了这种分析方法。

二、背景:什么是基于情景的展望?

情景方法用于分析和展望未来。具体而言,情景用于构建有关未来的一致性故事,

---

1 可查阅国合会 2013 年执行报告《中国环境保护与社会发展研究》和国合会 2017 年讨论文件《绿色发展新时代——中国绿色转型 2050》。
2 O'Neill B C, Kriegler E, Ebi K L, et al. The roads ahead:Narratives for shared socioeconomic pathways describing world futures in the 21st century[J]. Global Environmental Change,2017(42):169-180. https://doi.org/10.1016/j.gloenvcha.2015.01.004. 收录于关于"共享社会经济路径"的特刊。

并具有一致的时间轴。如同在剧院里上演故事一样，各种行为主体和力量在舞台上相互作用。关键目标是在未来到来之前便考虑未来，从而做好充足的准备。

情景不会提供预测，因为世界充满变数。实际上，情景方法是试图准确探索不确定的未来和对这种不确定性对政策的影响进行评价。

因此，一个情景是一个故事，是想象事情随着时间推移会如何发展。但情景未必是关于事物应当如何发展的故事，尽管有些方面的发展具有这种特征。

在环境和可持续发展方面，一种情景通常由叙述和数字组成，而后者一般基于模型。这些模型不应被理解为僵硬不变的规律，但它们通常可用于阐明问题，例如最大改进速度以及能源设施和空间格局等的寿命。

情景有许多类型，并有大量文献阐释它们。一种最简单的分类标准是人们想要了解未来的目的。根据不同的目的，可将其分为三个典型的类别，其有各自的技术特征（时间和资金预算、参与方等）。

政策优化：哪种政策最有效、最具成本效益、最快速、最容易被接受等。

倡议与愿景：我们要争取的积极变化是什么？一个最重要方法是返溯，即探索如何实现愿景。返溯法并非规划，它更具策略性，如在做出近期决策时要牢记的"必备事物"和"死胡同"。

战略定位：我们需要为自己准备哪些另外的世界？如果我们目前的假设错了怎么办？会有哪些更稳健的策略？重要的是，这是我们无法控制的，但是需要更有策略性地为未来做准备。

第七章 绿色转型与可持续社会治理

一、引言

中国改革开放 40 年以来，伴随经济与社会发展，城乡居民消费无论是从规模、结构还是方式等方面都发生了巨大变化，呈现出前所未有的特征：消费规模持续快速扩张，居民消费增长空间巨大；居民消费已从温饱向小康转型升级，消费方式也日益多元化；消费对中国经济增长贡献率快速提升，成为驱动经济增长的重要引擎。同时，中国消费领域对资源环境的压力持续加大，消费对资源能源的需求持续刚性增长，过度型、浪费型等不合理消费方式加剧了资源环境问题，消费领域成为环境污染和温室气体排放的主要来源。

消费已经成为中国推动整体绿色转型的障碍和制约因素。自 2004 年以来中国绿色转型程度逐年提高。到 2008 年之前，生产和消费领域绿色转型都在进步，但自 2008 年起绿色转型势头趋于平缓并出现起伏波动。总体来看，生产领域绿色转型在持续进步，对整体绿色转型发挥了积极的支撑作用，但是消费领域绿色转型自 2008 年以来下滑趋势明显，到 2011 年消费领域绿色转型下滑超过了生产领域绿色转型提升，可以说，生产领域绿色转型的效率提升未能弥补消费规模扩张带来的消极资源环境影响，绿色转型中消费领域成为制约整体转型的短板，消费领域绿色转型的大幅提升将对中国整体绿色转型和高质量发展发挥决定性作用。

绿色消费可以通过多重传导机制推动绿色转型。消费的绿色化对生产的绿色化发挥着引导和倒逼的作用，经过绿色理念和措施引导的消费规模、消费方式、消费结构、消费质量、消费偏好的变化必然会传导到生产领域，左右着要素资源的配置方向、生产方式的改进、产品结构的调整和产品品质的改善。绿色消费也是促进绿色生活方式形成的核心内容，是推动全民行动的有效途径。绿色消费活动可将绿色理念与要求传递、渗透到公众生活的各个方面，引导、带动公众积极践行绿色理念和要求，形成绿色生活全民行动，改善社会绿色转型的治理体系。

绿色消费能够成为绿色转型的新动能。当前中国绿色消费需求和市场不断扩大，居民消费不断升级，绿色消费品种不断丰富，绿色消费群体规模不断扩大，绿色消费意愿不断提升。绿色消费的转型升级可以引领以环境标志产品为代表的绿色生态产品和服务的供给创新，通过绿色生态产品和服务的供给创造新的绿色消费需求，这种绿色生产与消费、绿色供给与需求的良性互动循环不仅能够促进经济绿色增长，增加新的就业渠道和平台，推动供给侧结构性改革，成为经济增长的新动能和引擎，而且也可以大幅减少资源消耗和环境退化，成为生态环境质量改善的内生条件，实现环境与经济的"双赢"。

绿色消费有助于推动生态环境治理体系现代化。建立引领绿色消费模式的制度机制，一是可以将生态环境治理结构从生产环节拓展到消费环节，拓展了生态环境治理的领域，增加激励和自愿领跑的方式，有助于建立激励与约束并举的制度体系；二是消费是社会公众的基本行为选择，绿色消费可以促使公众真正进入环境治理过程，用其绿色消费行为以及绿色生态产品选择倒逼企业改善环境行为，增加绿色生态产品和绿色生产供给，是切实的、自发的公众参与生态环境保护；三是消费端的绿色转型通过绿色供应链实践传导至生产端，可以引导产业链条中的"绿色先进"企业管理"绿色落后"企业，开辟生态环境治理的新途径，完善生态环境治理体系。

居民消费理念、收入水平、消费偏好以及公共政策、绿色生态产品供给质量和价格水平等对推动绿色消费至关重要。消费者的绿色消费理念、环境意识和环境知识能够有效地提升对产品和服务感知绿色价值的认知，并间接影响绿色消费行为。公共政策主要通过影响消费者个体对环境和绿色消费的认知，最终影响其绿色购买、绿色生态产品使用和废弃物处置的态度。绿色生态产品供给价格高低会影响绿色消费水平的变化和普及程度，因此需注意规范绿色消费品市场，保障产品和服务质量，以便在绿色供给和绿色消费之间形成良性循环。技术进步对居民的绿色消费水平有着重要的影响。

总体上看，中国居民衣、食、住、行等方面的绿色消费政策都取得了积极成效，但是部分绿色消费政策的执行过程还有改进的空间。从政策框架和实践上来看，当前绿色消费政策不少，但较为分散，未形成系统有效的政策框架体系。具体表现为：一是缺乏系统谋划和顶层设计，多数绿色消费政策为理念性、指导性和自愿性政策，门类不全，政策层次及效力较低，操作性不够；二是绿色消费政策关注资源能源节约较多，关注生态环保较少，经济政策激励普遍不足，调控作用有限；三是绿色消费相关政府职能分散，生态环境部门作用有待提升，政策及管理碎片化等问题较为突出，如果不进行相关政策的系统设计和整合，绿色消费的环境经济效果将会大打折扣。

　　将绿色消费纳入国家"十四五"发展规划的时机和条件已经成熟。目前，中国正处在推动消费绿色转型的机遇期、窗口期，其主要特征是消费正在从温饱向小康全面转型升级，居民消费方式和意愿在发生明显变化，消费对经济的拉动作用在显著增强，处于新的社会消费习惯与模式的形成期。中国当前推动消费绿色转型具有强烈的政治意愿。国家主席习近平在 2017 年 5 月就推动形成绿色发展方式和绿色生活方式问题进行了专门论述。中国政府也为推动形成绿色生活方式和绿色消费提供了强有力的行动指南。推动消费绿色转型具有日益成熟的社会基础和较好的实践基础。中国公众的环境意识、参与意识和环境维权意识明显提升，对享有良好生活质量的要求和期待日益增长，形成了推动绿色消费的社会基础；同时，中国在绿色消费领域积累了一些有益的政策和实践基础，国际社会也有诸多好的做法可资借鉴。抓住这一珍贵的窗口期和关键期，及时引导，加快促进形成覆盖全社会和全民的资源节约和环境友好型的消费模式和生活方式，对中国整体实现高质量发展和生态文明建设意义重大。

二、中国消费趋势及其资源环境影响

（一）消费与绿色消费的界定

1. 关于消费的界定

　　国际上通用的全面反映最终需求的指标是支出法国内生产总值（GDP），反映消费需求的指标是支出法 GDP 中的最终消费，包括居民消费和政府消费，政府消费反映较强的政府意志，通常被看作是经济运行的外生变量，本课题组研究重点是针对居民消费。在中国统计体系中，住户调查中的居民消费包括农村住户调查中的居民消费和城镇住户调查中的居民消费，主要有 8 个大类：食品；衣着；居住；家庭设备用品及服务；医疗保健；交通和通信；教育文化娱乐用品及服务；其他商品和服务。基于这 8 大类统计，将支出法 GDP 的居民消费统计口径和投入产出表中的居民消费分类统一起来。

2. 关于绿色消费的界定

　　1992 年，联合国环境与发展大会通过的《21 世纪议程》首次提出，"所有国家均应全力促进可持续的消费形态。"1994 年联合国环境规划署（UNEP）发布《可持续消费的政策因素》报告，将可持续消费定义为"提供服务以及相关的产品以满足人类的基本需求，提高生活质量，同时使自然资源和有毒物质的使用最少，使服务或产品的生命周期中所产生的废物和污染物最少，从而不危及后代的需求"。2015 年，联合国可持续发展峰会通过了 2030 年可持续发展议程，制定了 17 个可持续发展目标，其中第 12 项为"可持续的消费与生产模式"（包括 8 项具体目标）。可持续的消费和生产是指促进资源和能源的高效利用，建造可持续的基础设施，以及让所有人有机会获得基本公共服务，从事绿色和体面的工作并改善生活质量。

以 1994 年建立的环境标志制度为代表，中国的可持续消费相关理念与实践基本与国际相关进程同步。2016 年 3 月，中国发布《关于促进绿色消费的指导意见的通知》，明确绿色消费是"以节约资源和保护环境为特征的消费行为，主要表现为崇尚勤俭节约，减少损失浪费，选择高效、环保的产品和服务，降低消费过程中的资源消耗和污染排放"。这一定义强调了消费行为中的资源节约和环境保护的"绿色"要求，与国际上可持续消费的内涵基本一致，但没有明确强调代际的消费公平性问题。2017 年，中国共产党第十九次代表大会对推动绿色生产和消费问题做出专门部署。总体上，可以从五个维度理解中国的绿色消费内涵与外延：一是在理念上，绿色消费鼓励消费的可持续和绿色化；二是在数量上，绿色消费体现消费的适度性和减量化；三是在结构上，绿色消费体现消费的合理性和平衡性；四是在内容上，目前首先关注的是吃、住和行等日常生活的主要方面；五是在方法上，以消费环节带动生产、流通及处置全过程绿色化。

3. 相关概念的范围界定

本课题组研究将涉及绿色转型、绿色消费以及消费绿色转型等概念术语。根据研究目标和内容，为方便理解和避免概念交叉，相关概念术语的含义范围界定如下：

（1）绿色转型

绿色转型主要指经济和社会两个维度的绿色转型。经济绿色转型主要是指经济增长与资源利用、环境退化脱钩，即在经济产出增加的同时，资源消耗与环境退化水平降低。脱钩又分为相对脱钩和绝对脱钩：相对脱钩表示经济增速大于资源利用增速或者环境退化增速；绝对脱钩表示在经济产出增加的同时，资源绝对使用量减少以及环境得到改善。

社会绿色转型主要是指整个社会的价值观转向崇尚尊重自然、顺应自然和保护自然的人与自然和谐共生关系；社会大众的行为方式转向可持续的生产和消费模式，形成适度、简约、绿色的行为和生活方式；社会治理结构和体系转向适应生态文明建设和可持续发展目标要求，形成绿色、公平和包容的现代化社会治理体系。

（2）绿色消费

绿色消费包括狭义和广义两个层次。狭义是指资源消耗少、环境污染小、价格合理的产品和服务，以满足人们各种需要、兼顾代际公平的过程，在定量分析中可使用国民经济核算中终端的居民消费支出，特别是通过吃、住、行、用等类别来表征。广义的绿色消费，是指在消费总量上适度节约，在生产结构和消费结构上向绿色转型，降低单位产出的能源资源消费以及生产生活对生态环境的影响，不仅包括最终消费绿色化，还包括生产过程绿色化和政府采购绿色化，以及促进绿色消费的新业态、新模式、新文化。

本课题组研究对绿色消费及其生态环境影响的预测主要从狭义概念和居民消费支出数据入手，对中国绿色消费的整体政策评价和案例选择则以广义的绿色消费概念为主。

（3）消费绿色转型

消费绿色转型是经济绿色转型的重要组成部分。绿色消费是一个相对静态的概念，主要表示消费的绿色化水平和状态。消费绿色转型是一个相对动态的概念，主要描述消费朝着绿色化方向迈进和转型的过程及变化情况。

（二）中国消费趋势及其资源环境影响

中国改革开放 40 年以来，伴随经济与社会发展，城乡居民消费无论是从规模、结构还是方式等方面都发生了巨大变化，呈现出前所未有的特征。而这些变化又进一步对经济发展、社会进步以及资源环境可持续性带来深刻和长远的影响（图 7-1）。

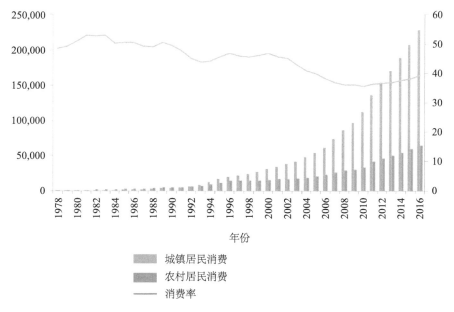

图 7-1　中国居民消费发展的历史

注：图中日本数据作为与发达国家的比较。

1. 中国消费规模持续快速扩张，居民消费增长空间依然巨大

近年来，中国消费一直保持平稳较快增长。2012 年以来，中国社会消费品零售总额由 21 万亿元增长到 2018 年的 38 万亿元，年均增速为 11%，高出同期名义 GDP 年均增速 2.7 个百分点。不过居民消费增长的空间依然巨大。截至 2017 年，中国城乡居民消费占比达到 40%，仍远低于发达国家 70% 的消费比重。2017 年中国人均家庭最终消费支出仅为 2 700 美元，仅是目前日本、欧洲、新加坡等国近年平均水平（20 000 美元）的 13%，中长期消费增长潜力巨大。经研究预计，2015—2020 年消费年均增长 7.2% 左右，2020 年城乡居民消费总额将达到 41.7 万亿元（当年价，下同）左右；2021—2035 年，消费年均增长 5.3%，到 2035 年年底规模达到 135 万亿；2036—2050 年，消费年均增长 3.5%，2050 年规模将接近 340 万亿元左右（图 7-2）。

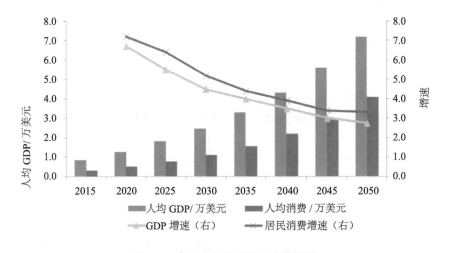

图 7-2　中国未来居民消费走势预测

2. 中国居民消费已从温饱向小康转型升级，消费方式也日益多元化

根据国家统计局发布结果，中国居民消费的恩格尔系数由 2013 年的 31.2% 下降至 2018 年的 28.4%。经研究预计到 2035 年继续下降到 20%，达到联合国划分的 20% ～ 30% 的富足标准。随着人口结构变化以及城镇化水平提高，在就业、收入、社保等有利消费因素的共同作用下，中国居民消费形态将进一步由物质型向服务型、由生存型向发展型转变，人均交通通信、教育文化娱乐、医疗保健等服务消费支出比重提高（图 7-3）。

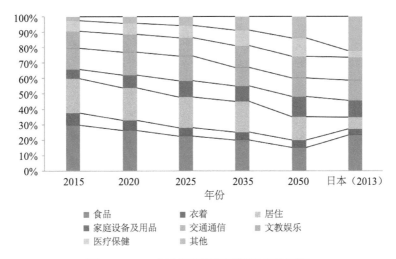

图 7-3　2050 年中国居民消费结构走势展望

注：图中的日本数据作为与发达国家的比较。

同时，随着科技进步以及生活方式变化，居民消费方式也将日益多样化。特别是在互联网技术支撑下，消费方式由传统线下零售向互联网线上＋传统线下零售融合转变。2018 年全国网上零售额达到 9 万亿元，同比增长 23.9%，明显高于社会消费品零售总额 9% 的增速，电子商务、移动支付、共享经济等引领世界潮流。消费行为由从众模仿型向个性体验型转变，智能手机、可穿戴设备、数字家庭等新消费蓬勃兴起，"互联网＋"催生的个性化、定制化、多样化消费渐成主流。

3. 消费对中国经济增长贡献率快速提升，成为驱动经济增长的重要引擎

从 2011 年开始，消费成为拉动中国经济增长的第一拉动力。2017 年最终消费支出占国内生产总值的比重为 53.6%，比 2012 年提高 3.5 个百分点；最终消费支出对经济增长的贡献率为 58.8%，比 2012 年提高 3.9 个百分点。同时，代表消费发展水平的第三产业快速增长，从 2013 年开始，其增加值在 GDP 中的比重超过第二产业；2015 年之后，该比重超过 50%。2018 年，最终消费支出对经济增长的贡献率为 76.2%，比资本形成总额贡献率高出 43.8 个百分点（表 7-1）。经济增长实现由主要依靠投资、出口拉动转向依靠消费、投资、出口协同拉动。预计到 2050 年，消费将达到 GDP 的 70% 左右，人均消费水平达到 4 万美元，与届时发达国家平均水平基本持平。

表 7-1　2018 年中国与美国的 GDP 总量及结构对比

GDP 总量及其结构	中国	美国
GDP 总量 / 万亿美元	13.6	20.5
第一产业比重 /%	7.2	0.8
第二产业比重 /%	40.7	18.6
第三产业比重 /%	50.1	80.6

注：本研究根据统计数据整理。

4. 中国消费领域对资源环境的压力持续加大，成为环境污染和温室气体排放的主要贡献来源

由于规模、结构以及消费方式等原因，中国消费领域对资源环境的压力持续加大、问题凸显，成为环境污染和温室气体排放的重要来源因素。主要体现在三个方面：

（1）消费对资源能源的需求持续刚性增长

中国居民资源、能源消费量迅速增加，2016 年居民直接消费的能源总量达到 5.4 亿 t 标准煤，是 2000 年的 1.7 亿 t 标准煤的 3.2 倍，年均增速为 7.7%，略快于能源消费总量的年均增速 7%，占能源消费总量的比重也从 11.6% 上升至 12.4%。同时，利用国家统计局最新公布的 2015 年投入产出表估算可得，2015 年居民消费引致的综合能耗[1] 为 11.4 亿 t 标准煤，占 2015 年能源消费总量的比重为 26.5%。预计到 2035 年，居民消费引致的综合能耗将达到 22.8 亿 t 标准煤，较 2015 年增长约 11 亿 t 标准煤，增长 88%，占能源消费总量的比重超过 40%；到 2050 年达到 30.4 亿 t 标准煤，较 2035 年再增长 33%。根据世界自然基金会的研究，2010 年，中国人均生态足迹为 2.2 全球公顷生产性土地，尽管低于全球平均生态足迹 2.6 全球公顷，却是 2010 年中国人均生态承载力的两倍以上。中国约 90% 的生态足迹产生于食品、住房、交通等消费活动，给资源环境带来了巨大的压力。

（2）过度型、浪费型等不合理消费方式加剧资源环境问题

根据中国公安部交通管理局发布的统计数据，2018 年全国机动车保有量已达 3.27 亿辆，其中汽车 2.4 亿辆，私家车（私人小微型载客汽车）保有量达 1.89 亿辆，载货汽车保有量达 2 570 万辆。2018 年新能源汽车保有量达 261 万辆，仅占汽车总量的 1.09%。根据工业和信息化部无线电管理局发布的数据，2018 年中国手机用户已达 15.7 亿。根据中国家用电器研究院电器循环与绿色发展研究中心发布的报告，2017 年，

---

1 居民消费引致的综合能耗包括居民生活直接消耗的能源，以及消费的各种产品在生产过程中引起的能源消耗。

中国电视机、电冰箱、洗衣机、房间空调器、电脑的报废量约为 1.2 亿台，废弃手机 2.3 亿部，其他家用电子电器产品废弃量达 1.5 亿台，电子电器废弃物重量超过 500 万 t。目前，中国每年包装用品产量达 3 000 多万 t，总体回收率不到 30%。据国家邮政局初步估算，2018 年全国快递业共消耗快递运单逾 500 亿个、编织袋约 53 亿条、塑料袋约 245 亿个、封套 57 亿个、包装箱约 143 亿个、胶带约 430 亿 m。国内使用的全年包装胶带可以缠绕地球 1 077 圈。根据世界自然基金会与中国科学院地理科学与资源研究所初步测算，2015 年中国城市餐饮业仅餐桌上食物浪费量就达到 1 700 万～1 800 万 t，相当于 3 000 万～5 000 万人一年的食物量。

（3）中国消费领域已经成为环境污染的主要来源

研究测算表明，2015 年中国居民消费终端需求带来化学需氧量排放约 1 184 万 t、氨氮排放 128 万 t、二氧化硫排放 720 万 t、氮氧化物排放 512 万 t，分别占总产生量的 56.1%、57.8%、70.2% 和 84.5%。预计到 2035 年中国居民消费终端需求带来的化学需氧量、氨氮、二氧化硫和氮氧化物排放量将分别达到 2 056 万 t、217 万 t、1 405 万 t、979 万 t，较 2015 年增长 74%、69%、95%、91%，分别占总产生量的 52%、54%、61% 和 60%；到 2050 年分别进一步提高到 2 497 万 t、261 万 t、1 722 万 t、1 157 万 t，分别占总产生量的 60%、60%、68% 和 68%。

另外，大气细颗粒物源解析发现，目前，北京、上海、杭州、广州、深圳等特大型城市的移动源排放已成为细颗粒物污染的首要来源，深圳达到了 52%，其中，机动车是城市最主要的移动污染源。2015 年，全国城镇生活污水排放量是同年全国工业废水排放量的 2.68 倍，而 1997 年二者的比例仅为 0.83，生活污水排放量在 18 年间增加了 1.83 倍。北京市 2015 年生活垃圾产生量已经超过工业垃圾产生量，成为当年城市固体废物的第一大来源。

三、绿色消费对经济社会绿色转型的作用分析

经济绿色转型的关键是经济增长与资源消耗、生态环境退化的脱钩，具体体现在生产和消费两个环节的绿色化。消费的绿色转型升级可以引领以环境标志产品为代表的绿色生态产品和服务的供给创新，通过绿色生态产品和服务的供给创造新的绿色消费需求，这种绿色生产与消费、绿色供给与需求的良性互动循环不仅是经济的新动能和引擎，也是生态环境质量改善的内生条件，是推动高质量发展的新增长极。同时，绿色消费可以引领社会新时尚，有助于培育生态文化价值观和新的绿色行为与生活方

式，对于构建可持续的社会治理体系和推动社会绿色转型意义重大。

（一）消费已经成为推动整体绿色转型的障碍和制约因素

经济绿色转型程度主要取决于生产和消费部门绿色转型的状况。为衡量经济绿色转型程度，本研究构建了基于产品生产和生活消费过程带来的资源、能源消耗和生态环境质量变化的绿色转型指数测度指标体系，以此反映生产和生活消费部门绿色转型程度。

1. 绿色转型指数体系构建

生产领域绿色转型指数以生产性能源消费、工业用水、建设用地和货物运输量4类指标进行测度，每一类指标的权重为6.25%；生产领域生态环境质量变化指数则以大气主要污染物排放量（工业源）、工业废水主要污染物排放量、工业固体废物、大气质量相对经济发展改善程度、水环境质量相对经济发展改善程度5类指标进行测度，每一类指标的权重为5%，其中，大气主要污染物排放量（工业源）涉及3个指标，每个指标的权重为1.67%，工业废水主要污染物排放量涉及2个指标，每个指标的权重为2.5%。

生活领域绿色转型指数用于测度居民生活方式的绿色转型程度，主要涉及居民生活消费过程中的资源、能源消耗和生态环境质量变化。其中，生活领域资源能源消耗指数涉及4类指标，分别以生活用水、生活能源消费、住宅用地和交通工具的变化进行测度，每一类指标的权重相同，均为6.25%；生活领域生态环境质量变化指数的计算则以大气主要污染物排放量（生活源）、生活废水、生活垃圾、公园绿地面积和出行方式的变化5类指标进行测度，每一类指标的权重均为5%，其中，大气主要污染物排放量（生活源）涉及2个指标，每个指标的权重为2.5%。

生产和生活领域绿色转型指数下的相关指标分为正向指标和逆向指标。正向指标表示指标值越高，则代表的绿色转型程度越高；逆向指标表示指标值越高，则代表的绿色转型程度越低（表7-2）。

表 7-2 绿色转型指数指标体系

一级指标	二级指标	三级指标	序号	单位	指标权重	指标类型
资源能源消耗指数	生产领域	单位 GDP 能源消费量（生产）	1	kg 标准煤/万元	6.25%	逆向
		单位 GDP 工业用水量	2	m³/万元	6.25%	逆向
		单位 GDP 建设用地面积	3	m²/万元	6.25%	逆向

一级指标	二级指标	三级指标	序号	单位	指标权重	指标类型
资源能源消耗指数	生活领域	单位 GDP 货物运输量	4	t/ 万元	6.25%	逆向
		人均日生活用水量	5	L/ 人	6.25%	逆向
		人均能源生活消费量	6	kg 标准煤 / 人	6.25%	逆向
		人均私人载客汽车拥有量	7	辆 / 万人	6.25%	逆向
		人均住宅用地面积	8	m²/ 人	6.25%	逆向
生态环境变化指数	生产领域	空气质量改善速度 / GDP 增长速度	9	%	5.00%	正向
		水环境质量改善速度 / GDP 增长速度	10	%	5.00%	正向
		单位 GDP 二氧化碳排放量（生产）	11	kg/ 万元	1.67%	逆向
		单位 GDP 二氧化硫排放量（工业）	12	kg/ 万元	1.67%	逆向
		单位 GDP 氮氧化物排放量（工业）	13	kg/ 万元	1.67%	逆向
		单位 GDP 化学需氧量排放量（工业）	14	kg/ 万元	2.50%	逆向
		单位 GDP 氨氮排放量（工业）	15	kg/ 万元	2.50%	逆向
		单位 GDP 工业固体废物产生量	16	t/ 万元	5.00%	逆向
	生活领域	人均公园绿地面积	17	m²/ 人	5.00%	正向
		万人公共交通客运量	18	万人次 / 万人	5.00%	正向
		人均二氧化碳排放量（生活）	19	kg/ 人	2.50%	逆向
		人均二氧化硫排放量（生活）	20	kg/ 人	2.50%	逆向
		人均生活废水排放量	21	kg/ 人	5.00%	逆向
		人均生活垃圾清运量	22	kg/ 人	5.00%	逆向

2. 经济绿色转型测度结果

鉴于各指标数据的统计口径和可获得性，本研究对 2004—2017 年各年度绿色转型指数进行了测算。结果表明：

（1）绿色转型程度逐年提高，但增大势头趋于平缓。2004—2008 年，绿色转型指数逐年大幅提高，2009—2012 年，绿色转型指数上升趋势减缓，2013 年绿色转型指数出现较大幅度下降，主要是由于其他指标在延续以前年份变化趋势的同时，2013 年空气质量大幅下滑（图 7-4）。

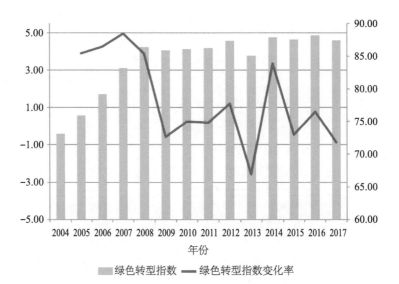

图 7-4　2004—2017 **年绿色转型指数变化趋势**

（2）生产领域绿色转型提升对整体绿色转型发挥了重要支撑作用。对比分析生产和生活领域绿色转型指数变化趋势可以看到，生产领域自 2004 年以来提升明显，而生活领域仅在 2004—2008 年有逐年增大趋势，自 2009 年至今持续减小，且自 2011 年生产领域就开始大于生活领域。这反映出生产领域绿色转型的改善对总体绿色转型提高起着至关重要的支撑作用，生活领域绿色转型倒退使目前总体绿色转型乏力。这也在一定程度上表明，近年来中国在生产领域的环境治理成效明显，而对于生活领域产生的环境问题关注不够（图 7-5）。

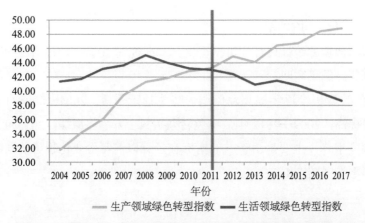

图 7-5　2004—2017 **年生产领域和生活领域绿色转型指数变化趋势**

（3）生产领域绿色转型增速放缓，生活领域绿色转型下降明显，生活领域绿色转型潜力巨大。生产领域绿色转型指数自 2004 年以来均呈现上升趋势，其中，生产领域资源能源消耗指数上升趋势平稳，自 2010 年开始大于生活领域资源能源消耗指数，但增长幅度有减缓趋势（图 7-6）。同时，生产领域生态环境变化指数在波动中有明显上升趋势，自 2014 年开始，大幅领先生活领域生态环境变化指数，这表明近年来生产领域资源、能源利用效率在逐步提高，并且生产活动对生产环境质量的负面影响也在逐渐降低（图 7-7）。

生活领域资源能源消耗指数自 2009 年以来呈现下降趋势，生活领域生态环境变化指数自 2011 年以来呈现明显下降趋势，并且自 2014 年下降幅度开始加大。这表明，生活领域对资源、能源的消耗量在逐步增大，且利用效率低，同时生活消费对生态环境质量的负面影响也在逐步扩大，已经超过了生产领域。

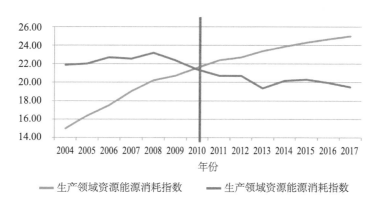

图 7-6　2004—2017 年资源能源消耗领域指数变化趋势

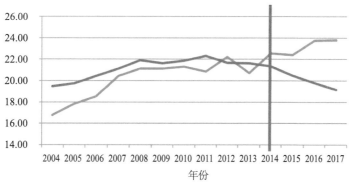

图 7-7　2004—2017 年生态环境领域指数变化趋势

（4）生产领域资源能源消耗绿色转型成效显著。测度生产领域资源能源消耗绿色转型程度的指标涉及 4 个，分别为单位 GDP 能源消费量（生产）指数、单位 GDP 工业用水量指数、单位 GDP 建设用地面积指数和单位 GDP 货物运输量指数。2004 — 2017 年，4 个指数的增大趋势明显，反映出生产领域单位 GDP 的资源、能源消费量在减小，利用效率呈现稳步提升的趋势，生产行为的资源能源消耗绿色转型成效显著（图 7-8）。

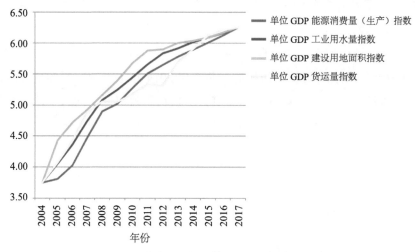

图 7-8　2004—2017 年生产领域资源能源消耗绿色转型指数

（5）生产领域生态环境质量维度的绿色转型不断提升。自 2004 年以来，生产过程中单位 GDP 污染物排放量，如大气主要污染物、工业废水主要污染物、工业固体废物产生量等均呈现出逐渐减小的趋势，反映出生产行为对生态环境质量的负面影响在减弱（图 7-9）。但是，单位 GDP 大气主要污染物和工业废水主要污染物排放量的下降幅度趋于缓和，仅单位 GDP 工业固体废物产生量的下降趋势依然较大，表明生产领域大气和水中主要污染物进一步减排的难度增大，而工业固体废物产生量的控制依然有较大潜力。

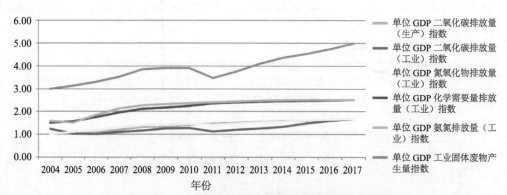

图 7-9　2004—2017 年生产领域生态环境影响指数变化趋势

（6）生活领域人均资源能源消耗量不断攀升，生活方式绿色化局面亟待形成。2004—2017 年生活领域资源能源消耗绿色转型指数变化趋势如图 7-10 所示，其中人均生活能源消费指数以及人均私人载客汽车拥有量指数 2004—2017 年逐年持续下滑，反映出随着生活水平的提高，居民消费过程中对能源需求和机动车拥有量的持续增长，且增长势头明显；人均生活用水指数自 2011 年以来呈现减小趋势，体现出随着基础设施的完善，生活供水覆盖范围在逐步扩大，人均生活用水量呈现逐渐增大的趋势；人均住宅用地面积指数 2004—2013 年在波动中下滑，2014 年以来逐步上升，反映出人均住宅用地面积在大幅下降，住宅用地的利用效率在逐年提高。

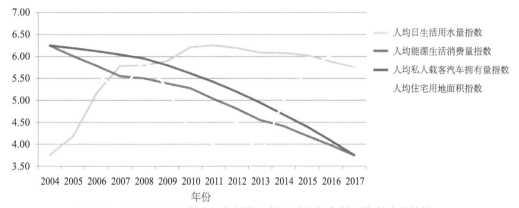

图 7-10　2004—2017 年生活领域资源能源消耗绿色转型指数变化趋势

（7）生活源污染物排放量有增大趋势，生活方式对生态环境质量负面影响显著。生活领域生态环境质量变化指数涉及 6 个指标，2004—2017 年各指标指数变化趋势如图 7-11 所示。一方面人均公园绿地面积指数和公共交通客运量指数自 2004 年以来上升趋势明显，但上升幅度趋缓，反映出居民对高质量生活环境的需求以及公共基础设施的完善程度在提高；另一方面生活源大气主要污染物（二氧化碳、二氧化硫）排放量指数、生活废水排放量指数、生活垃圾清运量指数均表现出明显的下降趋势，反映出生活领域居民生活消费行为对生态环境质量的负面影响趋势在扩大，绿色生活方式亟待形成。

总体上，自 2004 年以来中国绿色转型程度逐年提高，到 2008 年之前，生产和消费领域绿色转型都在进步。但自 2008 年起绿色转型势头趋于平缓并出现起伏波动。总体来看，生产领域绿色转型在持续进步，对整体绿色转型发挥了积极的支撑作用，但是消费领域绿色转型自 2008 年以来下滑趋势明显，到 2011 年消费领域绿色转型下滑超过了生产领域绿色转型提升。可以说，生产领域绿色转型的效率提升未能弥补消费规模扩张带来的消极资源环境影响，绿色转型中消费领域成为制约整体转型的短板，消费领域绿色转型的大幅提升将对中国整体绿色转型和高质量发展发挥决定性作用。

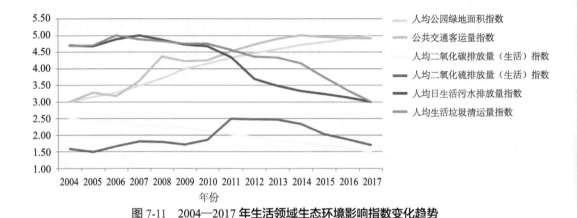

图 7-11 2004—2017 年生活领域生态环境影响指数变化趋势

（二）绿色消费推动绿色转型的多重传导机制

从消费与生产、消费与资源环境之间的辩证关系看，消费对经济发展发挥着基础性作用，对生产和消费等国民经济重大比例关系有重要影响，如果需求引领和供给侧结构性改革能相互促进就会带动经济转型升级，推动高质量发展，建设现代化经济体系。

1. 绿色消费推动绿色转型的传导机制

消费的绿色化对生产的绿色化发挥着引导和倒逼的作用，经过绿色理念和措施引导的消费规模、消费方式、消费结构、消费质量、消费偏好的变化必然会传导到生产领域，左右着要素资源的配置方向、生产方式的改进、产品结构的调整和产品品质的改善。

绿色消费也是促进绿色生活方式形成的核心内容，是推动全民行动的有效途径。生活方式是一个内涵广泛的概念，既包括人们的衣食住行、劳动工作、休息娱乐、社会交往等物质生活，也包括精神生活的价值观、道德观及相关方面，消费方式是生活方式的重要内容。绿色消费活动可将绿色理念与要求传递、渗透到公众生活的各个方面，引导、带动公众积极践行绿色理念和要求，形成绿色生活全民行动，改善社会绿色转型的治理体系。

在生态环境治理体系现代化领域，中国目前的环境政策多集中在生产领域，且以约束和监管为主要方式、以政府和企业为主体。建立引领绿色消费模式的制度机制，一是可以将生态环境治理结构从生产环节拓展到消费环节，拓展了生态环境治理的领域，增加激励和自愿领跑的方式，有助于建立激励与约束并举的制度体系；二是消费是社会公众的基本行为选择，绿色消费可以促使公众真正进入环境治理过程，用其绿色消费行为以及绿色生态产品选择倒逼企业改善环境行为，增加绿色生态产品和绿色生产供给，是切实的、自发的公众参与生态环境保护；三是消费端的绿色转型通过绿色供应链实践传导至生产端，可以引导产业链条中的"绿色先进"企业管理"绿色落后"企业，开辟生态环境治理的新途径，完善生态环境治理体系（图7-12）。

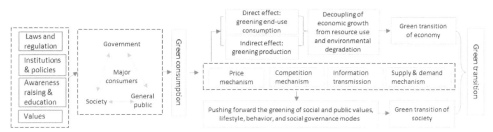

图 7-12　**绿色消费推动绿色转型机理**

2. 绿色消费逐步成为绿色转型的新动能

绿色消费的转型升级可以引领以环境标志产品为代表的绿色生态产品和服务的供给创新，通过绿色生态产品和服务的供给创造新的绿色消费需求，这种绿色生产与消费、绿色供给与需求的良性互动循环不仅能够促进经济绿色增长，增加新的就业渠道和平台，推动供给侧结构性改革，成为经济增长的新动能和引擎，而且也可以大幅减少资源消耗和环境退化，成为生态环境质量改善的内生条件，实现环境与经济的"双赢"。

（1）中国绿色消费需求和市场不断扩大，成为消费转型升级过程中的趋势

根据中国连锁经营协会发布的数据显示，中国有机食品消费市场以每年25%的速度增长。根据中国电商京东公司发布的报告显示，2017年上半年，京东平台的绿色消费金额对平台销售额贡献率达到14%，且同比增长高达86%，绿色家用电器和绿色家装家居类商品整体绿色消费额比重达79%，绿色服饰的商品渗透率已经达到12%。

（2）居民消费不断升级，绿色消费品种不断丰富

近年来，随着人民生活水平的提高，居民消费内容发生了显著变化，从注重量的满足逐步转向追求质的提升，绿色消费悄然兴起。绿色消费品种不断丰富，节能家电、节水器具、环境标志产品、有机产品、绿色食品、绿色建材等产品走入千家万户。据保守估算，2017年，高效节能空调、电冰箱、洗衣机、平板电视、热水器5类产品国内销售近1.5亿台，销售额近5 000亿元；有机产品产值近1 400亿元；绿色饭店企业1 500家；单体绿色建筑项目达到4 500个；绿色食品标志产品31 946种；新能源汽车

销售 77.7 万辆；共享单车投放量超过 2 500 万辆。根据阿里研究院发布的《2016 年度中国绿色消费者报告》显示，2015 年阿里网络零售平台上有 50 大类、2 亿 "绿色篮子" 商品（"绿色篮子" 商品指具有 "节资节能、环境友好、健康品质" 三大绿色属性的商品集合），"绿色篮子" 消费额占阿里零售平台的 11.5%。

（3）中国绿色消费群体规模不断扩大，绿色消费意愿不断提升

阿里平台数据显示，2015 年中国绿色消费群体达到 6 500 万人，四年增长了 14 倍。在全球消费升级力量的推动下，绿色消费者对绿色生态产品的关注已经覆盖了衣、食、住、行、用的方方面面，不仅关注食品的有机化和绿色化，关注美妆、个人护理、服饰等产品的绿色化，同时关注家用电器、家装家居等住宅类产品对个人健康和环境的影响（图 7-13）。新一代消费者更加推崇乐活、环保可持续的消费观念，不仅愿意购买高品质的产品，同时也关注生产方式中对自然环境的影响。在阿里零售平台上，绿色消费者比例从 2011 年的 3.8% 快速增长到 2015 年的 16.2%，增长最快的人群是 23 ～ 28 岁的群体，绿色商品的平均溢价达 33%（绿色商品价格与非绿色商品价格比）。

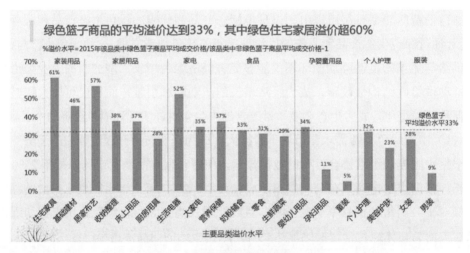

图 7-13　绿色菜篮子商品溢价水平

资料来源：阿里研究院。

3. 绿色消费推动绿色转型的案例：环境标志认证制度与共享出行

（1）环境标志认证制度

目前，中国建立了环境标志、节能标志、绿色建筑标志、有机食品标志等制度（表7-3）。中国的环境标志制度创立于 1993 年，从 2006 年开始实施政府绿色采购。这些

促进提供绿色生态产品与服务的重要制度对形成绿色消费与生产方式发挥了重要的引领作用。截至 2018 年年底，中国环境标志认证涵盖 101 类产品，环境标志产品产值达到 4 万亿元。2017 年，中国政府采购的节能环保产品占同类产品采购规模的 91%。随着环境标志认证和节能节水认证产品品种与规模的不断增长，其资源节约和污染减排的双重绩效逐步显现，2016 年环境标志认证和节能节水认证产品共节电约 190 亿 kW·h、节水 460 多万 t、减少二氧化碳排放 1 230 多万 t。从 2011 年开始，通过环境标志认证推动绿色印刷行业发展，该行业挥发性有机物（VOCs）排放量每年减少 15%，设备能耗降低 15%；目前，中国 13 亿册中小学教科书全部实现了绿色印刷。2016 年，中国政府采购的具有环境标志的电子类办公用品相当于减排了 19 万 t 二氧化碳，节约电子废弃物处理费用 2.3 亿元。

表 7-3　2016 年环境标志认证和节能节水认证产品环境绩效

序号	类别	污染指标	环境标志认证	节能节水认证
			2016 年减排量	
1	大气污染	VOCs	89.01 万 t	—
		CO_2	580 万 t	650 万 t
		SO_2	0.7 万 t	1.4 万 t
		NO_x	2.6 万 t	1.4 万 t
		颗粒物	—	1.1 万 t
2	水污染	COD	3.7 万 t	—
		总磷	7.766 0 万 t	—
3	固废危废	塑料垃圾	1.226 7 万 t	—
4	节约能源	节电	89.81 亿 kW·h	100 亿 kW·h
		节水	4 431 万 t	462.22 亿 t
5	节约资源	回用塑料	3 万 t	—
		工业废渣	2 156.7 万 t	—
		纸浆	253 万 t	—
		鼓粉盒 / 喷墨盒	2 839 万只	—

注：以 2016 年获得认证 / 评价的产品销售情况估测。

（2）共享出行

共享出行作为居民交通领域绿色消费的重要形式和内容，推动了汽车资源利用高效化、公众出行方式绿色化、新能源车应用普及化以及城市交通运行智能化。根据测算，2017 年中国最大的共享出行平台——滴滴平台的快车拼车和顺风车总里程为 177.5 亿 km，共服务 15.2 亿人次；快车和顺风车平均载客 2.34 ～ 2.58 人，是私家车的 1.5 倍以上。滴滴平台上有 40 万辆新能源车，相当于全国的 20%，全球的 12.9%；滴滴信号灯服务超过 1 300 个红绿灯，平均降低 10% ～ 20% 拥堵时间，车辆速度提高 20% ～ 30%。同时，共享出行的环境绩效明显，2017 年滴滴平台的减排效应突出：二氧化碳排放减少 150.7 万 t，相当于 80 万辆小汽车年均行驶 1 万 km 的排放量，也相当于 21 个奥林匹克森林公园或 2 个塞罕坝林场的年碳吸收量；按北京市碳交易市场的交易价格大致折算，相当于创造 7 500 万元的经济收益。一氧化碳、氮氧化物、PM_{10}、$PM_{2.5}$ 排放分别减少 7 130.1 t、440.0 t、40.2 t、37.4 t。氮氧化物、可吸入细颗粒物减排量约相当于 110 万辆私家车 1 年的排放量。

（三）推动绿色消费的社会经济影响因素

影响绿色消费的因素主要包括消费理念、居民收入水平、消费偏好、公共政策以及绿色生态产品的供给质量和价格水平等。

1. 消费理念

消费行为受消费观念（或意识）的直接支配和调节，消费者的绿色消费理念、环境意识和环境知识能够有效地提升对产品和服务感知绿色价值的认知，并间接影响绿色消费行为。

2. 公共政策

可以通过绿色消费正外部性的补偿，克服非绿色消费的负外部性。公共政策主要通过影响消费者的个体对环境和绿色消费的认知，最终影响其绿色购买、绿色生态产品使用和废弃物处置的态度。而绿色标准认证制度、政府绿色采购制度、税收激励机制对绿色消费的作用机制不同。

（1）绿色标准认证制度主要有两方面作用：一是可以引领企业从源头减少污染物产生，让企业生产的绿色高端产品更受市场欢迎，从而激发企业进行绿色化工艺改进的内生动力；二是绿色标准制度作为重要制度克服了市场经济中的不完全信息，降低了消费者选购产品的盲目性，有利于消费者快速识别绿色生态产品和服务并进行购买。

（2）政府绿色采购制度主要通过政府采购的示范效应引导企业调整生产结构，提高产品技术含量，强化环境意识，进行绿色生产，可以直接推动 GDP 增长以及对环境的保护和资源的节约利用；可向生产领域发出价格和需求信号，带动龙头企业、品牌企业甚至中小企业进行绿色代购，同时刺激生产领域清洁、节能技术的研发与应用及绿色生态产品的生产。

（3）税收引导绿色消费变化的路径主要有当对一种物品征税时，会推动需求曲线向下方移动，使均衡价格和均衡数量均减少，消费税负的变动也会改变不同消费品的价格比，影响居民消费"成本"，从而发挥引导居民消费行为、改变消费需求结构的效应，消费会最终传导至生产环节，对不同产品的收益率结构产生影响，从而引导生产结构的变化。

（4）绿色消费激励机制（主要是奖励和补贴）直接向购买或使用绿色消费品或服务的消费者给以补贴，可以减少消费者使用绿色生态产品的消费成本。在绿色消费激励机制作用下，可以有效推广节能减排和绿色生态产品，引导消费向绿色消费方向转变，并通过绿色消费行为的形成引导厂商生产绿色生态产品，提供绿色服务，起到良性循环的效果。

3. 绿色生态产品供给

绿色生态产品供给价格高低会影响绿色消费水平的变化和普及程度，同时也要注意规范绿色消费品市场，保障产品和服务质量，才能在绿色供给和绿色消费之间形成良性循环。绿色生态产品的生产端和消费端的传导效应不同：

（1）在生产端，通过营销、政府激励机制和禁止使用，影响绿色生态产品的生产和使用规模；营销得好可以快速提升绿色生态产品销售量；政府补贴和税收减免可以扩大绿色生态产品的生产和消费；而政府规制可以禁止利用那些以濒稀物种为原料的非绿色生态产品。

（2）在消费端，青少年的猎奇消费行为、社会名流的示范效应以及消费者的趋利性和跟风效应，会影响绿色生态产品的消费量。青少年的猎奇行为的影响具有局部性，而社会名流的示范将影响社会的消费时尚；消费者的效仿和跟风习性将影响绿色生态产品的生产和消费，趋利性则是消费者选择绿色生态产品的主要原因。

4. 技术进步

技术进步对居民的绿色消费水平有着重要的影响。首先，潜在需求变成现实需求通常需要技术突破。当某项技术突破为潜在的社会需求提供了契机时，潜在的社会需求就会变成现实需求。其次，技术创新通过影响绿色消费规模来降低产品价格。只有当技术创新水平能使绿色生态产品和服务的消费价格与普通产品的价格相近时，才会形成大规模的绿色消费。这也会反过来推动绿色生态产品技术普及并不断更新换代。再次，技术进步不断拓展绿色消费领域。通过技术创新生产新的产品可以引导新的绿色消费。例如，低碳技术改革不仅促使了民众消费意识的转变，同时兴起了与太阳能、风能等相关的低碳消费。

四、中国目前绿色消费的政策和实践

近年来，中国政府高度重视绿色消费。中国政府共发布了 101 项与推进居民绿色生活相关的政策，其中，中央和国务院共发布 26 项，主要为推进绿色消费的通知、意见和方案，占 26%；各部委发布相关政策共计 75 项，主要为落实国家决策而开展的具体措施行动，占 74%。总体来讲，中国绿色消费制度框架的雏形已初步显现。

为具体分析研究绿色消费政策的现状和实践，本研究对 75 项各部委绿色消费政策与国家统计局 2013 年《居民消费支出分类》的 8 大类和 24 中类进行对比分析，梳理和分析政策的分布情况和特点。同时，本研究还分析了中国已经实施的强制类、监管类和信息化政策的实际效果，以期分析与识别目前我国绿色消费政策和实践面临的挑战。

（一）中国绿色消费相关政策框架

与绿色消费相关的政策，中央政府层面主要是中央和国务院为推进绿色消费的相关规划、意见和方案；各部委出台的政策可分为两类：一是宏观经济领域发布的经济类政策，二是其他类型的政策，如信息化政策。与居民生活相关的绿色消费政策框架见图 7-14。

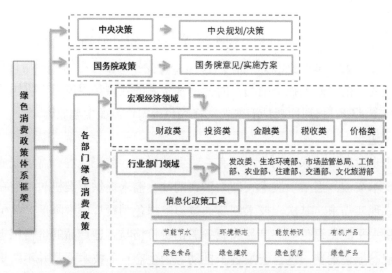

图 7-14　与居民生活相关的绿色消费政策框架

中国各层面绿色消费政策数量分布如表7-4。

表 7-4　各层面绿色消费政策数量统计

序号	类别		政策数量
（1）	国家层级	中央/国务院决策	26
（2）	部委层级	部委政策	75
	合计		101

	序号	经济类政策	数量	序号	其他类政策	数量
部委政策	（1）	财政类政策	25	（1）	国家发展改革委	10
	（2）	税收类政策	7	（2）	市场监管总局	7
	（3）	价格类政策	5	（3）	住房城乡建设部	6
	（4）	投资类政策	2	（4）	国家广播电视总局	3
	（5）	金融类政策	1	（5）	生态环境部	2
	—	—	—	（6）	农业农村部	2
	—	—	—	（7）	商务部	2
	—	—	—	（8）	工业和信息化部	1
	—	—	—	（9）	交通运输部	1
	—	—	—	（10）	文化和旅游部	1
		小计	40		小计	35

与绿色消费相关的绿色生活方式、绿色生态产品等均出现在不同的国家政策文件中。中国政府出台的相关文件包括《中共中央 国务院关于完善促进消费体制机制 进一步激发居民消费潜力的若干意见》《关于完善促进消费体制机制实施方案（2018—2020 年）》《国务院关于积极发挥新消费引领作用加快培育形成新供给新动力的指导意见》等。

各部委层面均出台了促进绿色消费相关的政策，主要可分为两类：一类为财政、税收、价格、投资和金融类经济政策；另一类为相关信息化政策，如认证、评价和技术规范等。其中，经济类政策 40 项，占比 53%；其他政策 35 项，占比 47%。

（二）中国绿色消费政策评估

1. 绿色消费政策与居民消费支出领域对比分析

（1）经济类政策

本研究将各部委出台的 40 项绿色消费经济类政策与我国居民消费 8 大类进行对比

分析（表7-5、图7-15）。

表7-5　宏观经济政策对类汇总表（大类）

居民消费支出8大类	政策数量（项）	财政	投资	价格	税收	金融
01- 食品烟酒	2	2（100%）	—	—	—	—
02- 衣着	2	2（100%）	—	—	—	—
03- 居住	9	4（44%）	1	4	—	—
04- 生活用品及服务	12	11（92%）	—	—	1	—
05- 交通和通信	22	14（67%）	1	1	6	—
06- 教育、文化和娱乐	8	7（88%）	—	—	1	—
07- 医疗保健	0	-（0%）	—	—	—	—
08- 其他用品和服务	3	2（67%）	—	—	—	1

例：01食品烟酒类，财政类政策数量占比＝财政政策数量（2）/政策总数量（2）*100% ＝ 100%

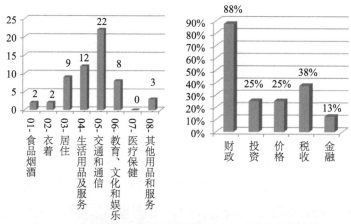

图7-15　宏观经济政策在居民消费支出8大类分布数量统计

　　绿色消费政策在居民消费8大类的分布特点：一是经济政策比较集中在交通和通信、生活用品及服务两类，分别占政策总数的38%、21%，食品烟酒、衣着、居住、教育文化和其他用品分别占到政策总数的3%、3%、16%、14%和5%，第7类医疗保健无相关可持续政策出台。二是在经济政策中，财政类政策（包括补贴、优惠、采购等）在7个大类（不包括医疗保健）中覆盖率最高，达到88%，相比税收、投资、价格、金融类政策覆盖率分别为38%、25%、25%和13%，如图7-15右图所示。进一步将 40 项宏观绿色消费政策与 24 中类[1]进行对比分析，结果如图 7-16、图 7-17 所示。

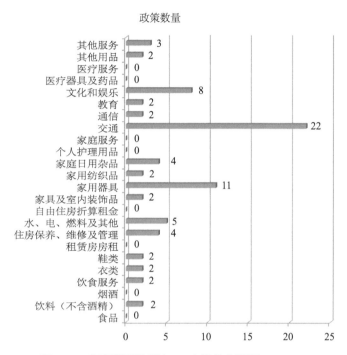

图 7-16　绿色消费政策在 24 中类分布情况

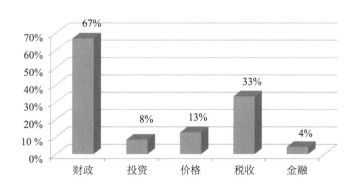

图 7-17　经济政策在 24 中类分布比例

1 24 中类包括食品、饮料、烟酒、饮食服务、衣类、鞋类、住房保养、维修及管理、水电燃料及其他、自有住房折算租金、家具及室内装饰品、家用器具、家用纺织品、家庭日用杂品、个人护理用品、家庭服务、交通、通信、教育、文化和娱乐、医疗器具及药品、医疗服务、其他用品和其他服务。

由图 7-16 和图 7-17 看出，绿色消费经济政策在居民消费中类的分布特点：一是经济政策主要分布在交通、家用器具、文化和娱乐上，分别占政策总数的 38%、19% 和 14%，饮料、饮食服务、衣类、鞋类、住房保养、维修和管理、水电、燃料及其他、家具及室内装饰品、家用纺织品、家庭日用杂品、通讯、教育、其他用品和其他服务共占政策总数的 29%；另外有 8 个中类（包括食品、烟酒、住房租赁、自有住房折算租金、个人护理用品、家庭服务、医疗器具及药品、医疗服务）的经济类政策数量为 0。二是经济类政策中，财政类政策（包括补贴、优惠、采购等）在 24 中类的对应占比最高，占比 100% 的中类数量为 10 个；价格类政策在中类"水、电、燃料及其他"有 4 项，占该类别中政策总数的 80%；税收类政策在中类"0501 交通"有 6 项，占该类别中政策总数的 43%。三是各类政策覆盖率差异较大。财政类政策覆盖了 24 中类中的 16 类，覆盖率最高，为 67%；税收类政策覆盖了 8 类，覆盖率为 33%；价格类政策覆盖了 3 类，覆盖率为 13%；投资类政策覆盖了 2 类，覆盖率为 8%；金融类政策仅覆盖了 1 类，覆盖率为 4%。

总的来看，中国目前的经济类政策主要集中于交通、家用器具和文化娱乐上，其中，财政类政策占了比较大的比重。

（2）其他政策

在 75 项部委政策中，除了其中 40 项属于经济类政策外，其余 35 项其他政策主要聚焦于绿色生态产品 / 服务认证和评价。

本研究通过对各项认证相关性、代表性、政府采信度、规范性、数据可获取性、消费者认知程度和开展情况等综合考虑，最终确定选择节能节水产品认证、环境标志产品认证、绿色建筑评价、绿色建材评价、绿色食品标志认证、有机产品认证和绿色饭店评价，并将其与居民消费支出类型进行了对比分析。

从表 7-6 可看出，与其他"专项属性"较强的认证和评价种类相比，环境标志认证覆盖的范围最为广泛，分别覆盖了居民消费支出中的 7 项大类、15 项中类和 30 项小类，覆盖度最好。从推出的年份看，中国绿色食品标志认证推出的时间最早，从 1991 年就开始实施；从已发布的评价标准数量来看，节能和节水产品发布的数量最多；从环境绩效看，环境标志产品同时具备资源节约、污染物减排和温室气体减排的效果，实现的环境绩效优于其他认证工具。

表 7-6 绿色消费领域相关市场化机制实施情况汇总

	认证 /评价类别	起始年份	主管部门	标准数量（项）	居民消费支出分类对类	市场化政策工具效益分析
1	节能节水产品认证	1999 年	认监委	160	3 大类 5 中类 9 小类	√节能 √节水 √节约物料 √减少 CO_2 排放
2	环境标志产品认证	1993 年	国家环保总局	101	7 大类 15 中类 30 小类	√节能 √节水 √节约物料 √减少 CO_2 排放 √减少污染物排放
3	绿色建筑评价	2007 年	住房城乡建设部	10	3 大类 6 中类 11 小类	√节能 √节水 √节约物料 √减少 CO_2 排放 √减少污染物排放
4	绿色建材评价	2014 年	住房城乡建设部、工信部	8	2 大类 2 中类 3 小类	√节约物料 √减少污染物排放
5	绿色食品标志认证	1991 年	农业部	126	1 大类 3 中类 15 小类	√减少污染物排放
6	有机产品认证	1995 年	认监委	127	4 大类 6 中类 17 小类	√减少 CO_2 排放 √减少污染物排放
7	绿色饭店评价	2008 年	商务部	2	4 大类 4 中类 20 小类	√节能 √节水 √减少 CO_2 排放 √减少污染物排放

2. 中国绿色消费政策实施效果

目前，中国在推动绿色消费方面暂未开展顶层设计，没有促进绿色消费的国家规划或行动计划。绿色消费的推进还是以各部委出台的政策为主。为了便于分析我国绿色消费政策的实际效果，本研究将绿色消费政策根据其运用的管理手段分为强制类政策、监管类政策和信息化政策（表 7-7）。

（1）强制性政策

本研究对中国的高效节能照明产品推广、高效节能家电推广、高效节能台式微型计算机推广、高效节能电机推广、节能与新能源汽车推广、油品升级、废弃电器电子产品回收及再制造和废旧汽车回收的强制性绿色消费政策的实施效果进行了分析与汇总。

表 7-7 中国绿色消费主要政策工具

绿色消费政策类型	主要政策工具	政策领域
国家战略	—	—
国家行动方案	—	—
强制类政策	财政补助或补贴	高效照明产品、高效节能产品 节能与新能源汽车、节能环保汽车 再制造产品以旧换新、废旧商品回收 老旧汽车报废更新 汽车以旧换新、家电以旧换新 家具以旧换新、低污染排放小汽车减征消费税 成品油质量升级贷款贴息 实木地板、木质一次性筷子 有机肥产品 废矿物油再生油产品
	差别价格与阶梯价格	阶梯电价、阶梯水价、阶梯气价
	废弃物处理基金	废弃电子产品回收处理
监管类政策	标准	绿色生态产品标准 中国环境标志产品标准
	指令与禁令	环境标志产品政府绿色采购 节能产品政府绿色采购 中小学生教科书绿色印刷 票据票证绿色印刷 报废汽车回收、限塑令、禁止食品过度包装 禁止化妆品过度包装 垃圾分类
信息化政策		中国环境标志产品、节能产品、节水产品、能效标识 水效标识、绿色生态产品、有机食品、绿色食品、有机产品 无公害农产品、绿色饭店、绿色建筑

　　中国的高效节能照明产品推广、高效节能家电推广、高效节能台式微型计算机推广、高效节能电机推广、节能与新能源汽车推广等绿色消费强制性政策的实施，客观上在短时间内提高了节能产品的市场占有率，促进了产业结构调整，拉动了消费需求，对社会的绿色生态产品的消费起到了很好的示范效应，而且政策产出的结果也对目标群体起到了"价格下降、节电省钱、生活质量提高"等多重惠民效果，如油品升级政策促进我国燃油行业的质量升级，废弃电器电子产品回收及再制造政策、废旧汽车回收及再制造政策对于电器电子产品回收行业和废弃汽车回收行业的发展都做出了巨大贡献，减少了污染物排放，产生了巨大的环境效益。

但是某些政策在执行过程中客观存在一些问题，使结果与设计目标产生了偏差，如废弃节能灯的污染问题、高效节能家电推广和节能与新能源汽车推广政策的骗补问题、高效节能台式微型计算机推广的时机问题、高效电机政策的补贴时间和节能与新能源汽车补贴滑坡过快的问题（表 7-8）。

表 7-8 强制性政策实施效果分析

	政策	政策文件	政策效果	存在问题
1	高效节能照明推广	《高效照明产品推广财政补贴资金管理暂行办法》（财建〔2007〕1027 号） 实施时间：2007—2013	截至 2013 年，全国已累计推广节能灯等高效照明产品 7.8 亿只，年节电能力达 320 亿 kW·h，减排二氧化碳 3200 万 t	节能灯回收工作面临"三不管"，废弃节能灯普遍被当作普通垃圾来处理，节能灯所含的汞直接进入自然界的食物链，毒害人类健康
2	高效节能家电推广	节能惠民工程 实施时间：2009—2013	2017 年，中国高效节能空调、电冰箱、洗衣机、平板电视、热水器 5 类产品国内销售近 1.5 亿台，近 5000 亿元，可实现年节电约 100 亿 kW·h，相当于减排二氧化碳 650 万 t、二氧化硫 1.4 万 t、氮氧化物 1.4 万 t 和颗粒物 1.1 万 t，碳减排和污染物协同减排效益明显	相关的事中事后监管没有到位，导致高效节能家电推广补贴政策在实施过程中存在骗补现象
3	高效节能台式微型计算机	节能惠民工程 实施时间：2012—2013	政策普及度不够，计算机推广补贴政策遭冷遇，效果不明显	台式电脑市场占有率很小，品牌、型号都有限，而笔记本并不享受补贴，节能补贴采用经销商预先垫付的形式，比较麻烦，且补贴力度较低，让利不明显，商家对节能补贴兴趣不大
4	高效电机推广	节能惠民工程 实施时间：2010—2017	截至 2017 年，我国高效电机市场占有率为 10%，高效电机推广效果不显著	高效电机的价格普遍较高，比普通电机一般高出 20%，部分甚至超过 50%，补贴效果不明显；补贴不及时，该政策 2010 年出台，但直至 2017 年才开始清算电机推广补贴
5	节能和新能源汽车补贴	《关于开展节能与新能源汽车示范推广试点工作的通知》 实施时间：2010	2017 年，新能源汽车产销量分别为 79.4 和 77.7 万辆，同比增长 53.8% 和 53.3%，分别是 2013 年的 45 倍和 44 倍。仅三年时间我国新能源车在全球占比迅速攀升，份额从不到 10% 提升至 44.39%，成为全球第一大新能源汽车产销国	推广初期的补贴水平过高，不可持续，但在随后推出的补贴退坡政策中，补贴量的调整过大过快，2017 年主要车型的补贴量较退坡前减少 40%～50%（中央与地方补贴合计）。补贴政策的产业发展导向性不足，补贴门槛和准入标准的设置缺乏明确而严格的产业发展导向性；存在骗补套利问题

政策	政策文件	政策效果	存在问题
6 油品升级	《国家发展改革委关于油品质量升级价格政策有关意见的通知》（发改价格〔2013〕1845号） 实施时间：2013—2017	从国 I 提至国 IV，每提高一次标准，单车污染物减少 30%～50%。与国四标准相比，国五标准中硫含量从不大于 $50×10^{-6}$ 大幅降低为不大于 $10×10^{-6}$。据国家标准委测算，仅国五汽油标准实施后将大幅减少车辆污染物排放量，预计在用车每年可减排氮氧化物约 30 万 t，新车 5 年累计可减排氮氧化物约 9 万 t	
7 废弃电器电子产品回收及再制造	《关于印发家电以旧换新推广工作方案的函（商商贸发〔2010〕190号）》 实施时间：2010—2011	家电以旧换新以及基金补贴政策带来了良好的环境效益，催生了一批以旧换新的终端销售企业以及废旧家电拆解企业。大大促进了家电回收行业的发展。截至 2017 年底，全国共有 29 个省（自治区、直辖市）的 109 家废弃电器电子产品拆解处理企业纳入废弃电器电子产品处理基金补贴企业名单	拆解企业收入严重依赖基金补贴，自我造血机制较差；补贴发放时间长，拆解企业普遍面临较大资金压力；补贴基金入不敷出，制度有待改善，主要是因为生产者缴纳基金标准显著低于补贴标准所致
8 废旧汽车回收及再制造	《老旧汽车报废更新补贴资金管理暂行办法》 实施时间：2004	以旧换新政策不仅促进了汽车消费，更加快了淘汰高排放、高污染"黄标车"和老旧汽车的进程。对引导车主及时报废更新车辆，防止报废车辆流向社会，减少道路交通安全隐患，保护人民群众生命财产安全发挥了积极作用。2017 年，全国 689 家报废汽车回收拆解企业共回收报废机动车 174.1 万辆，同比下降 3.2%，其中汽车 147.2 万辆，同比下降 7.6%	我国报废汽车回收拆解行业虽然近几年来发展迅速，但与发达国家相比，我国回收拆解企业水平仍显落后。大多数企业采取粗放式报废回收方式，管理方式、技术手段落后，设施简陋等现象普遍存在。由于回收水平低，难以提高报废汽车中的零部件的回收率，导致本可以被回收利用的零件变成废品，增加环境负担

（2）监管类政策

本研究对节能产品政府采购、环境标志产品政府采购和绿色印刷的政策实践效果进行了评估。结果表明，节能产品政府绿色采购、环境标志产品政府绿色采购和绿色印刷政策是三项实施比较成功的政策；这些政策均无须政府的额外财政投入，仅仅通过政府发布相关的政策规定，分别从政府和行业的层面着手，通过政府绿色消费的积极引领和示范带动整个行业的升级转型，取得了非常好的环境效益和社会效益（表 7-9）。

表 7-9　监管类政策实施效果分析

	政策	政策文件	政策实践效果	问题
1	节能产品政府采购	《节能产品政府采购实施意见》 实施时间：2004	截至 2018 年，已发布节能产品政府采购清单 24 期（2018 年 8 月 10 日发布）。根据 24 期清单，现纳入政府强制采购和优先采购的节能节水产品认证品目共计 26 大类，包含 51 种节能产品和 8 种节水产品，其中 23 种节能产品（办公设备、照明产品等）和 4 种节水产品（便器等）为政府强制采购产品。政府采购制度，有效促进了消费向高效节能产品转型，推动了公共机构的节能工作	节能强制采购产品种类偏少
2	环境标志产品政府采购	《关于环境标志产品政府采购实施的意见》 实施时间：2006	截至 2018 年，已发布了 22 期《环境标志产品政府采购清单》。清单从第 1 期的 14 类产品发展到第 22 期的 69 类产品，包括了办公设备及耗材、乘用车、生活用电器、家具用具以及建筑材料等；入选企业和产品从第 1 期的 81 家 856 个产品型号发展到第 22 期 3 077 家 392 586 个产品型号；根据财政部数据统计，2017 年中国环境标志产品政府采购规模已达到 1 711.3 亿元，占政府采购同类产品的 90.8%	在政府采购中仅属于优先采购，政策的强制程度不高
3	绿色印刷	《关于实施绿色印刷的公告》 实施时间：2011	自 2016 年起，全国 13 亿册中小学秋季教科书已经全部实现了绿色印刷，北京、上海、陕西等地区部分儿童读物也采用了绿色印刷。据抽样统计测算，目前，环保油墨使用量已经占到全国油墨总使用量的 25%，较上一年提高了 5 个百分点；在胶印领域，已经有 30% 的企业安装了粉尘收集装置，这使印刷行业近 55% 的从业人员的工作条件得到了改善，已有 60% 的票据采用了绿色印刷，改善了票据印刷人员、经手人员的工作环境。实施绿色印刷惠及了印刷上下游全产业链的从业人员和广大的社会民众	目前绿色印刷只发布了 4 项产品标准，标准的种类偏少

（3）信息化政策

本研究对中国节能节水产品认证、环境标志产品认证、绿色建筑产品认证、绿色建材产品评价、绿色食品、有机产品和绿色饭店的政策实践效果进行了评估。评估结果显示，绿色生态产品 / 服务认证评价为市场提供了大量的绿色生态产品，为我国消费者实践绿色消费提供了消费的场景。此外，绿色生态产品 / 服务认证评价产生了良好的环境绩效。随着绿色生态产品品种与规模的不断增长，绿色生态产品 / 服务认证评价的环境绩效逐步显现（表 7-10）。

表 7-10　信息化工具政策实践实施效果分析

	政策	政策文件	政策实践效果	存在问题
1	节能节水产品认证	《中国节能产品认证管理办法》 实施时间：1999	截至 2017 年，获得"节"字标的节能节水产品认证证书的企业 4 812 家，证书数量为 104 816 张，分别同比增长 15.8% 和 16.1%。节能产品认证 2016 年实现节约电能 56 543.26 万 kW·h，折合标准煤 1 781.11 万 t；节水产品认证 2016 年实现节约水资源 462.22 亿 t	国内多家机构均可开展类似的认证，其技术规范不尽一致，测试结果可比性差，认证标志各异，影响了认证的权威性和有效性，且存在恶性竞争的现象

政策	政策文件	政策实践效果	存在问题
2 中国环境标志产品认证	《中国环境标志标识管理办法》 实施时间：1993	截至 2018 年，中国环境标志有效获证企业数量为 3 418 家，获证产品型号 40 余万种，形成了 4 万亿产值的绿色市场。据测算，2016 年度，中国环境标志节电 247.4 亿 kW·h、节水 4 431 万 t、减少二氧化碳排放 579 万 t、减少 VOCs 排放 89 万 t、减少 COD 排放 3 665 万 t、减少总磷排放 8 万 t、减少塑料垃圾产生 1.23 万 t、减少工业废渣产生 2 156 万 t、减少纸浆使用 253 万 t、增加塑料回用 3 万 t	目前在中国环境标志的标准种类偏少，仅限于与消费者接触比较紧密的产品，在生产过程中资源能源消耗量比较大，在污染比较严重的产品以及服务方面还缺乏相关的标准
3 绿色饭店	《关于进一步开展创建绿色饭店活动的通知》 实施时间：2008	截至 2018 年，已评定绿色饭店企业 1 500 余家，绿色饭店评审员 2 300 余人	虽然发布了行业标准《绿色饭店等级评定规定》，并且对绿色饭店评定标准进行了细化和量化打分，但是在真正实施的过程中，由于该规定仅仅是行业规范，并无法律强制约束力，即使酒店未按规定执行，也不会受到法律的制裁，监管效力较差
4 有机产品	《有机食品标志管理办法》 实施时间：1995	截至 2017 年，中国有机产品标准在中国境内发放的有机证书共 18 330 张，有机产品认证获证企业数量为 11 835 家。2017 年，我国有机产品依然以初级产品为主，植物类产品证书最多为 11 814 张，占全部有机证书的比重高达 63.3%；加工类生产证书数为 4 928 张，占 26.4%；畜禽类生产证书 951 张，占证书总数量的比例为 5.1%；水产类和野生采集类证书相对较少，分别为 541 张和 441 张，各占比 2.9% 和 2.4%	重认证过程、轻事后监督管理，目前中国有机产品认证行业存在买卖有机产品标识的情况，企业违法私自印制或使用有机产品标识，带来恶劣的市场效应
5 绿色食品	《绿色食品标志管理办法》 实施时间：1993	截至 2018 年，累计 13 860 家企业的 31 946 种产品获得了绿色食品标志（含已失效绿色食品标志）	绿色食品认证宣传力度不够，对发展绿色食品在保护生态环境方面的作用宣传力度不足。在消费者最为关心和市场需求较大的畜禽肉类产品、水海产品所占比重较小
6 绿色建筑	《绿色建筑评价表示管理办法》 实施时间：2007	截至 2016 年，获得绿色建筑评价标识项目 387 个，其中，运行标识项目 51 个，占比 13.18%；设计标识项目 336 个，占比 86.82%	目前的绿色建筑评价标识管理制度主要对标识申报程序、备案、公示、公告等相关工作进行了规定，一是缺少针对各级评价机构所评项目质量的有效监管机制，评审质量难以保证；二是对标识项目实施情况的监管有待加强，设计施工图中的内容最终并未落实的现象时有发生；三是对设计标识项目是否一定申报运行标识也缺乏约束，标识难以发挥应有的作用

政策	政策文件	政策实践效果	存在问题
7 绿色建材	《绿色建材评价标识管理办法》 实施时间：2014	截至 2018 年，我国获得绿色建材评价标识产品共计 924 个，其中，砌体材料产品 163 个，占比 17.64%；保温材料产品 86 个，占比 9.31%；预拌混凝土产品 428 个，占比 46.32%；建筑节能玻璃产品 8 个，占比 0.87%；陶瓷砖产品 98 个，占比 10.61%；卫生陶瓷产品 25 个，占比 2.71%；预拌砂浆产品 115 个，占比 12.45%。在全类别评价标识中，获得三星标识产品占比达到了 67.10%，二星和一星产品分别占比 31.39% 和 1.52%	目前国内对绿色建材的认知和认可度不高，绿色建材的基础研发和标准开发工作还存在欠缺

（三）中国绿色消费政策和实践面临的挑战

我国绿色消费面临两大问题：一方面，绿色消费产品供给不足，无论是绿色食品、节能产品、绿色建筑、公共交通还是环境标志产品规模都较小，远未成为衣食住行必须消费品的主流，相关可持续消费选择的资源环境的规模效益有限；另一方面，对绿色消费品选择的意愿增长较快，但更关注消费过程对消费者自身健康的影响，某些消费行为的现状不容乐观。阿里研究院的一项分析表明，在阿里零售平台上可持续消费者比例从 2011 年的 3.8% 快速增长到 2015 年的 16.2%，增长最快的人群是 23 ～ 28 岁的群体，且绿色商品的平均溢价达 33%（绿色商品价格与非绿色商品价格比）。一项针对中国环境标志的公众调查结果显示，有 90% 的受访者知晓"中国环境标志"，有 78.4% 的受访者愿意为"中国环境标志"认证产品支付同等甚至更高的价格。然而，中国垃圾分类的困境和过度消费及浪费现状说明消费行为和生活方式的绿色化面临很大挑战。

从总体上来看，无论是强制性政策还是监管性政策和市场信息化工具，中国居民衣食住行等方面的绿色消费政策都取得了积极成效，但是部分绿色消费政策的执行过程还有改进的空间。从政策框架和实践上来看，中国的绿色消费政策体系还存在以下挑战。

（1）缺乏系统谋划和顶层设计。中国国家层面的相关文件与法规体现了绿色消费的理念和原则要求，但目前一些具体政策还仅限于政府部门颁发的管理办法、通知、指导意见等规范性文件，门类不全，政策层次及效力较低，尚未形成法律法规、政策、标准、技术规范以及监督和责任追究制度等构成的完善政策体系。绿色消费相关政府职能分散，生态环境保护部门在推动绿色消费转型中的作用有待提升，政策及管理碎片化问题较为突出。

（2）对绿色消费的推动力不足。目前，我国出台的绿色消费政策集中在日常用品和服务及交通领域，政策范围偏窄，在绿色服务消费如生态旅游、环境服务、绿色设计、衣着等领域缺乏政策规范、支持和引导。在绿色生态产品领域，与资源能源节约的相关政策较多、效果较好，但与环保相关的政策少、效果弱，目前的政策局限于对节能产品的补贴，如对空调、冰箱、平板电视、洗衣机和电机等高效节能产品的财政补贴取得了良好的市场和节能效果，但是对减少环境污染的补贴不足，缺乏财政支持，完全靠消费者自身的环保意识做出选择，对绿色消费的驱动力不足，调控作用有限。

（3）绿色消费与环境质量改善目标结合不紧密。其一，在信息化工具产品认证领域，各项认证与中国当前环保重点工作目标和污染防治攻坚战结合不紧密，环境质量改善目标弱，目前尚未充分发挥产品认证的政策功效。其二，国家对绿色消费的驱动力不足，导致宏观环境对绿色消费引领作用不突出。

（4）企业及公众绿色消费内生动力不足。企业与公众对绿色消费市场成熟度认知的分歧较大。全民绿色消费理念尚处在培育阶段，行业绿色消费自身发展动力不足。从供给来看，绿色消费产品供给不足，无论是绿色食品、节能产品、绿色建筑还是环境标志产品规模都较小，远未成为衣食住行必须消费品的主流。另外，企业研发生产绿色生态产品的意愿不足，创新能力和核心竞争力不强，部分企业炒作"绿色"概念，绿色生态产品有效供给不足。从需求来看，对绿色消费品选择的意愿增长较快，但更关注消费过程对消费者自身健康的影响。另外，绿色生态产品成本较高，存在"叫好不叫座"的现象，市场需求潜力还有待进一步挖掘。

五、绿色消费的国际经验

（一）概述

本部分内容总结了过去可持续消费和生产（SCP）的演变过程，并概述了国际SCP的发展现状，解释了可持续消费的国家战略和主要措施，重点研究了瑞典和德国的案例，并为中国提出促进可持续生产与消费的国家政策建议。

（二）可持续消费和生产

各国为控制经济发展所造成影响而采用的战略，已经从解决末端问题过渡到采用更广泛的系统性举措（如构建可以影响经济体系的社会规范和价值观）。早期，人们关注的主要理念是在受影响地区进行污染控制，提升产业技术（生态）效率。如今，各国更加关注自足（sufficiency）理念，更强调采用全系统方法，更注重解决无穷经济增长与消费主义背后的驱动因素。

- 在 1972 年斯德哥摩联合国人类环境大会上，工业化对城市和社区的影响，诸如空气和水污染、废物管理不善等被认为是各自孤立的问题，需要通过具体的应对政策来解决[1]。
- 20 世纪 80 年代，全球出现了以清洁生产为导向的更加偏向预防性的措施来减少工厂和制造过程中产生的污染。各国主要政策旨在通过预防性的原则和其他的政策工具来提高自然资源的利用率，减少垃圾的产生和污染物的排放，以及生产过程中的健康风险[2]。
- 后来，物质循环和供应链的利用效率和绿色化得到了广泛关注，各国开始研究技术解决方案。联合国首次使用"不可持续的生产和消费模式"[3]一词。过度消费和相关的废物问题也成为焦点。与之相关的，还有明确提出了与减贫和解决自然资源获取及决策权不平等的问题。

政府领导层可将工作重点放在促使社会朝着更加可持续消费的模式发展，实现价值观、社会规范和原则的根本性改变；促进结构变化来减少经济发展带来的能源和物质消耗，以使人类在地球承载的范围之内更好地生活。

专栏 7-1　可持续消费和生产的国际发展进程

当前的国际框架强调了可持续生产和人们行为的改变。例如，《21 世纪议程》呼吁制定"新的财富和繁荣概念[4]，通过改变生活方式提高生活水平，减少对地球有限资源的依赖，更加符合地球的承载能力"。2015 年《巴黎协定》[5]使各国达成气候变化的共识，指出需要可持续的生活方式，可持续的生计方式和有气候韧性的社区。联合国可持续发展目标（SDGs）包括了一系列的子目标，特别是可持续发展目标 12 专注于 SCP[6]。可持续发展目标的成败

---

1 Akenji L, Bengtsson M, Schroeder P. Sustainable Consumption and Production in Asia — Aligning Human Development and Environmental Protection in International Development Cooperation. in Sustainable Asia: Supporting the Transition to Sustainable Consumption and Production in Asian.

2 UNEP. Global outlook on sustainable consumption and production policies: Taking action together[R]. 2012.

3 UN. Agenda 21[J/OL]. United Nations Conference on Environment and Development.1992. doi:10.1007/s11671-008-9208-3.

4 同上。

5 UNFCC. Paris Agreement. 21st Conference of the Parties 3[R/OL] .2015. doi:FCCC/CP/2015/L.9.

6 UNGA. Transforming Our World: The 2030 Agenda for Sustainable Development[R]. 2015: 1-5. doi:10.1007/s13398-014-0173-7.2.

取决于人类是否可以成功改变自身行为来应对不可持续性带来的风险。

《可持续消费和生产十年方案框架》（10YFP）[1] 制定了许多推动方案落实的机制，包括消费者信息、可持续生活方式和教育、可持续公共采购、可持续建筑和建造、可持续旅游、可持续食品体系等。该方案未从个人层面的生产和消费体系及供应链入手，而着眼于通过系统性的举措（食品体系）来解决驱动因素的影响（生活方式），并整合主要利益相关方的力量（政府、企业等）。

2016 年 6 月，欧洲各国通过了自愿性的《绿色经济泛欧战略框架》，以使其绿色经济战略与可持续发展目标保持一致。9 个重点领域中有 3 个与消费直接相关：消费者行为转向可持续消费模式、促进绿色和公平贸易、在开发人力资本的同时创造更多绿色和体面的工作。同样，《亚太可持续消费和生产路线图（2017—2018 年）》也强调了可持续的生活方式和教育的重要性。

（三）各国推动可持续消费和生产的国家举措

可持续消费倡导的去物质化和改变当前主流的生产和消费体系给传统的无休止增长的经济发展模式带来了诸多挑战[2]。瑞典和德国都已经实行了国家战略来推动可持续消费和行为模式，而且两国都联合实施了两个 10YFP。瑞典与日本实施了"可持续生活方式和教育项目"[3]，德国与印度尼西亚实施了"国际消费者信息项目"[4]。

1. 瑞典

瑞典在 2016 年推出了《瑞典国家可持续消费战略》[5]。该战略以消费者即公民个人为核心。在该计划的指引下，市政当局、工商界和民间团体都将扮演很强的角色并期望共同合作。政策措施在 7 个重点领域提出：①增长知识和深化合作；②鼓励可持续的消费方式；③精简资源利用；④提升企业的可持续发展信息披露⑤逐步淘汰有害化学品；⑥改善所有消费者的安全；⑦推动食品、运输和住房领域的可持续消费。该战略的主要责任政府为瑞典财政部，而不是环境和能源部（可持续政策的情况通常如此）。因此，可持续消费在瑞典不仅作为环境问题，而且是作为整个系统问题。相较于其他政府部门，瑞典财政部拥有更多的执行资源，以及更强的合规执行力。

---

1 United Nations. A 10-year framework of programmes on sustainable consumption and production patterns[R]. 2012.
2 Jackson T. Prosperity Without Growth: Economics for a Finite Planet[M]. 14, (Earthscan, 2009).
3 http://www.oneplanetnetwork.org/sustainable-lifestyles-and-education.
4 http://www.oneplanetnetwork.org/consumer-information-scp.
5 https://www.government.se/4a9932/globalassets/government/dokument/finansdepartementet/pdf/publikationer-infomtrl-rapporter/en-strategy-for-sustainable-consumption--tillganglighetsanpassadx.pdf.

专栏 7-2 可持续消费与生产政策案例：瑞典的垃圾可持续管理

瑞典的可持续消费战略呼吁"精简资源利用"。瑞典是当今废物处理方面最先进的国家之一，其废物回收率已达到99%[1]。作为欧盟成员国，瑞典的废物处理遵循欧盟的废物框架指令。其优先顺序如下：①预防废物产生；②重复使用；③材料回收和生物处理；④其他回收（如废物发电）；⑤废物处置（如垃圾填埋）。

瑞典政府已经通过立法颁布了一系列垃圾处理和监督管理机制。《废弃物收集与处置条例》（*Waste ordinance*, 1994）详细规定了瑞典生活垃圾的分类、收运与处理，是瑞典生活垃圾分类的开端；《国家环境保护法典》（*Environmental Code*, 1999）规定了生活垃圾管理的总原则、生活垃圾的基本概念以及政府在管理生活垃圾方面的职责，成为监管生活垃圾的主要法律。此外，瑞典环保署禁止对可燃垃圾进行填埋，之后禁止有机生活垃圾填埋（厨余垃圾），还推出了《家庭垃圾处理计划（2012—2017年）》和《家庭垃圾减量计划（2014—2017年）》。瑞典首创生产者责任延伸制度，要求包装、轮胎、纸张、电池、电子产品和汽车制造商回收和处理其产品。

这些法律法规形成严格的行为约束，迫使企业和公众履行其环境责任和义务。瑞典的垃圾税收政策是一项重要工具。瑞典政府在2000年颁布了250克朗/t的生活垃圾填埋税，随后在2006年将该税费提高到435克朗/t[2]。2001—2010年，瑞典城市固体废弃物填埋量占垃圾总量的比重由22%减少到1%[3]，该税在2010年被废除。目前，瑞典城市固体废弃物的整体处理特点是回收和焚烧的比例相等（49%），垃圾填埋量仅占1%左右[4]。

自2011起瑞典政府开始从国家政策层面支持企业在环保科技方面的研发，重点关注三项主要任务：①促进瑞典环保科技出口，促进瑞典国内经济增长；②推动环境技术企业的研发和创新；③为环境技术的市场应用创造条件。该战略从2011—2014年，每年拨款1亿克朗，总财政支出为4亿克朗。据瑞典国家统计局和瑞典环境技术委员会统计，目前瑞典环保科技产业有4万人就业，该行业产值达1 200亿克朗[5]。

---

1 https://sweden.se/quick-facts/recycling-sweden/.
2 https://www.naturvardsverket.se/Documents/publikationer/620-1249-5.pdf.
3 https://www.government.se/4a9932/globalassets/government/dokument/finansdepartementet/pdf/ publikationer-infomtrl-rapporter/en-strategy-for-sustainable-consumption--tillganglighetsanpassadx.pdf.
4 European Environment Agency. Municipal Waste Management in Sweden[R] ,2013.
5 https://sweden.se/nature/sustainable-living/.

2. 德国

《德国国家可持续消费计划》于 2016 年推出，概述了 6 个实施领域的相关行动：①食品消费；②住房和家庭；③流动性；④服装；⑤工作和办公；⑥休闲和旅游业[1]。该计划基于 5 个关键思想：①使可持续消费成为消费者的可行选择；②将可持续消费成为社会主流；③确保所有人口群体都可参与可持续消费；④从生命周期的角度审视产品和服务；⑤将重点从产品转移到系统，从消费者转移到用户。《德国国家可持续消费计划》是在三个联邦部委（环境、自然保护和核安全部，食品与农业部，司法和消费者保护部）的共同领导下制定的，并在所有部委之间进行协调，因为可持续消费和生产是跨领域的议题，需要跨部门联网和实施[2]。该国家战略计划是"德国推动经济和社会可持续发展的必要结构变革的一种方式"。

> **专栏 7-3　可持续消费与生产政策案例：德国的环境标识**
>
> 　　多年来，德国和中国在环境标识工作方面已经展开了合作并将继续推动环境标识的发展与应用。德国联合实施 10YFP 消费者信息计划项目也反映出其在该领域的长期领导地位。德国的蓝色天使环境标志（Blue Angel）是世界上第一个由德国联邦政府推出的环境标识，距今已有 40 多年的历史[3]。该环境标识明确了符合认证的环境友好型的产品和服务。根据德国在该领域的领导地位，德国提出了可持续性标准比较工具（SSCT），以对自愿性可持续性标准进行基准测试。例如，环境标志评测网站（www.siegelklarheit.de 及相应的移动端应用程序）可供消费者比较 129 种标识体系。随着消费者、公共采购者和从业者对可持续消费的认识不断提高，德国的 SSCT 等在线系统对中国的环境标识推广具有借鉴意义。

（四）为中国制定可持续消费与生产的国家政策

在当前由消费主导的社会中，要实现可持续消费这一目标任重道远。全球废弃物危机不断加剧，污染着土地与海洋，危害着人类健康，损害着生态环境，需要下更大力气遏止。中国政府具有雄厚实力，能够为了全人类的福祉采取措施，通过推进可持续

---

1 https://www.bmu.de/fileadmin/Daten_BMU/Download_PDF/Produkte_und_Umwelt/nat_programm_konsum_bf.pdf.

2 Helen Czioska, Laura Spengler. National Programme on Sustainable Consumption & Competence Centre for Sustainable Consumption: Societal change through a sustainable lifestyle[R]. Presentation by the Competence Centre for Sustainable Consumption, 2019-03-23.

3 http://www.oneplanetnetwork.org/sites/default/files/181017_uba18002_40jahreblauerengel_publikation_en_web.pdf.

的行为方式，避免公地悲剧。西方社会强调个人主义，培育了利己化的社会结构；中国则倾向于采用集体主义（分担责任）。从理论上讲，集体主义更符合可持续消费推崇的方式，即强调社区建设和信任、共享繁荣、共享经济，并倾向于接受对所有人都公平的解决方案。

1. 制定可持续消费政策可采用三管齐下的策略

可参考消费和生活方式的决定因素作为框架，用于谋划设计政策与其他干预措施：在消费者、企业和机构以及政府中形成支持可持续发展的态度；建立能够促进可持续行为、限制不可持续行为的引导机制；为实现可持续生活方式建设适宜的基础设施，提供合适的产品[1]。根据"态度—引导机制—基础设施"这一框架设计的干预措施能够解决以下问题：态度与知识—行为之间存在的差距，受到现行体系与基础设施锁定效应制约的行为，决定行为模式的宏观社会与自然因素[2]（图 7-18）。

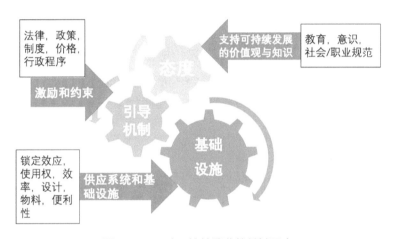

图 7-18　**驱动可持续消费的关键要素**

（1）态度可以指倾向于可持续发展的个人取向和集体社会价值观。这包括生产—消费系统内全部利益攸关者的态度，以及那些影响生产—消费系统或受其影响的人（如消费者、企业家、决策者、法律从业者、农民、社区领导人、政治家和教师）的态度。所有行为主体都需要认识到可持续消费的重要性，并齐心协力推动实现可持续消费。言外之意，对这些因素负有职能的所有机构都应该参与创造可持续的生活[3]。

1 Akenji L. Consumer scapegoatism and limits to green consumerism[J]. Journal of Cleaner Production, 2014(63):13–23.
2 Akenji L, Chen H. A Framework For Shaping Sustainable Lifestyles: Determinants and Strategies[D]. 2016.
3 Fine B. The World of Consumption: The Material and Cultural Revisited[M]. Routledge, 2006.

（2）引导机制是将知识或意图转化为行动的各种要素——它们能够帮助人们更容易地找到并选择可持续的产品与服务。政府法律和政策就属于引导机制。最被广泛认可的引导机制是制度因素[1]，即引导选择和行为、共同构成社会运行系统的各种软性的、通常是无形的因素。此类引导机制的例子包括法律和法规、行政程序、文化和规范以及市场。这是政府可以发挥决定性作用的一个领域——也能确保实施机制、适当的指标和监测系统全部到位。

（3）基础设施对可持续性有很大影响。诸如交通和住房等基础设施具有重要性，部分在于其能够产生"锁定"效应，即让使用这些基础设施的人们按照某种预先确定的方式行事，直至这些基础设施消亡。针对可持续消费的基础设施应解除对不可持续行为模式[2]的锁定效应。对供给制度与默认设置的设计必须考虑可持续性因素[3]。配置日常生活所需的基础设施时应在整体上降低生态影响。举例来说，可以在工作区域附近设置城市规划区（降低通勤成本）[4]，在其中修建被动式房屋（使用可持续材料建造，低能耗），并在其中发展地方手工业与社区农业。足迹分析确认了与日常生活相关的四大关键领域，在这些领域内消费对环境的影响超过了75%。这四个领域为食品、交通、住房和制成品。此外，影响较大的还有工作和休闲等交叉领域。把重点放在这些领域，充分利用"态度—引导机制—基础设施框架"，通过实施政策就能够大幅度减少环境影响（表7-11）。

表 7-11 用于对应可持续消费综合政策与生活方式关键领域的工具

	态度	引导机制	基础设施
营养—食品体系			
出行—交通			
居住—建筑和生活空间			
用品—制成品			

2. 国际经验对中国的启示

制定政策重要的是基于中国的国情来明确可持续消费的主要政策目标。一个较为完整的可持续消费规划应包括以下内容：

---

1 North D C. Institutions[J]. J Econ Perspect. 1991(5): 97-112; Hall P A. Governing the Economy[M]. Polity Press，1986.
2 Sahakian M D，Steinberger J K. Energy Reduction Through a Deeper Understanding of Household Consumption: Staying Cool in Metro Manila[J]. J Ind Ecol. 2011(15): 31-48.
3 UNEP. Sustainable, Resource Efficient Cities – Making it Happen! [R]. 2012.
4 Wiedenhofer D, Lenzen M,Steinberger J K. Energy requirements of consumption: Urban form, climatic and socio-economic factors, rebounds and their policy implications[J]. Energy Policy, 2013, 63: 696-707.

（1）将可持续消费和生产纳入国家发展规划和产业政策中

中国政府应优先考虑把可持续消费纳入国家战略规划中，如国家可持续发展规划、国家绿色增长和绿色经济战略，以及国家 SDG 战略规划等。将可持续消费纳入国家发展框架的一部分的优势在于可以使影响和改变消费者的行为不再是孤立的问题而是从更加广泛的发展层面来解决。由于生活方式和消费不仅涉及不同的软性议题（包含教育、健康因素），也包括硬性议题（包括产业和基础设施），因此一个更加全面的、协调一致的国家战略是十分必要的。建立一个推动可持续发展的政府部门也会起到积极的作用。例如，2007 年，匈牙利议会设置了面向未来的监察专员（Ombudsman for Future Generations），当国家政策导致过度消费并危及未来社会时，该专员有责任在议会辩论中建言献策。英国也有类似的政策主张，将可持续消费融入部门政策中，如在能源和资源、运输、健康和住房等部门统筹考虑可持续发展的概念。

（2）由线性经济向循环经济的逻辑转变

政府部门、大型企业、行业协会和学术机构可以发挥各自的力量推动绿色消费。在线性经济中，原材料用于制造产品，并且在其使用之后废弃（如包装）。在循环经济中，经济发展基于回收和材料的再利用。为了确保将来有足够的原材料用于食品、住所、供暖和其他必需品，我们的经济必须成为循环发展方式，即必须通过提高产品和材料的效率，重复利用或新原料来防止浪费，实现可持续。在循环经济发展模式中，制造商将产品设计为可重复使用。例如，电气设备的设计便于维修，产品和原材料可以重复使用，在餐馆和快餐店将不再使用一次性塑料杯、餐具而是提供可持续生产的容器（如由再生纸制成）和器具（如废木制成）。从供应链向价值循环的转变意味着商业案例的重点是长期发展。商业案例的质量不是以短期利润来衡量，而是以长期可持续性和创新来衡量[1]。

（3）推行生产者责任制度和绿色供应链

在某种程度上，大型跨国公司需要供应链中的可持续生产和消费，通过物质使用和废物流量的巨大变化，才能实现价值创造。某些中国企业通过其供应链跨越国界，这导致了巨大的全球生态足迹。为此，应该鼓励可持续生产的产品和具有高回收材料价值的产品。要求企业发布由独立机构监控的可持续生产和消费报告。企业需要展示他们计划如何改进其产品和服务的可持续性，并坚持实现这些目标。政府可以要求企业将与其产品相关的废物减少一定比例，随着时间的推移而增加要求。在德国，企业必须支付回收产品废物的费用。这是企业减少不必要包装和在包装中更多地使用再生

---

1 Marga Hoek. The Trillion Dollar Shift[R]. 2018.

材料的强大动力。政府可以提供激励措施以增强再生材料在产品制造中的使用。并要求企业对产品完成可持续性标识认证。日本和欧盟对与其能源效率相关的企业产品使用领跑者模式，有很强的借鉴意义。

（4）建立贸易资源的数据库

目前还没有全球的资源贸易数据库。作为世界上最主要的贸易进出口国之一，中国的消费具有巨大的全球影响力。建立以消费为基础的环境影响数据库将有助于跟踪中国消费的国际生态足迹。环境扩展的多区域投—产出分析可用于确定中国消费的全球环境影响。

（5）激励可持续性投资

银行等金融机构的投融资绿色化在推动可持续发展方面作用显著。绿色投资可以给予税收的优惠。银行应该被鼓励将可持续发展的需求与 SDG 的目标相结合，并纳入其借贷政策当中，同时在政府支持的贷款项目中进行强制执行。政府养老金应将可持续发展的需求纳入其投资决策中。

（6）发起可持续生活方式运动

政府可以倡导可持续生活方式运动，鼓励公民参与其中，通过艺术形式表现可持续生活方式的外延与内涵，让公民充分感受到可持续的福祉；为公民、政府、企业和其他部门提供工具包和指南，使他们能够对可持续生活方式采取战略行动；鼓励各类集体活动中的公民践行可持续的生活方式；在个人和组织层面激励绿色消费主义（对污染行为征税；鼓励回收和再利用）；让社区合作实现无废生活和最佳回收利用；为不可持续的产品开发"非生态"标签，以此向不可持续产品的生产者施加压力。

（7）制定可持续发展幸福指标体系

《21 世纪议程》呼吁"新的国民账户体系和其他可持续发展指标"，包括"财富和繁荣的新概念，通过改变生活方式允许更高的生活水平，更少依赖地球的有限资源，更符合地球的有限资源。地球的承载能力"。相关举措的例子包括可持续发展指标（英国）、国民幸福总值（不丹）、修正 GDP（法国经济绩效和社会进步衡量委员会，或称为斯蒂格利茨委员会）、幸福指标（日本），以及人类发展指数（联合国开发计划署）、更好的生活指数（经济合作与发展组织）、幸福星球指数（新经济基金会）、生态足迹（全球足迹网络）；真正的进步指标（国际发展重新定义组织）。中国可将这些努力吸收借鉴，与和谐幸福生活的价值观联系起来。可持续消费可带来双重红利：减少过度的物质主义且环境可持续，同时给人们带来幸福。向可持续消费的转变也可以用来解决不平等问题，并促进更公正的社会和经济。

（8）保护并奖励传统的可持续发展知识和实践经验

吸收传统知识促进本土可持续发展，以适宜的可持续和非消费主义生活方式保护可持续的传统工艺、实践和社区。鼓励开展社区林业管理，推广返璞归真的田园生活方式，规定（长期）产品保修期的最低年限以确保产品维修性，在购物中心为"二手货"商店、维修商店和以物易物商店保留一定比例的交易空间。建立 DIY 的能力建设和生活技能提升中心（如缝纫、园艺、金融常识等）。

（9）解决不平等

不平等问题不仅是不可持续消费的诱因，也造成了对生态系统的依赖和破坏，引发了社会和政治的紧张态势。减少不平等会减少引发消费主义的社会矛盾。解决不平等涉及以下方面：①开发渐进式收费系统，如渐进式税收，包括收入、贫困和奢侈品的税收政策，为基础服务提供免费和补贴政策；②为低收入群体提供如健康、教育、公园的免费和补贴的服务，芬兰目前正在实验为所有公民提供基本收入，引导社会由消费转向更有创意的活动来提升社会的幸福感；③保护雇佣广大的中小企业群体，保护传统手工艺，限制向危及中小企业利益的大企业颁发经营许可，建立面向当地农民和手工业者的认证和执照体系，强制本地农产品优先进入城市市场。

（10）与社会组织建立合作关系

社会组织可以推动变革。在欧洲和北美兴起的消费者组织发出信号，让公众意识到当前的市场是以追求利润优先而不是消费者的福祉为先。例如，法国的 Test Achats、英国的 Whick Uk、荷兰的 Consumentenbond、德国的 Stiftung Warentest，这些消费者权益保护组织引导社会关注产品价格、质量、权益保护，从广义上要求市场注重负责任、可持续消费，发挥着积极的作用。

（五）小结

可持续消费可以理解为重视自然资源，尊重产品开发中的劳动力和投入，避免浪费，并推崇一种绿色的生活方式，以实现可持续社会为目标，而不是由种类繁多的消费行为而决定。中国可以在这一领域做很多工作，一方面综合使用目标设定、激励结构和立法措施，另一方面，加强教育和价值导向，从而摆脱西方工业化国家几十年来形成的"购买、使用、丢弃"陋习。与许多其他环境领域一样，中国可以成为推动可持续发展的先行者，唤醒和带领其他国家来解决过度消费带来的资源浪费和环境污染等问题。

六、政策建议

（一）中国推动绿色消费的整体战略

当前，中国正在从高速增长转向高质量发展，其中消费是拉动经济增长的主要动力，是推动高质量发展的重要动能。如前所述，由于规模、结构、消费方式等原因，中国消费领域对资源环境的压力持续加大、问题日益凸显。从中国整体绿色发展转型进程和状态看，不平衡、不协调的问题比较突出。在整个经济社会系统中，经济维度的绿色转型发展较快较好，社会维度相对滞后。在经济系统内部，推动生产领域的转型措施较强，消费领域较为薄弱。因此，如何在社会生活和消费领域推动绿色转型是中国政府应关注和解决的重大关键问题。要解决这一问题，目前最迫切的任务是要明确消费绿色转型在推动国家绿色发展以及治理体系现代化进程中的战略定位、角色和作用。

1. 高度重视并紧紧抓住当前推进消费绿色转型的历史机遇期

目前，中国正处于推动消费绿色转型的机遇期、窗口期，其主要特征是消费正在从温饱向小康全面转型升级，居民消费方式和意愿在发生明显变化，消费对经济的拉动作用在显著增强，正处在新的社会消费习惯与模式的形成期。消费是最终需求，既是生产的最终目的和动力，也是人民对美好生活需要的直接体现。抓住这一珍贵的窗口期和关键期，及时引导，加快促进形成覆盖全社会和全民的资源节约和环境友好型的消费模式和生活方式，对中国整体实现高质量发展和生态文明建设意义重大。

中国目前推动消费绿色转型具有强烈的政治意愿。国家主席习近平在 2017 年 5 月就推动形成绿色发展方式和绿色生活方式问题进行了专门的论述。党的十九大明确提出，要推进绿色发展，加快建立绿色生产和消费的法律制度和政策导向，建立健全绿色低碳循环发展的经济体系，倡导简约适度、绿色低碳的生活方式，反对奢侈浪费和不合理消费，开展创建节约型机关、绿色家庭、绿色学校、绿色社区和绿色出行等行动，形成节约资源和保护环境的空间格局、产业结构、生产方式、生活方式。这为推动形成绿色生活方式和绿色消费提供了强有力的行动指南。

中国目前推动消费绿色转型具有日益成熟的社会基础和较好的实践基础。当前，中国公众的环境意识、参与意识和环境维权意识明显提升，对享有良好生活质量的要求和期待日益增长，形成了推动绿色消费的社会基础。同时，中国在绿色消费领域积累了一些有益的政策和实践基础，国际社会也有诸多好的做法可资借鉴。

2. 将绿色消费作为满足人民日益增长的美好生活需要的支撑点和推动高质量发展的增长极

现阶段，中国消费正不断转型升级，体现了人民日益增长的美好生活需要。其中，社会公众的绿色消费意愿不断提升，消费市场上绿色生态产品溢价率不断增长，互联网消费中的绿色渗透率不断提高，可以说，绿色消费是人民日益增长的美好生活需要的重要内容之一。因此，着眼和适应当前及未来中国社会主要矛盾变化，大力推动绿色消费是满足人民日益增长的美好生活需要的有力支撑。同时，消费的绿色转型升级可以引领以环境标志产品为代表的绿色生态产品和服务的供给创新，通过绿色生态产品和服务的供给创造新的绿色消费需求，这种绿色生产与消费、绿色供给与需求的良性互动循环不仅是经济的新动能和引擎，也是生态环境质量改善的内生条件，是推动高质量发展的新的增长极。当前绿色消费的短板之一是绿色生态产品和服务的有效供给不足，需要顺应社会绿色消费升级的趋势，围绕吃、穿、住、行、用等消费环节，适应居民分层次多样性的绿色消费需求，构建更加成熟的绿色消费细分市场，加大绿色、环保、节能产品和技术的认证和营销推广力度，提高绿色生态产品和服务的社会覆盖度，大力提高绿色生态产品和服务的有效供给，真正为满足人民日益增长的美好生活需要以及推动高质量发展提供支撑和动力。

3. 将绿色消费作为促进经济和社会系统转型以及推动供给侧结构性改革的重要内容和手段

首先，将绿色消费作为经济绿色转型的基本内容，作为推动供给侧结构性改革的重要动力。经济的绿色转型包括生产和消费两个环节的绿色化，消费的绿色化对生产的绿色化发挥着引导和倒逼的作用。经过绿色理念和措施引导的消费规模、消费方式、消费结构、消费质量、消费偏好的变化必然会传导到生产领域，左右着要素资源的配置方向、生产方式的改进、产品结构的调整和产品品质的改善，推动供给侧结构性改革。

其次，将绿色消费作为社会绿色转型的重要内容和手段。绿色消费是促进绿色生活方式形成的核心内容，是推动全民行动的有效途径。生活方式是一个内涵广泛的概念，既包括人们的衣食住行、劳动工作、休息娱乐、社会交往等物质生活，也包括精神生活的价值观、道德观及相关方面，消费方式是生活方式的重要内容。绿色消费活动可将绿色理念与要求传递、渗透到公众生活的各个方面，引导、带动公众积极践行绿色理念和要求，形成绿色生活全民行动，改善社会绿色转型的治理体系。

4. 把绿色消费作为推动生态文明建设和生态环境治理体系现代化的重要措施

绿色消费是绿色发展和生态文明建设的有机组成部分。有观点认为，消费具有上下游传导效应，减少消费能成几何级数地减少资源能源投入，还可以减少数十倍以上的污染排放；消费又具有弹性效应，消费数量的增加往往会抵消提高生产效率、节约资源投入和减少污染排放的效果。因此，合理适度和资源节约、环境友好型的消费必然对减少污染排放和改善环境质量乃至生态文明建设全局发挥重要的作用。

在生态环境治理体系现代化领域，中国目前的环境政策多集中在生产领域，且以约束和监管为主要方式、以政府和企业为主体。建立引领绿色消费模式的制度机制，一是可以将生态环境治理结构从生产环节拓展到消费环节，拓展了生态环境治理的领域，增加激励和自愿领跑的方式，有助于建立激励与约束并举的制度体系；二是消费是社会公众的基本行为选择，绿色消费可以促使公众真正进入环境治理过程，用其绿色消费行为以及绿色生态产品选择倒逼企业改善环境行为，增加绿色生态产品和绿色生产供给，是切实的、自发的公众参与生态环境保护；三是消费端的绿色转型通过绿色供应链实践传导至生产端，可以引导产业链条中的"绿色先进"企业管理"绿色落后"企业，开辟生态环境治理的新途径，完善生态环境治理体系。

5. 将绿色消费摆上政府推动绿色发展工作的优先位置

在准确把握绿色消费对推动绿色发展、满足人民群众日益增长的美好生活需要以及完善生态环境治理体系的战略定位和作用之后，中国政府需要把推动绿色消费纳入日常的工作日程之中，在零散的实践和政策基础上将强烈的政治意愿转化为全面推动消费绿色转型的系统战略部署、具体有效的政策措施和全民的社会实践。

（二）中国推动绿色消费的具体政策建议

从中国整体绿色发展转型进程和状态看，不平衡、不协调的问题比较突出，经济维度的绿色转型发展较快较好，社会维度相对滞后。中国目前消费对资源生态环境带来的突出问题已成为制约生态文明建设的重要因素，消费对资源环境的消耗和压力持续增大，过度型、浪费型等不合理消费方式加剧了资源环境问题，消费领域的一些环境污染负荷超过了生产领域。应紧紧抓住当前推进消费绿色转型的历史机遇期，将绿色消费作为满足人民日益增长的美好生活需要的支撑点、推动高质量发展的增长极、促进经济和社会系统转型以及推动供给侧结构性改革的重要内容和手段、加强生态文明建设和生态环境治理体系现代化的重要措施，将其摆上政府推动绿色发展工作的优先位置。

1. 将绿色消费作为绿色发展和生态文明建设的重要任务纳入国家"十四五"发展规划中，并制定国家推进绿色消费的专门战略或行动计划

目前，中国正处在推动消费绿色转型的机遇期、窗口期，居民消费方式和意愿在发生明显变化，消费对经济的拉动作用显著增强。中国公众的环境意识、参与意识和环境维权意识明显提升，对享有良好生活质量的要求和期待日益增长，形成了推动绿色消费的社会基础。

因此，在中国的"十四五"规划中，应将推动形成绿色消费和绿色生活方式问题作为推动绿色发展和生态文明建设的重要内容，明确相关目标、任务，以及考核或评价指标。同时，针对目前相关政策及实践分散、效果不显著等问题，借鉴德国、瑞典等国经验，中国应研究制定专门的推进绿色消费和绿色生活方式的国家战略或行动计划，从目标任务到体制机制创新、评估方法与评价指标等方面都要做出系统安排，提高推进绿色消费行动的整体性和效果。

2. 突出重点，完善和创新推动绿色消费的制度、政策和行动

（1）明确推进绿色消费的重点领域。以环境质量改善目标为导向，将与资源能源节约和环境质量改善目标密切相关的绿色生态产品供给、垃圾分类回收、公共交通设施建设、节能环保建筑以及相关技术创新等作为推进绿色消费的重点领域。

（2）扩大绿色生态产品和服务的供给。加大绿色生态产品认证，健全绿色生态产品和服务的标准体系及绿色标识认证体系。优先考虑修改《政府采购法》，加大政府绿色公共采购力度和范围，推动强制性绿色公共采购。放宽绿色生态产品和服务市场准入，鼓励各类资本投向绿色产业，利用"互联网＋"促进绿色消费。

（3）加大推动循环经济发展力度。推动落实生产者责任延伸制度，构建企业和社会绿色供应链，把生产者对其产品承担的资源环境责任从生产环节延伸到产品设计、流通消费、回收利用、废物处置等全生命周期，通过生命周期管理促进绿色生产和消费。

（4）倡议发起全国性绿色消费新生活运动。充分发挥形象正面的明星和社会名流在绿色消费方面的示范引领作用，引导绿色消费成为社会时尚；同时，将绿色消费理念融入各类相关教育培训中，列入创建活动的基本要求与考核指标中，纳入各类主题宣传教育活动中。

（5）建立共建共治共享的绿色消费社会治理体系和机制。明晰政府相关部门在推动绿色消费中的职能定位，强化消费者协会推动绿色消费的职能作用，鼓励企业承担更多环境社会责任，同时建立面向社会公众的绿色消费激励和惩戒制度。

（6）完善和强化推动绿色消费的市场和经济激励政策。要在规范性约束的引导下，重点从价格、财税、信贷、监管与市场信用等方面建立经济激励和市场驱动的制度，引导绿色生态产品的供给和居民消费的绿色选择。

（7）加强绿色消费的基础设施和能力建设。构建完善的绿色消费统计指标体系，建立全国统一的绿色消费信息平台。加强对政府、社会组织、企业和公众关于绿色消费的能力建设和培训。在国际基础设施建设中，开展环境和社会影响评价，提升国际基础设施建设的绿色化程度。

上述每一项建议都应该在课题后续研究中进行具体设计，达到可操作的程度。

第八章　绿色"一带一路"与 2030 年可持续发展议程

一、引言

联合国 2030 年可持续发展议程的启动带领国际社会迈入了可持续发展的新阶段，建设绿色"一带一路"高度契合中国生态文明建设理念，也顺应全球可持续发展总体趋势。"一带一路"与联合国 2030 年可持续发展议程在理念、原则和目标方面高度契合、相辅相成，"一带一路"倡导的"政策沟通、设施联通、贸易畅通、资金融通、民心相通"与 2030 年可持续发展议程的 17 项目标高度对应，已经被国际社会认可为推动落实可持续发展议程的解决方案之一。协同推进绿色"一带一路"与 2030 年可持续发展议程，将为区域可持续发展提供重要路径,避免发展中国家重走"先污染,后治理"的发展模式，将"一带一路"打造成全球生态文明和人类绿色命运共同体的重要载体。

"一带一路"倡议自 2013 年秋天提出以来，秉持共商、共建、共享的理念，受到国际社会大多数成员的认可。"一带一路"已成为全球公共产品，不仅能够向世界提供基础设施互联互通这样物质上的公共产品，更有制度理念上的公共产品，将形成更加公正合理的全球治理理念和治理体系，推动世界各国一道解决环境、气候、扶贫等全球问题。

"一带一路"在 5 年多的实践中，始终秉持绿色发展理念，注重与联合国 2030 年可持续发展议程对接，推动基础设施绿色低碳化建设和运营管理，在投资贸易中强调生态文明理念，加强生态环境、生物多样性保护和应对气候变化合作，为落实联合国 2030 年可持续发展目标提供了新的动力，也给相关国家绿色发展带来新机遇。一是绿色"一带一路"将推动沿线生态环保政策沟通，在政策层面对接绿色"一带一路"与联合国 2030 年可持续发展议程；二是防范设施联通环境风险，打造一体化的生态环境风险防范和治理体系；三是促进绿色贸易畅通，改善生产消费效率，推动绿色资金融通，引导向清洁能源等领域的投资；四是加强环保民心相通，推动发展中国家生态环保能力建设。

"一带一路"是一个宏大的工程，在创造大量机遇的同时，也面临一系列挑战。在绿色理念方面，"一带一路"沿线部分国家发展水平还不高，加强生态环境保护还未得到充分重视；在监控评估方面，"一带一路"项目大多涉及多个国家，在计划、设计、建设、运营和评估项目的过程中面对不同的标准和流程；在绿色金融与投资方面，还缺乏足够的政策引导。从项目来看，"一带一路"项目多为大型基础设施项目，在创造机遇的同时也带来了风险。

"一带一路"是绿色发展之路，需要各方共同努力，积极作为。实现"一带一路"的绿色化，推动绿色"一带一路"走实走深，其关键在于：一是积极参与全球环境治理与气候治理，将"一带一路"打造成全球生态文明和绿色命运共同体的重要载体；二是建立绿色"一带一路"战略对接机制，以政策、规划、标准和技术对接促进战略对接并落地；三是构建绿色"一带一路"源头预防机制，以绿色金融、生态环境影响评价等机制引导绿色投资；四是构建绿色"一带一路"项目管理机制，推动企业落实绿色发展实践；五是推动绿色"一带一路"民心相通，强化人员交流与能力建设。

建设绿色丝绸之路，就是要践行"绿水青山就是金山银山"理念，共谋全球生态文明建设之路。建设绿色"一带一路"，将为共建国家和地区创造更多的绿色公共产品，有效推动联合国 2030 年可持续发展议程的落实。我们相信，在国内外合作伙伴的携手努力下，绿色"一带一路"建设将取得丰硕成果。

二、绿色"一带一路"与 2030 年可持续发展议程

（一）"一带一路"及其建设进展

自 2008 年全球金融危机爆发以来，世界经济持续低迷，贸易增长缓慢，各种不稳定事件频出。世界经济迫切需要新的增长动力并建立新的循环。发展中国家包括新兴经济体对基础设施以及产业发展的巨大需求有望成为建立新的世界经济增长动力。

在此背景下，2013 年，中国国家主席习近平在哈萨克斯坦和印度尼西亚提出共建"丝绸之路经济带"和"21 世纪海上丝绸之路"，即"一带一路"倡议。2015 年 3 月，中国政府发布了《推动共建丝绸之路经济带和 21 世纪海上丝绸之路的愿景与行动》文件（以下简称《愿景与行动》）（中国国家发展改革委、外交部、商务部，2015），从目标愿景、合作原则、空间方向等方面提出了共建"一带一路"的顶层设计框架。根据《愿景与行动》，"一带一路"倡议旨在促进经济要素有序自由流动、资源高效

配置和市场深度融合，推动沿线各国实现经济政策协调，开展更大范围、更高水平、更深层次的区域合作，共同打造开放、包容、均衡、普惠的区域经济合作架构。

共商、共建、共享是"一带一路"建设最根本的原则，其核心是倡导"一带一路"共建国家发展战略对接，最大限度凝聚各方共识，发挥各自比较优势共同参与建设，共同分享"一带一路"建设项目的成果收益以及长期发展红利。"一带一路"建设以政策沟通、设施联通、贸易畅通、资金融通、民心相通为合作重点。

"一带一路"倡议自提出以来，得到共建国家和国际社会的积极响应，共建"一带一路"正在成为中国参与全球开放合作、改善全球环境治理体系、促进全球共同发展繁荣、推动构建人类命运共同体的中国方案。2017年5月，首届"一带一路"国际合作高峰论坛顺利召开，来自29个国家的元首和政府首脑、130多个国家和70多个国际组织的代表再次确认了共商、共建、共享的核心理念。2019年4月，中国成功举办第二届"一带一路"国际合作高峰论坛，包括中国在内38个国家的元首和政府首脑等领导人以及联合国秘书长和国际货币基金组织总裁共40位领导人出席圆桌峰会。来自150个国家、92个国际组织的6 000余名外宾参加了论坛。与会各方就共建"一带一路"深入交换意见，普遍认为"一带一路"是机遇之路，就高质量共建"一带一路"达成广泛共识，取得丰硕成果。

经过六年的不懈努力，"一带一路"建设从理念、愿景转化为现实行动，已转入落地生根、开花结果的全面推进阶段。已有127个国家和29个国际组织同中国签署"一带一路"合作文件。2013—2018年，中国与沿线国家货物贸易进出口总额超过6万亿美元。在沿线国家建设的境外经贸合作区总投资200多亿美元，创造的就业岗位数十万个，给当地创造的税收几十亿美元。一批合作项目取得实质性进展，中巴经济走廊建设进展顺利，中老铁路、中泰铁路、匈塞铁路建设稳步推进，雅万高铁部分路段已经开工建设，瓜达尔港已具备全作业能力。截至2018年年底，中欧班列累计开行数量突破1.3万列，已经联通亚欧大陆16个国家的108个城市。

（二）绿色"一带一路"及其推进现状

1. "一带一路"重点地区生态环境现状

"一带一路"共建国家环境和气候差异较大，生态环境问题突出。东南亚、南亚、西亚、东盟、北非等地区的国家大部分都是发展中国家，随着人口过快增长和工业快速发展，资源消耗和污染随意排放使环境状况不容乐观，森林面积缩小，水污染和空气污染日趋严重，环境污染趋势未能得到有效遏制。

（1）生态环境总体敏感

总的来看，"一带一路"共建国家面临着各种生态环境问题，生态环境总体较为敏感。

中巴经济走廊新疆段干旱缺水。巴北部区位于生物多样性丰富的喀喇昆仑、喜马拉雅、兴都库什等高山山脉交汇处，而这样的地理位置是中巴经济走廊互联互通的障碍。巴西南部地区干旱缺水问题严重，而巴东南部存在大气、水、土壤污染以及季节性缺水等问题。

中蒙俄经济走廊的俄罗斯西南部地区，属于寒带亚寒带，永久性冻土带面积广，森林砍伐较严重，生态系统一旦破坏，很难恢复。蒙古高原区地表水资源匮乏，植被覆盖率低，荒漠生态环境脆弱。

中国—中南半岛经济走廊的柬埔寨、泰国、老挝、越南等湄公河流域国家水资源丰富，森林覆盖率较高，植物种类多样，水资源争端和水环境污染问题显现。马来半岛平原区面积狭小，存在一定的污染问题。

中国—中亚—西亚经济走廊主体为高山—绿洲—干旱荒漠，水资源短缺和跨界水资源争端明显。中亚国家存在土地荒漠化、遗留核污染等问题。

孟中印缅经济走廊的高山高原区近年来森林遭到不同程度的破坏，导致生态景观破碎化和生物多样性减少。过渡低山平原区的农业面源污染和耕地退化等问题突出。孟加拉湾沿海地区除了存在沿海湿地红树林破坏等问题外，还面临着气候变化带来的海平面上升的影响。

新亚欧大陆桥经济走廊西部地区干旱和荒漠化明显。中亚段的干旱和脆弱荒漠生态系统是主要的生态环境问题，而俄罗斯段与欧洲段沿线的各类自然保护区较多。

（2）地区性的水污染问题严重影响区域的经济发展和社会稳定

中亚地区地处欧亚大陆腹地，区内气候干燥，以沙漠和草原地形为主，水资源污染和短缺是该地区最主要的环境问题。主要表现在以下几个方面：一是湖泊面积不断缩小，水质下降；二是河流水量减少，河流缩短或消失，水质下降；三是地下水位下降，水质变坏；四是盐碱化土地面积增加；五是沙漠扩大，绿洲缩小，沙尘暴频度上升；六是自然植被减少，植被类型退化。这些变化在咸海流域表现最为明显，由于水质的恶化，该地区的出生率下降，婴儿死亡率上升，很多居民迫于生态环境压力而迁居。

南亚地区有不少国家也正面临着严重的水污染问题。例如印度的很多城市，大多数水体正在遭受生活污水、工业排放污水、化学药品和固体废物的严重污染。水污染、洪灾和旱灾已成为印度当今面临的三大与水有关的"灾害"，开始影响印度社会的可持续发展。由于在水资源保护方面投入不足,印度每天有大量的工业废水直接排入河流、湖泊及地下,造成地下水大面积污染,所含各项化学物质指标严重超标,铅含量比废水处理较好的工业化国家高20倍。此外,未经处理的生活用水直接排放也加剧了水污染程度,水污染严重影响老百姓的健康。流经印度北方的主要河流——恒河已被列入世界污染最严重的河流之列。当地居民饮用和烹饪时使用受污染的地下水已经导致了许多健康问题,如腹泻、肝炎、伤寒和霍乱等。同时,由于地下水污染严重,目前在印度市场上销售的12种软饮料有害残留物含量超标。有些软饮料中杀虫剂残留物含量超过欧洲标准10～70倍。

中东地区干旱少雨,水资源奇缺,形成浩瀚的沙漠,人口大多集中在沿海或有限的江河流域地区。中东的环境条件先天不足。近20年来,大规模的工业化和社会综合发展水平的相对滞后,又使中东环境进一步恶化,特别是在那些石油生产国,这个问题显得尤为突出。包括酸性很强的硫酸盐、硝酸盐在内的各种污染物,使科威特、卡塔尔、沙特阿拉伯、伊朗、伊拉克这些石油生产国的环境受到明显损害,也对周围其他中东国家的环境形成一定的威胁。20世纪80年代的两伊战争和90年代初的海湾战争更是给海湾地区带来了严重的"环境后遗症",石油设施和油轮在战争中被破坏,造成大量石油泄漏,流入海湾水域,形成大面积污染,直接危及该地区海洋鱼类的生存。

(3)空气污染问题在"一带一路"沿线国家也比较突出

"一带一路"沿线国家的空气污染水平低于全球平均水平,但有个别地区却存在比较严重的污染问题。

南亚和西亚、北非地区饱受细颗粒物(PM$_{2.5}$)污染的困扰。"一带一路"沿线65个国家,有22个国家PM$_{2.5}$较高,其中,有11个国家位于西亚北非地区,6个国家位于南亚地区。除了受制于地理条件、空气扩散条件较差以外,这两个地区过分依赖石油化工和重化工业的发展模式也是导致细颗粒物偏高的重要原因。

蒙古—俄罗斯区域的空气污染问题以蒙古的首都乌兰巴托为例,由于快速城市化,导致了城市空气质量迅速恶化,加上家庭取暖和烹饪需求排放的烟尘,越来越多的车辆排放的尾气、行业和建筑活动的电力需求都加大了废气的排放,所以世界卫生组织在2011年的空气质量排名数据中,将乌兰巴托市列为世界上空气最差的前五座城市之一。

除此之外,东欧地区由于重工业的发展和发电厂的建设也面临着严重的空气环境污染问题。

2."一带一路"沿线国家联合国可持续发展目标（SDGs）指数分布

（1）环境目标是 2030 年 SDGs 的重要构成

20 世纪 60 年代开始，国际社会开始反思和探寻经济、社会与环境协调发展之路。2000 年，在联合国千年首脑会议上，189 个国家正式签署《联合国千年宣言》，并庄重做出承诺，就全世界范围内消除贫困、饥饿、文盲、性别歧视，减少疾病传播，阻止环境恶化，商定了一套到 2015 年达成的目标（即"千年发展目标"（Millennium Development Goals，MDGs）。在 MDGs 的指导下，全球在发展经济、改善人居、消除饥饿与贫困方面取得了积极的进展。考虑 MDGs 于 2015 年完成历史使命，2012 年 6 月在巴西里约召开了可持续发展大会（即"里约＋20"峰会），制定一套以 MDGs 为基础、以可持续发展为核心的 2015 后全球发展议程被提上日程。2015 年 9 月 25 日，联合国可持续发展峰会正式通过了《变革我们的世界：2030 年可持续发展议程》（以下简称《2030 年议程》），建立了联合国可持续发展目标，为未来 15 年世界各国的发展和国际合作指明了方向，勾画了蓝图。

SDGs 是《2030 年议程》的核心内容之一。《2030 年议程》共分四大部分：政治宣言、全球可持续发展目标、执行手段、后续行动 [1]。《2030 年议程》不再局限于发展中国家，而是适用于世界各国。SDGs 是 2030 议程的核心内容，涵盖了经济、社会和资源环境三大领域，包括了 17 个可持续发展目标和 169 个子目标。这些目标的实施期限是到 2020 年或 2030 年（表 8-1），旨在根本性地改变片面追求经济增长的传统发展观，指导全球各国在今后 15 年内的发展政策和资金使用，在人类和地球至关重要的领域中采取行动，消除贫困、保护地球、确保所有人共享繁荣。其中，前 16 个目标是国际社会致力于实现的目标，第 17 个（全球发展伙伴关系）强调通过国际社会携手合作来推动 2030 年议程的落实。

环境目标是 2030 年 SDGs 的重要组成。《2030 年议程》强调资源、环境带来的生存、生活方面的挑战，环境目标几乎直接或间接体现在 SDGs 所有目标与指标中，涉及生态环境保护各个方面。对可持续发展目标和指标进行梳理发现，约有 52.9% 的总体目标和 14.2% 的子目标和生态环境保护相关，有些环境目标和指标是独立的，有些则是环境目标融入其他发展目标和指标中。其中，总目标涉及水环境安全（SDG6）、可持续能源（SDG7）、可持续工业化（SDG9）、可持续城市（SDG10）、可持续生产与

1 中华人民共和国外交部 .2016. 变革我们的世界：2030 年可持续发展议程 [EB/OL]. http://www.fmprc.gov.cn/web/ziliao_674904/zt_674979/dnzt_674981/xzxzt/xpjdmgjxgsfw_684149/zl/t1331382.shtml. 2016-01-13.

消费（SDG12）、气候变化（SDG13）、海洋环境（SDG14）、陆地生态系统及物种多样性（SDG15）、可持续全球伙伴关系（SDG17）等，其他总目标中涉及的环境子目标包括化学品污染防治、空气质量、土壤污染状况改善等方面（表8-1）。

表8-1　《2030年议程》提出的环境相关目标

	总体目标	所涉及环境问题	子目标数量
目标6	为所有人提供水和环境卫生并对其进行可持续管理	水和环境卫生	8
目标7	确保人人获得负担得起的、可靠和可持续的现代能源	可持续现代能源	5
目标9	建造具备抵御灾害能力的基础设施，促进具有包容性的可持续工业化，推动创新	可持续工业化	8
目标11	建设包容、安全、有抵御灾害能力和可持续的城市和人类住区	可持续城市	10
目标12	采用可持续的消费和生产模式	可持续消费和生产	11
目标13	采取紧急行动应对气候变化及其影响	气候变化	5
目标14	保护和可持续利用海洋和海洋资源以促进可持续发展	海洋和海洋资源	10
目标15	保护、恢复和促进可持续利用陆地生态系统，可持续管理森林，防治荒漠化，制止和扭转土地退化，遏制生物多样性的丧失	陆地生态系统、森林、荒漠化、土地退化、生物多样性	12
目标17	加强执行手段，重振可持续发展全球伙伴关系	可持续全球伙伴关系	19

（2）2018年《可持续发展目标指数和指示板全球报告》环境目标与指标

可持续发展目标指数（SDG Index）和指示板（SDG Dashboards）提供了国别层面SDGs进展的测量方法。对《2030年议程》中各个目标的度量和监测是执行该议程最重要的环节之一，因此建立一套有效的可持续发展目标指标体系显得尤为必要。基于此，联合国可持续发展解决方案网络（SDSN）等单位提出可持续发展目标指数和指示板，提供了国别层面SDGs进展的测量方法。可持续发展目标指数和指示板不是官方监测工具，它是在使用联合国官方SDGs指标和其他可靠数据以弥补相关数据缺失的基础上，利用经济合作与发展组织（简称OECD）（2008）国家构建综合指标的方法，提出关键性假设，制定出的一套用于国家层面的测量标准，这套指数也是在联合国统计署的支持下，各成员国发起的对SDGs官方指标的补充和支持。旨在帮助各个国家在实现SDGs的过程中找出优先问题，理解挑战，明确差距，以促进实现更加有效的可持续发展决策。

2015—2018年SDSN与贝塔斯曼基金会（Bertelsmann Foundation）联合发布可持续发展目标指数和指示板全球报告。2015年，SDSN与贝塔斯曼基金会发布了《可持续发展目标：富裕国家是否准备好了？》的报告，描述了 34 个 OECD 国家在可持续发展目标方面的实施现状。自 2016 年起，每年由 SDSN 与贝塔斯曼基金会联合发布可持续发展目标指数和指示板全球报告。2017 年 7 月，SDSN 与贝塔斯曼基金会联合发布了《2017 年可持续发展目标指数和指示板报告——全球责任：实现目标的国际溢出效应》（*SDG Index and Dashboards Report 2017——Global Responsibilities: International Spillovers in Achieving the Goals*）。该系列报告利用 SDG 指数对各国 17 项可持续发展目标的现状进行排名，并通过颜色编码体现 17 个总目标整体实施情况，最终以可持续发展目标指示板展示，并为每个国家的 SDGs 实施现状出具一份详细报告，为比较国家间不同的发展水平提供了可能。2018 年 7 月，SDSN 与贝塔斯曼基金会联合发布了《2018 年可持续发展目标指数和指示板报告——全球责任：实现目标》（*SDG Index and Dashboards Report 2018——Implementing The Goals Global Responsibilities*）。该报告总结了各国目前在 17 项可持续发展目标方面的表现和趋势，以可持续发展目标指示板展示，通过跨国家比较，有助于确定各国在实现可持续发展目标方面取得的最大成就和存在的差距。

《2018 年可持续发展目标指数和指示板报告》有 9 项总目标和 31 个指标与生态环境保护直接或间接相关。《2018 年可持续发展目标指数和指示板报告——全球责任：实现目标》以 2017 年为基础，对指标和方法做了更新，分析了全球 156 个国家实现可持续发展目标的长短版，为比较国家间的不同发展水平提供了依据（表 8-2）。总体来看，在 2018 年评估的可持续发展总目标和所有指标中，有 9 项总目标和 31 个指标与生态环境保护直接或间接相关，较 2017 年 29 个指标增加了 2 个。具体看，清洁能源（SDG7）在原有基础上加入获得清洁燃料和烹饪技术（人口百分比）、燃料燃烧/电力输出产生的二氧化碳排放量；应对气候变化（SDG13）中加入化石燃料出口中隐含的二氧化碳排放量（kg/人均）；海洋生态系统保护（SDG14）中增加海洋健康指数目标——渔业（0—100）。同时水和环境卫生的可持续管理（SDG6）剔除优质水源获得（%）这一指标。

表 8-2　2018 年 SDG 指数和指示板报告与生态环境保护相关的 9 项目标与 31 个指标

SDG	描述 / 标签
2	可持续氮管理指数
3	家庭和环境污染死亡率 / 每 10 万
6	淡水获取量 /% 流入地下水枯竭（m³/a/ 人均）

SDG	描述 / 标签
	最终消费中的可再生能源 /%
7	获得清洁燃料和烹饪技术（人口百分比）
	燃料燃烧 / 电力输出产生的二氧化碳排放量 /（$MtCO_2$/ TWh）
11	城市 $PM_{2.5}$（μμ5T³）
	改善水源，管道（可访问的城市人口百分比）
	电子垃圾 /（kg/ 人）
	城市固体废物 /（kg/a/ 人均）
	废水处理 /%
12	生产产生的二氧化硫排放量（kg/ 人）
	流入二氧化硫净排放量（kg/ 人）
	氮生产足迹（kg/ 人）
	流入活性氮净排放量（kg/ 人）
	能源 CO_2 排放量（tCO_2/ 人均）
	流入二氧化碳排放量，技术调整（tCO_2/ 人均）
13	气候变化脆弱性（0-1）
	化石燃料出口中隐含的二氧化碳排放量（kg/ 人均）
	有效碳汇率（€/tCO_2）
	海洋，平均保护面积 /%
	海洋健康指数 - 生物多样性（0-100）
14	海洋健康指数 - 清洁水域（0-100）
	海洋健康指数目标 - 渔业（0-100）
	鱼类资源过度开发或崩溃 /%
	陆地，平均保护面积 /%
	淡水，平均保护面积 /%
15	红色名录物种生存指数（0-1）
	森林面积每年变化 /%
	流入生物多样性影响（物种 / 百万人）

（3）2018 年"一带一路"沿线国家 SDG 指数整体情况

《2018 年可持续发展目标指数和指示板全球报告》，将国家范围由 157 个减少到

156 个。将"一带一路"沿线 65 个国家[1]与 156 个国家进行比对发现，除文莱、马尔代夫、吉尔吉斯斯坦、阿联酋、巴勒斯坦等 6 个国家外，有 59 个"一带一路"沿线国家在 2018 年 SDG 指数的核算范围内。表 8-3 列出了 59 个国家在实现 17 个可持续目标方面的指数及在全球 156 个国家中的排名。可以发现，东南亚、南亚、中亚、西亚、中东欧、东欧、北非等不同国家及地区 SDG 指数表现具有差异性。

中东欧和东欧国家 SDGs 指数排名靠前。59 个在 2018 年 SDG 指数的核算范围的"一带一路"沿线国家中，有中东欧国家 16 个，东欧国家 4 个，共计 20 个。总体看，除马其顿、阿尔布尼亚、黑山、波黑 4 个中东欧国家和俄罗斯一个东欧国家外，其余 15 个国家位列 59 个国家排名的前 15 名，较东南亚、南亚、中亚、西亚等区域优势突出。其中，斯洛文尼亚（第 8 位）、捷克（第 13 位）、爱沙尼亚（第 16 位）、克罗地亚（第 21 位）、白俄罗斯（第 23 位）在全球 156 个国家中排名靠前，距离实现《2030 年可持续发展目标》最为接近。

东南亚、中亚地区国家 SDGs 指数排名差距大。首先，东南亚地区 9 个国家中，新加坡（第 43 位）、马来西亚（第 55 位）、越南（第 57 位）、泰国（第 59 位）在区域内领先，菲律宾（第 85 位）、老挝（第 108 位）、柬埔寨（第 109 位）、缅甸（第 113 位）排名靠后。其次，中亚地区 4 个国家中，乌兹别克斯坦（排名第 52 位）、哈萨克斯坦（排名第 65 位）排名靠前，在区域内领先，塔吉克斯坦（排名 73 位）、土库曼斯坦（排名第 110 位）排名靠后。

西亚地区国家 SDGs 指数排名分散。西亚地区 18 个国家中，以色列（第 41 位）、阿塞拜疆（第 45 位）、格鲁吉亚（第 57 位）、塞浦路斯（第 50 位）4 个国家排名在 156 个国家的前 1/3；亚美尼亚（第 58 位）、土耳其（第 79 位）、巴林（第 80 位）、伊朗（第 82 位）、黎巴嫩（第 87 位）、约旦（第 91 位）、阿曼（第 94 位）、沙特（第 98 位）8 个国家排名在 156 个国家的中间 1/3；科威特（第 105 位）、卡塔尔（第 106 位）、叙利亚（第 124 位）、伊拉克（第 127 位）、阿富汗（第 151 位）、也门（第 152 位）等 6 个国家排名靠后，位于 156 个国家的后 1/3。

南亚国家 SDGs 指数排名在后 50%。南亚地区 6 个国家——不丹（第 83 位）、斯里兰卡（第 89 位）、尼泊尔（第 102 位）、孟加拉国（第 111 位）、印度（第 112 位）、巴基斯坦（第 126 位）排名在 156 个国家的后 50%，实现《2030 年可持续发展目标》挑战较大。

---

1 王义桅 . 2016. 世界是通的——"一带一路"的逻辑 [M]. 北京：商务印书馆，106.

表 8-3　2018 年 59 个"一带一路"沿线国家 SDG 指数及在全球 156 个国家中的排名

序号	国家	分值	全球 156 个国家中的排名	序号	国家	分值	全球 156 个国家中的排名
1	斯洛文尼亚	80	8	30	土耳其	66	79
2	捷克共和国	78.7	13	31	黑山共和国	67.6	69
3	爱沙尼亚	78.3	16	32	波黑	67.3	71
4	克罗地亚	76.5	21	33	塔吉克斯坦	67.2	73
5	白俄罗斯	76	23	34	巴林	65.9	80
6	斯洛伐克共和国	75.6	24	35	伊朗伊斯兰共和国	65.5	82
7	匈牙利	75	26	36	不丹	65.4	83
8	拉脱维亚	74.7	27	37	菲律宾	65	85
9	摩尔多瓦	74.5	28	38	黎巴嫩	64.8	87
10	波兰	73.7	32	39	斯里兰卡	64.6	89
11	保加利亚	73.1	34	40	约旦	64.4	91
12	立陶宛	72.9	36	41	阿曼	63.9	94
13	乌克兰	72.3	39	42	蒙古	63.9	95
14	塞尔维亚	72.1	40	43	阿拉伯埃及共和国	63.5	97
15	以色列	71.8	41	44	沙特阿拉伯	62.9	98
16	新加坡	71.3	43	45	尼泊尔	62.8	102
17	罗马尼亚	71.2	44	46	科威特	61.1	105
18	阿塞拜疆	70.8	45	47	卡塔尔	60.8	106
19	格鲁吉亚	70.7	47	48	老挝人民民主共和国	60.6	108
20	塞浦路斯	70.4	50	49	柬埔寨	60.4	109
21	乌兹别克斯坦	70.3	52	50	土库曼斯坦	59.5	110
22	马来西亚	70	55	51	孟加拉国	59.3	111
23	越南	69.7	57	52	印度	59.1	112
24	亚美尼亚	69.3	58	53	缅甸	59	113
25	泰国	69.2	59	54	阿拉伯叙利亚共和国	55	124
26	马其顿	69	61	55	巴基斯坦	54.9	126
27	俄罗斯联邦	68.9	63	56	伊拉克	53.7	127
28	阿尔巴尼亚	68.9	62	57	阿富汗	46.2	151
29	哈萨克斯坦	68.1	65	58	也门共和国	45.7	152

3. 绿色"一带一路"建设进展

（1）绿色是"一带一路"倡议的重要内容。《愿景与行动》文件中提出"在投资贸易中突出生态文明理念，加强生态环境、生物多样性和应对气候变化合作，共建绿色丝绸之路"。2016 年 6 月，中国国家主席习近平在乌兹别克斯坦最高会议立法院发表演讲时指出，要践行绿色发展理念，携手打造绿色丝绸之路。2017 年 5 月，在"一带一路"国际合作高峰论坛上，习近平主席强调"践行绿色发展的新理念，倡导绿色、低碳、循环、可持续的生产生活方式，加强生态环保合作，建设生态文明，共同实现 2030 年可持续发展目标"。

2019 年 4 月，习近平主席在第二届"一带一路"国际合作高峰论坛开幕式上指出，"把绿色作为底色，推动绿色基础设施建设、绿色投资、绿色金融，保护好我们赖以生存的共同家园"，"我们同各方共建'一带一路'可持续城市联盟、绿色发展国际联盟，制定《"一带一路"绿色投资原则》，发起'关爱儿童、共享发展，促进可持续发展目标实现'合作倡议。我们启动共建'一带一路'生态环保大数据服务平台，将继续实施绿色丝路使者计划，并同有关国家一道，实施'一带一路'应对气候变化'南南合作'计划。"

（2）绿色"一带一路"的内涵是以生态文明与绿色发展理念为指导，坚持资源节约和环境友好原则，将绿色发展和生态环保融入"一带一路"建设的各方面和全过程。一是作为切入点，增进与沿线国家的政策沟通；二是防控生态环境风险，保障与沿线国家的设施联通；三是提高产能合作的绿色化水平，促进与沿线国家的贸易畅通；四是完善投融资机制，服务与沿线国家的资金融通；五是加强环保国际合作与交流，促进与沿线国家的民心相通。为沿线国家的可持续发展目标中环境指标的实现做出直接贡献。

"一带一路"作为带动共建国家经济发展的重大倡议，已经被国际社会认可为推动落实可持续发展议程的解决方案之一。联合国大会主席米罗斯拉夫·莱恰克表示，中国正在通过"一带一路"倡议分享财富和最佳实践，从而促进可持续发展目标的落实。联合国秘书长安东尼奥·古特雷斯指出，可持续发展议程与"一带一路"倡议有共同的宏观目标，都旨在创造机会，带来有益全球的公共产品，并在多方面促进全球联结，包括基础设施建设、贸易、金融、政策以及文化交流，带来新的市场和机会，"一带一路"倡议对议程的实施具有巨大的推动作用。美国环保协会总裁克朗普也认为，"一带一路"倡议能够带来经济繁荣和环境改善的双重效益。

（3）绿色"一带一路"的总体目标和任务措施进一步明确。2017 年，中国环境保护部发布《"一带一路"生态环境保护合作规划》（以下简称《规划》），并联合有关部门发布《关于推进绿色"一带一路"建设的指导意见》（以下简称《指导意见》），指出力争用 3～5 年建成务实高效的生态环保交流合作体系、支撑与服务平台和产业技术合作基地，指定落实一系列生态环境风险防范政策和措施，用 5～10 年建成较为完善的生态环保服务、支撑、保障体系。《规划》明确了将绿色发展融入"五通"的主要活动，并列出 25 个重点项目。

（4）搭建"一带一路"绿色发展国际伙伴合作平台。为增进沿线国家对绿色"一带一路"的了解和认知，国际组织、中国、沿线其他国家和非政府组织积极开展绿色"一带一路"研讨、交流和对接。中国生态环境部和中外合作伙伴共同发起了"一带一路"绿色发展国际联盟，旨在搭建一个国际平台，分享绿色发展的理念、政策与实践，开展研讨及对话，提升"一带一路"沿线区域实现环境治理目标的能力（专栏 8-1）。中国通过举办中国－阿拉伯国家环境合作论坛、中国－东盟环境合作论坛、上海合作组织环保合作·中国活动周等活动，与沿线国家积极开展政策对话。

专栏 8-1　"一带一路"绿色发展国际联盟

2017 年 5 月，中国国家主席习近平在"一带一路"国际合作高峰论坛开幕式演讲中倡议，建立"一带一路"绿色发展国际联盟（简称联盟）。联盟由中国生态环境部和中外合作伙伴共同发起，并于 2019 年 4 月第二届"一带一路"国际合作高峰论坛绿色之路分论坛上正式启动。联盟定位为一个开放、包容、自愿的国际合作网络，旨在推动将绿色发展理念融入"一带一路"建设，进一步凝聚国际共识，促进"一带一路"共建国家落实联合国 2030 年可持续发展议程。截至 2019 年 5 月，已有 130 多家中外合作伙伴加入联盟，其中包括 26 个沿线国家环境部门、国际组织、研究机构和企业等 70 多家外方合作伙伴。

联盟旨在打造政策对话和沟通平台，分享生态文明和绿色发展的理念与实践，加强沟通交流，推动建设联合研究网络；打造环境知识和信息平台，推动建立生态环保信息共享机制，为绿色"一带一路"建设提供数据及分析支撑，并推动区域环境管理能力建设；打造绿色技术交流与转让平台，促进绿色低碳技术交流与转让，提高区域基础设施建设及相关投资贸易活动的绿色化水平。

　　联盟主要通过专题伙伴关系开展活动，涉及领域包括但不限于：生物多样性和生态系统、绿色能源和能源效率、绿色金融与投资、环境质量改善和绿色城市、"南南合作"和可持续发展目标、绿色技术创新和企业社会责任、环境信息共享和大数据、可持续交通、全球气候变化治理与绿色转型、环境法律法规和标准等，现已启动9个专题。此外，联盟下还将开展"一带一路"绿色发展相关研究、系列专题研讨交流活动、能力建设活动、绿色示范项目等。

　　（5）强化对外投资企业的环境社会责任。倡导对外投资企业要履行高标准的环境社会责任是包括联合国环境规划署、经济合作与发展组织、世界银行等在内的国际机构长期以来重点推动的工作。2000年7月联合国发布全球契约，旨在推动开展尽责的商业活动，力图使在全球各地开展的商业活动和实施的战略符合环境、劳工等领域的十大公认原则，其中环境原则包括"企业应对环境挑战未雨绸缪，主动增加对环保所承担的责任，鼓励无害环境技术的发展与推广"。经济合作与发展组织自20世纪70年代就开始推行其制订的《跨国公司行为准则》，其后该准则多次进行修订，对于可持续发展的重视程度逐渐提升，要求企业重视营运活动对环境可能造成的影响，强化环境管理系统。世界银行将环境影响作为筛选贷款项目的重要依据，要求申请项目必须具备符合标准的环评报告。

　　2013年，中国发布了《对外投资合作环境保护指南》（中国商务部、环境保护部，2013），倡导企业树立环保理念，依法履行环保责任，要求企业遵守东道国环保法规，履行环境影响评价、达标排放、环保应急管理等环保法律义务。2016年12月，来自能源、交通、制造、环保等多个领域的19家中国对外投资企业发布了《履行企业环境责任 共建绿色"一带一路"》倡议。加入该倡议的中国企业宣示，将在对外投资和国际产能合作中遵守环保法规、加强环境管理，助力绿色"一带一路"建设。2019年4月，中国与英国、法国、新加坡、巴基斯坦、阿联酋、中国香港等有关国家和地区主要金融机构共同签署《"一带一路"绿色投资原则》，这一原则的签署标志着"一带一路"的投资绿色化走向新的阶段。

（6）区域环境治理能力不断提升。中非合作论坛提出实施中非绿色发展合作计划，为非洲实施50个绿色发展和生态环保援助项目，共同推进中非环境合作中心建设，增强非洲绿色、低碳、可持续发展能力；设立澜沧江—湄公河环境合作中心，并实施"绿色澜湄计划"；启动中国—柬埔寨环境合作中心筹备办公室。为促进"一带一路"共建国家环保能力建设和人员交流，中国政府启动绿色丝路使者计划和应对气候变化"南南合作"培训，每年支持300多名共建国家代表来华交流。主题涉及环境影响评价、大气污染防治、水污染防治等，包括共建国家环境部门官员、青年学生、非政府组织志愿者、专家学者等参加活动。

（7）积极推动将绿色经济理念融入"一带一路"倡议中。当前，发展绿色经济已经成为全球共识。联合国环境规划署已经在非洲、亚太地区、加勒比地区和拉丁美洲相关国家开展了绿色经济相关工作，包括与绿色经济有关政策、战略、指标体系的研究等，并正在积极推动绿色经济理念融入绿色"一带一路"建设。中国工商银行发行首支"一带一路"银行间常态化合作机制（BRBR）绿色债券，并与欧洲复兴开发银行、法国东方汇理银行、日本瑞穗银行等BRBR机制相关成员共同发布"一带一路"绿色金融指数，深入推动"一带一路"绿色金融合作。中国光大集团与有关国家金融机构联合发起设立"一带一路"绿色投资基金。

（8）企业与环保非政府组织推动清洁高效技术在共建国家推广应用。中国大力推动清洁高效技术在"一带一路"项目中的应用。2016年10月，发布了《推进"一带一路"建设科技创新合作专项规划》，提出将节能减排理念充分融入各个重点科技合作领域，包括开展高效节水与节能农业等技术和农机装备的联合开发与示范，推广气候智慧型农业发展模式，推动煤油气等传统能源清洁高效利用技术的研发和示范，积极推动新能源汽车合作开发，加强极端天气气候、地质灾害、洪旱灾害等数据共享、技术和经验推广等。中国商务部与联合国开发计划署签署在埃塞俄比亚、斯里兰卡的可再生能源三方合作项目协议。

（9）海洋环境合作稳步推进。中国已经与泰国、马来西亚、柬埔寨、印度、巴基斯坦等国建立了海洋合作机制。目前中泰气候与海洋生态系统联合实验室、中巴联合海洋科学研究中心、中马联合海洋研究中心建设都在积极推进，重点将在海洋与气候变化观测研究、海洋和海岸带环境保护、海洋资源开发利用、典型海洋生态系统保护与恢复、海洋濒危动物保护等多领域开展合作。

（10）绿色金融为绿色"一带一路"建设提供保障。为支持"一带一路"建设，中国于2014年年底出资400亿美元成立丝路基金。2017年5月，中国政府宣布向丝路基金增资1 000亿人民币。截至2018年年底，丝路基金协议投资金额约110亿美元，实际出资金额约77亿美元。丝路基金倡导绿色环保、可持续发展理念，积极支持绿色金融和绿色投资。

（三）建设绿色"一带一路"，将绿色发展由机遇转变为现实

（1）推动"一带一路"绿色发展需在"一带一路"建设中建立环境与发展的综合决策机制。将绿色发展与生态环境保护融入"一带一路"建设的方方面面，加强建立与2030可持续发展目标接轨、符合国际合作的绿色化引导政策和相关可操作的指南，为"一带一路"沿线国家实现可持续发展目标中的环境与社会目标做出直接贡献。

（2）促进"一带一路"绿色发展需充分理解在建和规划中的"一带一路"项目对当地和全球环境以及可持续发展产生的影响。对"一带一路"项目对当地和全球环境及可持续发展的影响进行专题分析将帮助判断应当在未来几年中为哪些类型的项目提供更大的政策和资金支持。对企业和投资者参与"一带一路"项目带来正面和负面影响进行分析能创造绝佳的机会，改变其行为，并确保更多绿色化水平更高的项目能够得到批准和开发[1]。

（3）"一带一路"的绿色化需推动落实绿色基础设施原则，建设"能促进低碳和环境可持续发展的基础设施，比如可再生能源发电厂以及公共交通系统"，并且朝着可持续基础设施的方向努力，"在项目规划、建设和运营阶段充分考虑环境、社会与治理要素。"

（4）在"一带一路"项目和相关国家推广绿色发展需对绿色化水平更高的项目给予融资支持。绿色金融将为改善环境、气候变化减缓及适应、促进资源保护和高效利用提供支持，即为环境保护、清洁能源、绿色交通运输、绿色建筑和可持续农业等领域提供的金融服务，包括项目投资与融资、项目运营和风险管理等。持续落实绿色金融能够引导资金流入绿色化水平更高的产业。

（5）"一带一路"绿色化需建设绿色价值链和绿色供应链体系。推进绿色生产、绿色采购和绿色消费，带动产业链上下游采取节能环保措施，以市场手段降低生态环

---

[1] 中外对话网站于2017年12月15日刊登了牛津大学发起"一带一路"环境数据平台。https://www.chinadialogue.net/blog/10299-A-green-BRI-is-a-global-imperative/en.

境影响。

（6）提高"一带一路"绿色化水平需推动绿色环保节能产业和技术合作，提供有效的环境治理方案。通过环保技术最佳实践的交流与合作，加强"一带一路"区域国家污染防治技术能力建设，促进环保技术的转移和开发，帮助沿线国家发展适合本国需求和实际情况的清洁产业，通过污染控制技术推动有效环境治理。

（四）绿色"一带一路"对落实2030年可持续发展目标的潜在贡献

2015年联合国通过的2030年可持续发展议程及《巴黎协定》带领国际社会迈入了可持续发展的新阶段。而中国也已做出建设绿色丝绸之路的承诺。建设绿色丝绸之路，顺应了国际社会绿色发展的潮流与趋势，与2030年可持续发展议程及《巴黎协定》的理念高度契合。

（1）推动生态环保政策沟通，加强可持续发展伙伴关系。政策沟通是绿色"一带一路"建设的基础，中国将加强生态环保合作机制与平台建设，与沿线国家开展政府间高层对话，利用中国—东盟、上海合作组织、澜沧江—湄公河、欧亚经济论坛、中非合作论坛、中阿合作论坛等合作机制，强化区域生态环保交流。政策沟通活动将有效推动"一带一路"沿线国家间加强全球可持续发展伙伴关系（目标17.16），同时还有利于加强区域可持续发展政策的一致性（目标17.14），为各国创造平台协调可持续发展政策，开展经验交流，分享最佳案例。中国生态环境部与中外合作机构发起的"一带一路"绿色发展国际联盟已经得到国际社会、国际机构以及"一带一路"共建国家的广泛响应。

（2）防范设施联通环境风险，保护区域生态系统。绿色"一带一路"要求在基础设施建设过程中加大对建设中基础设施的绿色化工程，不断推进生态环保公共产品和环保基础设施建设，推进环保产业技术转移交流合作示范基地、环保产业园区建设，有利于基础设施升级，并保证在基础设施建设过程中更多地采用清洁和环保技术。"设施联通"中的绿色要素与多个可持续发展目标相关，该措施一方面可保护并可持续利用陆地和内陆的淡水生态系统及其服务（目标15.1），减少自然栖息地的退化，遏制生物多样性的丧失（目标15.5）；另一方面还可帮助有关国家升级基础设施，提高资源使用效率，更多采用清洁和环保技术及产业流程（目标9.4）。

（3）促进绿色贸易畅通，改善生产消费效率。在贸易领域，绿色"一带一路"将促进环境产品和服务贸易便利化，分享环境产品和服务合作的成功案例，推动提高环境服务市场开放水平，扩大大气污染治理、水污染防治等环境产品和服务进出口，其中绿色供应链国际合作是重要措施，通过建设"一带一路"绿色供应链合作平台，从生产、流通、消费的全产业链角度推动绿色发展。这些活动将通过贸易的手段提高沿线国家的持续生产和消费水平，有利于"一带一路"区域逐步改善全球消费和生产的资源使用效率（目标 8.4）。

（4）推动绿色资金融通，促进清洁技术投资。绿色金融能够为"一带一路"倡议保驾护航。绿色"一带一路"要通过金融工具全面认识和积极预防项目中的社会与环境风险，做好环境信息披露，加强项目环境风险管理，提高对外投资的绿色水平，"一带一路"沿线的绿色投资已经受到广泛关注，发展绿色产业前景广阔。绿色金融可有效促进对能源基础设施和清洁能源技术的投资（目标 7.a），支持从多渠道筹集额外金额资源用于沿线发展中国家（目标 17.3）。如丝路基金从业务开展初期就贯彻绿色发展、绿色金融的理念：四大投资原则之一为注重绿色环保和可持续发展，四大投资领域包括重点推动清洁、可再生能源领域多层次互动，形成能源资源广泛合作。

（5）加强环保民心相通，推动发展中国家能力建设。绿色"一带一路"将加大绿色示范项目的支持力度，推动在环保政策、法律制度、人才交流、示范项目等方面开展合作交流，继续实施绿色丝路使者计划，加强沿线国家环境管理人员和专业技术人才的互动与交流，推动环保技术和产业合作，提升沿线国家的环保能力，上述活动和项目将有效支持发展中国家加强科学和技术能力，采用更可持续的生产和消费模式（目标 12.a），促进发展中国家开发以及向其转让、传播和推广环境友好型技术（目标 17.7），通过"南南合作"加强国际社会对在发展中国家开展高效和有针对性的能力建设（目标 17.9）。

三、绿色"一带一路"建设中的机遇与挑战

（一）机遇

作为绿色发展的倡导者，中国有能力促进"一带一路"沿线国家的环境认同并为推动区域落实 2030 可持续发展目标环境目标贡献中国方案。生态文明可以提升绿色转型治理能力，绿色"一带一路"能够推动与沿线国家共同开展全球生态文明建设，帮助沿线发展中国家在项目规划中综合考虑环境、社会和经济等多方面因素，以"绿色"促进经济发展，避免"先污染后治理"的发展模式。

绿色"一带一路"将为沿线国家带来绿色发展和加强能力建设的巨大机遇，主要包括：通过"绿色化"推动环保公众意识，减少资源消耗，促进绿色产业和低碳生活方式；帮助"一带一路"沿线国家将可持续发展目标融入国家、区域和项目开发的过

程中；在"一带一路"项目中推广较高的生态环境标准；在促进可持续发展的同时为"一带一路"倡议打造一体化的生态环境风险防范和治理体系；与"一带一路"沿线国家的政策制定者合作，共建可持续"一带一路"基础设施投资激励框架，推动建立开放式可持续"一带一路"基础设施项目数据库，在环境和基础设施规划过程落实最佳实践；建立跨领域的绿色"一带一路"学习与领导力平台，提高官员及公众对环境风险与机遇及其应对方法的关注；为创造开放、完善的政策环境以及持续引进和实施透明度平台提供支持。

（二）挑战

"一带一路"倡议是有史以来规模最大的基础设施项目，在创造大量机遇的同时，也给投资者、可持续发展和自然资源带来了挑战，与此同时，虽然可持续发展是国际社会的主题，但沿线国家生态环保能力不足、国际合作项目的复杂性都给绿色"一带一路"建设带来一系列挑战（表8-4）。

（1）在绿色理念方面，"一带一路"沿线很多国家发展水平还不高，仍将经济迅速发展作为当务之急，绿色发展问题并不急迫。引入低碳科技和加强生态环保要求还未得到充分重视或仅处于初期阶段。

（2）在政策支持与监控评估方面，"一带一路"项目大多涉及多个国家，在计划、设计、建设、运营和评估项目的过程中面对不同的标准和流程。投资可持续基础设施的商业环境并不明朗，在很多情况下，当地法律和技术标准十分模糊甚至完全缺失；可持续标准与评估方法的数量和种类不足，从而使金融投资者很难确保全部投资都流向了可持续基础设施；对一些可持续基础设施来说，由于可持续项目缺少收益流或公共政策激励，风险调整后的收益过低。

（3）在信息公开与透明度方面，跨国项目实施起来通常都十分困难。由于"一带一路"项目的规划、设计和落实大多是分散的，而非从整体出发，相关数据也难以集中和定位。"一带一路"项目具有高度复杂性，因此，要吸引国际企业的关注，在执行的过程中就必须有详细的规划并保持极高的透明度。

在绿色金融与绿色投资方面，截至目前，绿色金融与绿色投资还没有引起金融和私营领域参与者和其他利益相关方的足够关注。绿色项目暂无一个普遍认可的定义，因此较难界定在现有的绿色投资中哪些可以给予融资。与对应的风险相比，绿色"一带一路"项目的公正报酬率和投资回报率都十分有限。

表 8-4 　基础设施热图

图例
■	重大影响
□	中等影响
▨	影响有限或无影响

领域	基础设施	投入			产出				
		生态系统使用	水资源使用	其他资源使用	温室气体排放	非温室气体大气污染物	水污染物	固体废弃物	总体影响
能源	燃煤电厂								
	水电厂								
	燃气电厂								
	管线								
	太阳能电厂								
	风电场								
交通	船运								
	公路和其他								
	铁路								
制造业	工厂和其他								
其他	信息和通信技术行业								

资料来源："一带一路"倡议绿色化报告，HSBC-WWF, 2017。

四、"一带一路"建设主要关注问题研究

（一）"一带一路"建设中绿色金融的战略布局与实施机制

　　绿色金融助力绿色"一带一路"建设主要体现在两个方面，一是环境风险管理问题，即金融机构如何加强对环境保护、生态保育和应对气候变化等因素在投资决策中的考量；二是绿色投融资问题，即金融机构如何加大对绿色、低碳和循环经济项目的投资力度，并提供相应的程序便利。这是金融机构践行绿色金融或绿色信贷的基本内容，在 2012 年 2 月原中国银监会发布的《绿色信贷指引》和 2016 年 8 月由中国人民银行、国家发展改革委等七部委发布的《关于构建绿色金融体系的指导意见》中均有体现。中国金融机构在支持"一带一路"倡议中，不仅仅是简单地执行上述两方面内容，更重要的或者是有别于在中国境内实施绿色金融的，是要如何通过金融在"一带一路"

中体现中国生态文明的思想和联合国2030年可持续发展议程的目标，同时将中国的绿色金融实践与"一带一路"沿线国家和地区的特定国情和投资环境相结合。

1. 国际上绿色金融的良好实践及借鉴

国际上对金融机构的环境风险管理的要求主要来自四个方面。

（1）国际准则与国际合作。许多国际机构和地区性的多边机构都制定或推动形成了国际性的环境与社会治理标准，并大力推进各国和机构之间的对话，如联合国"全球契约"、赤道原则、《联合国负责任投资原则》等。

（2）多边发展性金融机构制订的标准。发展性金融机构，基于其经营宗旨或遵守国际标准，都推出了自己的标准与指导方针，如泛美开发银行、世界银行集团、亚洲开发银行和非洲开发银行等。这些标准与实施工具在很大程度上被各国政府和金融机构所学习和借鉴。

（3）国家政策与法规。这一机制可以有不同的形式。环保法规将划定界限，通常会规定项目的环境评估，划定保护区域，确定污染极限等。此外，近年来针对金融机构的绿色监管已日趋严格和完善，包括对个别领域／和行业投资活动的限制，以及对绿色投资的激励措施等，如中国的"绿色信贷指引"及相关政策、巴西中央银行颁布的第4.327号决议、尼日利亚中央银行制定的"可持续银行业原则"、孟加拉国中央银行制定的"环境风险管理指引"等。

（4）商业性金融机构的自发承诺。商业性金融机构由于自身可持续发展的需求或由上述国内外各方面的推动，承诺遵守环境与社会标准，更好地管理自身遵守环境和社会标准的表现和在投资经营活动加强对环境风险的管理。

不管形式来源如何，环境风险管理最实质性的表现是金融机构将可持续发展作为机构战略重点，环境因素有机嵌入投资和授信决策流程，并公开披露环境敏感行业的投资和信贷政策。

而对于绿色投资的引导，也有大致有以下四种形式。①由国家制订的绿色投资目录或标准，这是中国鼓励绿色投资的主要方式。②由国家出资成立专门的绿色投资机构来引导市场和商业性机构进行绿色投资，比较典型的是英国绿色投资银行的模式。③由金融机构根据自身战略和宗旨制订的投资优先考虑和重点发展领域，如世界银行在其2018年报告中强调世行在三个重要领域向客户国提供支持：促进可持续、包容性的经济增长；更多且更有效地对人投资；建立应对脆弱形势、各种冲击和全球经济威胁的韧性。而汇丰银行、花旗银行等商业金融机构也有对可再生能源、低碳基础设施建设加大投资力度的战略。④由行业协会、研究咨询机构等发起并获得广泛认可的标准。

这种类型比较典型的是绿色债券，由国际资本市场协会制订的"绿色债券原则"和由"绿色债券倡议"组织制订的一些标准和工具，已逐步被金融机构所接受和遵守。

同样，积极开展绿色投资的实质性表现是在风险可控的前提下，通过产品创新、机制创新和程序创新，对绿色、低碳和循环经济项目的投资额的增长。

2. 环境风险管理在绿色"一带一路"建设中的制度安排

中国政府一贯重视中资企业和金融机构在境外经营中的环境和社会风险。在七部委《关于构建绿色金融体系的指导意见》第三十一条"推动提升对外投资绿色水平"、中国银保监会发布的《绿色信贷指引》第二十一条"境外项目管理"及《绿色信贷实施情况关键评价指标》的相应指标、在中国银保监会发布的《关于规范银行业服务企业走出去　加强风险防控的指导意见》（银监发〔2017〕1号）的第五条"加强环境和社会风险管理"中都对金融机构在境外经营和投资活动中的"绿色化"和环境风险防范有着严格且详尽的规定和要求。

但从实施效果看，目前还存在诸多问题，主要表现在：

（1）绿色环保标准不统一，增加海外投资风险。目前，中国金融机构普遍未加入国际通用准则，在国际融资项目中所执行的环境政策主要是国内绿色信贷政策的延伸，一般是中国的法律法规或者参照项目所在国的标准。一方面，在海外项目中采用中国国内标准，可能出现适用局限性。不同国家的政治、社会、文化、法律制度及价值观不同，投资环境迥异，本就使国际投资合作面临较大不确定性。而中国银行业现行绿色信贷政策依据国内宏观环境制定，可能产生与境外项目复杂多变的经营环境不相适应的问题。另一方面，采用东道国标准可能因东道国的环境保护政策调整而出现问题。

（2）绿色金融政策框架不完善，弱化实施效果。作为"一带一路"建设中绿色金融的主要引导者，政府部门对绿色金融的境外适用仅停留在战略指引层面，细化措施亟须健全。在项目审批环节，各政府部门对境外投资项目的审批多流于形式，选择项目时对环境因素考虑不足，已发布的相关政策实效性和约束力不强，难以有效引导对外直接投资环境保护的实施。

（3）绿色金融政策执行需细化，增强可操作性。作为"一带一路"建设的重要参与者，中国金融机构境外项目环保和社会管理在整体上与国际标准仍有一定差距。在政策执行过程中，金融机构多数以合规评价来代替环境风险定量评价，通过"一票否决制"和"名单管理"等方式将环境政策纳入融资决策，未制定具体有效、明确量化的信贷实施细则以及没有针对境外投资的明确考核标准。

（4）企业环保意识仍薄弱，缺乏全程监管。在实施绿色金融的过程中，企业环保意识的提升与政府的引导、银行的参与相辅相成。目前，大多数参与"一带一路"的中国企业在环境保护及社会责任方面已积累了相对丰富的经验，但仍有部分企业环保意识亟待加强。而政府部门和金融机构对境外合作项目全程监管也存在不到位、不全面的状况。

加强"一带一路"投资过程中的环境风险管理，重点是加强法律和行政监督，对因环境问题引发的商业损失进行严格追责，加大处罚力度。

3. 绿色投资在"一带一路"中的制度安排

目前我国针对境内绿色投资的标准制订得非常详细，其中包括中国银保监会的《绿色信贷统计制度》、中国人民银行的《绿色债券支持项目目录》、国家发展改革委的《绿色债券发行指引》等。在《绿色信贷统计制度》中，除了十一大类绿色产业和项目目录外，明确"采用国际惯例或国际标准的境外项目"也属于绿色信贷统计范围内。而由中国工商银行、中国农业银行、中国银行、兴业银行等在境外发行的绿色债券所得款项用途也符合国内绿色债券的发行要求。

目前"一带一路"的绿色项目投资还刚刚起步，成功落地项目有限，主要要解决四个问题：

（1）"一带一路"绿色项目的标准。"一带一路"绿色项目标准有三个问题需明确。一是绿色项目的范围是包括所有的绿色、低碳、循环经济的内容，还是侧重选择一些重要行业和重要地区。二是绿色标准的选择是以国内绿色金融、绿色信贷为标准，还是以国际机构、多边银行及多数商业金融机构的良好实践为标准，或者是以投资所在国标准为基础，或者是重新制订绿色"一带一路"项目标准。三是绿色标准的量化评价问题。绿色项目标准是以目前通行的项目类型和性质认定，还是以项目的效果影响和绿色贡献度认定。

（2）"一带一路"沿线国家的投资环境和风险防范。"一带一路"项目投资难落地的"瓶颈"问题是沿线国家的投资环境不佳，政治风险、市场风险、汇率风险等难以把控。究其原因，一是"一带一路"沿线国家的政治、社会、宗教、文化等情况与我国差别很大，同时各国情况又不相同；二是金融机构缺乏对非金融风险管理的经验积累和人才储备；三是我国与相关国家之间的经贸协调机制不够完善。

（3）"一带一路"绿色项目的商业回报。项目的成本高、投入大、短期收益率低、项目周期长是绿色项目难获资金支持的另一重要原因。在"一带一路"建设中，中国金融机构对境外项目缺乏有效信息和正确认知，给绿色项目回报又增加了不确定性。

（4）"一带一路"绿色项目投资的激励机制。"一带一路"绿色项目投资不足的根本原因在于激励不足。金融机构投资绿色"一带一路"项目，除了执行国家战略、履行企业社会责任、增加机构美誉度外，既得不到我国的实质性支持，也得不到项目所在国的区别性优惠，承担了更大责任和风险，却得不到额外的商业利益。因此对绿色"一带一路"项目要通过风险补偿、信用担保、税收优惠、信贷贴息等综合配套政策进行激励和扶持，充分调动金融机构积极性，增加绿色信贷执行动力。

（二）"一带一路"与绿色价值链

1. 打造绿色价值链在构建绿色"一带一路"中的重要意义

绿色价值链的核心内涵。近 40 年来，随着贸易投资的自由化、便利化水平不断提高，国际分工由传统的产业间分工转变为产业内分工。随着信息通信技术革新带来信息沟通与跨境协调成本锐减，产品跨国制造现象愈来愈普遍，每个分工环节带来的价值增值遍布世界各个角落，推动了全球价值链（Global Value Chains，GVCs）的形成。发达国家和发展中国家以不同的分工方式参与价值生产、分配到再分配的过程中，包含了从设计、研发、生产、运输、消费再到回收利用的整个价值增值的过程。绿色全球价值链（Green Global Value Chains，GGVC）将绿色发展理念融入全球价值链，注重每一环节价值增值所产生的环境和气候影响，形成包括绿色管理，绿色设计、绿色采购、绿色生产、绿色产品、绿色销售、绿色消费、绿色回收及绿色材料等闭合的链条，并从全球生产重新布局的大背景下，研究伴随各个价值增值环节跨国转移背后的环境足迹。

（1）"一带一路"建设为构建更具包容性的绿色全球价值链提供了机遇。"一带一路"建设一方面通过互联互通将不同发展阶段、不同历史文化背景的国家紧密连接在了一起，构建了国际化的商品、服务融通平台。另一方面，"一带一路"的合作伙伴国处于不同的经济发展阶段，发展阶段异质性导致面对的环境与发展问题不尽相同，单一的环境规则无法适用"一带一路"共建国家的集体诉求。这就需要以互通互信为基础，依托"一带一路"倡议，充分考虑不同国家在不同发展阶段的实际需求，结合不同国家的生态环境现状，通过"规则治理"确立多领域、多层次的环境标准。

（2）构建更具包容性的绿色全球价值链，对于"一带一路"建设的深入推进至关重要。"一带一路"建设所倡导的产能合作是以互利共赢为理念、原则，谋求"一带一路"共建国家和地区的健康发展与共同繁荣。绿色全球价值链作为绿色"一带一路"建设的重要着力点，倡导升级版的绿色全球分工，在协力降低环境负担的同时，各环节公平合理占有产业链收益，最终形成经济、社会、环境多维度共赢的局面，从而保障"一带一路"建设的深入推进和可持续发展。

2. 打造绿色价值链的内在必然性

环境作为全球性公共物品，是全球治理的重要内容。在全球生产碎片化的发展背景下，构建更具包容性的绿色全球价值链，是打造绿色"一带一路"的关键。目前，国际环境治理中发达国家仍占据主导地位，美国和欧盟国家通过在自有贸易协定中引入环境条款，引导贸易伙伴国接受其环境标准。虽然这一做法给全球环境治理格局和发展中国家环境治理体系在一定程度上带来积极影响，但其主导建立的环境价值链代表的是发达国家的利益和诉求，可能使发展中国家陷入更加不利的价值链位置。因此，推动形成一条能够代表广大发展中国家利益和诉求、体现世界各国发展最大公约数的绿色全球价值链是"一带一路"绿色发展的重要任务之一。首先，打造全球绿色价值链，有助于降低发展中国家产业发展的资源消耗强度，减少对资源型大宗商品的外部依赖，助力区域可持续发展。未来通过加强"南南合作"、实施"一带一路"倡议，打造全球绿色价值链可能成为发展中国家实现自身发展目标和履行国际义务的重要手段。其次，构建协调、包容、绿色、可持续发展的全球价值链是非常紧迫的，需要各国在战略高度重新思考国际投资、生产、贸易与合作，用绿色和可持续发展的理念重塑全球价值链，对"一带一路"国家及企业能力的提高和政策协调提出要求。

五、"一带一路"绿色发展案例研究

（一）案例1：巴基斯坦、斯里兰卡实地调研专题政策研究分析

2019年2月20日至27日，绿色"一带一路"与2030年可持续发展议程专题政策研究项目组（BRI-SPS）赴巴基斯坦和斯里兰卡进行实地调研。目标是加深对沿线国家"一带一路"投资的了解，识别"一带一路"项目的环境影响，所面临的挑战以及如何进行评估。此外，项目组还将总结现有"一带一路"项目的优秀实践，寻求新的机遇，通过政策措施推动"一带一路"绿色发展。

实地考察的目标符合专题政策研究的总体目标，即加强生态环保国际合作，促进"一带一路"绿色发展。

两次实地调研引起了巴基斯坦政府和私营部门的高度关注。各合作伙伴都希望能分享自身经验，为"一带一路"绿色发展树立榜样。重点关注：①汉班托塔港通过中国技术和"一带一路"相关基金实现绿色发展的相关经验研究；②在意大利IDA资金支持下中巴经济走廊对巴基斯坦北部地区生物多样性的影响研究。

同时，项目组还对巴基斯坦瓜达尔港和塔尔煤电厂项目的绿色发展进行了研究。

建议 BRI-SPS 继续支持有关项目及其发展的相关研究，以推动其他国家的政策制定与实施，促进绿色"一带一路"建设。

总体而言，所有"一带一路"项目都应遵循以下原则：

1."一带一路"倡议与 2030 可持续发展议程协同发展

（1）"一带一路"倡议的目标与 2030 年可持续发展议程和巴黎协议的精神高度契合。"一带一路"项目的开发必须在不超过环境和资源承载能力的前提下进行。

（2）"一带一路"项目的发展应从第一阶段向第二阶段转型。第一阶段以大型基础设施项目为主，第二阶段则以建设经济特区、社会投资和解决环境问题为主。

（3）中国是环境多边主义和绿色领导力的倡导者（签署《巴黎协定》、举行 CBD COP 15、治理环境污染等）。

（4）所有新成立的"一带一路"倡议相关组织和网络（包括"一带一路"绿色发展国际联盟、"一带一路"绿色制冷倡议、"一带一路"绿色照明倡议、"一带一路"绿色走出去倡议）都必须以加强现有多边机制和促进 2030 年可持续发展议程落实为目的。

（5）中国投资者和项目实施企业应落实绿色金融与投资及企业社会责任标准。由 27 家国际大型金融机构支持设立的"一带一路"绿色投资原则就是一个好的开始。通过新的"走出去倡议"，中国将在"一带一路"沿线国家引入绿色金融原则与标准。

（6）应加强各国落实 2030 年可持续发展议程和落实"一带一路"倡议相关政策的协同发展，同时充分考虑各国实际情况。

（7）"一带一路"倡议和 2030 年可持续发展议程的一致性并未体现在"一带一路"能源项目中。大部分"一带一路"能源项目都属于化石燃料项目，而"一带一路"沿线国家则迫切需要可再生能源领域的投资。

2.落实相关原则，确保项目从一开始就注重绿色发展

（1）我们需要制定相应的原则，确保新项目从一开始就以绿色发展为目标，包括帮助投资者树立环境思维；针对中国的开发性银行制定指南，引导它们从长远角度充分考虑环境因素；在五年之内开始试点项目的建设，确保基础设施的设计符合生态原则（如采用基于自然的基础设施解决方案）。

（2）需要采取全面、一体化的方法结合多个项目的发展情况对其总体影响进行评估。一些生态方法可以加以推广，如长江经济带的建设就采用了全面的方法，在节约成本的同时带来了显著的生态效益。

（3）应将经济特区建设成为环境经济特区。必须推出零排放经济特区标准。

（4）中国应对项目进行事前和事后评估，组建包括学界和智库专家在内的国际团队，就项目对所在国有何社会和环境影响及是否与2030年可持续发展议程及其落实相一致进行评估。

（5）应通过促进"南南合作"解决"一带一路"倡议发展过程中的环境问题。

在"一带一路"项目层次：①"一带一路"项目至少应当避免、减少和补偿对当地环境和社会的负面影响（通过提供环境和社会保护措施），包括与利益攸关方进行磋商；②用国际认可的方法对"一带一路"项目的环境影响进行评估，包括长期影响和潜在的不可逆影响；③对项目与2030年可持续发展议程和《巴黎协定》在相关国家的落实是否一致进行评估，避免化石能源投资和非弹性基础设施的路径依赖和锁定效应；④应对复杂和跨境项目所带来挑战。

在经济走廊／项目层次：①确保环境可持续性、累积影响评估和政策连贯性；②了解经济走廊／工程如何融入相关国家的结构性转型计划，如何帮助相关国家向低碳经济和减债转型。

在整个"一带一路"倡议层次："一带一路"倡议对全球生产、贸易与流通的影响是否足以帮助全球实现2050年二氧化碳减排目标。

3. 中国应将在项目所在国加强环境监管纳入贷款条件

（1）"一带一路"项目所造成的环境影响并非源于项目本身的缺陷，而是由于项目所在国的环境治理体系存在缺陷。中国企业经常要面对的情况是当地政府或甲方要求或希望项目迅速产生效益。

（2）战略环境影响评估（SEAs 和 EIAs）需要较长的时间进行部署，而且可能需要对原始规划进行改动。这些都会导致项目延期。需要严格保护措施的项目通常会被否决。项目很难进行事前自然资本影响评估，因为所在国不具备相关技术和能力。今后可以在贷款框架下开展能力建设。

（3）针对大型项目和位于环境敏感区的项目所开展的 EIAs 通常无法有效评估项目的环境影响（有时会导致评估结果为"无问题"）。虽然 SEA 已经计划纳入国家环境立法，但相关流程一再推迟，相关能力也有所欠缺。

（4）一些"一带一路"沿线国家能力不足（环保主管部门能力弱）、缺乏数据、腐败严重、透明度低，对可持续发展的关注度低，缺乏监督能力，中国在此类国家中推广"一带一路"面临挑战。此外，行政手续繁杂、地区纠纷和个人利益也造成了障碍，导致项目效率低，相关工程无法落实。

（5）中国投资者可以考虑在项目所在国标准之外引入其他环境标准，并采用国际环境与社会保护措施。它们的落实需要外部的支持，确保项目开发处于监督之下。"一带一路"投资者应当效法国际金融机构支持的项目（如世界银行、亚洲开发银行等），在项目设计过程中就将环境保护措施纳入在内。

（6）尽管一些国家主管部门提出了可持续发展目标的落实计划，但很难保证将它们融入"一带一路"项目建设。

（7）在中国，公私合作模式可以在"一带一路"环境影响评估与治理中发挥关键作用。中国和项目所在国的公共部门和私营部门应加强协调，形成合力。

4. 理解数字"一带一路"的作用

（1）由于缺乏项目数据，加之专业人才和能力不足，项目所在国研究机构对"一带一路"倡议及其影响的相关研究十分匮乏。本土机构科学研究的缺乏就导致了关于"债务陷阱论"的误解（如汉班托塔港）。

（2）数字"一带一路"可以为"一带一路"共建国家打造一个平台，共享合作项目的相关数据。在第二届"一带一路"国际合作高峰论坛正式发布的"一带一路"生态环保大数据服务平台就是一次有益的尝试。这种发展得益于中国科技实力的崛起和数以万计科研人员与学者的努力，但在落实过程中需要推动中低收入国家的大学和研究机构广泛参与。

（3）创建一个"一带一路"研究网络基金，对获得"一带一路"利益攸关方认可的独立联合研究团队进行资助或许是一个可行方案。

（4）数字"一带一路"可以促进各国之间理念、方法和实践的交流。

5. 实施有需求、可持续的项目

（1）由于发展中国家迫切希望能够与中国这样的大型经济体展开合作，因此很容易导致在项目开发中忽略当地对可持续发展和落实 2030 年可持续发展议程的需求。那么，这些项目是需求侧项目还是供给侧项目？

（2）项目所在国在开发项目的实施中可能没有太高的环境要求。

（3）即便中国有资源、技术和意愿投资绿色合作与发展项目，但项目所在国对如何实现绿色合作与发展可能缺乏足够的认识。

（4）需要增强意识，让各方认识到，投资根据当地情况、本土设计和景观制定的绿色解决方案与投资常规方案相比，能够产生同样甚至更大的效益。

（5）需要建立合适的渠道，在与"一带一路"相关的社会环境和经济问题上与利益攸关方进行沟通（产业、本土或独立研究机构、当地企业、公民社会团体），以便其意见能够得到重视,并纳入项目解决方案当中。否则,利益攸关方就可能分化成"支持中国"和"反对中国"两大阵营。在巴基斯坦,一些中国企业与当地和国际非政府组织紧密合作,这一实践值得推广(专栏8-2)。

(6)在斯里兰卡和巴基斯坦等国成功推动环境安全"一带一路"项目的落地,有助于"一带一路"项目在其他国家获得认可与欢迎。

6. 参与环境相关的具体项目

(1)确定重点领域,识别目标清晰、可操作、可以产生环境效益的项目。

(2)参与切实合作,可以通过结对项目分享中国在环境相关问题上的经验,并提供相应的技术和/或资金援助。相关领域包括洪水管理、水治理、生态红线、森林管理、国家公园管理、大规模森林修复、干旱地区修复。

(3)给予打造绿色长城的成功经验,支持巴基斯坦的一百亿棵树植树造林项目。

7. 结论

从两次实地考察中可以清楚地看到,"一带一路"倡议有巨大而深远的社会和生态影响,必须纳入"一带一路"绿色发展的框架当中。可以通过以下措施解决部分问题:

(1)加强"一带一路"倡议专题工作组和海洋、生物多样性与能源专题工作组之间的交流与合作,或可成立分组,展开跨学科联合研究。如果示范项目按照计划起步,相关工作组需要积极参与,推动其落实。

(2)"一带一路"倡议给沿线国家带来的不仅是中国的技术、资金和人才,还有中国的文化、思想和提升软实力与影响力的成功经验。因此,必须重视中国语言、商品和文化价值对当地的影响。当前,来自世界各地成千上万的留学生在中国奖学金的支持下在华学习。毫不夸张地说,未来十年,"一带一路"倡议将改变中国与"一带一路"沿线国家知识与文化模式的认知。近日,《自然》期刊上的一系列文章就详细展现了中国科学院在"一带一路"倡议框架下,打造在"一带一路"科学走廊的相关工作和影响力。"一带一路"倡议专题工作组需要探寻新方法,正确评估相关工作的影响,并回答两个问题:当前的"一带一路"倡议究竟是什么样的?未来我们想要什么样的"一带一路"?

(3)尽管"一带一路"在经济方面的影响已经得到了广泛认可与理解,"一带一路"的环境影响也在引发越来越多的关注,但其在文化和社会方面的影响却尚未引起重视。任何促进"一带一路"绿色发展的项目都必须充分考虑这三方面的影响。目前处于计划中的案例研究应从更宏观的角度做到这一点。专题工作组和"一带一路"绿色发展国际联盟在相关工作中也应全面考虑这些问题。

专栏 8-2　中巴经济走廊

巴基斯坦北部地区拥有全球公认的各种脆弱生态系统，包括温带落叶林、针叶高山森林、苔原和草原。这些地区的山区生态系统还包括冰川，冰川是当地和下游社区最重要的淡水来源，是区域生物多样性的基石。这些生态系统也对高海拔地区的社区生计至关重要。与极端天气和气候变化相关的挑战，包括冰川融化和冰川湖突发洪水，使当地社区的脆弱性加剧。贫困和对自然资源的极度依赖是一项重大挑战。采用基于生态系统的方法能够确保生态平衡以避免自然灾害的影响。保护自然资源对于长期维持生态系统的服务功能至关重要。

中巴经济走廊是"一带一路"倡议的重要组成部分。中巴经济走廊北起喀什，南至巴基斯坦瓜达尔港，对中巴关系有着核心影响，是"一带一路"六大经济走廊中的旗舰项目，被认为是该区域的"游戏规则改变者"。中巴经济走廊是一个加强区域一体化和贸易流动的区域连通性框架，涉及发展交通、能源、工业和其他形式的基础设施。由于中巴经济走廊起源于巴基斯坦北部地区，因而该地区被称为"中巴经济走廊的门户"，具有巨大的潜力，特别在水电和生态旅游方面。这些地区还有丰富的自然资源，包括森林、水、冰川、生物多样性和矿物质资源。

中巴经济走廊的基础设施建设投资达 620 亿美元，如不能合理规划，将对当地，尤其是脆弱的高山地区的生物多样性、居民生计带来严重的负面影响。中巴经济走廊建设的收益可能是显著的，但还需要关注受惠方是谁，以及项目在地方层面产生的影响，尤其是本地社区。虽然最近北部地区冰川融化已经使社区生计面临风险，但中巴经济走廊的启动将对社区生计、脆弱的生物多样性和生态系统构成更大的威胁。

在中巴经济走廊的建设过程中，必须尽早将环境方面的考量纳入计划。例如，在降低运输成本的同时，中巴经济走廊所需的公路、铁路和管道建设可能会破坏自然生态系统，导致该地区的生物多样性丧失。其他建设项目，如建设水电站也可能导致栖息地破碎化、森林退化、地下水污染和土壤污染。当地社区依赖这些资源维持生计，这些开发项目很可能对他们的生活产生不利影响。社区被迫迁移的问题亦值得考虑，因商业目的导致的资源过度开发并不为当地产生利益，还会导致本地生态系统结构的改变和生态退化。环境退化与生存机会之间的明确联系意味着必须采取措施来实现对二者的保护。一批优秀的中国环境学家积极参与了中巴经济走廊的相关研究，其结果表明：巴基斯坦的所有生态区几乎都会受到中巴经济走廊项目的影响。

巴基斯坦境内生态保护区分布

2016年2月，巴基斯坦议会将可持续发展目标（SDGs）纳入国家发展目标，并将SDGs纳入国家发展框架和《巴基斯坦愿景2025》。随后，巴基斯坦通过国家SDGs框架，明确了重点目标、指数和基线。"一带一路"倡议和中巴经济走廊的绿色发展与SDGs的落实有直接关系，如"促进包容可持续工业化，到2030年，根据各国国情，大幅提高工业在就业和国内生产总值中的比例，使最不发达国家的这一比例翻番"。此外，"一带一路"倡议和中巴经济走廊的绿色发展还将为其他SDGs具体目标的实现提供支持。

目前，世界自然保护联盟（IUCN）正在与巴基斯坦政府合作，在巴北部地区开展项目。该项目旨在研究应对中巴经济走廊对该区域的生物多样性所产生的影响。由中巴两国可持续发展方面的资深专家组成的高层技术咨询团队对北部地区的基础设施开发投资提案进行评估，并提出相关建议，降低项目开发对中巴两国政府的影响。

首先，中巴两国政府可以展开联合行动，对中巴经济走廊进行战略性环境评估。中巴两国政府应保证所有中巴经济走廊项目的环境影响评估都符合一定的标准，并确保相关措施的落实。

其次，应将关注点放在重点生物多样性区域上，需要针对这些区域采取特殊的保护措施。在巴基斯坦进行工程建设的中国国企和私企应当拿出一部分预算，专门用于受影响地区和社区的环境和社会投资。

最后，还应促进大众的积极参与。可以探讨发起众筹，支持生态系统修复、退耕还林以及碳减排。

（二）案例 2：中国—马来西亚钦州产业园

位于中国广西壮族自治区钦州市的中国—马来西亚产业园是"一带一路"绿色发展的中国典型案例之一。广西壮族自治区是"一带一路"重要结点和中国绿色发展优势地区。钦州市地处广西壮族自治区南部，是"一带"与"一路"的交汇点，是中国—东盟交往合作的最前沿地区。钦州近年来高度重视生态文明建设和绿色发展，尤其注重中国—马来西亚产业园的绿色发展。相信其在国际合作产业园建设中的绿色理念、绿色制度、绿色规划和绿色措施等，对于其他国家和地区的绿色"一带一路"建设有着重要参考价值。

中国—马来西亚钦州产业园区，是中国和马来西亚两国政府合作项目。园区规划总面积 55 km²，重点发展生物医药、电子信息、装备制造、新能源与新材料、现代服务业和东盟传统优势产业，致力于建设高端产业集聚区、产城融合示范区、科教和人才资源富集区、国际合作与自由贸易试验区。首期开发建设 15 km²，其中启动区7.87 km²。园区以打造中国—东盟合作的示范区域——"中马智造城，共赢示范区"为发展目标，定位为打造先进制作基地、信息智慧走廊、文化生态新城和合作交流窗口。

1. 中国—马来西亚钦州产业园区绿色发展的主要举措

（1）制定实施包含绿色发展在内的园区管理条例

为园区专门立法的情况在中国极其罕见。而中马双方高度重视依法建园，由广西壮族自治区人大于 2017 年颁布实施《中国—马来西亚钦州产业园区条例》。该《条例》是该产业园区的基础性制度，其中对绿色发展做出了明确规定。《条例》第四章第二十八条规定：产业园区应当坚持绿色发展理念，构建绿色产业体系和空间格局，完善生态保护设施和措施，大力发展生态产业，建设节能环保智慧园区，推进产业和城市一体化生态新城建设。第四章第三十四条规定：产业园区应当建立和完善产业园区生态环保指标体系，推广产业园区能源循环利用、水资源综合利用和废弃物的减量化、无害化、资源化，控制重点污染物排放总量，促进低碳循环经济发展。产业园区应当严格环境准入，完善环境保护基础设施建设，积极发展环保产业，禁止建设高能耗、高污染和高环境风险的产业项目，支持低能耗、低排放企业发展，推动企业实施清洁生产，保护和改善环境。

（2）制定实施包括绿色发展内容在内的园区总体规划

制定实施《中国—马来西亚钦州产业园区总体规划》。该规划于 2013 年 6 月由广西壮族自治区政府正式批复，明确了"塑造品质、产城融合、创新机制、开放共赢、富民和谐、绿色生态"的目标和要求，其中"绿色生态"是主要目标和原则之一。

该规划于 2018 年 1 月做了修订。修订后的总体规划更加突出了产业绿色化发展，重点对产业集群（板块）做了调整，由装备制造、电子信息、食品加工、材料及新材料、生物技术和现代服务业六大产业调整为电子信息、智能制造、生物医药、新能源、新材料、现代服务业和东盟传统优势产业七大产业，其中剔除了能耗较高的装备制造业、污染较重的食品加工业。

（3）以国家级绿色产业园区为建设目标

中国中央政府有关部门（如工业和信息化部）高度重视绿色制造和绿色园区建设，相继发布了《工业绿色发展规划（2016—2020 年）》《绿色制造标准体系建设指南》《工业节能与绿色标准化行动计划（2016—2020 年）》等规范，鼓励和支持绿色园区建设。中国—马来西亚钦州产业园作为建设中的园区，建设伊始即把国家绿色园区作为目标，各项建设管理工作均以此为准推进和完善。

（4）注重园区生态红线的划定与管控

园区管理委员会委托专业机构完成了《中马钦州产业园区基本生态控制线规划研究报告》。该报告对园区的生态红线进行了划定，明确了包括红树林在内的一级生态管制区，包括湿地在内的二级生态管制区；同时，该报告还明确了对各类生态管制区的管制措施，其中对一级生态管制区严格禁止破坏和强制修复红树林，对二级生态管制区限制人类开发活动并注意加强生态保护与修复等。该报告还对绿色生态空间的比例与布局等进行了明确。

（5）钦州市政府在全市域开展包括绿色发展在内的园区系统评估

根据《中马钦州产业园区基本生态控制线规划研究报告》对园区的水土保持、地质灾害危险性、压覆矿产、地震安全性、气候影响、文物保护等方面的情况进行评估。

2. 中马产业园绿色发展的初步成效

（1）园区主要环境质量保持基本平稳。园区特别重视发展分布式能源和太阳能发电，据当地生态环境部门监测，园区内空气质量与钦州市其他地区没有明显的差异。另外，园区水环境功能区水质达标率为 100%，没有产生明显的水体污染事件。

（2）园区主要绿色指标水平持续提升，特别是单位地区生产总值能耗、水耗、化学需氧量（COD）、二氧化硫、氮氧化物、氨氮排放量、工业固体废弃物综合利用率等园区主要绿色发展指标均高于全国绿色园区平均水平。

（3）园区道路绿色网络建设取得进展。园区林网建设取得阶段性进展，尤其是包括道路沿线、河流沿岸的园区绿色生态隔离网初步形成。同时，较为有效地保护了红树林、湿地等。

（4）入园产业符合绿色环保要求。严格按照园区规划所确定的产业集群发展目标，强化对入园企业的绿色审核。截至2018年年底，落户园区的企业350家，主要包括金融服务业、现代物流业、文化产业等现代服务业，电子信息、现代装备制造等现代制造业，生物医药、纳米技术、云计算等战略性新兴产业。

3. 产业园区绿色发展的主要启示

（1）明确坚持生态优先、绿色发展理念。生态文明建设已在中国全国普遍推进，其核心就是生态优先、绿色发展。生态优先，就是要以不突破生态红线为前提，以保育生态为目标；绿色发展，就是要推进资源节约、环境友好、生态保育。

（2）将绿色发展全面纳入园区发展规划。绿色发展必须纳入产业发展、园区建设的规划体系，以确保绿色发展落实到各产业门类、各空间单元。为此，应将包括资源节约、环境友好、生态保育的绿色发展作为核心内容纳入园区建设和发展规划。

（3）将绿色发展相关内容纳入园区立法。园区建设与发展是一个长期进程、复杂工程，需要强有力的法律保障，为此需要加强园区立法。为确保园区绿色发展，需要将绿色发展纳入园区立法之中，以让绿色发展真正成为强制性遵守的原则和必须实现的目标。

（4）必须严格把好入园项目的绿色审查关。产业园必须有产业支撑，必须着眼于入园项目的绿色化，严格禁止资源消耗大、环境污染重、生态占用多的项目或企业入园。要严格把好入园项目的绿色审查关，必要时建立项目绿色审查制度。

（5）建立园区绿色发展动态评估机制。建立产业园区绿色发展的动态评估机制，及时发现非绿色行为、特征、项目和企业，并对其进行警告、限期整改，逾期不改或虽整改但未达到要求的可以予以劝离，因而园区的项目退出机制亦应建立起来。

六、政策建议

2030可持续发展议程对全球各国都是一个具有深远意义的框架，也是各国未来努力发展和希望实现的目标和共识，而绿色"一带一路"建设对沿线国家的意义和效益都有所不同，只有在各方认识到绿色"一带一路"对其长远可持续发展的积极贡献基础上才能推动共建行动。因此，首先要在涵盖包容性、协调性、一致性、能力建设等"一带一路"建设主要原则的基础上，加强各国可持续发展目标落实计划与绿色"一带一路"建设的战略协调；其次，从绿色"一带一路"内涵来看，主要是将绿色发展理念融入"五通"，尽可能在"一带一路"建设过程中减少对生态环境的影响，重点是对"设施联通"

和 "贸易畅通" 两项经济合作活动的绿色化，而 "绿色政策沟通"、"绿色资金融通" 和 "绿色民心相通" 将提供政策、资金上的支持，营造外部友好的氛围（图 8-1）。

图 8-1　绿色 "一带一路" 建设的主要原则

（一）积极参与全球环境治理与气候治理，将 "一带一路" 打造成全球生态文明和绿色命运共同体的重要载体

（1）通过绿色 "一带一路" 构建绿色发展国际合作伙伴关系与网络。保护全球生态环境需要世界各国同舟共济、携手同行，构筑尊崇自然、绿色发展的生态体系。建设生态文明既是中国作为最大发展中国家在可持续发展方面的有效实践，也是为全球环境治理提供的中国理念和中国贡献。"一带一路" 建设应秉持生态文明理念，为构建人类绿色共同体提供中国智慧，为后发国家避免传统发展路径依赖和锁定效应提供可资借鉴的示范模式和实践经验，帮助更多地区接纳并落实可持续发展行动。

（2）通过 "一带一路" 绿色发展国际联盟建设，开展 "一带一路" 生态环保合作。"一带一路" 绿色发展国际联盟定位是开放、包容、自愿的国际合作伙伴关系，以联盟为依托，打造政策对话和沟通平台，宣传和分享生态文明和绿色发展的理念与实践，推动将绿色发展理念融入 "一带一路" "五通"，进一步凝聚国际共识。以联盟为依托，打造环境知识和信息平台，加强同国际智库间联系，开展联合研究，共同促进 "一带一路" 共建国家落实联合国 2030 年可持续发展议程。

（3）通过绿色 "一带一路" 积极参与全球环境治理与气候治理进程，共同开展全球生态文明建设。通过绿色 "一带一路" 推动沿线国家积极参与全球环境治理体系改革和建设，增强同舟共济、权责共担的命运共同体意识，协调各方立场，推动商定公平公正的全球环境治理规则，提升全球环境治理水平，为全球层面落实 2030 年可持续发展议程、完善全球环境治理体系变革提供新思路新方案。

（4）通过绿色"一带一路"传播生态文明理念，在沿线各国推动形成生态文明建设共识。生态文明和可持续发展都产生于全球经济治理格局深度调整的时代背景之下，都旨在建设人类的绿色家园，尽管二者的角度和立场，以及要实现的最终目标表述有所不同，但从内容上看，相互间却存在许多契合点。应促进绿色"一带一路"建设与联合国 2030 可持续发展目标对接，加强中国生态文明与沿线国家可持续发展理念互学互鉴、相互理解和支持。

（二）建立"一带一路"战略对接机制，以政策、规划、标准和技术对接促进战略对接并落地

1. 推进绿色"一带一路"建设战略对接

（1）把绿色"一带一路"作为中国与有关国家和国际组织签署合作共建"一带一路"谅解备忘录的重要内容。在正式签署的谅解备忘录中，明确写入双方致力于秉持生态文明和绿色发展理念，合作共建绿色"一带一路"、促进"一带一路"建设与联合国 2030 可持续发展目标（SDGs）对接有关内容。立足现有我国与沿线国家以及国际组织之间签署的双边合作战略协议，与合作方成立生态环境常设性工作组，具体负责双方绿色发展战略和规划衔接工作。

（2）依托交流平台开展战略对接。在中国—东盟环保合作论坛、欧亚经济论坛、中阿环境合作论坛等对话机制中固定设置绿色"一带一路"建设议题。依托"一带一路"国际合作高峰论坛咨询委员会和联络办公室等，推动在"一带一路"国际合作高峰论坛设置"一带一路"绿色发展平行分论坛，探讨绿色"一带一路"项目建设和融资指南、技术标准等，以标准规则建设促进战略对接。

（3）促进与东道国生态环境保护政策对接。对"一带一路"项目进行监管，以更全面地掌握项目对当地和全球环境的影响；落实国际合作伙伴关系为建立全面系统的监控系统提供支持。该合作伙伴关系应当参与"一带一路"政策协调并共同探讨界定哪些项目是绿色项目，哪些项目是非绿色项目。

（4）对接"一带一路"与"南南合作"。"一带一路"倡议与"南南合作"有诸多契合之处，加强在"南南合作"框架下推进绿色"一带一路"，强化顶层设计，将其打造成中国与发展中国家新"南南合作"的典范，以加大援助、产业合作、能力建设为方向。组建国际研究小组，以帮助发展中国家更好地理解绿色发展和可持续发展。

2. 强化生态环境合作融入"一带一路"建设全过程

（1）充实强化"一带一路"建设相关规划中生态环境合作内容。研究制订"一带一路"建设合作规划编制指南,对其中生态环境保护和绿色发展合作内容做出强制要求,深化细化相关综合性规划和各专项规划中有关章节内容,在下一步制定相关文件时把绿色"一带一路"建设作为重要内容。

（2）与沿线合作项目较多国家联合编制生态环境保护规划。在沿线已编制基础设施互联互通和国际产能合作规划、生态环境问题比较突出的国家,联合编制生态环境保护和绿色发展规划,并在以后同步编制上述规划。

（3）推动生态环境标准合作与应用。加强中国与"一带一路"共建国家绿色基础设施的标准协调,开展联合研究,开发在"一带一路"区域认可的绿色交通、绿色建筑、绿色能源等领域的国际标准。利用"一带一路"环境技术创新和转移中心以及环保技术和产业合作示范基地,支持企业与沿线国家开展生态环保技术合作,与相关行业协会共同制定发布双方认可的生态环保行业标准。

（4）促进"一带一路"项目之间的技术对标。"一带一路"项目多为跨国项目,并且由于技术方面的限制,在开发过程中面临一系列复杂问题。应成立一个特别委员会负责制定统一的"一带一路"重要技术标准,针对重点绿色产业简化公开招标和国际竞标流程。

（三）构建绿色"一带一路"源头预防机制,以绿色金融、生态环境影响评价等机制引导绿色投资

1. 强化绿色金融支持绿色"一带一路"建设

（1）在国际层面采用绿色金融工具推动"一带一路"建设绿色化。一是研究"一带一路"绿色投融资原则。在充分吸收国际原则、标准的基础上,研究制定"一带一路"绿色投融资原则和指引,并在"一带一路"沿线进行倡议,促进绿色投融资理念的形成。二是成立"一带一路"沿线多国参与的"一带一路"绿色投融资担保机构,为绿色项目及节能减排等投融资提供必要的担保,以分担风险,撬动商业资金进入绿色领域。三是在"一带一路"生态环保大数据服务平台建设环境与社会信息数据库,为"一带一路"沿线投资人、贷款人、融资人、业主等提供信息服务。四是在"一带一路"沿线金融机构开展环境信息披露。在提升金融机构绿色发展的同时,改善企业客户的绿色绩效表现,从而促进经济绿色发展。

（2）鼓励沿线国家政府将绿色金融作为绿色转型的重要工具。加强沿线国家绿色

金融能力，积极分享绿色金融相关经验。一是培育绿色投融资市场需求，鼓励绿色产业、领域和客户的发展。二是通过金融监管政策，鼓励金融机构积极支持绿色行业、领域、企业和客户，引导和鼓励金融机构建立绿色投融资机制。三是积极培育责任投资人。

（3）发挥金融机构中介作用改善企业客户环境表现。一是促进金融机构建立清晰的绿色金融发展战略。培育绿色理念、价值观，建立绿色金融组织架构，积极拓展绿色金融市场，有效防范环境和气候风险。二是建立和完善境外业务绿色金融政策制度。创新绿色金融产品，提升绿色金融服务能力。三是建立环境与社会风险评估方法。在借鉴国际金融公司（IFC）绩效标准、赤道原则等国际通行标准的基础上，分析"一带一路"沿线环境、社会具体情况，建立评估方法和工具。四是环境社会风险的全流程管理。将环境与社会风险管理纳入信贷和投资管理的前、中、后管理流程，明确岗位职责。五是实施环境信息披露。建立环境信息披露制度、框架，提升披露能力。六是建立环境与社会风险应对机制。

2. 建立"一带一路"建设项目生态环境影响评价机制

（1）建立"一带一路"项目分级分类环评机制。建立"一带一路"建设投资项目环境影响评价和管理数据库，将生态环境影响因素纳入"一带一路"建设项目评级体系和风险评级体系，同时从经济风险、政治风险、社会风险、文化风险、生态环境风险等方面对"一带一路"建设项目进行风险评估，从生态安全、环境污染等维度明确投资项目的生态环境影响程度并评估项目环境收益，作为开发性金融和政策性金融支持的重要标准。

（2）开发"一带一路"建设项目环评工具。开发投资项目环境、气候和社会风险识别、评估、监测及管理工具，研究包含政策、法规、数据信息等在内的投资咨询服务工具，依托"一带一路"生态环保大数据服务平台，建立"一带一路"沿线重点投资国别的生态环境信息系统和评估工具，开发配套技术支持工具，加强公共环境数据可得性。重视对生态敏感脆弱地区的生态环境风险进行综合全面、深入细致的评估，建立风险清单和管控措施清单，并要求投资项目落实有关清单任务和要求。在评价范围上，结合国际关注热点，基于自愿原则，鼓励将生态健康和气候变化等因素纳入环评范围中。

（3）完善"一带一路"建设项目环评平台和流程。搭建环境保护评估咨询服务平台、政企银投融资信息共享平台等，针对"一带一路"建设项目相关信息披露进行独立审议以确保项目环境与社会保障措施的实施，保护项目相关方利益。

鼓励利益相关方参与项目环评。在环评过程中，鼓励有关利益相关方全面、有效参与，严格按照东道国相关法律法规实施，在科学基础上客观准确评估项目的生态环境风险，消除潜在风险隐患。

（四）构建"一带一路"项目管理机制，推动企业落实绿色发展实践

（1）加强绿色供应链管理。建议推动中国优势产业对接并融入全球供应链体系，联合"一带一路"国家相关部门、机构和企业共同打造区域绿色供应链体系，充分发挥各国产业优势和市场优势，开展更大范围、更高水平、更深层次的国际合作。充分利用"一带一路"绿色供应链合作平台，支持和鼓励企业积极开展对外贸易与投资合作，促进供应链上的企业进行绿色创新。开展绿色供应链管理试点示范，制定绿色供应链环境管理政策工具，从生产、流通、消费的全产业链角度推动绿色发展。构建绿色供应链绩效评价指标体系，评价企业绿色供应链管理绩效，提升企业可持续发展社会责任感。

（2）探索设立"一带一路"绿色发展基金。加大资金投入力度，保障绿色"一带一路"相关工作的落实开展。推动设立专门的资源开发和环境保护基金，重点支持沿线国家生态环保基础设施、能力建设和绿色产业发展项目。同时发挥国家开发银行、进出口银行等政策性金融机构引导作用，引导、带动各方资金投入绿色发展基金，共同为绿色"一带一路"建设造血输血。

（3）发展绿色价值链。一是加强发达国家绿色技术溢出的捕获与推广，强化中国捕获发达国家绿色技术溢出的能力，加强对捕获的绿色技术在"一带一路"沿线国家的示范与推广。二是在国际产能合作和科技工业园区建设中推进绿色价值链，对于污染密集型行业，应大力推进行业环境规制的通行互认，促进节能减排；对于清洁能源以及其他环境友好型行业，应加大扶持力度，保障项目培育和实施。三是以绿色标准和标识引领绿色价值链发展，建立产品全生命周期关键环节的绿色标准和价值链上行为主体合作的绿色标准，强化绿色价值链中投入与产出的环境友好属性，对产品涉及的原材料与最终产品的处理建立绿色标准并构建评价与认证机制。

（4）促进环境产品与服务贸易便利化。促进绿色产品与服务的贸易便利化将为"一带一路"沿线国家带来巨大的环境效益。建议提高环境产品与服务市场开放水平，发展绿色产业，鼓励扩大大气污染治理、水污染防治、固体废物管理及处置技术和服务等环境产品和服务进出口。对绿色产品与非绿色产品给予相关的差别化政策，对产品贸易与投资实行分类指导与管理，如给予绿色产品降低关税的优惠、通关便利化待遇、将绿色产品纳入产业投资鼓励目录、提供绿色金融服务等，争取世界银行、亚洲开发银行等国际金融机构对绿色项目优惠贷款。强化绿色产品标识与认证体系及国家间的

绿色产品互认，推动沿线各国政府采购清单纳入更多环境标志产品。

（五）通过民心相通加强绿色"一带一路"建设，强化人员交流与能力建设

（1）将绿色丝路使者计划打造为环保能力建设的旗舰项目。绿色使者计划（2016年升级为绿色丝路使者计划）是中国开展"南南合作"，促进区域可持续和绿色发展的重要平台。建议将绿色丝路使者计划打造成在"一带一路"沿线国家公众环境意识提高以及环保能力建设领域的旗舰项目，立足于"政策沟通""民心相通"，通过开展环境管理人员和专业技术人员培训、政策内容指导等形式加强在环保管理、污染防治、绿色经济等领域的合作交流，分享中国生态文明和绿色发展的理念与实践；推动地方政府参与绿色丝路使者计划，借助中国—东盟环保技术和产业交流示范基地、"一带一路"环境技术交流与转移中心（深圳）等平台，引导环保企业有序地"走出去"。

（2）支持和推动中国与沿线国家环保社会组织交流合作。构建政府引导、企业支持、社会参与、行业互助"四位一体"的支持网络，明确政府部门推动主体，出台政策或指引性文件明确中资企业的海外环境责任，引导环保社会组织建立自身的合作网络。引导形成多元化的资金机制，加大政府购买环保社会组织服务力度，设立支持环保社会组织"走出去"的专项合作资金。完善环保社会组织参与机制，建立协商与决策参与机制，建立环保社会组织参与的国际交流事项清单。

（3）推动社会性别主流化，提升女性领导力。提升政策制定者和妇女群体的社会性别意识，推动社会性别意识纳入绿色"一带一路"政策制定与项目实施。在"一带一路"项目建设过程中落实性别主流化最佳实践，借助绿色丝路使者计划，组织"一带一路"沿线国家生态环保领域女性官员、专家学者、青年学者等开展"提升女性绿色领导力"专题项目培训，并与"一带一路"合作伙伴分享实现性别主流化的方法与经验。

附　录

附录 1　中国环境与发展国际合作委员会 2019 年年会给中国政府的政策建议

中国经济正由高速增长阶段转向高质量发展阶段。这一转型将有效协调人民日益增长的美好生活需要和不平衡、不充分发展之间的矛盾，有利于推动生态环境保护和可持续发展。绿色发展是高质量发展的重要内容，形成以习近平生态文明思想为核心的绿色发展新共识是建设生态文明的重要前提。

"十四五"时期是中国高质量发展的关键期。与此同时，充分的科学证据表明，全球的环境恶化、气候变化、生态系统和生物多样性退化趋势进一步加剧。因此，有雄心的国家行动必须与联合国气候变化框架公约下的《巴黎协定》、可持续发展目标和 2020 后全球生物多样性框架等多边承诺相衔接。

国合会委员建议，"十四五"规划应着重体现以下内容：

（1）绿色发展是全方位发展。绿色发展不仅仅是污染防治、低碳脱碳和生态环境保护，还应包括绿色生产、绿色消费、循环经济、绿色标准以及保障措施、市场激励措施、绿色金融和法律法规在内的各领域全方位发展。通过协调经济发展和环境保护之间的关系，消除矛盾对立，全方位绿色发展能够有效减少污染、改善健康和福祉、减少浪费并促进生产资源有效配置。

（2）绿色发展是创新动能。绿色发展可以为绿色生产、绿色消费和相关科学技术带来市场机遇，绿色创新是全要素生产力的主要驱动力。

（3）绿色发展推进现代化消费。消费者有意愿、有能力为绿色消费买单。由需求引导绿色发展将成为供给侧改革的有力补充。

（4）实现绿色发展有赖于建立综合性评价指标、推进机构创新和现代化治理。绿色发展将改变传统发展理念，推动治理机制改革与提升、促进生态资本核算体系制定。绿色发展指标应成为综合性指标，对政策表现和政府官员绩效进行全方位评估。通过协调绿色金融、生态税、绿色定价、绿色采购和绿色消费等政策措施，内化生态成本。

（5）制定中长期计划。"十四五"规划应该体现并支持美丽中国 2035 愿景、应对气候变化和生物多样性保护 2050 全球愿景。

具体建议如下：

一、促进绿色消费

绿色消费是建设生态文明的关键举措之一，应将绿色消费作为生态文明建设重要任务纳入国家"十四五"规划：

（1）明确推进绿色消费的重点领域，包括农业、交通、电子商务、建筑、电力和其他消费产品领域。

（2）扩大绿色产品和服务的供给。放宽绿色产品和服务市场准入，鼓励各类资本投向绿色产业，加强绿色基础设施建设，促进绿色消费。

（3）修改政府采购法。政府采购应优先鼓励绿色交通、绿色建筑，鼓励减少废弃物、减少砍伐森林等基于自然的产品和服务。

（4）加大推动循环经济发展力度。推动落实生产者责任延伸制度，构建企业和社会绿色供应链。

（5）减少塑料制品的使用。全面淘汰一次性塑料用品，减少塑料在上游包装行业中的使用。实施垃圾分类，实现塑料垃圾的循环利用。

（6）实施市场激励政策。建立科学连贯的绿色标识认证体系。建立绿色消费统计指标体系和全国绿色消费信息平台。将市场手段和强制性绿色产品规定相结合，实施有差别的税收和市场信用激励措施，逐步取消不利于甚至阻碍绿色产品流通的补贴。

（7）倡议发起绿色生活运动。刺激绿色产品需求，充分发挥社会知名人士在绿色消费方面的示范引领作用，引导绿色消费成为社会时尚。重点宣传绿色消费生活方式为公众健康和环境带来的益处。

二、推进绿色城镇化

随着绿色发展和数字时代、高铁时代的到来，传统工业时代形成的"城市—工业""农村—农业"的传统城镇化概念正在发生深刻变化。

（1）重塑城镇化战略。"十四五"规划应基于生态文明制定重塑中国城镇化的战略，不再走过去依靠数量扩张的城镇化道路，而是走内涵增长道路，让绿色城镇化成为中国经济高质量发展的重要驱动力，主要包括以城市群和都市圈为重点的绿色转型和以县域为重点的绿色城镇化。

（2）重新认识城乡关系。在新的发展理念下，乡村是一个新型经济地理空间，而不再仅仅是过去工业化视角下的从属角色。要跳出传统"三农"概念，充分利用互联网等新技术，利用乡村独特的自然生态环境和文化等优势，大力拓展乡村绿色新供给。

三、推动长江经济带绿色发展

将长江经济带作为"十四五"规划的战略重点，建成流域绿色发展的样板和标杆。

（1）加快制订长江经济带生态环境保护战略。科学合理确定目标指标体系，着重考虑如何将党的十九大报告中提出的 2035 年和 2050 年战略愿景转化为符合长江经济带生态环境特征的目标指标体系。确定近期长江生态保护修复重点任务。

（2）加快建立"一纵多横"的全流域生态补偿机制。形成以地方财政为主、中央财政给予激励、社会积极参与的"一纵多横"的全流域生态补偿机制。

（3）以法治强化长江经济带的生态保护硬约束。将长江保护的特别定位和特殊要求以法律形式固化，制定全流域生态环境保护目标，依法划定保护区，着力建立健全中央与地方、部门与部门以及地方与地方之间的生态环境协同保护体制机制。

（4）建立长江经济带自然资本核算体系。建立长江经济带自然资源资产负债表和相关指标，核算自然资本提供的生态惠益，加强自然资本核算数据共享和全流域自然资本核算能力建设。

（5）建立跨部门、跨区域、多主体参与的"数字长江"平台。通过建立数字平台，有效提升环境治理和预警能力。建立"生态产业智慧平台"和"跨区域绿色金融合作平台"，建立长江经济带绿色供应链体系。

四、加快气候行动

协同推进空气质量改善和温室气体减排是中国实现高质量发展的必然选择。

（1）制定清晰的低碳发展战略。根据最新的国家自主减排承诺，更新行动目标，力争在"十四五"期间实现重点行业和部分地区碳排放达峰。加速减少煤炭使用，推广可再生能源。将二氧化碳、氢氟碳化物、甲烷等温室气体和其他短寿命气候污染物一同纳入气候减缓目标。

（2）实现经济发展与能源改革、生态环境保护与应对气候变化协同推进。充分发挥国家应对气候变化及节能减排工作领导小组职能，以污染防治攻坚战为引领，迅速推动产业、能源、运输和土地利用结构优化，全面协调经济发展、能源改革、生态环境保护与应对气候变化的各项目标，统筹落实规划、技术、投融资和其他相关政策措施，促进可持续发展。

（3）设立碳排放总量控制指标。用碳排放总量控制（包括非二氧化碳温室气体）代替能源消费总量控制，不仅可有效降低煤炭使用占比，且不限制清洁能源，尤其是零碳能源增长。对碳排放总量和强度实行"双控"。

（4）将应对气候变化纳入中央生态环境保护督察工作体系。加强地方应对气候变化机构、队伍和能力建设，充分利用现有生态环境保护督察制度优势，切实推进落实应对气候变化工作部署。

（5）进一步控制煤炭使用，坚决打赢蓝天保卫战。制定国家零排放长期战略，逐步淘汰煤炭。加大对可再生能源的补贴和资金支持，逐步取缔化石能源补贴。争取于2020年前后实现京津冀和汾渭平原地区散煤禁用。优先保证非化石能源发电上网。

（6）激活碳市场。进一步完善总量管控目标，加快立法，增强全国碳排放交易体系的约束力。推行实施配额拍卖，同时尽快扩大行业覆盖，建立"碳价"机制，建立具备有效执行机制的稳健的碳市场。

（7）加强适应气候变化和基于自然解决方案的研究和能力建设。将适应气候变化纳入国家和地方各级政府规划，研究开发气候变化与水资源保护、生物多样性保护、海洋管理、人体健康、绿色基础设施建设等领域的协同治理方案，识别易受气候变化影响的重点地区、重点行业和重点社区，根据全球适应委员会的建议，开展适应气候变化试点项目。加强基于自然的解决方案研究及能力建设，促进应对气候变化和生物多样性保护行动有效衔接，更好地推动护林造林，推动保护湿地、泥煤地、草地、潮汐湖和其他生态系统。

五、生物多样性保护

即将召开的联合国《生物多样性公约》第十五次缔约方大会将为实现新的2020后全球生物多样性保护框架提供重要契机。

（1）办好《生物多样性公约》第十五次缔约方大会。借鉴巴黎气候谈判的成功经验，利用绿色外交积聚高层政治意愿。号召工商界、学术界、社会组织和公众共同参与制定并实施2020后生物多样性保护框架，宣传人与自然行动议程，提高公众意识，积极采取协作行动。

利用基于自然的解决方案，实现生物多样性保护与气候行动的紧密结合，与世界分享中国在生态文明建设和生态环境保护，尤其在实施生态保护红线制度方面的成功经验。

（2）加快国内生物多样性保护进程。参考"生物多样性和生态系统服务政府间科学政策平台"2019 年报告和其他科学报告，加强物种和栖息地保护，重点关注引起生物多样性丧失的潜在驱动因素，特别是土地利用变化、气候变化、环境污染（包括海洋污染）和外来物种入侵等问题。同时，应建立强有力的监测和审查机制以跟踪保护工作进展。利用先进的遥感和分析技术，结合实际调查，定期对陆地、淡水和海洋及其他生态系统的生物多样性进行全面评估，并公开披露评估结果。

加强以国家公园为主体的自然保护地管理体系建设，划定生态保护红线。制定并执行全面的法律法规和市场激励政策措施，确保实施的有效性。加强跨部门协作行动，取消可能对生态环境造成不利影响的补贴。

加强对野生生物资源育种和培育及可持续利用的研究，促进技术升级，减少对自然和生物资源的消耗，完善生态补偿制度，造福当地社区，并对涉及非法野生动物销售和走私的行为提起诉讼。

（3）促进生物多样性保护工作与"一带一路"倡议的有效对接。加强绿色"一带一路"建设，促进生物多样性保护。建立相关平台，分享在环保、生物多样性保护和可持续性影响评估领域的最佳实践，重点关注基于自然的解决方案，开展自然资本评估并设立相关指标。

在海外援助中优先考虑生物多样性保护，实施保障措施，建立相关标准，创新项目融资机制，促进技术合作，发展生态旅游和其他绿色市场。支持可持续贸易，采取合作行动，加强绿色供应链建设，重点关注大豆、棕榈油、鱼类和牛肉以及木材等大宗商品的绿色供应链建设。

六、推进海洋可持续发展

中国应加强海洋综合治理，积极参与全球海洋治理，提升海洋生态保护治理能力。

（1）推进海洋综合治理。启动包括海洋生态保护红线和国家公园体系在内的保护区网络。促进长期基线研究和监测，特别是针对珊瑚礁、红树林、潮滩和海草床等重要栖息地以及鲸类、海龟、斑海豹、水鸟、鱼类等重要物种的研究和监测，尤其应将中华白海豚等关键物种列为监测重点。建立相关数据库，为海洋分区提供数据基础，同时兼顾保护自然资源、生物多样性和生态系统服务的多重目标。应认识到生态系统服务在中国海洋经济发展中的"非市场"价值。在"十四五"期间，所有相关陆海开发规划都必须考虑对脆弱的近海生态系统的影响。在重大开发项目上马前，应对整个区域开展战略性环境影响评价，并衡量其累积影响。

（2）支持全球创新性海洋治理。"十四五"期间，应加大对海洋可持续发展问题的关注。制定符合实际的发展和保护目标并出台相关措施。在深海资源开发方面，中国应积极参与相关国际规范的制定与修订，注重与"一带一路"沿线国家共同发展可持续海洋经济。

七、推动"一带一路"绿色发展

"一带一路"倡议为推动多边合作提供了重要的新平台。

（1）加强"一带一路"与多边议程的对接。制定相关指南、政策和工具，推动"一带一路"投资项目与联合国 2030 年可持续发展目标、《巴黎协定》和 2020 年后生物多样性目标的有效对接。"一带一路"投资项目应侧重考虑绿色的、可适应气候变化的基础设施，支持加速脱碳，保护具有生态重要性的区域。

（2）推动绿色"一带一路"共建国家可持续发展战略对接。通过"一带一路"绿色发展国际联盟分享中国生态文明建设的理念和最佳实践，推动绿色"一带一路"建设，与共建国家在可持续发展战略上有效对接。创建相关平台支持"一带一路"绿色基础设施和绿色港口建设。

（3）建立绿色金融预防机制。建立环境保障和环境影响评价机制，降低待建项目的环境风险。实施绿色投资原则，要求披露与环境和气候相关的风险信息。在做出项目最终决策之前，邀请公众参与并给予反馈。

在全球层面，制定实施有雄心、有约束力和可衡量的"一带一路"绿色投融资原则，海外投资必须遵守相关的环境和气候规定。在国家层面，刺激对绿色融资的市场需求，鼓励金融机构建立绿色投融资机制。制定实施绿色金融发展战略，建立一套全面的风险评估方法和综合管理体系，减轻所有融资和联合融资项目中的环境、气候、社会和其他风险。

（4）促进绿色生产、贸易和消费。推行绿色标识和政府绿色采购，制定实施绿色供应链试点计划。

（5）加强人员交流。考虑派遣生态环境部官员担任驻外使领馆环境顾问。实施绿色丝路使者计划，针对青年环境官员和学者，加强生态环境保护及应对和减缓气候变化能力建设。加强生态环保社会组织之间的交流与合作。开展培训，提高妇女在环境问题上的领导力。

八、跨领域挑战：促进技术和制度创新

（1）加强重大低碳技术研发和推广，如储能和长寿命电池技术、二氧化碳捕获和封存技术、光伏发电转换效率提升技术以及其他低碳和零碳技术。

（2）推广城镇化基础设施和能源系统领域的创新技术。扩大基于自然的城市绿色区域和绿色基础设施建设，建设高标准的绿色建筑及清洁低碳的能源系统，建立应用于制冷、照明系统等消费领域的严格能效标准，构建涵盖固体废物处理、水处理、垃圾处理的循环经济体系。

（3）设立美丽中国先行示范区。建立覆盖省、市、县三级的美丽中国先行示范区，加强引领和示范作用。

（4）加强对化学品、纳米材料和其他物质的监管与风险防范。对传统和新型化学品进行风险评估和管理，包括评估新型纳米化学品的短期和长期影响。

（5）加强信息披露和公众参与。为调动个人和非政府组织的参与积极性，应全面实施环境信息公开与公众参与制度。

附录 2 中国环境与发展重要政策进展与
国合会政策建议影响报告（2018—2019 年）

2019 年，全球经济发展呈现良好势头，但受全球贸易紧张、金融环境收紧、政策不确定性上升等多重因素影响，国际社会对世界经济发展仍然持谨慎性乐观态度。根据国际货币基金组织（IMF）最新预测，美国、欧元区、日本和印度等主要经济体增长增速预期均被下调。中国是主要经济体中唯一一个被上调经济增速预期的国家。

对于中国而言，2019 年是全面建成小康社会关键之年，同时又是新中国成立 70 周年，注定是中国走向现代化强国路上值得浓墨重笔的一年。这一年，习近平生态文明思想得到不断丰富和发展。习近平主席在 2019 年 3 月 5 日出席十三届全国人大二次会议内蒙古代表团审议时指出，保持加强生态文明建设的战略定力，探索以生态优先、绿色发展为导向的高质量发展新路子。他在第二届"一带一路"国际合作高峰论坛开幕式上讲话指出，坚持开放、绿色、廉洁理念，把绿色作为底色，推动绿色基础设施建设、绿色投资、绿色金融，保护好我们赖以生存的共同家园。在北京世界园艺博览会上讲话时，他又谈到，建设美丽家园是人类的共同梦想。面对生态环境挑战，人类是一荣俱荣、一损俱损的命运共同体，没有哪个国家能独善其身。唯有携手合作，才能有效应对气候变化、海洋污染、生物保护等全球性环境问题，实现联合国 2030 年可持续发展目标。只有并肩同行，才能让绿色发展理念深入人心、全球生态文明之路行稳致远。习近平主席的讲话，不仅在污染防治攻坚战的关键时刻进一步坚定了全国上下保持战略定力，更是增强了建设美丽中国的信心；同时他还着眼世界，呼吁各国携手合作，并肩同行，共同应对气候变化、海洋污染、生物保护等全球性环境问题，共建美丽地球家园，走全球生态文明之路。

过去半年多以来，在习近平生态文明思想指引下，从中央到地方，从政府到民众、企事业单位，保持战略定力不动摇，紧紧抓住打赢"污染防治攻坚战"不放松，保持生态环保督察高压态势，加快生态文明体制机制改革、着力解决重点领域和突出环境问题、加大生态系统和生物多样性保护力度；开展严格的环境执法、推动产业、能源、运输、用地结构调整，强化源头控制；大力发展绿色金融；推动长江流域、雄安地区生态环境保护。各方面成效显著：煤电超低排放和节能改造"十三五"总量目标任务提前两年完成，建成了世界最大的清洁煤电供应体系；提前完成了《生物多样性公约》提出的到 2020 年各类陆域保护地面积占陆地国土面积达到 17% 的目标；于 2017 年实现碳强度较 2005 年下降约 46%，提前 3 年实现了 2020 年碳强度比 2005 年下降

40%～45% 的目标。当前，绿色发展正在以压倒性的优势全面碾压过去不重视生态环境保护、以牺牲生态环境为代价的发展方式，不少地方新旧动能转换加快，以环境保护促高质量发展、以保护生态环境获得更高生产力发展正在成为主流。一些企业以牺牲环境获得的不公平竞争优势正在消失，更多产品质量好、生态环境保护水平高、负社会责任的企业成为推动高质量发展的主力军。生态文明治理新方式，包括河长制等推行，让"公用地"成了政府主管领导的"责任田"，承担社会和人类文明以及最普惠公共服务和基本承载的生态环境正让越来越多的人享受到"人与自然和谐"之美。

作为中国政府政策直通车和中国与国际社会开展环境与发展合作的纽带、桥梁和窗口，国合会与时俱进、革故鼎新，针对新时代国内典型和突出问题，充分调动国内外智力资源，开展了大量创新性、引领性的政策研究工作，取得了阶段性成果，不断提出具有前瞻性、战略性和预警性的政策建议，继续为推动中国生态文明建设和世界可持续发展贡献智慧和力量。

一、环境与发展规划

（一）"十四五"环境与发展规划开始酝酿

2018 年 12 月初，国家发展改革委在京召开"十四五"规划编制工作座谈会。会议主要围绕"十三五"规划中期评估情况、"十四五"战略机遇期内涵与特征、"十四五"发展主题主线，以及"十四五"发展中需突出关注的重大问题以及五年规划的基本思路进行了交流。

生态环境部环境规划研究院于 2019 年 4 月召开"十四五"生态环境保护规划研讨会，着眼于"十四五"时期生态环境保护在国家经济和社会发展中的战略定位，深入研究如何保持和贯彻"生态优先、绿色发展"理念；瞄准 2035 实现生态环境质量根本好转，基本建成"美丽中国"的战略目标，积极谋划体现环境质量改善的战略性任务，以期实现阶段性目标的根本性突破。

关于国民经济和社会发展的"十四五"规划研究，既需要与"十三五"规划中期评估相链接，又需要着眼国家总体发展战略和新要求，围绕 2035 开展系统性和战略性布局。依据"十三五"规划制定和实施程序，"十四五"规划需要先做好前期研究，然后中央制定规划建议，再据此制定规划纲要，最后经全国人大通过后实施。

（二）大湾区绿色规划

为了更好推进大湾区整体协调发展，2019 年 2 月中共中央、国务院印发《粤港澳大湾区发展规划纲要》（以下简称《纲要》）。

《纲要》指出，牢固树立和践行绿水青山就是金山银山的理念，像对待生命一样对待生态环境，实行最严格的生态环境保护制度。坚持节约优先、保护优先、自然恢复为主的方针，以建设美丽湾区为引领，着力提升生态环境质量，形成节约资源和保护环境的空间格局、产业结构、生产方式、生活方式，实现绿色低碳循环发展，使大湾区天更蓝、山更绿、水更清、环境更优美。具体来看，《规划纲要》从打造生态防护屏障、加强环境保护和治理、以及创新绿色低碳发展模式三个方面部署了大湾区的生态文明建设工作。

打造生态防护屏障方面，《纲要》提出要实施重要生态系统保护和修复重大工程；划定并严守生态保护红线；加强珠三角周边山地、丘陵及森林生态系统保护；加强海岸线保护与管控；强化近岸海域生态系统保护与修复；推进"蓝色海湾"整治行动、保护沿海红树林；加强粤港澳生态环境保护合作；加强湿地保护修复。

加强环境保护和治理方面，《纲要》重点强调了水资源保护和水环境治理，提出要开展珠江河口区域水资源、水环境及涉水项目管理合作，重点整治珠江东西两岸污染，强化陆源污染排放项目、涉水项目和岸线、滩涂管理。加强海洋资源环境保护；实施东江、西江及珠三角河网区污染物排放总量控制；加强重要江河水环境保护和水生生物资源养护，强化深圳河等重污染河流系统治理，推进城市黑臭水体环境综合整治，贯通珠江三角洲水网，构建全区域绿色生态水网。

同时，《纲要》也对大气、土壤、农业污染防治进行了部署，提出强化区域大气污染联防联控，实施更严格的清洁航运政策，实施多污染物协同减排，统筹防治臭氧和细颗粒物（$PM_{2.5}$）污染。加强危险废物区域协同处理处置能力建设，强化跨境转移监管，提升固体废物无害化、减量化、资源化水平。开展粤港澳土壤治理修复技术交流与合作，积极推进受污染土壤的治理与修复示范，强化受污染耕地和污染地块安全利用，防控农业面源污染，保障农产品质量和人居环境安全。制度保障方面，《纲要》提出要建立环境污染"黑名单"制度，健全环保信用评价、信息强制性披露、严惩重罚等制度。

（三）京津冀协同发展与规划

2019 年 1 月初，经党中央、国务院同意，国务院正式批复《河北雄安新区总体规划（2018—2035 年）》，标志着雄安新区进入大规模发展建设的新阶段。雄安新区作为北京非首都功能疏解集中承载地，与北京城市副中心形成北京新的两翼，有利于有效缓解北京"大城市病"，探索人口经济密集地区优化开发新模式。雄安新区将按照高质量发展要求，紧紧围绕统筹推进"五位一体"总体布局和协调推进"四个全面"

战略布局，创造"雄安质量"，成为推动高质量发展的全国样板和建设现代化经济体系的新引擎。

2019年1月初，国务院批复《北京城市副中心控制性详细规划(街区层面)(2016－2035年)》，这也是北京副中心通州的总体规划，并首次得到国家层面的认可。城市副中心将牢固树立创新、协调、绿色、开放、共享的发展理念，按照高质量发展的要求，以供给侧结构性改革为主线，坚持世界眼光、国际标准、中国特色、高点定位，以创造历史、追求艺术的精神，牢牢抓住疏解北京非首都功能这个"牛鼻子"，紧紧围绕京津冀协同发展，注重生态保护、注重延续历史文脉、注重保障和改善民生、注重多规合一。

2019年3月，生态环境部编制并印发全国的《2019年全国大气污染防治工作要点》，明确提出，起草《京津冀及周边地区大气污染防治条例草案》，研究制定京津冀及周边地区机动车大气污染监管办法等配套规章制度。完善联防联控工作机制，细化"统一规划、统一标准、统一环评、统一监测、统一执法"运行规则并组织实施。扎实推进北方地区清洁取暖、钢铁行业超低排放改造、交通运输结构调整等重点工作。

（四）长江经济带绿色发展

2018年12月，生态环境部、国家发展改革委联合印发《长江保护修复攻坚战行动计划》，提出到2020年年底，长江流域水质优良(达到或优于Ⅲ类)的国控断面比例达到85%以上，丧失使用功能(劣于Ⅴ类)的国控断面比例低于2%；长江经济带地级及以上城市建成区黑臭水体消除比例达90%以上，地级及以上城市集中式饮用水水源水质优良比例高于97%。

主要任务包括强化生态环境空间管控，严守生态保护红线。排查整治排污口，推进水陆统一监管。加强工业污染治理，有效防范生态环境风险。持续改善农村人居环境，遏制农业面源污染。补齐环境基础设施短板，保障饮用水水源水质安全。加强航运污染防治，防范船舶港口环境风险。优化水资源配置，有效保障生态用水需求。强化生态系统管护，严厉打击生态破坏行为。

（五）绿色城镇发展规划

国合会2018年政策建议提出：改变传统思维；将绿色标准全面融入绿色城镇规划；充分结合地方实际，创新解决问题方法。

2019年3月31日，国家发展改革委公布了《2019年新型城镇化建设重点任务》，明确了2019年工作要求，提出了新型城镇化要充分考虑资源环境承载力的实际，注意协调发展，充分使用智能化的信息手段，精细化管理；协同推进大气污染等环境治理工作等。

2019年新型城镇化建设首要任务是，加快京津冀协同发展、长江三角洲区域一体化发展、粤港澳大湾区建设。其次，有序推动成渝、哈长、长江中游、北部湾、中原、关中平原、兰州—西宁、呼包鄂榆等城市群发展规划实施。

在优化城市空间布局方面，全面推进城市国土空间规划编制，强化"三区三线"管控，推进"多规合一"，促进城市精明增长。基于资源环境承载能力和国土空间开发适宜性评价，在国土空间规划中统筹划定落实生态保护红线、永久基本农田、城镇开发边界三条控制线，制定相应管控规则。指导各地区在编制城市国土空间规划中，统筹考虑城市开敞空间、大气输送廊道、改变局地扩散条件等因素，协同推进大气污染防治工作。

在加强城市基础设施建设方面，优化城市交通网络体系，完善非机动车、行人交通系统及行人过街设施，鼓励有条件城市建设自行车专用道。落实公交优先发展政策，推动轨道交通、公共汽电车等的融合衔接和便利换乘。持续推进节水型城市建设，推进实施海绵城市建设。继续开展城市黑臭水体整治环境保护专项行动，启动城镇污水处理提质增效三年行动。督促北方地区加快推进清洁供暖。以推进老旧小区改造、完善社区及周边区域活动和综合服务设施、开展生活垃圾分类等为着力点。

二、生态系统和生物多样性保护

（一）生态红线划定和生态保护工作取得新进展

截至2018年年底，初步划定京津冀、长江经济带和宁夏回族自治区等15个省份生态保护红线，山西省等16个省份基本形成划定方案。计划到2020年，全面完成生态红线划定工作。目前，生态环境部正在制定《生态保护红线管理办法》，建设国家生态保护红线监管平台，将生态保护红线划定和落实情况纳入中央环保督察范畴。落实地方党委和政府划定并严守生态保护红线的主体责任，对破坏生态保护红线的违法行为严格追责问责，确保红线划得实、守得住。

各地方政府加快制定符合本地区的生态红线管理办法。河北省2018年颁布《河北省生态红线管理办法》，宁夏回族自治区2018年11月29日公布《宁夏回族自治区生态红线管理条例》，并于2019年1月1日起正式实施。江西省颁布了《江西省生态红线管理办法（试行）》，辽宁省颁布了《辽宁省生态红线管理暂行办法》、沈阳市则颁布了《沈阳市生态红线管理办法》。湖北省颁布了《湖北省生态红线管理办法（试行）》。

国家生态保护红线监管平台建设已经获批，预计2020年年底前建成。国家生态保护红线监管平台将依托卫星遥感手段和地面生态系统监测站点，形成天—空—地一体化监控网络，获取生态保护红线监测数据，掌握生态系统构成、分布与动态变化，及时评估和预警生态风险，实时监控人类干扰活动，发现破坏生态保护红线的行为，并依法依规进行处理。借助这一平台，生态环境部将逐步建立生态保护红线监管机制，对生态保护红线实施严密监控和严格保护，确保生态功能不降低、面积不减少、性质不改变。

（二）"绿盾"专项行动继续推进

开展"绿盾 2018"自然保护区监督检查专项行动，严厉查处一批涉及自然保护区的违法活动。"绿盾 2019"继续深入生态环境保护和治理工作，并初战告捷。

黑龙江省继续将"绿盾"专项行动进行到底，扎实开展"绿盾 2019"自然保护区监督检查专项行动，责成各地市区县将"绿盾 2017""绿盾 2018"专项行动中各市（地）台账结合形成"绿盾"专项行动自然保护区的总台账、四类聚焦问题（采石采砂、工矿用地、核心区缓冲区内的旅游设施和水电设施）台账和巡查问题台账共三本台账。要求按整改时间和路线图，区分重点，针对台账中未整改和整改中的问题，持续加强整改，对违法违规行为严肃追责问责。同时，结合省委办公厅和省政府办公厅印发的《黑龙江省自然生态保护存在突出问题专项整治工作总体方案》，将"需要开展集中整治的 13 个自然保护地问题"一并纳入"绿盾 2019"专项行动进行督办。

陕西省继续开展"绿盾 2019"自然保护区监督检查专项行动。按照专项行动安排，全省各级生态环境、自然资源和林业等部门将全面排查全省 61 个自然保护区存在的突出环境问题，落实管理责任，坚决关停、取缔在自然保护区内的采矿、采石、采砂、开垦等违法项目；逐步全部拆除自然保护区内油井井场等地面设施，加快自然保护区内矿业权、小水电站退出，严格取缔保护区核心区、缓冲区内旅游设施；严厉打击涉野生动物违法犯罪行为，保护生物多样性；有序开展自然保护区内生态治理恢复，逐步建立起长效监管机制。

（三）筹备《生物多样性公约》第十五次缔约方大会（COP 15）

国合会 2018 年政策建议提出：积极推动《生物多样性公约》履约，在制定 2020 后全球生物多样性保护目标方面发挥强有力的领导作用。

在生物多样性履约方面，中国政府积极推进，早在 2015 年全国保护网络已基本形成，各类陆域保护地面积约占陆地国土面积的 18%，提前 5 年完成了《生物多样性公约》提出的到 2020 年达到 17% 的目标。全国各省、直辖市，包括重庆、四川、云南、广西等出台保护生物多样性行动计划。云南省还出台了全国首个地方生物多样性保护条例。

近些年来，中国政府加快生物多样性保护的步伐，出台了诸多举措、开展了多项有力行动。中国政府成立生物多样性保护国家委员会，实施生物多样性保护战略与行动计划，启动《联合国生物多样性十年行动》以及在相关的新出台的政策文件中特别加强生态多样性保护，比如新修订的《环境保护法》强调：划定生态红线，要求各级政府对珍稀、濒危野生动植物自然保护分布区采取措施保护，严禁破坏。中国国务院出台的《关于加强生态文明建设的意见》中指出，明确将生物多样性丧失速度得到基本控制、全国生态稳定性明显增强确立为主要目标之一，并将"实施生物多样性保护重大工程""积极参加生物多样性国际公约谈判和履约"，以及"加强自然保护区建设与管理"等作为重点任务。

作为《生物多样性公约》COP 15 的承办国，中国政府对加强生物多样性工作高度重视。国务院副总理韩正于 2019 年 4 月 13 日主持召开中国生物多样性保护国家委员会会议。会议要求，进一步做好生物多样性保护工作，按照山水林田湖草是一个生命共同体的理念，形成以国家公园为主体、自然保护区为基础、各类自然公园为补充的自然保护地管理体系。要切实强化野生动植物保护管理监督，严厉打击乱捕滥猎野生动物行为，严肃查处破坏野生动植物资源案件。要进一步加强自然遗传资源管理和保护，做好生物多样性基础监测和调查工作。积极做好《生物多样性公约》第十五次缔约方大会，全面履行东道国义务，确保举办一届圆满成功、具有里程碑意义的缔约方大会。

三、能源与气候

（一）能源清洁化转型助力环境改善

国合会 2018 年政策建议指出，加强煤炭使用控制，推广可再生能源，扩大能效增幅。结清尚未落实到位的可再生能源补贴，并构建一套新的可再生能源支持政策体系。

2019 年 1 月 7 日，国家发展改革委、国家能源局发布了《关于积极推进风电、光伏发电无补贴平价上网有关工作的通知》（以下简称《通知》）。《通知》指出，随着风电、光伏发电规模化发展和技术快速进步，在资源优良、建设成本低、投资和市场条件好的地区，已基本具备与燃煤标杆上网电价平价（不需要国家补贴）的条件。

国家能源局对《通知》解读指出，推动平价（低价）上网项目并非立即对全部风电、光伏发电新建项目取消补贴。现阶段的无补贴平价（低价）上网项目主要在资源条件优越、消纳市场有保障的地区开展。同时，在目前还无法做到无补贴平价上网的地区，仍继续按照国家能源局发布的竞争性配置项目的政策和管理要求组织建设，但是这些项目也要通过竞争大幅降低电价水平以减少度电补贴强度。此外，《通知》明确各级地方政府能源主管部门可会同其他相关部门出台一定时期内的地方补贴政策，仅享受地方补贴政策的项目仍视为平价上网项目。

关于构建新的可再生能源政策，国家能源局指出，2020 年年底后核准（备案）的风电、光伏发电项目，将根据届时技术进步和成本降低程度再研究新的政策。

针对国合会 2018 年关于扩大可再生能源发展方面的政策建议，中国国家能源主管部门继续推动国家能源体系清洁低碳、安全高效转型。聚焦三大攻坚战，特别是污染防治攻坚战，继续推进火电行业超低排放改造、光伏扶贫、农网改造、油品质量升级、北方地区冬季清洁取暖等重大工程，通过能源结构性调整助力生态环境质量根本性改善的推动工作。

2019 年，全国可再生能源发电利用率要进一步提升，弃电量和弃电率保持在合理水平，到 2020 年基本解决弃水弃风弃光问题。在推动清洁能源规模化发展的同时，大力发展分布式清洁能源，完善相关政策保障、市场机制和标准体系，推进扩大试点示范，努力实现区域性能源供需平衡。2019 年非化石能源消费比重提高到 14.6% 左右，全国平均弃风率低于 10%，弃光率和弃水率均低于 5%。

（二）加强节能和提高能效

国合会 2018 年政策建议提出，加强煤炭使用控制，扩大能效增幅。

2019 年 3 月的中国政府工作报告明确提出 2019 年能效指标是单位国内生产总值能耗下降 3% 左右。而 2018 年，中国则实现了单位国内生产总值能耗下降 3.1%。

需要指出的是，中国煤电清洁高效发展取得阶段性成果：煤电超低排放和节能改造"十三五"总量目标任务提前两年完成，已建成世界最大的清洁煤电供应体系。2019 年，将持续推进煤电行业超低排放和节能升级改造，加快打造高效清洁、可持续发展的煤电产业"升级版"，持续提高煤电机组能效水平、降低大气污染物排放，督促各地和企业落实煤电超低排放和节能改造目标任务，加大推进西部煤电超低排放和节能改造工作力度；进一步减少电厂对生态环境的影响；推动煤电超低排放和节能先进技术推广应用到其他燃煤行业，促进煤炭的清洁高效利用。

另外，随着能源转型的提速和电力体制改革的不断深入，能源、电力、用户三者之间的关系变得越来越紧密。国家电网有限公司提出，全力打造"三型两网"企业，加快推进世界一流能源互联网企业建设。开展满足多元化能源生产与消费需求的综合能源服务是其重要内容。这种新型能源服务方式，将打破不同能源品种单独规划、单独设计、单独运行的传统模式，实现横向"电热冷气水"能源多品种之间、纵向"源网荷储用"能源多供应环节之间的协同以及生产侧和消费侧的互动，从而实现社会综合能效提升。

在节能方面，国家机关事务管理局于 2019 年 3 月召开的中央国家机关能源资源节约和生态环境保护 2019 年重点工作推进会提出：要进一步完善节能工作网络；要完成中央国家机关能耗定额标准编制工作，推进能耗定额目标管理迈向更高水平；要用好节能监管系统，提升节能管理的精细化、信息化水平；要持续培养节能环保意识和行为习惯，开展垃圾分类志愿者等鼓励性的活动。2019 年 4 月召开全国公共机构能源资源节约和生态环境保护 2019 年重点工作推进会，2019 年 12 月底前，完成 200 家公共机构能效领跑者遴选工作，2020 年 10 月底前，完成 1500 家节约型公共机构示范单位创建任务。

（三）积极推进温室气体与大气污染物协同治理

国合会 2018 年政策建议指出，加强应对气候变化与改善环境空气质量的协同管理。在法律法规制定及数据公开、监测、执法、监管和追责等制度设计方面，加强应对气候变化与解决其他环境问题的协同性。

大气污染治理和应对气候变化在目标措施等方面具有协同效应，更好地协调相关政策和行动将会更好地发挥协同增效的作用。据测算，每减少 1 t 二氧化碳排放，会相应地减少 3.2 kg 的二氧化硫和 2.8 kg 的氮氧化物排放，超额实现碳强度下降目标也是为大气污染治理做出了贡献。中国能源消费以煤为主，煤的消费是导致大气污染最主要的来源。过去几年制定并实施的大气污染治理行动方案，采取了控制高耗能高污染行业新增产能、推动清洁生产、加快调整能源结构、强化节能环保约束等措施，这也是应对气候变化的措施。通过大气污染治理行动方案的落实，空气质量显著提升。据统计，落实行动计划在过去几年当中实现了 1.75 亿 t 二氧化碳当量的减排。提升空气质量的行动对实现应对气候变化目标发挥了积极作用。

下一步，要在应对气候变化、温室气体排放控制、大气污染治理以及更广泛的生态环境保护工作中，在监测观测、目标设定、制定政策行动方案、政策目标落实的监督检查机制等方面进一步统筹融合、协同推进。应对气候变化工作将为中国大气污染治理发挥协同效应。同时，做好从发电行业率先运行全国碳市场准备，落实《国家适应气候变化战略》，开展各类低碳试点示范。

（四）碳市场建设扎实推进

2019 年 4 月初，生态环境部正式发布《碳排放权交易管理暂行条例》，广泛征求意见。目前该条例为全国碳市场建设运行的基础法律框架。同时，相关配套的管理制度将适时出台,包括碳市场管理办法、企业碳排放报告管理办法、核查机构管理办法等。从国内试点省市的经验看,地方政府规章制度的法律效力远不能达到有效监管的目的,必须要有国家层面的法律依据才能保障全国碳市场的良性运转。

半年多来,尽管各个试点碳市场都在不同的维度上进行了有益的探索,在纳入行业覆盖范围和标准、"免费分配为主、有偿分配为辅、预留调节配额"的初始配额分配方法、温室气体排放核查规范等方面积累了宝贵的实践经验。但因各试点间存在较大差异,全国市场并无现成经验参照,从试点走向统一市场的过程充满挑战,比如各地碳价差别很大,2017 年北京试点平均成交价格高于 50 元 /t,上海、深圳、湖北在 30 ~ 40 元 /t,广东、天津在 15 元 /t 上下,重庆甚至有低至 1 元 /t 的碳价。在价格偏低的地区,即使企业碳减排做得不好,也可低价买到配额,这难免造成不公平。全国碳市场需要在考察全国各地区、各行业的不同发展水平的基础上,进行碳市场的顶层设计和各类配套制度建设。

《全国碳排放权交易市场建设方案(发电行业)》明确了从发电行业起步,围绕发电行业做了大量的工作,包括动员、培训、配额分配技术指南,科学分配,配额测试,能力建设等。完成好相关的技术准备、建设好基础设施后,还要经过一段时间的测试,对整个系统和市场交易的各个环节进行检验,验证体系是不是稳定可靠,在此基础上,才会过渡到实际交易。从地方试点的实际情况和国外的实践经验来看,从启动这个体系到实现交易,需要经历一个过程。

四、污染防治与海洋治理

(一)大气污染防治

2018 年 12 月,生态环境部联合国家发展改革委、交通运输部等 11 个单位共同印发《柴油货车污染治理攻坚战行动计划》的通知,提出到 2020 年,柴油货车排放达标率明显提高,柴油和车用尿素质量明显改善,柴油货车氮氧化物和颗粒物排放总量明显下降,重点区域城市空气二氧化氮浓度逐步降低,机动车排放监管能力和水平大幅提升,全国铁路货运量明显增加,绿色低碳、清洁高效的交通运输体系初步形成,开展清洁柴油车行动,加强在用车监督执法等。

2019 年 2 月,生态环境部专门印发了《2019 年全国大气污染防治工作要点》,提出了总体大气环境目标,即 2019 年,全国未达标城市细颗粒物($PM_{2.5}$)年均浓度同比下降 2%,地级及以上城市平均优良天数比率达到 79.4%;全国二氧化硫(SO_2)、氮氧化物(NO_x)排放总量同比削减 3%。提出了四个方面的综合管理举措,包括组织考核评估，强化监督督察等；在产业结构、能源结构、交通运输结构（柴油货车污染治理）、面源治理、重点区域联防联控、应对重污染天气等方面都提出了重点性、针对性的指导意见，对于各地做好大气污染防治工作具有十分重要指导意义。

2019 年，大气污染防治将重点对钢铁行业进行深度治理。钢铁行业的环保问题历来备受社会关注，环保达标与否已成为钢厂生产经营的重要影响因素。而新一轮蓝天保卫战重点区域强化督查，更是将各地钢企大气污染问题作为重点督查内容。2019 年 5 月 5 日，生态环境部、国家发展改革委、工业和信息化部、财政部、交通运输部等五部委联合印发《关于推进实施钢铁行业超低排放的意见》（以下简称《意见》）。《意见》明确了推进实施钢铁行业超低排放工作的总体思路、基本原则、主要目标、指标要求、重点任务、政策措施和实施保障。大气污染防治的第二项重点是，推进重点区域执行大气污染物特别排放限值，第三项重点是推进 VOCs 治理。VOCs 治理工作量大面广，2019 年相关排放标准将陆续发布，并大力推进相关治理和巩固。

地方政府推进大气防治力度不断加大。2019 年 2 月 20 日，北京市公布了《北京市污染防治攻坚战 2019 年行动计划》，提出了更加精细化、深层次的推进措施，包括推动移动源低排放，提出"换、限、查、提"等措施，如加快国Ⅲ高排放柴油车淘汰，推进新能源车使用等。推进能源消费清洁化。在巩固平原区基本"无煤化"成果基础上，健全运维服务机制，严防散煤反弹；重点围绕冬奥赛场、世园会场馆周边村庄，继续开展煤改清洁能源工作。加快推进公共建筑节能改造，继续开展未达节能标准的既有居住建筑节能改造。2019 年 3 月 6 日，四川省公布大气污染治理"一号工程"进一步扩容，并把成都平原、川南地区大气质量改善一并作为全省环保"一号工程"，突出重点、带动全域，力争新增 4 个达标城市。河北省 2019 年聚焦 PM$_{2.5}$ 治理，持续攻坚产业结构、能源结构、交通运输结构和用地结构优化调整等"六大攻坚战"，力争全省 PM$_{2.5}$ 平均浓度比 2018 年下降 5% 以上。

（二）水污染防治

进入 2019 年，水污染防治进入关键之年。新组建的生态环境部将立足打通地上和地下、岸上和水里、陆地和海洋、城市和农村，推动水生态环境保护统一监管。

2019 年，国家水污染防治工作将以改善水生态环境质量为核心，以长江经济带和环渤海区域为重点，全面推进水污染防治攻坚战，做好"打黑、消劣、治污、保源、建制"工作，即打好城市黑臭水体治理攻坚战，基本消除重点区域劣 V 类国控断面，强化污染源整治，保护饮用水水源，健全长效管理机制。根据《重点流域水污染防治规划（2016 － 2020 年）》要求，到 2020 年，全国地表水环境质量要得到阶段性改善，长江、黄河、珠江等七大重点流域水质优良（达到或优于Ⅲ类）比例总体达到 70% 以上。

2019 年 3 月 28 日，生态环境部联合自然资源部、住房城乡建设部、水利部、农业农村部等联合印发《关于印发地下水污染防治实施方案的通知》，提出到 2020 年，初步建立地下水污染防治法规标准体系、全国地下水环境监测体系；全国地下水质量极差比例控制在 15% 左右；典型地下水污染源得到初步监控，地下水污染加剧趋势得到初步遏制。到 2025 年，建立地下水污染防治法规标准体系、全国地下水环境监测体系；地级及以上城市集中式地下水饮用水水源水质达到或优于Ⅲ类比例总体为 85% 左右；典型地下水污染源得到有效监控，地下水污染加剧趋势得到有效遏制。到 2035 年，力争全国地下水环境质量总体改善，生态系统功能基本恢复。

2019 年，持续推进《水污染防治行动计划》，推动实施河长制、湖长制。加强重点流域水生态环境保护。扎实推进长江保护修复，印发《关于加强长江水生生物保护工作的意见》，编制长江经济带"三线一单"（生态保护红线、环境质量底线、资源利用上线和生态环境准入负面清单），引导和优化沿江产业布局。推进全国集中式饮用水水源地环境整治，1 586 个水源地 6 251 个问题整改完成率达 99.9%。开展黑臭水体整治专项排查，36 个重点城市中 1 062 个城市黑臭水体中，1 009 个消除或基本消除黑臭，比例达 95%。全国 97.8% 的省级及以上工业集聚区建成污水集中处理设施并安装自动在线监控装置。强化入河、入海排污口监管，推动渤海等重点海域污染治理。推进行政村环境整治全覆盖，2018 年完成 2.5 万个建制村环境综合整治。

地方上，2019 年 2 月 18 日，深圳市发布《深圳市水污染治理决战年工作方案》，2019 年全市计划完成水污染治理投资近 500 亿元，到 2020 年全市将累计完成治水投资近 1 200 亿元，确保在 2019 年年底前全面消除黑臭水体。2 月份，山东省对饮用水水源地环境问题开展清理整治。此外，湖北省正在探索建立水生态补偿机制，在全省 20 个县市区开展试点，相关规定也陆续出台。计划到 2020 年，湖北省将实现重点流域生态补偿全覆盖。

（三）土壤污染防治

按照生态环境部计划，2019 年上半年试点稳步推进净土保卫战。全面落实《土壤污染防治行动计划》。做好农用地土壤污染状况详查，完成全部 70 万份农用地详查样品采集和分析测试工作。开展涉重金属行业污染耕地风险排查整治，推进建设用地土壤污染风险管控。

据住房和城乡建设部针对全国生活垃圾分类工作的进度安排，2019 年起，全国地级及以上城市要全面启动生活垃圾分类工作。到 2020 年年底，46 个重点城市要基本建成垃圾分类处理系统；2025 年年底前，全国地级及以上城市要基本建成垃圾分类处理系统。

2018 年 12 月底，国务院办公厅印发《"无废城市"建设试点工作方案》提出，到 2020 年，系统构建"无废城市"建设指标体系。通过在试点城市深化固体废物综合管理改革，形成一批可复制、可推广的"无废城市"建设示范模式。"无废城市"按照试点先行与整体协调推进相结合、先易后难、分步推进的原则，拟在全国范围内选择 10 个左右有条件、有基础、规模适当的城市开展"无废城市"建设试点。同时，持续推进固体废物源头减量和资源化利用。严厉打击固体废物及危险废物非法转移和倾倒行为，挂牌督办的 1308 个突出问题整改率达 99.7%。坚定不移推进禁止洋垃圾入境，分阶段开展进口固体废物加工利用企业环境违法问题专项整治，2018 年全国固体废物进口量同比减少 46.5%，其中限制进口类固体废物进口量同比减少 51.5%。推进垃圾焚烧发电行业达标排放工作，存在问题的垃圾焚烧发电厂全部完成整改。

2019 年是土壤污染防治法实施元年。河北省制定的《河北省净土保卫战三年行动计划（2018—2020 年）》提出，到 2020 年，全省土壤环境质量稳中向好，重点区域土壤污染加重趋势得到控制。土壤污染治理与修复试点示范取得明显成效，并且建立政府主导、市场驱动、企业担责、公众参与的全省土壤污染防治体系。与此同时，河北省进一步加强了固体（危险）废物跨省转移监管，从严把控危险废物跨省转入。湖南省 2019 年要推进省级土壤污染综合防治先行区和重金属污染治理项目建设，确保人居环境和农业生产安全。

通过"清废行动 2018"，长江经济带基本消灭了沿江地区脏乱差的现象和沿江、沿河违规倾倒、堆存固体废物的环境安全隐患问题。累计投入近 18.98 亿元，清理各类固体废物超过 3 799 万 t，新建规范化垃圾填埋场近 72 个。"清废行动 2019"作为长江保护修复攻坚战的重要一环，扩大到长江经济带 126 个城市，实现了长江主要干流、支流、重点湖库等主要水系全覆盖。

（四）海洋生态环境保护

国合会 2018 年政策建议提出，要加强对海洋和沿海生态系统的法律保护；建立高科技监测系统；制定恢复海洋生态系统功能和服务的国家规划。

2018 年 11 月 30 日，生态环境部新闻发布会指出，生态环境部将健全完善国内海洋生态环境保护法律法规体系和标准规范体系；以生态环境质量改善作为衡量海洋生态环境工作的基本目标，加快推进海域综合治理，加快健全和提升监测评价基础能力；强化督政问责，切实用好强化督察"五步法"等有力武器；加快推进随机抽查、排污许可等创新监管手段，进一步推动企业落实"管生产也要管环保"的主体责任。

生态环境部还将修订《海洋环境保护法》，强化与《环境保护法》《水污染防治法》的衔接。在此基础上，推动修订《海洋倾废管理条例》《防治海洋工程污染损害海洋环境管理条例》等有关法律法规和规范性文件，尽快形成与新职责新定位新机构相适应的法治体系。推动国际新型海洋环境问题的治理，推动编制《国家海洋垃圾防治行动计划》。

2018 年 12 月，生态环境部、国家发展改革委、自然资源部 11 日联合公布《渤海综合治理攻坚战行动计划》，提出了攻坚战的时间表和路线图。行动计划提出，通过三年综合治理，到 2020 年，渤海近岸海域水质优良（Ⅰ、Ⅱ类水质）比例达到 73% 左右，自然岸线保有率保持在 35% 左右，滨海湿地整治修复规模不低于 6 900 hm²，整治修复岸线新增 70 km 左右。

行动计划确定开展四大攻坚行动：①陆源污染治理行动。针对国控入海河流实施污染治理，并推动其他入海河流污染治理；通过开展入海排污口溯源排查，实现工业直排海污染源稳定达标排放，并完成非法和设置不合理入海排污口的清理；推进"散乱污"清理整治、农业农村污染防治、城市生活污染防治等工作；通过陆源污染综合治理，降低陆源污染物入海量。②海域污染治理行动。实施海水养殖污染治理，清理非法海水养殖；实施船舶和港口污染治理，严格执行《船舶水污染物排放控制标准》，推进港口建设船舶污染物接收处置设施，做好船、港、城设施衔接，开展渔港环境综合整治；全面实施湾长制。③生态保护修复行动。实施海岸带生态保护，划定并严守渤海海洋生态保护红线，确保红线区在三省一市管理海域面积中的占比达到 37% 左右，实施最严格的围填海和岸线开发管控，强化自然保护地选划和滨海湿地保护；实施生态恢复修复，加强河口海湾综合整治修复、岸线岸滩综合治理修复；实施海洋生物资源养护，逐步恢复渤海渔业资源。④环境风险防范行动。实施陆源突发环境事件风险防范，开展环渤海区域突发环境事件风险评估工作；实施海上溢油风险防范，完成海上石油平台、油气管线、陆域终端等风险专项检查；在海洋生态灾害高发海域、重点海水浴场、滨海旅游区等区域，建立海洋赤潮（绿潮）灾害监测、预警、应急处置及信息发布体系。

同时，生态环境部将强化生态监管，加快建立基于卫星遥感等手段的海洋生态监管体系，重点加强三类区域（海洋保护区、海洋生态保护红线区、海洋生态修复工程实施区）监管；强化陆源监管，尽快出台《入海排污口管理规定》等规范性文件，强化入海排污口事中事后监管；强化海上监管，构建事前事中事后全流程监管体系，加快推进审批事项取消下放力度；强化党委政府督察，强化海洋生态环境保护领域的督察力度，推动地方党委政府落实海洋生态环境保护主体责任；强化企业监管，构建以排污许可证、"双随机一公开"为核心的监管体系。

五、治理与法治

（一）关于自然资源资产产权制度的重大变革

2019 年 4 月，中共中央办公厅、国务院办公厅印发了《关于统筹推进自然资源资产产权制度改革的指导意见》（以下简称《意见》），主要目的是解决长期以来自然资源资产底数不清、所有者不到位、权责不明晰、权益不落实、监管保护制度不健全等问题，导致产权纠纷多发、资源保护乏力、开发利用粗放、生态退化严重（附录专栏 2-1）。为了进一步推动生态文明建设，必须要做好自然资源资产产权制度健全工作。

自然资源资产产权制度改革的基本思路，是完善自然资源资产产权体系、资产全民所有权和集体所有权的实现形式。总的目标是：到 2020 年，归属清晰、权责明确、保护严格、流转顺畅、监管有效的自然资源资产产权制度基本建立，自然资源开发利用效率和保护力度明显提升，为完善生态文明制度体系、保障国家生态安全和资源安全、推动形成人与自然和谐发展的现代化建设新格局提供有力支撑。

附录专栏 2-1　主要任务一览表

——健全自然资源资产产权体系。适应自然资源多种属性以及国民经济和社会发展需求，与国土空间规划和用途管制相衔接，推动自然资源资产所有权与使用权分离，加快构建分类科学的自然资源资产产权体系，着力解决权利交叉、缺位等问题。处理好自然资源资产所有权与使用权的关系，创新自然资源资产全民所有权和集体所有权的实现形式。

——明确自然资源资产产权主体。这是改革的关键。针对自然资源资产产权主体规定不明确、所有者主体不到位、所有者权益不落实、因产权主体不清造成"公地悲剧"、收益分配机制不合理等问题，《意见》提出研究建立国务院自然资源主管部门行使全民所有自然资源资产所有权的资源清单和管理体制。

——开展自然资源统一调查监测评价。这是改革的重要基础性工作。长期以来，由于自然资源分部门管理、对各类自然资源的定义、分类、调查评价标准、周期不同等原因，导致部分自然资源底数不清，甚至交叉统计。针对上述问题，《意见》提出"三个统一"，即统一自然资源分类标准、统一自然资源调查监测评价制度、统一组织实施全国自然资源调查。

——加快自然资源统一确权登记。这也是改革的重要基础性工作。针对标准规范不统一、资源家底不清，资源主体不到位，边界模糊，权属不清的问题，《意见》提出要总结自然资源统一确权登记试点经验、完善确权登记办法和规则。

——强化自然资源整体保护。这是改革的重要目标。针对过去分部门管理导致的规划不协调、规划管控作用弱、生态修复与保护分散、生态保护补偿机制不健全等问题，《意见》提出要编制实施国土空间规划，划定并严守生态保护红线、永久基本农田、城镇开发边界等控制线，建立健全国土空间用途管制制度、管理规范和技术标准，对国土空间实施统一管控，强化山水林田湖草整体保护。

——促进自然资源资产集约开发利用。这也是改革的重要目标。针对自然资源资产价格形成机制不健全、市场配置资源的决定性作用难以充分发挥、部分自然资源资产有偿使用制度不健全、自然资源资产市场流转不顺畅等问题，《意见》提出既要通过完善价格形成机制扩大竞争性出让，发挥市场配置资源的决定性作用，又要通过总量和强度控制，更好发挥政府管控作用。

——推动自然生态空间系统修复和合理补偿。这同样是改革的重要目标。针对生态修复规划缺失，修复的系统性与综合性不足以及生态环境损害赔偿制度不完善等问题，《意见》提出编制实施国土空间生态修复规划，建立健全山水林田湖草系统修复和综合治理机制。

——健全自然资源资产监管体系。这是改革的重要实现途径。针对自然资源资产产权监管制度不完善、自然资源资产管理考核评价体系缺失、社会监督作用不足等问题，《意见》提出要发挥人大、行政、司法、审计和社会监督作用，创新管理方式方法，形成监管合力。

——完善自然资源资产产权法律体系。这是改革的重要保障。针对当前自然资源资产法律体系不完善，产权纠纷解决机制协调不够，难以满足经济社会发展、生态文明建设与依法治国的需要等问题，《意见》提出全面清理涉及自然资源资产产权制度的法律法规，对不利于生态文明建设和自然资源资产产权保护的规定提出具体废止、修改意见，根据自然资源资产产权制度改革进程，推进各门类自然资源资产法律法规的"立改废释"。

注：限于篇幅，以上有删节。

（二）环境治理手段不搞"一刀切"

2018 年 9 月，生态环境部针对存在"一刀切"的问题，下发《关于生态环境领域进一步深化"放管服"改革，推动经济高质量发展的指导意见》，提出禁止"一刀切"的相关要求，责令地方改正环保"一刀切"的做法。同时，在开展环保督察、开展强化监督过程中，坚持"双查"，既查不作为、慢作为，又查乱作为、滥作为。不作为、慢作为就是该做的事、能做的事、容易做的事不做，滥作为、乱作为就是平常不开展工作，检查时采取突击方式，乱作为。每查出一个案例，接到举报第一时间核查，第一时间纠正，查处以后也对媒体、对社会公开曝光，以起到警示作用。另外，开展中央生态环境保护督察和强化监督过程中，发现企业有问题，交办给地方政府，由地方政府环保部门跟企业商量，根据实际需要出发，也给予企业相应的整改时间。要主动为企业开展服务，比如在排污许可证制度改革过程中，对于那些未批先建的、还不能做到达标排放的，先发许可证，在许可证里明确有个整改期限，整改期限也根据情况，有的短有的长。整改期限到了，若仍未做好，才采取相应的处罚措施。通过"号召""规范""查处""带头"，重点做好防止"一刀切"问题的发生。

2019 年，生态环境部要做好以下两方面工作：第一，规范好环境行政执法行为，尤其是规范好自由裁量权的适用和监督工作。第二，要增强服务意识和水平，既监督又帮扶，设身处地帮企业排忧解难，解决他们在生产过程中环保方面存在的一些问题和困难，增进这方面的意识。在服务态度上也是要倾听企业个性化、差别化的诉求，在工作上要把严格监管和主动服务这两者融会贯通起来。在思想上还需要摆正位置的，就是怎么处理政府和企业的关系，清晰的政商关系，也是环保部门需要特别处理的问题。

2019 年 1 月，《生态环境部 全国工商联关于支持服务民营企业绿色发展的意见》正式印发。意见提出，要鼓励民营企业积极参与污染防治攻坚战，帮助民营企业解决环境治理困难，提高绿色发展能力，营造公平竞争市场环境，提升服务保障水平，完善经济政策措施，形成支持服务民营企业绿色发展长效机制。指导民营企业以生态环境保护促转型升级，主动对标高质量发展。

2019 年 4 月 18 日，生态环境部发布了关于公开征求《关于做好引导企业环境守法工作的意见（征求意见稿）》的通知，指出要进一步强化生态环境监管执法，优化监管执法方式，落实企业生态环境保护主体责任，引导企业自律，推动守法成为常态。

（三）生态环保督察及其转型

中央环保督察组由环境保护部牵头成立，中组部的相关领导参加，是代表党中央、国务院对各省（自治区、直辖市）党委和政府及其有关部门开展的环境保护督察。成立3年多来，中央环保督察认真履职、务实高效，动真碰硬，重拳出击，用不到2年时间，对31个省（自治区、直辖市）存在的生态环境问题进行了一次全覆盖式的督察。中央环保督察成效是明显的，一批长期难以解决的生态环境问题得到解决，一批长期想办而未办的事情得到落实，促进了各地的生态环境改善。在完成第一轮督察之后，又开展了"回头看"。作为中央"五位一体"战略部署的"总检察官"——中央生态环保督察，正从以督促地方厚植生态环境保护红线意识、树立绿色发展理念、补齐生态环保短板、坚决抵制生态环境违法行为为主要任务的阶段，逐步转为以强调增强生态环保基础、提升绿色发展能力、获得可持续发展空间为主要任务的阶段，其制度建设越来越健全，其实施越来越得到深化，其重要作用越来越得到各方面认可。中央生态环保督察制度已成为社会主义生态环境法治制度的重要内容。

2019年年初，第二轮为期4年的中央生态环保督察启动，对省（自治区、直辖市）党委和政府、国务院有关部门以及中央企业开展督察，力争4年内完成全覆盖及"回头看"。督察内容包括：对生态环境现场检查；地下水污染检查；污水污染治理督察；噪声污染源现场检查；废气污染检查；环境污染及应急预案现场检查；固体废物污染源现场检查；环保部门督察查处环境违法行为等。

六、区域和国际参与

（一）绿色"一带一路"实践

国合会2018年政策建议指出，"一带一路"倡议重点关注基础设施建设，因此，必须认真考虑项目对生态环境和气候的影响。

根据2019年4月22日发布的《共建"一带一路"倡议：进展、贡献与展望》，中国政府与有关国家关于加强资金支持，促进资金融通更加多元化，采取了诸多双边共同接受的举措。具体是，与相关国家核准了《"一带一路"融资指导原则》，共同推动建设长期稳定、可持续、风险可控的融资体系。亚洲金融合作协会会员已达100多家，3 800亿元等值人民币专项贷款有力支持了共建"一带一路"框架下的基础设施合作、产能合作和金融合作，丝路基金完成了新增资金1 000亿元人民币。

国合会2018年政策建议还指出，"一带一路"倡议应与《巴黎协定》、全球生物多样性目标和联合国2030年可持续发展目标保持一致。共建"一带一路"绿色发展国际联盟。

2019年4月25—27日，第二届"一带一路"国际合作高峰论坛召开期间，共达成 6 大类 283 项成果。其中关于绿色"一带一路"的主要成果件附录专栏 2-2.

附录专栏 2-2　推进绿色"一带一路"建设成果清单

（1）中国与英国、法国、新加坡、巴基斯坦、阿联酋、中国香港等"一带一路"绿色发展国际联盟有关国家和地区主要金融机构共同签署《"一带一路"绿色投资原则》。

（2）中国科学院启动实施"丝路环境专项"，与沿线各国科学家携手研究绿色丝绸之路建设路径和方案。

（3）中国政府将继续实施绿色丝路使者计划，未来三年向共建"一带一路"国家环境部门官员提供 1 500 个培训名额。"一带一路"生态环保大数据服务平台网站正式启动。中国生态环境部成立"一带一路"环境技术交流与转移中心。

（4）中国国家发展改革委和联合国开发计划署、联合国工业发展组织、联合国亚洲及太平洋经济社会委员会共同发起"一带一路"绿色照明行动倡议，与联合国工业发展组织、联合国亚洲及太平洋经济社会委员会、能源基金会共同发起"一带一路"绿色高效制冷行动倡议。

（5）中国工商银行发行首支"一带一路"银行间常态化合作机制（BRBR）绿色债券，并与欧洲复兴开发银行、法国东方汇理银行、日本瑞穗银行等 BRBR 机制相关成员共同发布"一带一路"绿色金融指数，深入推动"一带一路"绿色金融合作。

（6）中国与英国、法国、新加坡、巴基斯坦、阿联酋、中国香港等有关国家和地区主要金融机构共同签署《"一带一路"绿色投资原则》。

（7）中国光大集团与有关国家金融机构联合发起设立"一带一路"绿色投资基金。

国合会 2018 年政策建议提出，在海上丝绸之路沿线国家间建立合作伙伴关系网络，促进可持续海洋治理。

近年来，中国积极与孟加拉国、巴基斯坦、马达加斯加、马来西亚等"21 世纪海上丝绸之路"沿线国家开展海洋空间规划交流与合作，为治理、规划海洋贡献了中国智慧，助推了"一带一路"建设。作为中国首例为"21 世纪海上丝绸之路"沿线国家编制的海洋空间规划，中国－柬埔寨海洋空间规划获柬方高度认可。通过与柬埔寨的合作，中国探索出海洋空间规划国际合作的新模式。在此基础上，中国与泰国的海洋空间规划合作，也取得了实质性成果。

在负责任投资方面，2018 年 11 月 30 日，中英绿色金融工作组第三次会议在伦敦举行，中国金融学会绿色金融专业委员会与"伦敦金融城绿色金融倡议"在会议期间共同发布了《"一带一路"绿色投资原则》。

2019 年 4 月 16 日，中国工商银行成功发行了全球首支绿色"一带一路"银行间常态化合作债券（简称"BRBR 债"）。本次发行涵盖人民币、美元、欧元三种币种，等值金额 22 亿美元，期限为 3 年和 5 年，募集资金将用于支持"一带一路"绿色项目建设。该笔债券遵循国际和中国绿色债券准则，发行主体是工行新加坡分行，由"一带一路"沿线十多个国家和地区的 22 家机构承销，其中约 80% 是"一带一路"银行间常态化合作机制成员机构。本次发行受到国际债券市场的积极认购。其中，离岸人民币债券发行规模为 10 亿元，非银行类投资者占比达到 33%，市场认可度较高；美元双年期债券总发行规模为 15 亿美元，规模和定价较优；欧元债券发行规模为 5 亿欧元，是 2019 年以来新加坡当地金融机构所发行的最大规模欧元债券。此次发行也得到各国央行及主权基金类投资者的青睐，美元 3 年期浮息债券和欧元 3 年期固息债券中此类投资者占比分别为 48% 和 40%。

在埃塞俄比亚阿达玛城，非洲第二大风电场建成投产。这是埃塞俄比亚第一个建成运营的风电项目，自发电至今，已累计为电网供电 26 亿 kW·h，相当于减少消耗标准煤 81 万 t，减排烟尘、二氧化硫和氮氧化物 2 158 t。阿达玛风电场也是中国采用中国资金、中国技术、中国标准、中国设备等整体出口的最大海外风电项目。

过去 5 年多来，"一带一路"重点区域内生态环境问题显著减少，矿山环境治理与生态修复率从 50% 提高到 85% 以上；基础设施建设损毁的临时用地复垦率接近 100%，中国已建立气象、资源、环境、海洋、高分等地球观测系列卫星及应用系统，建立了"一带一路"参与国土地覆盖、植被生长、农情、海洋环境等 31 个生态环境遥感数据库，主导和参与国际规范和标准数量显著增加。

（二）坚定引领应对气候变化国际合作

2018 年 12 月 2 日，联合国气候变化卡托维兹大会召开。经过与会各方的谈判，达成了《巴黎协定》实施细则一揽子成果。国际社会应进一步强化行动力度，推动全球绿色低碳转型。

中国以建设人类命运共同体的高度，成为推动全人类绿色、清洁、可持续发展的担当，切实展示了中国在气候变化上的贡献，践行了维护《巴黎协定》等全球多边治理框架的庄严承诺。中国在政策宣示和实际落实上都在一步步履行这种大国担当。中国在节能减排上的实质贡献也举世瞩目，目前已成为世界上利用新能源和可再生能源的第一大国，清洁能源投资连续 9 年位列全球第一。另外，主动为推动国际气候合作贡献力量，一大批新能源合作项目在"一带一路"沿线国家逐渐落地。中国还在积极推进创新节能减排经济发展、探索绿色金融的发展理念和路径、建立全球最大规模的碳交易市场，由中国发起的全球能源互联网发展合作组织与联合国气候变化框架公约秘书处联合发布的《全球能源互联网促进〈巴黎协定〉实施行动计划》，引导全球能源互联网融入节能减排进程。而在卡托维茨大会期间，中国也在积极宣介共同增强节能减排互联互通交流，主办 25 场主题各异的边会，增加了卡托维茨大会的内涵，为各方凝聚共识、探索合作贡献了实质性力量。

2019 年 4 月 25—27 日，在北京召开的第二届"一带一路"国际合作高峰论坛上，中国宣布将与有关国家共同实施"一带一路"应对气候变化"南南合作"计划。作为负责任大国，中国于 2017 年实现碳强度较 2005 年下降约 46%，提前 3 年实现了 2020 年碳强度比 2005 年下降 40%～45% 的目标。中国不仅在理念上，而且在行动上发挥了应有的大国作用。

（三）主动参与全球海洋治理

国合会 2018 年政策建议指出，要加强对全球关注的新兴海洋环境问题的研究。优先课题包括海洋酸化、海洋塑料和微塑料、热点地区缺氧以及其他关乎全球的新兴海洋环境问题。

作为塑料生产与消费大国，海洋微塑料也广泛存在于中国的近海、河口和海洋生物体中。相关调查显示，中国海洋微塑料污染程度处于中等水平。中国海洋微塑料研究进展较快，特别是科技部 2016 年启动的国家重点研发计划"海洋微塑料监测和生态环境效应评估技术研究"项目，是全球较早的由国家投入巨资针对微塑料污染的科研项目。目前，中国海洋微塑料研究处于国际领先水平。

与此同时，中国还积极参与联合国及区域合作框架下的应对海洋塑料垃圾污染的国际合作和行动，并领导区域国际合作。尽管当下中国还没有为海洋塑料污染控制制定专门的法律法规，但很早就有相关的立法涉及塑料垃圾问题。目前，中国正在推进有关应对塑料垃圾问题的修法和立法工作，并大力推进城乡垃圾分类和环境治理，这些举措都会大大减少未来我国的塑料垃圾量。

国合会 2018 年在政策建议还指出，充分利用伙伴关系，联合有关国家和地区应对塑料污染。

中国政府与有关国家开展海洋塑料污染的国际合作。2018 年 11 月 14 日，李克强总理与加拿大总理贾斯廷·特鲁多在第三次中加总理年度对话中，共同发布《中华人民共和国政府和加拿大政府关于应对海洋垃圾和塑料的联合声明》，经双方同意，将采用更加资源高效的办法对塑料进行全生命周期管理，提高使用效率，减少环境影响。

2018 年 12 月 4 日至 5 日，首届中英海洋塑料污染防治研讨会在广州和山东举办。多位中英双方的政策制定者、科研专家、塑料产业和塑料处理行业代表，以及非政府机构代表出席，共同探讨塑料污染现状及保护海洋环境等议题。研讨会后，英方专家与中国生态环境部、住房和城乡建设部、塑料行业协会等相关机构展开了政策研讨。

2019 年 3 月 26 日发布的《中华人民共和国和法兰西共和国关于共同维护多边主义、完善全球治理的联合声明》，双方共达成 37 项共识，其中海洋污染防治国际合作涉及如下内容：一是两国承诺在联合国框架下就国家管辖范围以外区域海洋生物多样性养护和可持续利用国际协定谈判加强沟通与合作，为协定达成做出积极贡献。二是两国同意就包括设立南极海洋保护区在内的南极海洋生物资源的养护和可持续利用问题保持交流。两国坚定支持通过加强现有机制，尤其是《巴塞尔公约》，针对海洋和陆地塑料污染采取的国际行动。

七、结语

自 2018 年 11 月初的国合会 2018 年年会以来，在习近平生态文明思想指引下，中国生态建设和环境治理工作纵深推进，无论治理方式、工作方法，还是工作力度，都发生了较为深刻的变化，治理效果进一步显现，但治理难度日益加大，同时环境质量改善速度与社会预期存在差距，行政命令式为主的治理体系将逐步转为市场治理与行政并存的阶段。如何在生态环保作为刚性约束条件下，更加经济有效实现生态修复、环境质量改善成为新阶段需要研究和破解的课题，先进适用、高效低成本的环境技术和服务显得更为迫切。

过去半年多来，国合会提出的诸多政策建议继续得到中国政府高度重视，很多建议在新的一年政策实践和探索中都得到了不同程度的体现，一些前瞻性的政策建议对于未来生态文明建设工作有着重要的启示。回顾过去半年多中国政府的环境与发展政策，我们还可以发现，以生态文明建设为核心，以"美丽中国和清洁世界"为目标的体制机制和管理体系正在快速形成，中国生态环境保护工作呈现整体性、统一性、协调性，由政府、公众和负责任企业建立的广泛绿色发展联盟聚集起最为磅礴的力量，正在以压倒性的态势助力中国绿色发展，高质量发展。与此同时，中国国际环境合作继续呈现高水平发展，包括中国与"一带一路"沿线国家生态环境合作、中国与非洲国家的生态环境合作等，并在全球关注的问题上，如海洋生态环境保护、应对气候变化、生物多样性保护等方面均有新的举措。可以预期，中国的生态文明建设，正在成为全球可持续发展坚定和有力的支撑。围绕生态文明建设而探索的一些新的体制机制创新、措施手段创新，丰富了联合国 2030 年可持续发展工具箱，是新时代中国对世界生态保护和环境治理乃至应对气候变化的新贡献。

根据发达国家的经验，过去几十年的生态环境历史欠账不可能经过短时间的突击就能"一蹴而就"，一些环境问题甚至需要几十年的持续努力才能得到根本好转。这意味着中国在生态建设和环境治理问题上，需要几十年的接续努力，需要更多的社会投入，更长时间的坚持"与污染斗争"，通过"生态文明框架"下的法律法规、制度、体制机制的建立和不断完善予以保障，坚决遏制住新的生态破坏和环境污染，建立生态环境刚性约束，让"守法"成为企业自觉，让绿色生活方式成为民众选择，绿色发展理念深入人心，需要长时间的不懈努力。可以预期，2019 年下半年仍然处于"生态保护和环境治理持久战和拉锯战"的艰难调整期，深层次环境问题改善仍需创新性的思路方法和解决手段。

在一个经济发展水平并不特别高、东中西部发展不协调、国民经济财富积累尚不宽裕、贫困人口仍然很多且老龄化加剧的国家提出并探索"生态文明"，其面临的压力和挑战是前所未有的。

担负特殊使命的国合会，未来的政策研究需要开展更加"接地气"的工作，提出的政策建议既要保持预警性和战略性，更要聚焦研究成果和发现的"创新性"和"启发性"。另外，作为双向交流的国际合作平台，国合会也应搭建面向"一带一路"的国际沟通和交流的平台，总结中国所探索的围绕"生态文明"的体制机制性安排，分享"美丽中国"建设的制度政策性设计、法律制度、政策导向、舆论力量、中央环保督察等体制性安排，以及财政金融部门创新型的绿色财税政策等，这些基于中国国情实际形成的环境治理体系对于其他国家和地区共建美丽家园或有裨益。

附录表 2-1　半年多来中国环境与发展政策进展与国合会政策建议对照表

领域	出台时间	2018—2019 年政策进展	国合会政策建议相关内容
环境与发展规划	2018.12	国家发展改革委在京召开"十四五"规划编制工作座谈会。会议主要围绕"十三五"规划中期评估情况,"十四五"战略主题主线,"十四五"发展中需突出关注的重大问题以及五年规划的基本思路进行了交流	国合会 2018 年政策建议提出, 协调统一应对气候变化行动, 以制定和落实各项短期规划("十四五"规划)、中期规划(2030 年国家自主贡献方案修订版和美丽中国 2035)和长期规划(到 2050 年的"世纪中叶战略")为契机和抓手, 协调实现各领域战略目标
	2019.04	召开有关国家"十四五"生态环境保护规划研讨会, 着眼于生态环境保护在"十四五"国家经济和社会发展中的战略定位, 深入研究如何保持和贯彻"生态优先、绿色发展"理念; 瞄准 2035 年实现生态环境质量根本好转、基本建成"美丽中国"的战略目标, 积极谋划体现环境质量改善的战略性任务	
	2019.01	国务院正式批复《河北雄安新区总体规划 (2018—2035 年)》, 雄安新区作为北京非首都功能疏解集中承载地, 与北京城市副中心形成北京新的两翼, 有利于有效缓解北京"大城市病", 探索人口密集地区优化开发模式	国合会 2012 年政策建议提出, 建立区域绿色协调与合作机制
	2019.01	国务院批复《北京城市副中心控制性详细规划(街区层面)(2016—2035年)》, 紧紧围绕京津冀协同发展, 注重生态保护、注重延续历史文脉和改善民生, 明确绿色体制机制	
	2019.03	国家发展改革委公布了《2019 年新型城镇化建设重点任务》, 提出了新型城镇化要充分考虑资源环境承载力的实际情况, 注意协调发展, 充分使用智能化的信息手段等	国合会 2018 年政策建议提出, 改变传统思维; 将绿色标准全面融入绿色城镇规划; 充分结合地方实际, 创新解决问题方法
	2018.12	《长江保护修复攻坚战行动计划》, 主要任务: 强化生态环境空间管控。实施细化控制单元管控。坚持山水林田湖草系统治理, 强化水功能区水质目标管理, 细化控制单元, 明确考核断面, 将流域生态环境保护责任层层分解到各级行政区域, 结合实施河长制、湖长制, 构建以改善生态环境质量为核心的流域控制单元管理体系。2020 年底前, 沿江 11 省市完成控制单元划分, 确定控制单元考核断面和生态环境质量控制目标	国合会 2004 年政策建议, 建议从长江开始, 采纳综合流域治理方法, 确定和保护生态服务功能
生态系统和生物多样性保护	2018—2019	截至 2018 年年底, 初步划定京津冀、长江经济带和宁夏回族自治区等 15 个省份生态保护红线, 山西等 16 个省份基本形成生态保护红线划定方案。到 2020 年, 全面完成生态保护红线划定工作。目前, 生态环境部正在制定《生态保护红线管理办法》, 建设国家生态保护红线监管平台, 将生态保护红线划定并落实到位并落实到位的主体责任到位, 落实地方党委和政府对严守生态保护红线的主体责任, 对破坏生态保护红线的违法行为, 严格追责问责, 确保红线划得实、守得住	国合会 2014 年政策建议指出, 建议尽快制定《生态保护红线管理办法》, 对生态保护红线的定义与内涵、划定方法、管理体制等做出规定
	2018—2019	"绿盾 2019"继续开展, 继续将生态环境保护和治理工作深入, 并初战告捷	

领域	出台时间	2018—2019 年政策进展	国合会政策建议相关内容
生态系统和生物多样性保护	2018.06	在生物多样性履约方面，中国政府积极推进，早在 2015 年全国保护网络目前已基本形成，各类陆域保护地面积约占陆地国土面积约的 18%，提前 5 年完成了《生物多样性公约》提出的到 2020 年达到 17% 的目标。全国各个省直辖市包括重庆、四川、云南、广西等出台保护生物多样性行动计划。云南省还出台了全国首个地方生物多样性保护性条例	国合会 2018 年政策建议提出：积极推动《生物多样性公约》履约，在制定 2020 后全球生物多样性保护方面发挥强有力的领导作用
	2019.01	国家发展改革委、国家能源局发布了《关于积极推进风电、光伏发电无补贴平价上网有关工作的通知》（以下简称《通知》）。《通知》指出，在资源条件好的地区，已基本具备与燃煤标杆上网电价平价（不需要国家补贴）的条件。关于建新的可再生能源建新、光伏发电、光伏发电项目，将根据届时电价退坡和成本进步程度再研究更新的政策。能源局指出，2020 年底前技术进步和成本降低程度再进行研究更新的活动	国合会 2018 年政策建议指出，加强煤炭使用控制，推广可再生能源，扩大能效增幅。结清尚未落实到位的可再生能源支持补贴，并构建一套新的可再生能源支持政策体系
	2019.03	2019 年 3 月，中国政府工作报告明确提出 2019 年能效指标是，单位国内生产总值能耗下降 3% 左右。而 2018 年，中国则实现了单位国内生产总值能耗下降 3.1%	国合会 2018 年政策建议提出，加强煤炭使用控制，扩大能效增幅
能源与气候	2019.03	国家机关事务管理局于 2019 年 3 月召开中央国家机关资源节约和生态环境保护 2019 年重点工作推进会，要结合国家机关能耗定额标准编制工作，进一步完善节能工作网络；要完成中央国家机关能耗定额标准编制，推进能耗定额目标管理迈向更高水平；要用好节能监管系统，提升节能管理的精细化、信息化水平；要持续培养节能环保意识和行为习惯，开展垃圾分类志愿者等鼓励性的活动	
	2019.04	全国公共机构能源资源节约和生态环境保护 2019 年重点工作推进会，2019 年 12 月底前，完成 200 家公共机构能效领跑者遴选工作；2020 年 10 月底前，完成 1500 家节约型公共机构示范单位创建任务。在天津市、山东省、江西省、宁夏回族自治区、广东省等 5 个省等 5 个地区开展能耗定额管理试点工作，在 29 个县（区）开展合同能源管理项目试点	
	2019.04	《碳排放权交易管理暂行条例》公开征求意见	国合会 2018 年政策建议指出，加强应对气候变化与改善环境空气质量的协同。在法律法规制定及数据公开、监测、执法、监管和造责等制度设计方面，加强应对气候变化与解决其他环境问题的协同性

领域	出台时间	2018—2019年政策进展	国合会政策建议相关内容
污染防治	2018.12	大气污染防治。生态环境部联合国家发展改革委等11个部委、发出关于印发《柴油货车污染治理攻坚战行动计划》的通知，提出到2020年，柴油货车排放达标率明显提高，柴油和车用尿素质量明显改善，重点区域城市空气二氧化氮浓度逐步降低，机动车排放监管能力和水平大幅提升，全国铁路货运量明显增加，清洁高效的交通运输体系初步形成	国合会2013年政策建议提出，集中力量切实解决大气、水和土壤污染等突出环境问题，全面满足公众对良好环境质量的基本需求
	2019.02	大气污染防治。生态环境部专门印发了《2019年全国大气污染防治工作要点》，提出了总体大气环境目标，即2019年，全国未达标城市细颗粒物（$PM_{2.5}$）年均浓度同比下降2%，地级及以上城市平均优良天数比率达到79.4%；全国二氧化硫（SO_2）、氮氧化物（NO_x）排放总量同比削减3%。2019年，大气污染防治的重点对钢铁行业进行深度治理。地方上，各省市也发了当年行动计划，比如北京市的《北京市污染防治攻坚战2019年行动计划》，提出"换、限、查、提"等措施	
	2019.03	水污染防治。生态环境部联合自然资源部等联合印发《关于印发地下水污染防治规划的通知》，提出到2020年，初步建立地下水污染防治法规标准体系，全国地下水环境监测体系；典型地下水污染源得到初步监控，地下水污染源加剧趋势得到初步遏制；建立地下水污染防治法规标准体系，全国地下水环境监测体系到2025年，建立地下水污染源集中式地下水型饮用水水源水质达到或优于III类比例总体为85%以上左右；典型地下水污染源得到有效监控，地下水污染加剧趋势得到有效遏制。到2035年，力争全国地下水污染质量总体改善，生态系统功能基本恢复	国合会2014年政策建议提出，强化多源、多污染物的协同控制。在控制对象上对SO_2、NO_x、一次$PM_{2.5}$、VOCs、NH_3等多污染物协同控制，在控制领域上对工业源、民用和农村面源、机动车和非道路机械综合控制
	2018	水污染防治。根据《重点流域水污染防治规划（2016—2020年）》要求，到2020年，全国地表水环境质量要得到阶段性改善，长江、黄河、珠江等七大重点流域水质优良（达到或优于III类）比例总体达到70%以上。"随着2020年水污染防治验治收节点的临近，2019年将成为实现水污染治理规划目标的关键一年"	

领域	出台时间	2018—2019 年政策进展	国合会政策建议相关内容
污染防治	2019.03.25	水污染防治。全国人大常委会水污染防治法执法检查组第一次全体会议召开，正式启动水污染防治执法检查，强调要发挥法律制度的刚性约束作用，推动从根本上解决水污染问题，推动生态环境质量持续改善	国合会 2014 年政策建议提出，强化多污染源、多污染物的协同控制。在控制对象上对 SO₂、NOₓ、一次 PM₂.₅、VOCs、NH₃ 等多污染物协同控制，在控制领域上对工业源、民用和农村面源、机动车和非道路机械综合控制
	2019.03.28	水污染防治。生态环境部、自然资源部等五部门联合印发《关于印发地下水污染防治实施方案的通知》。内容包括地下水污染区分技术要求、加强地下水污染防治站防渗改造核查要求，地下水污染场地清单名录和地下水污染防治实施方案。要求到 2020 年，初步建立地下水污染防治标准体系，全国地下水环境监测体系，地下水污染源得到初步监控，地下水质量极差比例控制在 15% 左右。到 2025 年，建立地下水污染防治法规标准体系，全国地下水环境监测体系，地级及以上城市集中式地下水饮用水水源达到或优于Ⅲ类比例总体为 85% 以上，典型地下水污染源得到有效监控，地下水污染加剧趋势得到有效遏制。到 2035 年，力争全国地下水环境质量总体改善，生态系统功能基本恢复	国合会 2010 年政策建议提出，全面推进土壤环境保护，保障公众健康和生态环境安全。制定专门的土壤环境污染防治与保护法
	2019	土壤污染防治法实施元年。明确了企业防止土壤受到污染的主体责任，强化污染者的治理和修复责任。明确政府相关部门的监管责任，建立农用地分类管理和建设用地准入管理制度，加大环境违法行为处罚力度，为扎实推进"净土保卫战"，提供了坚强有力的法治保障。生态环境部将加快推出台配套政策，督促地方政府履行土壤污染防治和安全利用的监管责任，配合有关部门落实农用地分类管理制度，建设用地土壤污染风险管控有关准入管理制度	
	2018.11	海洋环境保护。生态环境部新闻发布会指出，生态环境部将完善全国内海洋生态环境保护法律法规标准体系；以生态环境质量改善作为衡量海洋生态环境治理的基本目标，加快推进海域综合治理，加快推进海洋生态治理、加快推进监测评价基础能力；强化督查问责，实行海洋生态督察"回头看"等有力武器，进一步推进随机油查、排污许可等创新监管手段，进一步推动企业落实"管生产"也要"管环保"的主体责任	国合会 2018 年政策建议提出，要加强对海洋和沿海生态系统保护；建立高科技监测系统，恢复海洋生态系统功能和服务的国家规划
	2018.12	生态环境部、国家发展改革委、自然资源部联合印发《渤海综合治理攻坚战行动计划》，提出通过三年综合治理，到 2020 年，渤海近岸海域水质优良（Ⅰ、Ⅱ类水质）比例达到 73% 左右，自然岸线保有率保持在 35% 左右，滨海湿地整治修复规模不低于 6 900 hm²，整治修复岸线新增 70 km 左右	

领域	出台时间	2018—2019年政策进展	国合会政策建议相关内容
	2019.04	中共中央办公厅、国务院办公厅印于发布了《关于统筹推进自然资源资产产权制度改革的指导意见》，主要是解决：长期以来自然资源资产底数不清，所有者不到位、权责不明晰，权益不落实，资源保护和开发利用等问题，生态退化严重。为了进一步推动生态文明建设，必须要做好自然资源资产产权制度健全工作	国合会2016年政策建议提出：深化生态文明体制改革。理顺资源资产管理的行政交叉矛盾，在城市化建设，农村土地管理和水资源开发利用等方面体现生态文明理念
	2019.01	《生态环境部全国工商联关于支持民营企业绿色发展的意见》正式印发，要鼓励民营企业积极参与污染防治攻坚战，帮助民营企业解决环境治理困难，提高绿色发展能力，营造公平竞争市场环境，提升服务保障水平，完善经济政策措施，形成支持民营企业绿色发展长效机制。指导民营企业以生态环境保护促进转型升级、主动对标高质量发展	
治理和法治	2019.04	生态环境部发布了关于公开征求《关于做好引导企业生态环境守法工作的意见（征求意见稿）》意见的通知，指出要进一步强化生态环境监管执法，优化监管执法方式，落实企业生态环境保护主体责任，引导企业生态自律，推动守法成为常态	国合会2014年政策建议提出，加快生态文明建设和生态环境体制改革进程，提高环境治理能力
	2019年年初	第二轮为期4年的中央生态环保督察启动，对省（自治区、直辖市）党委和政府，以及国务院有关部门进行督察，力争4年内完成全覆盖"回头看"。第二轮中央生态环保督察是推进生态文明的重大改革安排，也是重大改革举措，一批长期想办而办不好的事情得到落实，促进了各地的生态环境改善。在完成第一轮督察之后，又开展了"回头看"	
区域和国际参与	2019.04	《共建"一带一路"倡议：进展、贡献与展望》，中国政府了有关国家加强资金支持，资金融通更加多元化采取了诸多政策的举措。具体是，与相关国家续推了"一带一路"融资指导原则，共同推动建设长期稳定，可持续、风险可控的融资体系。亚洲金融合作协会会员已达100多家，3 800亿元等值人民币专项贷款用于支持了共建"一带一路"框架下的基础设施合作，丝路基金完成了新增资金1 000亿元人民币	国合会2018年政策建议指出，"一带一路"倡议关注基础设施建设，因此，必须认真考虑项目的长期生态环境影响及其气候影响
	2019.04	第二届"一带一路"国际合作高峰论坛召开，取得了6大类283项成果，包括设立了绿色发展国际联盟，启动"一带一路"生态环保大数据服务平台，"一带一路"环境技术交流与转移中心等。	国合会2018年倡议应与《巴黎协定》，全球生物多样性目标和联合国2030年可持续发展目标保持一致

领域	出台时间	2018—2019年成效进展	国合会政策建议相关内容
区域和国际参与	2018.09	中国工商银行成功发行了全球首支绿色"一带一路"银行间常态化合作债券（简称"BRBR债"）。本次发行涵盖人民币、美元、欧元三种币种，等值金额22亿美元，期限为3年和5年，募集资金将用于支持"一带一路"绿色项目建设。该笔债券遵循国际和中国绿色债券准则，发行主体是工行新加坡分行，由"一带一路"沿线十多个国家和地区的22家机构承销，其中约80%是"一带一路"银行间常态化合作机制成员机构	高度重视"走出去"的环境风险问题，共商、共建绿色"一带一路"。将绿色金融纳入"一带一路"建设融资机制，促进"走出去"的投资企业重视生态环境保护，积极履行社会环境责任
	2018.11	中英绿色金融工作组第三次会议在伦敦举行，中国金融学会绿色金融专业委员会与"伦敦城绿色金融倡议"在会议期间共同发布了《"一带一路"绿色投资原则》	
	2017—2019	近年来，中国积极与孟加拉国、巴基斯坦、马达加斯加、马来西亚等"21世纪海上丝绸之路"沿线国家开展海洋交流与合作，为治理、规划海洋贡献了中国智慧，助推了"一带一路"建设。作为中国首倡的"21世纪海上丝绸之路"沿线国家制定的海洋空间规划，中国—柬埔寨出海洋空间规划国际合作获东方高度认可。通过与柬埔寨的合作，中国与泰国的海洋空间规划国际合作，也取得了实质性成果，在此基础上，中国与泰国的海洋空间规划新模式。	国合会2018年政策建议提出，加快建设"一带一路"绿色发展国际联盟等合作平台。在海上丝绸之路沿线国家间建立合作伙伴关系网络，促进可持续海洋治理
	2018.12	联合国气候变化卡托维兹大会召开。中国应对气候变化的信念坚定不移。中国正全面贯彻落实创新、协调、绿色、开放、共享发展理念，加快推进绿色低碳发展，推进生态文明建设。中国可再生能源投资位居世界第一。作为负责任大国，中国于2017年实现碳强度比2005年下降约46%，提前3年实现了2020年碳强度比2005年下降40%～45%的目标。中国不仅在理念上，而且在行动上发挥了应有的大国作用	国合会2018年政策建议提出，加强气候变化减缓行动，提升中国对全球气候治理的贡献
	2018.12	首届中英海洋塑料污染治理研讨会在广州和山东举办。多位中英双方的政策制定者、科研专家，塑料产业现状及保护海洋环境等议题。研讨会后，英方专家与中国共同探讨塑料污染现状及保护海洋环境等议题。塑料行业协会等相关机构展开了政策研讨	国合会2018年政策建议提出，充分利用伙伴关系，联合有关国家和地区应对塑料污染
	2019.03	《中华人民共和国和法兰西共和国关于共同治理研讨会在联合国框架下就管辖范围以外区域海洋生物多样性养护和可持续利用国际协定加强沟通与合作，为协定达成做出积极贡献。二是两国同意就利用问题保持交流，为协助海洋生物资源的养护和可持续利用问题保持交流，针对海洋和陆地塑料污染采取的国际行动	国合会2018年政策建议提出，充分利用伙伴关系，联合有关国家和地区应对塑料污染

附录 3　第六届中国环境与发展国际合作委员会组成人员
（截至 2020 年 1 月）

韩　正	国务院副总理	**主席**
李干杰	时任生态环境部部长	**执行副主席**
麦肯娜（女）	时任加拿大环境与气候变化部部长	**执行副主席**
解振华	中国气候变化事务特别代表、国家发展改革委原副主任	**副主席**
周生贤	原环境保护部部长	**副主席**
施泰纳	联合国开发计划署署长	**副主席**
赫尔格森	可持续海洋经济高级别小组挪威特使、挪威前气候与环境大臣	**副主席**
索尔海姆	世界资源研究所高级顾问、联合国环境规划署原执行主任	**副主席**
赵英民	生态环境部副部长	**秘书长**
刘世锦	全国政协经济委员会副主任、中国发展研究基金会副理事长	**中方首席顾问**
韩文秀	中央财经委员会办公室副主任（分管日常工作，正部长级）	
杨伟民	全国政协经济委员会副主任	
张　军	中国常驻联合国代表	
辛国斌	工业和信息化部副部长	
刘　伟	全国社会保障基金理事会理事长	
王　宏	自然资源部党组成员，国家海洋局局长	
王受文	商务部副部长	
周　伟	交通运输部总工程师	
陈雨露	中国人民银行副行长、全国政协经济委员会副主任	
陈　立	第十三届全国人民代表大会华侨委员会委员	
王　峰	全国人大监察和司法委员会委员	
徐宪平	国务院参事、北京大学光华管理学院特聘教授	
仇保兴	国务院参事	
李小林（女）	中国人民对外友好协会原会长	
唐华俊	中国农业科学院院长、中国工程院院士	
张亚平	中国科学院副院长，院士	

蔡　昉	中国社会科学院副院长	
郝吉明	清华大学环境学院教授，中国工程院院士	
舒印彪	中国华能集团有限公司董事长，国际电工委员会主席	
傅育宁	华润（集团）有限公司董事长，十三届全国政协常委	
钱智民	国家电力投资集团公司董事长	
王小康	中国工业节能和清洁生产协会会长、中国节能环保集团公司原董事长	
王天义	中国光大国际有限公司执行董事兼行政总裁	
杨敏德（女）	溢达集团董事长	
魏仲加	国际可持续发展研究院原院长	**外方首席顾问**
安德森（女）	联合国环境署执行主任、联合国副秘书长	
李　勇	联合国工业发展组织总干事	
格奥尔基耶娃（女）	国际货币基金组织总裁	
蒂默曼斯	欧盟委员会第一副主席	
罗姆松（女）	瑞典前副首相兼气候与环境大臣	
普拉特	原澳大利亚环境与能源部常务部长	
李德薇（女）	荷兰基础设施与水管理部秘书长	
伊纳莫夫	俄罗斯自然资源与环境部高级代表、国际合作司司长	
克劳茨贝格尔（女）	德国联邦环保署署长	
拉卡梅拉	国际可再生能源署总干事	
恩科巴（女）	南非环境部秘书长	
南川秀树	日本环境卫生中心理事长	
尹丞準	韩国首尔国立大学教授	
马瑟尔	印度总理气候变化委员会委员、能源与资源研究所所长	
汉　森	加拿大国际可持续发展研究院高级顾问	
格罗夫	沙特阿拉伯国家发展基金会首席执行官	
阿姆斯贝格	亚洲基础设施投资银行副行长	
费翰思	国际竹藤组织前总干事	
贝德凯	世界可持续发展工商理事会会长	
兰博蒂尼	世界自然基金会总干事	
德吉奥亚	美国乔治城大学校长	

麦克尔罗伊	哈佛大学环境科学教授
斯蒂尔	世界资源研究所总裁兼首席执行官
温　特	挪威极地研究所科研主任
海　茨	能源基金会前首席执行官
汉　兹	洛克菲勒兄弟基金会总裁
戴芮格（女）	公共土地信托基金会总裁兼首席执行官
特瑟克	大自然保护协会前首席执行官
麦克劳克林（女）	沃尔玛基金会主席，沃尔玛公司高级副总裁兼首席可持续发展官
佩　纳	西班牙盈迪德集团首席可持续发展官
蒙塔纳罗	意大利环境、领土与海洋部国际司司长
达礼斯	柬埔寨环境部国务秘书
萨伊德	亚洲开发银行副行长
茹冠洁（女）	美国环保协会执行副总裁
瑞斯伯尔曼	全球绿色发展研究院总干事
莱　西	经济合作与发展组织环境总司司长
韩佩东（女）	英国儿童投资基金会首席执行官
石井菜穗子（女）	全球环境基金首席执行官兼主席
潘　兴	威廉和弗洛拉·休利特基金会环境项目总监，美国前气候变化谈判特别代表

范　必	中国国际经济交流中心特邀研究员
李俊峰	国家应对气候变化战略研究和国际合作中心原主任、研究员
李朋德	中国地质调查局副局长
吉拥军	中国人民对外友好协会美大工作部副主任
胡保林	天津大学中国绿色发展研究院名誉院长，原国务院三峡办副主任
董小君（女）	中央党校（国家行政学院）经济学部副主任
张永生	中国社会科学院城市发展与环境研究所副所长
张远航	北京大学环境科学与工程学院院长，中国工程院院士
贺克斌	清华大学环境学院院长，中国工程院院士
赵忠秀	山东财经大学校长

叶燕斐	中国银行保险监督管理委员会政策局巡视员
陈信健	兴业银行副行长
马　骏	清华大学金融与发展研究中心主任
刘天文	软通动力董事长兼首席执行官
刘　昆（女）	中国通用技术集团医疗健康事业部总经理
翟　齐	中国可持续发展工商理事会副秘书长
阿布杜拉维	亚洲开发银行中亚区域经济合作学院副院长
艾弗森	挪威国际气候与环境研究所原所长
拜姆森	全球水伙伴主席
巴布纳	世界资源研究所全球执行副主席兼常务董事
龙　迪	克莱恩斯欧洲环保协会（英国）北京代表处首席代表
卡斯缔尔加	戈登与贝蒂 - 摩尔基金会高级研究员
科　恩（女）	以色列环境部可持续发展高级副司长
康提思	德国环境部联合国和发展中国家合作部主任，2030可持续发展目标专员
杰斯佩森（女）	IDH可持续贸易倡议机构原国际合作伙伴和融资部主任
库伊雷斯梯纳	瑞典斯德哥尔摩环境研究院院长
李永怡（女）	英国皇家国际事务研究所国际经济金融研究主任
马克穆多夫	中亚区域环境中心执行主任
麦可唐娜德（女）	国际可持续发展研究院执行总监
麦克格洛（女）	加拿大皮尔逊学院前院长
麦克莱	新西兰皇家科学院环境科学研究院总裁
莫马斯	荷兰环境评估委员会主席
蒂艾宁	芬兰环境部行政及国际事务司司长
谢孝旌	非洲开发银行执行董事
沃格雷	世界经济论坛管理委员会成员，可持续发展中心主任
张红军	霍兰德奈特律师事务所合伙人，美国能源基金会董事兼董事会中国委员会主席
张建宇	美国环保协会副总裁，北京代表处首席代表
邹　骥	能源基金会首席执行官兼中国区总裁

致 谢

中国环境与发展国际合作委员会（简称国合会）在 2019 年开展了"全球气候治理与中国贡献""2020 后全球生物多样性保护""全球海洋治理与生态文明""区域协同发展与绿色城镇化战略路径""长江经济带生态补偿与绿色发展体制改革""2035 环境质量改善目标与路径""绿色转型与可持续社会治理""绿色'一带一路'与 2030 年可持续发展议程"等研究，得到了中外相关专家（包括国合会中外委员）和各合作伙伴的大力支持。本书以 2019 年政策研究成果为基础编辑而成。在此，特别感谢参与这些研究工作的中外专家以及为研究做出贡献的有关人员，他们是：

综　述 /Scott Vaughan，刘世锦，张永生，李永红，张建宇，Knut Alfsen，Dimitri de Boer，张慧勇。

第一章 /Kate Hampton，邹骥，王毅，Knut Alfsen，雷红鹏，刘强，钟丽锦，赵笑，顾佰和，董钺，傅莎，柴麒敏，辛嘉楠，张笑寒，张慧勇，李樱。

第二章 / 马克平，高吉喜，Art Hanson，李琳，杨锐，魏伟，Alice C. Hughes，李樱。

第三章 /Winther Jan-Gunnar，苏纪兰，王菊英，穆景利，雷坤，于仁诚，Lisa Svensson，朱爽，王艳，那广水，张清春，黄亚玲，李樱。

第四章 / 张永生，郑思齐，赵勇，Bob Moseley，Sander van der Leeuw，Jiang Lin，Yue（Nina）Chen，李晓江，许伟，杨继东，李栋，刘璐，李婷，裘熹，禹湘，张莹，丛晓男，张敏。

第五章 / 王金南，Stephen P.Groff，梁小萍，张庆丰，刘桂环，王东，Au Shion Yee，国冬梅，文一惠，常纪文，石英华，杜群，周建军，王殿常，叶宏，陈异晖，徐浩，Mark Tercek，费翰思，Annette T. Huber-Lee，孙宏亮，巨文慧，曲超，谢婧，朱媛媛，张敏。

第六章 / 胡保林，Maria Krautzberger， 孙佑海， Wolfgang Seidel，吴舜泽，王毅，祝宝良，Brendan Gillespie， Robyn Kruk， 南川秀树， Jan Bakkes， 施珵，Anna Rosenbaum，李宫韬，荆放。

第七章 / 任勇，Asa Romson，张勇，范必，张建宇，祝宝良，周宏春，张建平，俞海，张小丹，李继峰， Lewis Akenji， Mark San Ctuary， Carla Moonen， Miranda Schreurs， Mushtaq Ahmed Memon， Vanessa Timmer，陈刚，曾悦玲，刘清芝，温志超，刘桓，高雨禾，周才华，王勇，孟令勃，李宫韬。

第八章 / 周国梅，史育龙，Aban Marker Kabraji， Thomas Lovejoy，谷树忠，张建平，葛察忠，Ghiara Gianluca，Diana Mangalaiu，殷红，陈迎，周军，朱春全，蓝艳，卢伟，孙轶颋，王莘，黄一彦，于心怡，张诚，李盼文，赵海珊，杜艳春，刘侃，张敏。

与此同时，我们还要特别感谢国合会的捐助方及合作伙伴们，包括加拿大、挪威、瑞典、德国、荷兰、意大利、欧盟、联合国环境规划署、联合国开发计划署、联合国工业发展组织、世界银行、亚洲开发银行、世界经济论坛、世界自然基金会、美国环保协会、美国能源基金会、洛克菲勒兄弟基金会、大自然保护协会、世界资源研究所、国际可持续发展研究院、克莱恩斯欧洲环保协会等国家、国际组织和机构、国际非政府组织等，他们提供的资金及其他方式的支持是政策研究工作顺利开展的坚实基础。

此外，我们还要感谢以下及其他未列出名字但做出贡献的人员，包括杨晓华、彭宁、姚颖、王冉、李语桐、刘琦、田舫、陈新颖、王强、黄颖等，他们都为本报告的编辑和最终出版付出了大量辛劳。